谨以此书祝贺

李占柄教授 80 寿辰！

李占柄文集

现代物理中的概率方法

李仲来 / 主编

2017 · 北京

图书在版编目(CIP)数据

现代物理中的概率方法：李占柄文集／李占柄著，李仲来主编. —北京：北京师范大学出版社，2017.8

（北京师范大学数学家文库）

ISBN 978-7-303-22021-2

I. ①现… II. ①李… ②李… Ⅲ. ①概率方法－应用－物理学－文集 IV. ①O411.1-53

中国版本图书馆CIP数据核字（2017）第024715号

营 销 中 心 电 话　010-58805072 58807651
北师大出版社高等教育与学术著作分社　http://xueda.bnup.com

出版发行：北京师范大学出版社 www.bnup.com
北京市海淀区新街口外大街19号
邮政编码：100875

印　刷：鸿博昊天科技有限公司
经　销：全国新华书店
开　本：787 mm × 1092 mm　1/16
印　张：18.25
插　页：4
字　数：280千字
版　次：2017年8月第1版
印　次：2017年8月第1次印刷
定　价：45.00元

策划编辑：岳昌庆　责任编辑：岳昌庆
美术编辑：王齐云　装帧设计：王齐云
责任校对：陈　民　责任印制：马　洁

▲ 1954 年北京第六中学高三甲班同学合影，李占柄后排左起第七位。

▶ 1955 年北京俄文专修学校留苏预备部 69 班同学合影，李占柄后排左起第一位。

◀ 1957 年于乌克兰基辅。

▶ 1959年于俄罗斯莫斯科红场，莫斯科大学数学力学系留苏的大学生合影，李占柄站立者左起第三位。

◀ 1961年于莫斯科大学前，莫斯科大学数学力学系同届同学合影。
前排左起（下同）：秦孟照、张关泉、乌华谟；
后排：郭莲芳、马延文、李占柄、郭庆常。

▶ 1981年于美国马萨诸塞州州立大学 Amherst 分校图书馆前。

▶ 2006年北京师范大学量子力学小组成员合影。
前排：傅孝愿、沈芳、朱尔恭、沈小峰、刘若庄、李占柄、钱珮玲；
后排：陈浩元、何香涛、方福康。

◀ 2002年北京师范大学概率论讨论班师生合影。
前排：李增沪、王梓坤、李占柄；
后排：张梅、范小明、鲁冠华、张永峰、蓝国烈、阎国军、傅宗飞。

▶ 2002年北京师范大学概率论讨论班上，李占柄与王梓坤院士合影。

▶ 2002 年北京师范大学阎国军博士论文答辩会合影。左起：阎国军、李增沪、杨向群、李占柄、王梓坤、马志明、吴荣、刘文、刘秀芳、陈木法。

◀ 2007 年弗吉尼亚 Reston 公园家人合影。左起：李占柄、夫人钱珮玲、外孙 Michael Yao、女儿李勤、女婿姚磊。

▶ 2003 年于北京师范大学家中与夫人钱珮玲教授合影。

自 序

为什么我把《现代物理中的概率方法》作为文集的标题?

自然辩证法告诫我们:必然与偶然是对立的又是统一的.在自然界中,必然现象和偶然现象是普遍存在着的,而且是互相联系着的.必然性是主要的、本质的,它来自事物的内部联系和关系,而偶然性则不然,它是来自次要的原因.自然界被断定为必然的联系和关系,往往是由偶然的所构成,而偶然的往往又是由必然的所隐藏在其中.科学总是力图通过偶然的东西找出规律性的、必然的东西.人类只有认识到自然界规律性的、必然的才能是科学.

作为物理学中的规律来说也无例外,而概率论是研究偶然现象中必然规律的科学,因而利用概率论方法研究物理学中的规律也就成为一种必要的手段.20 世纪 30 年代中期建立在公理化基础上的概率论,它是由几条极其简单而自然的公理出发而形成的一套完整的体系.利用这样的概率方法研究物理学中的规律、研究自然界中的规律不会也不应该影响其内部联系和关系.这就是我为什么要尝试这方面工作的初衷.也是我为什么把《现代物理中的概率方法》作为文集标题的缘由.

20世纪七八十年代我国对概率论与其他学科相结合的交叉科学还刚刚起步,专家大都是某专一方向的.当时交叉学科工作需要几方面的人都能理解,这也是当时困难的一面.虽然当时交叉学科的工作还不很成熟,但还是一件很有意义的事情,也希望能够引起国人对此的关注.

文集还收集了"文化大革命"前和"文化大革命"期间的工作."文化大革命"期间,曾参加过由北京地质仪器厂牵头制造"重力测量仪"(东京 α 重力测量仪)理论研制工作.此后,参加了由四机部1028所牵头的"无源雷达交叉定位"理论研究工作.这两项工作都取得了很大的进展,特别是后一项获得辽宁省重大科技成果奖.

1980年,根据国家的政策,学校里一批留苏回来的人被派往美国麻省州立大学研究生部,作为交流的高访学者,时间为期一年.随后,我被聘任为该部数学系的副研究员,与东道主 Rosenkrantz W. A. 教授合作完成了论文,文章的问题是由我提出的,最后在美国由他送交发表.

1990年接到 Gnedenko N. N. 的邀请,参加俄罗斯莫斯科大学校庆,顺访了乌克兰基辅大学.参加乌克兰科学院和基辅大学的讨论班,与他们讨论一些问题,与 Leonenko N. N. 教授一起完成论文,文章的问题是由他提出的,我于1991年参加讨论并解决了该问题,最后由东道主 Leonenko N. N. 教授在乌克兰送交发表,并受到基辅大学数学系的好评.

20世纪50年代中后期我国才开始有人从事研究概率论,综合大学逐渐开设概率论方面的课程,师范院校就更晚一些.然而由于"文化大革命"前前后后十几年的耽误,概率论方面的科研水平与世界接轨的距离就更加拉大了."文化大革命"后,北京师范大学作为师范院校的带头院校,特别是概率论方向,它赋有培养地方院校人才的义务,急需奋起直追,压力大.1982年年初,访美回来以后,自己已经成为一线教师.一方面自己要学、要追赶国外先进水平,另一方面还要培养新一代的人,在教学上要给研究生开设一系列专业基础课程和新的专业选修课程,当时国内概率论专业方面的教材、资料都很少;在科研上要阅读大量文献,带领研究生不断地寻找和把握新方向、新课题.这时的研究方向比较分散,从指导研究生的论文成果可以反映出这种情况，而这也是为什么一些工作是在我直接指导下与研究生共同完成的. 研究生招收的人数比较多，工作比较艰巨，各方面条件都比较困难. 正是在边学、边讲，边研究、边指导的过程中不断摸索，逐渐前进，逐渐成熟.

我 1936 年 4 月 8 日出生在北京，祖籍是河北省深县莲花池村. 我 13 岁丧父，哥哥、姐姐外出参加革命工作，母亲是个贫穷出身的文盲，艰苦的生活压力成为我原始奋斗的内在动力. 我从小学到大学对政治都是比较迟钝，一直是个白丁，只是因为数学比较好，曾当过数学课代表. 说起数学特别要提到那些教过我、爱护我的许许多多的著名老师，初中在汇文中学有教初一算术的韩永祥老师，教代数、几何的孙允礼老师，高中在北京第六中学有教几何的徐春茂老师，教立体几何的陈乃甲老师，教代数的李观博老师. 正是由于他们的辛勤耕耘，使我由一个什么也不懂的孩子一步一步地逐渐成了一个爱好数学的人. 借此机会让我对这些恩师表示深深的怀念！

1954 年由北京第六中学推荐，经国家考试后被选送到北京俄文专修学校留苏预备部学习。我记得刚到学院学习的时候，全班都是党、团员，唯独我什么也不是，每当开会发言总是弄到最后一个，很是尴尬. 一般人一年以后就可以被送出国，而我不得不再继续学一年. 在第 2 年(1956 年)4 月才入了团，6 月就被送出国了. 当年因为莫斯科大学正在装修、调整，于是我们这批学生被送往基辅大学. 非常有幸在这里遇到了许多著名的概率论专家(如 Gnedenko, Gekheman, Skorokhod 等). 次年转入莫斯科大学直至毕业，在这里又遇到了世界著名的数学大家(如 Kolmogorov, Prokhorov, Smirnov, Dynkin, Dobrushin, Sinai 等)，5 年的学习受益匪浅！我要对教过、接触过的老师们表示由衷的敬意！

1961 年毕业学成回国，正赶上“调整、巩固、充实、提高”时期，被分配在北京师范大学数学系工作，与学生同吃、同住、同劳动，夏天收麦子，秋天收玉米. “文化大革命”前，学校内搞了一年“社会主义教育运动”，随后又下乡搞了一年“社会主义教育运动”. “文化大革命”期间还下过厂，当过一年半铸工. “文化大革命”后，教学科研工作是年年超工作量. 特别要提到的是王梓坤先生调来北京师范大学数学系后，我们一起搞讨论班、一起指导学生，工作的很愉快，直到退休. 自己对学生是尽心尽力地为他们创造条件，让他们成长. 回首“文化大革命”后我国的文化教育水平，再看今朝新人的可喜发展，自己内心感到无比的欣慰，也可以无愧地说，我们把一生都贡献给了国家，没有辜负国家对我的培养.

人越到年迈就越有自知之明，对一些事看得也淡了. 一些国外的来信，如被约请为 Reviewer of《Mathematical Reviews》，再有《Dictionary of International Biography》《Cambridge Blue Book of Foremost International Intellectuals》《Cambridge Foremost Educators of the World》《Top 100 Educators》《Asian/American Who's Who》《Asian/Pacific Who's Who》《The International Plat Award for Educational Achievement》等也都让我给回绝了. 这次院里要给我们出版文集，我就借此机会整理总结一下我的工作. 由于已退休 17 年，许多工作都是历史，需要查找，有的都 50 多年啦!

这里特别要对李仲来教授、洪文明教授以及郝建设老师不辞辛苦的帮助表示由衷的谢意! 感谢北京师范大学出版社的大力支持!

李占柄
2014 年 5 月

目　录

一、概率与统计物理

二、概率与量子力学

三、概率与流体力学

四、概率与超过程

五、概率与统计及其应用

附　录

Contents

Ⅰ. Probability with Statistic Physics

Ⅱ. Probability with Quantum Mechanics

Ⅲ. Probability with Fluid Mechanics

Ⅳ. Probability and Super-Processes

Ⅴ. Probability with Statistics and Its Application

Appendix

一、概率与统计物理

I. Probability with Statistic Physics

北京师范大学学报(自然科学版)
1979,(1):1-20

非平衡系统的概率模型以及 Master 方程的建立①

Stochastic Models for Non-Equilibrium Systems and the Formulation of the Master Equations

§1. 引言

近年来,I. Prigogine 及其合作者所提出的耗散结构理论是很引人注目的[1,2]. 目前的发展是:反应扩散方程的分支点分析,非线性 Master 方程对涨落的研究,以及在各种非线性系统特别是生物系统中的应用. 这些研究对于远离平衡区的自组织现象提供了新的概念.

非线性 Master 方程处理涨落在非平衡系统中的作用,I. Prigogine 等人认为,耗散结构的形成是由于涨落,即在某个特征值以下,由于涨落所引起的宏观效应将由于平均而变弱消失,只是在达到了临界值时,涨落被放大了,给出了宏观效应,形成新的结构,并且由于与外界交换而获得稳定,这是耗散结构所呈现出来的有序性,这种结构的形成将通过非平衡统计的研究而获得说明,在 G. Nicolis 等人的工作中[3,4]建立了将空间区域 V 划分 $V-\Delta V$ 和 ΔV 两个子区域的非线性 Master 方程:

$$\frac{\partial P(x,t)}{\partial t}=R_{\Delta V}(x)\mathscr{D}+E[X(t)]\cdot[P(x-1,t)-P(x,t)]+\mathscr{D}[(x+1)P(x+1,t)-xP(x,t)], \tag{1.1}$$

式中 X 表示某种特定的物种,$X(t)$是个随机变量,表示该物种在时刻 t 在 ΔV 中的粒子数,$P(x,t)$表示概率 $P(X(t)=x)$,$R_{\Delta V}(x)$表示 ΔV 中的化学反应对 $P(x,t)$的变化率的贡献,有时也记作 R_{ch},$\mathscr{D}$ 表示经过小体积

① 本文与严士健合作.

ΔV 表面粒子的扩散率，$E[X(t)]$表示 $X(t)$在时刻 t 的数学期望，即

$$E[X(t)] = \sum_{x=0}^{+\infty} x \cdot P(x,t). \tag{1.2}$$

在建立(1.1)的过程中还应用了下列的假设：

$$\frac{E[X(t)]}{\Delta V} = \frac{E[X_{V-\Delta V}(t)]}{V-\Delta V}, \tag{1.3}$$

这里 $\Delta V, V-\Delta V$ 还分别表示区域 $\Delta V, V-\Delta V$ 的体积，$E[X_{V-\Delta V}(t)]$表示随机变量 $X_{V-\Delta V}(t)$(在时刻 t 在 $V-\Delta V$ 中粒子数)的数学期望.

从非线性 Master 方程(1.1)出发，G. Nicolis 等人分析了 Lotka—Volterra 模型不可能形成耗散结构，以及通过涨落在 Brusselator 模型中形成了耗散结构.这些结果虽然还是定性的，但是对于涨落引起有序化这一基本观点给出了具体的例证.

用概率模型来探讨非平衡系统的自组织机制，目前还正在尝试，得到的结果还不够多，为了深入地讨论一些具体问题，需要把模型假定弄得更明确一些，参数的概率意义也要更为确切，方程推导也要更为严谨，以便改进方程的应用范围，而这些方面在 I. Prigogine 等人的文章中是写得不够的，本文在 §2 中给出了所讨论非平衡系统的数学假定和各个物理量的概率含义，应用概率论方法建立了非线性 Master 方程，并直接运用到具有反应和扩散的小体积 ΔV 上去.从 §3 中所举的例子可以看出，这个办法比 G. Nicolis 所利用的办法更为简洁，有趣的是，在非线性 Master 方程与相应的宏观动力学之间的关系，对于一些模型的动力学方程来说，由非线性 Master 方程所推得的动力学方程可能更为合理.

值得商榷的是：某些数学假定与客观物理背景并不太相符合，而且由非线性 Master 方程所推得的宏观动力学方程缺少扩散项.自然会提出改进数学假定的问题.最近对于这类系统有些作者提出了一类线性 Master 方程，而所对应的宏观动力学方程就是相应的反应扩散方程[5,6].本文在 §4 中进一步改进前面的数学假定，应用概率论的方法建立了线性 Master 方程，并且讨论它与所对应的宏观动力学方程的一致性，最后在这个基础上力图解释 Brusselator 模型的空间耗散结构.

§2. 非线性 Master 方程的概率模型

设在空间区域 V 中有一个开放系统，ΔV 表示在空间区域 V 中选定

的一个小的子空间区域，这个系统包含有 M 种物种，其中 n 种特定的物种进行着特定的几种基本化学反应，而且同时进行着扩散，这里不妨用 $X_1,X_2,\cdots$ 表示特定的物种，$A,B,C,\cdots$ 表示参加反应的其他物种，$X_i(t)$ 表示在时刻 t，X_i 物种在 ΔV 中的粒子数的随机变量.

我们称为一次状态改变指的是，在空间区域 ΔV 里，特定物种中几个粒子一起进行一次特定的基本化学反应，或者这些特定的物种中的一个粒子由空间区域 $V-\Delta V$ 进入 ΔV，或者这些特定的物种的一个粒子由空间区域 ΔV 进入 $V-\Delta V$.

我们对物理系统提出几条假定：

Ⅰ. 在时间 $(t,t+\Delta t]$ 的间隔内，区域 ΔV 内发生一次以上的状态改变的概率为 $o(\Delta t)$.

Ⅱ. 在时间 $(t,t+\Delta t]$ 的间隔内，区域 ΔV 内特定的物种中几个粒子一起进行一次特定的基本化学反应的概率为 $\lambda\cdot\Delta t+o(\Delta t)$，其中 λ 依赖于该特定的基本化学反应. 有时为区别几种化学反应将 λ 附以足码.

Ⅲ. 在时间 $(t,t+\Delta t]$ 的间隔内，区域 $\Delta V(V-\Delta V)$ 内特定的物种中某一个粒子进入 $V-\Delta V(\Delta V)$ 的概率为 $D\cdot\rho\Delta t+o(\Delta t)$. 其中 ρ 表示在时刻 t 区域 $\Delta V(V-\Delta V)$ 内单位体积中该物种的粒子数，D 是依赖于该物种的常量.

Ⅳ. 区域 $V-\Delta V$ 内特定的物种(例如 X_i)在时刻 t 单位体积中的粒子数为 $\dfrac{E[X_{i,V-\Delta V}(t)]}{V-\Delta V}$.

Ⅴ. 区域 $V-\Delta V$ 内特定的物种(例如 X_i)在时刻 t 单位体积中的粒子数等于区域 ΔV 内该特定的物种在时刻 t 单位体积中的粒子数，即

$$\frac{E[X_{i,V-\Delta V}(t)]}{V-\Delta V}=\frac{E[X_i(t)]}{\Delta V}.$$

注 1 假设Ⅲ实际上隐含着扩散部分具有马氏性.

注 2 假设Ⅱ实际上也隐含着反应部分具有马氏性，因为在下面的推导中，应用假设Ⅱ时只考虑了在时刻 t 的粒子数，另外在后面应用假设Ⅱ时，还包含了这样的意思：在 $(t,t+\Delta t]$ 中，几个特定粒子进行化学反应与它们在 ΔV 中的相对位置无关，而且它们反应与否和 ΔV 中有多少个其他粒子无关.

设 $$\boldsymbol{X}(t)=(X_1(t),X_2(t),\cdots,X_n(t)),\quad t\in(0,+\infty)$$
为取非负整数值的 n 维向量随机过程. α,x 分别表示 n 维欧氏空间中取

整数值的向量. e_i 表示第 i 个坐标为 1 其他为 0 的 n 维欧氏空间中取整数值的向量. $\wedge$ 表示 n 维欧氏空间中一个包含原点的整数点的有限集合. $\wedge_0$ 表示集合 $\wedge$ 中除去原点的集合.

定理 1　$\exists \wedge, \forall x \geqslant 0, \alpha \in \wedge_0$ 如果满足下列两个条件

1. $P\left\{\boldsymbol{X}(t+\Delta t)=x+\dfrac{\alpha}{\boldsymbol{X}(t)}=x\right\}=\lambda_{x,x+\alpha}(t)\Delta t+o(\Delta t)$,

2. $P\{\boldsymbol{X}(t+\Delta t)-\boldsymbol{X}(t)\overline{\in}\wedge\}=o(\Delta t)$,

那么概率 $P\{\boldsymbol{X}(t)=x\}=P(x,t)$ 满足下列方程：

$$\frac{\partial P(x,t)}{\partial t}=\sum_{\alpha\in\wedge_0}[P(x-\alpha,t)\cdot\lambda_{x-\alpha,x}(t)-P(x,t)\cdot\lambda_{x,x+\alpha}(t)]. \tag{2.1}$$

证　由概率的性质可知

$$\begin{aligned}
P\{\boldsymbol{X}(t+\Delta t)=x\}&=\{\boldsymbol{X}(t+\Delta t)-\boldsymbol{X}(t)\in\wedge,\boldsymbol{X}(t+\Delta t)=x\}+\\
&\quad P\{\boldsymbol{X}(t+\Delta t)-\boldsymbol{X}(t)\overline{\in}\wedge,\boldsymbol{X}(t+\Delta t)=x\}\\
&=P\{\boldsymbol{X}(t+\Delta t)-\boldsymbol{X}(t)=0,\boldsymbol{X}(t+\Delta t)=x\}+\\
&\quad P\{\boldsymbol{X}(t+\Delta t)-\boldsymbol{X}(t)\in\wedge_0,\boldsymbol{X}(t+\Delta t)=x\}+\\
&\quad P\{\boldsymbol{X}(t+\Delta t)-\boldsymbol{X}(t)\overline{\in}\wedge,\boldsymbol{X}(t+\Delta t)=x\}\\
&=P\{\boldsymbol{X}(t+\Delta t)=x,\boldsymbol{X}(t)=x\}+\\
&\quad P\{\boldsymbol{X}(t+\Delta t)-\boldsymbol{X}(t)\in\wedge_0,\boldsymbol{X}(t+\Delta t)=x\}+\\
&\quad P\{\boldsymbol{X}(t+\Delta t)-\boldsymbol{X}(t)\overline{\in}\wedge,\boldsymbol{X}(t+\Delta t)=x\},
\end{aligned}$$

同理对 $P\{\boldsymbol{X}(t)=x\}$ 也有

$$\begin{aligned}
P\{\boldsymbol{X}(t)=x\}&=P\{\boldsymbol{X}(t+\Delta t)=x,\boldsymbol{X}(t)=x\}+\\
&\quad P\{\boldsymbol{X}(t+\Delta t)-\boldsymbol{X}(t)\in\wedge_0,\boldsymbol{X}(t)=x\}+\\
&\quad P\{\boldsymbol{X}(t+\Delta t)-\boldsymbol{X}(t)\overline{\in}\wedge,\boldsymbol{X}(t)=x\},
\end{aligned}$$

两式相减得

$$\begin{aligned}
&P\{\boldsymbol{X}(t+\Delta t)=x\}-P\{\boldsymbol{X}(t)=x\}\\
&=P\{\boldsymbol{X}(t+\Delta t)-\boldsymbol{X}(t)\in\wedge_0,\boldsymbol{X}(t+\Delta t)=x\}-\\
&\quad P\{\boldsymbol{X}(t+\Delta t)-\boldsymbol{X}(t)\in\wedge_0,\boldsymbol{X}(t)=x\}-\\
&\quad P\{\boldsymbol{X}(t+\Delta t)-\boldsymbol{X}(t)\overline{\in}\wedge,\boldsymbol{X}(t+\Delta t)=x\}-\\
&\quad P\{\boldsymbol{X}(t+\Delta t)-\boldsymbol{X}(t)\overline{\in}\wedge,\boldsymbol{X}(t)=x\}\\
&=\sum_{\alpha\in\wedge_0}P\left\{\boldsymbol{X}(t+\Delta t)=\frac{x}{\boldsymbol{X}(t)}=x-\alpha\right\}.
\end{aligned}$$

$$P\{\boldsymbol{X}(t)=x-\alpha\}-\sum_{\alpha\in\Lambda_0}P\left\{\boldsymbol{X}(t+\Delta t)=x+\frac{\alpha}{\boldsymbol{X}(t)}=x\right\}\cdot P\{\boldsymbol{X}(t)=x\}+o(\Delta t)$$

$$=\sum_{\alpha\in\Lambda_0}[P\{\boldsymbol{X}(t)=x-\alpha\}\cdot\lambda_{x-\alpha,x}(t)\cdot\Delta t-P\{\boldsymbol{X}(t)=x\}\cdot\lambda_{x,x+\alpha}(t)\cdot\Delta t]+o(\Delta t),$$

等式两边除以 Δt,然后取极限即得(2.1).□

下面的问题是如何计算 $\lambda_{x-\alpha,x}(t)$ 和 $\lambda_{x,x+\alpha}(t)$,为此先证明两个引理.

引理 1 设在事件"$\boldsymbol{X}(t)=x$"发生的条件下,在时间$(t,t+\Delta t]$间隔内,区域 ΔV 内有、仅有 m 个一次状态改变 $W_1,W_2,\cdots,W_m$ 能使"$\boldsymbol{X}(t+\Delta t)=x+\alpha$"发生,并且 $P\left\{\frac{W_i}{\boldsymbol{X}(x)}=x\right\}=\mu_i\Delta t+o(\Delta t)$. 则

$$\lambda_{x,x+\alpha}(t)=\sum_{i=1}^{m}\mu_i. \tag{2.2}$$

证 在事件"$\Delta(t)=x$"发生的条件下,在时间$(t,t+\Delta t]$间隔内,ΔV 区域内,除经过一次状态改变能使"$\boldsymbol{X}(t+\Delta t)=x$"发生的条件下,在时间$(t,t+\Delta t]$间隔内经过一次以上状态改变能使"$\boldsymbol{X}(t+\Delta t)=x+\alpha$"发生这个事件.

根据概率性质有

$$P\left\{\boldsymbol{X}(t+\Delta t)=x+\frac{\alpha}{\boldsymbol{X}(t)}=x\right\}$$

$$=P\left\{\frac{W_0\cup(\bigcup_{i=1}^{m}W_i)}{\boldsymbol{X}(t)}=x\right\}.$$

由假设 I 知

$$P\left\{\frac{W_0\cap W_i}{\boldsymbol{X}(t)}=x\right\}=0,$$

$$P\left\{\frac{W_i\cap W_j}{\boldsymbol{X}(t)}=x\right\}=0,\quad i\neq j,\quad i,j=1,2,\cdots,m$$

所以我们得到

$$P\left\{\boldsymbol{X}(t+\Delta t)=x+\frac{\alpha}{\boldsymbol{X}(t)}=x\right\}$$

$$=\sum_{i=1}^{m}P\left\{\frac{W_i}{\boldsymbol{X}(t)}=x\right\}+o(\Delta t)=\sum_{i=1}^{m}\mu_i\Delta t+o(\Delta t).$$

等式两边除以 Δt,然后取极限即得(2.2). □

引理 2　假设系统满足Ⅰ～Ⅳ假定.

1. 在事件"$\boldsymbol{X}(t)=x$"发生的条件下,在时间$(t,t+\Delta t]$间隔内,特定的 X_j 物种中的一个粒子由空间区域$V-\Delta V$ 进入 ΔV 能使"$\boldsymbol{X}(t+\Delta t)=x+e_j$"发生,其概率为

$$D_{xj}\cdot\frac{E[X_{j,V-\Delta V}(t)]}{V-\Delta V}+o(\Delta t). \tag{2.3}$$

2. 在事件"$\boldsymbol{X}(t)=x$"发生的条件下,在时间$(t,t+\Delta t]$间隔内,特定的 X_j 物种中的一个粒子由空间区域 ΔV 进入 $V-\Delta V$ 能使"$\boldsymbol{X}(t+\Delta t)=x-e_j$"发生. 其概率为

$$D_{xj}\cdot\frac{x_j}{\Delta V}, \tag{2.4}$$

其中 x_j 是 x 的第 j 个坐标.

证　因为系统满足Ⅲ,Ⅳ假定. 所以 1, 2 得证. □

定理 2　设一宏观系统在空间区域 V 中,ΔV 表示在空间区域 V 中选定的一个小子空间区域,该系统满足假设Ⅰ～Ⅳ,则概率 $P(x,t)=P\{\boldsymbol{X}(t)=x\}$满足下列方程:

$$\begin{aligned}\frac{\partial P(x,t)}{\partial t}&=\sum_{\alpha\in\Lambda_0}[P(x-\alpha,t)\cdot\mu_{x-\alpha,x}(t)-P(x,t)\cdot\mu_{x,x+\alpha}(t)]+\\&\sum_{i=1}^{n}D_{xi}\cdot\frac{E[X_{i,V-\Delta V}(t)]}{V-\Delta V}\cdot[P(x-e_i,t)-P(x,t)]+\\&\sum_{i=1}^{n}\frac{D_{xi}}{\Delta V(t)}[(x_i+1)P(x+e_i,t)-x_iP(x,t)],\end{aligned} \tag{2.5}$$

其中 Λ_0 表示 n 维欧氏空间中一个不包含原点的整数点的有限集合. 这个集合的整数点就是 $\boldsymbol{X}(t)$经过一次特定的基本化学反应的改变量. $\mu_{x,x+\alpha}(t)\cdot\Delta t+o(\Delta t)$表示在事件"$\boldsymbol{X}(t)=x$"发生的条件下,在时间$(t,t+\Delta t]$间隔内,区域 ΔV 内特定的物种中几种粒子一起进行一次特定的基本化学反应,能使"$\boldsymbol{X}(t+\Delta t)=x+\alpha$"发生的概率.

证　由假设Ⅰ, Ⅱ,Ⅲ及引理 1,知定理 1 条件满足,再根据假设Ⅲ,Ⅳ及引理 2 即得. □

如果假设Ⅴ成立,设 $\mathscr{D}_{xi}=\dfrac{D_{xi}}{\Delta V}$,那么

$$\frac{\partial P(x,t)}{\partial t}\sum_{\alpha\in\Lambda_0}[P(x-\alpha,t)\mu_{x-\alpha,x}(t)-P(x,t)\cdot\mu_{x,x+\alpha}(t)]+$$

$$\sum_{i=1}^{n}\mathscr{D}_{xi}E[X_i(t)]\cdot[P(x-e_i,t)-P(x,t)]+$$

$$\sum_{i=1}^{n}\mathscr{D}_{xi}[P(x+e_i,t)(x_i+1)-P(x,t)x_i]. \tag{2.6}$$

此方程就是 I. Prigogine 等人所引用的非线性 Master 方程，值得探讨的是：(2.6)推导是引用了假设 V，但是对于远离平衡态的系统来说，假设 V 似乎是一个很强的限制，实际上它假定了无论 ΔV 在 V 中的位置如何，ΔV 中 X_i 粒子的平均数是一样的，这就是假定了系统在 V 中的某种均匀性. 因此直接讨论(2.5)也许更为可取些.

对于一些具体模型来讲，要建立它们的非线性 Master 主导方程，也就是变成计算 $\mu_{x-\alpha,x}(t)$和 $\mu_{x,x+\alpha}(t)$的问题.

§3. 几种具体模型的 Master 方程

这一节将应用前节的一般结果建立几种具体模型的 Master 方程，为了方便计算 $\mu_{x-\alpha,x}(t)$和 $\mu_{x,x+\alpha}(t)$先给出一个简单的公式.

引理 3 假设系统满足 Ⅰ ～ Ⅲ 假定，在事件"$\mathbf{X}(t)=x$"发生的条件下，在时间$(t,t+\Delta t)$间隔内，区域 ΔV 内特定的物种中几种粒子一起进行一次特定的基本化学反应(例如第 j 个反应：

$$\beta_1 A+\beta_2 B+\cdots+\beta_m M+r_1^j X_1+\cdots+r_n^j X_n\xrightarrow{\lambda_j}\cdots)$$

能使"$\mathbf{X}(t+\Delta t)=x+\alpha$"发生，则其概率为

$$\lambda_j C_j\cdot\begin{pmatrix}x_1\\ \gamma_1^j\end{pmatrix}\cdots\begin{pmatrix}x_n\\ \gamma_n^j\end{pmatrix}\cdot\Delta t+o(\Delta t),$$

其中 λ_j 根据假定Ⅱ，依赖于第 j 个基本化学反应，r_i^j 表示 X_i 物种参加第 j 个基本化学反应一次中的个数，C_j 表示参加第 j 个基本化学反应其他物种的总数组合的相乘积，即 $\begin{pmatrix}A\\ \beta_1\end{pmatrix}\cdots\begin{pmatrix}M\\ \beta_m\end{pmatrix}=C_j$.

例 1 单物种自催化模型：

$$A+X\xrightarrow{\lambda_1}2X,\quad X+X\xrightarrow{\lambda_2}E,$$

这里 $\Lambda_0=\{1,-2\}$，所以其相应的概率分别为

$$\mu_{x,x+1}(t)\cdot\Delta t=\lambda_1\cdot A\cdot\begin{pmatrix}x\\1\end{pmatrix}\cdot\Delta t,$$

$$\mu_{x,x-2}(t)\cdot\Delta t=\lambda_2\cdot 1\cdot\begin{pmatrix}x\\2\end{pmatrix}\cdot\Delta t.$$

例 2　单物种基本反应模型：

$$A_l+\nu_l X\xrightarrow{\lambda_{1l}}(\nu_l+1)X,$$

$$(\nu_l+1)X\xrightarrow{\lambda_{2l}}\nu_l X+B,\ \nu_l\geqslant 0,$$

这里$\Lambda_0=\{1,-1\}$. 所以其相应的概率分别为

$$\mu_{x,x+1}(t)\cdot\Delta t=\sum_l\lambda_{1l}\cdot A_l\begin{pmatrix}x\\\gamma_l\end{pmatrix}\cdot\Delta t,$$

$$\mu_{x,x-1}(t)\cdot\Delta t=\sum_l\lambda_{2l}\cdot 1\begin{pmatrix}x\\\gamma_{l+1}\end{pmatrix}\cdot\Delta t.$$

因此(2.6)式对L个基本化学反应可以写成

$$\frac{\partial P(x,t)}{\partial t}=\sum_{j=1}^{L}\lambda_j C_j\left[\begin{pmatrix}x_1-\alpha_1^j\\\gamma_1^j\end{pmatrix}\cdots\begin{pmatrix}x_n-\alpha_n^j\\\gamma_n^j\end{pmatrix}P(x-\alpha^j,t)-\right.$$
$$\left.\begin{pmatrix}x_1\\\gamma_1^j\end{pmatrix}\cdots\begin{pmatrix}x_n\\\gamma_n^j\end{pmatrix}P(x,t)\right]+\sum_{i=1}^{n}\mathscr{D}_{x_i}\cdot E[X_i(t)]\cdot$$
$$[P(x-e_i,t)-P(x,t)]+\sum_{i=1}^{n}\mathscr{D}_{x_i}[P(x+e_i,t)\cdot$$
$$(x_i+1)-P(x,t)x_i]. \tag{3.1}$$

下面计算几个例子.

例 3　Volterra-Lotka 模型

$$A+X_1\xrightarrow{\lambda_1}2X_1,$$

$$X_1+X_2\xrightarrow{\lambda_2}2X_2,$$

$$X_2+B\xrightarrow{\lambda_3}E+B,$$

这时$\Lambda_0=\{(1,0),(-1,1),(0,-1)\}$.

根据引理 3 有

$$\mu_{x,x+e_1}(t)=\lambda_1\cdot A\cdot\binom{x_1}{1},$$

$$\mu_{x-e_1,x}(t)=\lambda_1\cdot A\cdot\binom{x_1-1}{1},$$

$$\mu_{x,x-e_1+e_2}(t)=\lambda_2\cdot\binom{x_1}{1}\cdot\binom{x_2}{1},$$

$$\mu_{x+e_1-e_2,x}(t)=\lambda_2\cdot\binom{x_1+1}{1}\cdot\binom{x_2-1}{1},$$

$$\mu_{x,x-e_2}(t)=\lambda_3\cdot B\cdot\binom{x_2}{1},$$

$$\mu_{x+e_2,x}(t)=\lambda_3\cdot B\cdot\binom{x_2+1}{1}.$$

故相应的 Master 方程是

$$\begin{aligned}\frac{\partial P(x,t)}{\partial t}=&\lambda_1[A(x_1-1)P(x-e_1,t)-Ax_1P(x,t)]+\\&\lambda_2[(x_1+1)(x_2-1)P(x+e_1-e_2,t)-x_1x_2P(x,t)]+\\&\lambda_3[B(x_2+1)P(x+e_2,t)-Bx_2P(x,t)]+\\&\mathscr{D}_{x_1}E[X_1(t)][P(x-e_1,t)-P(x,t)]+\\&\mathscr{D}_{x_1}[(x_1+1)P(x+e_1,t)-x_1P(x,t)]+\\&\mathscr{D}_{x_2}E[X_2(t)]\cdot[P(x-e_2,t)-P(x,t)]+\\&\mathscr{D}_{x_2}[(x_2+1)P(x+e_2,t)-x_2P(x,t)].\end{aligned}$$

例 4 Brusselator 模型

$$A\xrightarrow{\lambda_1}X_1,$$

$$B+X_1\xrightarrow{\lambda_2}X_2+D,$$

$$2X_1+X_2\xrightarrow{\lambda_3}3X_1,$$

$$X_1\xrightarrow{\lambda_4}E,$$

这时 $\Lambda_0=\{(1,0),(-1,1),(1,-1),(-1,0)\}$.

根据引理 3 有

$$\mu_{x,x+e_1}(t)=\lambda_1 A,$$

$$\mu_{x-e_1,x}(t)=\lambda_1 A,$$

$$\mu_{x,x-e_1+e_2}(t)=\lambda_2 B\binom{x_1}{1},$$

$$\mu_{x+e_1-e_2,x}(t)=\lambda_2 B\binom{x_1+1}{1},$$

$$\mu_{x,x+e_1-e_2}(t)=\lambda_3\binom{x_1}{2}\binom{x_2}{1},$$

$$\mu_{x-e_1+e_2,x}(t)=\lambda_3\binom{x_1-1}{2}\binom{x_2+1}{1},$$

$$\mu_{x,x-e_1}(t)=\lambda_4\binom{x_1}{1},$$

$$\mu_{x+e_1,x}(t)=\lambda_4\binom{x_1+1}{1}.$$

故相应的 Master 方程是

$$\begin{aligned}\frac{\partial P(x,t)}{\partial t}=&\lambda_1[AP(x-e_1,t)-AP(x,t)]+\\&\lambda_2[B(x_1+1)P(x+e_1-e_2,t)-Bx_1P(x,t)]+\\&\lambda_3\left[\binom{x_1-1}{2}(x_2+1)P(x-e_1+e_2,t)-\binom{x_1}{2}x_2P(x,t)\right]+\\&\lambda_4[(x_1+1)P(x+e_1,t)-x_1P(x,t)]+\\&\mathscr{D}_{x_1}E[X_1(t)][P(x-e_1,t)-P(x,t)]+\\&\mathscr{D}_{x_1}[(x_1+1)P(x+e_1,e)-x_1P(x,t)]+\\&\mathscr{D}_{x_2}E[X_2(t)][P(x-e_2,t)-P(x,t)]+\\&\mathscr{D}_{x_2}[(x_1+1)P(x+e_2,t)-x_2P(x,t)].\end{aligned}$$

下面将由 Master 方程出发，求出粒子数的数学期望所满足的微分方程，然后比较它与所对应的宏观动力学方程的一致性.

为了避免运算上烦琐，给出两个简单公式：

引理 4　$\forall\alpha,r,\alpha\leqslant r,r$ 是 n 维欧氏空间中取非负整数值的向量. $\forall j$, $j=1,2,\cdots,n$，则

$$\sum_{\substack{x_i=0\\ i=1,2,\cdots,n}}^{+\infty} x_j \binom{x_1+\alpha_2}{r_1}\cdots\binom{x_n+\alpha_n}{r_n}\cdot P(x+\alpha,t)$$

$$= E\left[(X_j(t)-\alpha_j)\binom{X_1(t)}{r_1}\cdots\binom{X_n(t)}{r_n}\right]. \tag{3.2}$$

证 将(3.1)等式左边作变量代换

$$y_i=x_i+\alpha_i,\quad i=1,2,\cdots,n,$$

得

$$\sum_{\substack{y_i=\alpha_i\\ i=1,2,\cdots,n}}^{+\infty} (y_j-\alpha_j)\binom{y_1}{r_1}\cdots\binom{y_n}{r_n}\cdot P(y,t).$$

值得注意的是:若有一个 $y_i<0$,则 $P(y,t)=0$, $\forall m>n$,则 $\binom{n}{m}=0$.

这样,在条件 $\alpha\leqslant r$ 下就有

$$\sum_{\substack{y_i=\alpha_i\\ i=1,2,\cdots,n}}^{+\infty} (y_j-\alpha_j)\binom{y_1}{r_1}\cdots\binom{y_n}{r_n}\cdot P(y,t)$$

$$=\sum_{\substack{y_i=0\\ i=1,2,\cdots,n}}^{+\infty} (y_j-\alpha_j)\binom{y_1}{r_1}\cdots\binom{y_n}{r_n}\cdot P(y,t)$$

$$= E\left[(X_j(t)-\alpha_j)\binom{X_1(t)}{r_1}\cdots\binom{X_n(t)}{r_n}\right].\square$$

引理 5 $\forall j, j=1,2,\cdots,n$,则

$$\sum_{\substack{x_i=0\\ i=1,2,\cdots,n}}^{+\infty} x_j\Big\{\sum_{K=1}^{n}\mathscr{D}_{xK}E[X_K(t)]\cdot[P(x-e_K,t)-P(x,t)]+$$

$$\sum_{K=1}^{n}\mathscr{D}_{xK}[(x_K+1)P(x+e_K,t)-x_KP(x,t)]\Big\}=0. \tag{3.3}$$

证 根据引理 4,得到

$$\sum_{\substack{x_i=0\\ i=1,2,\cdots,n}}^{+\infty} x_jP(x-e_K,t)=\begin{cases}E[X_j(t)], & j\neq K,\\ E[X_j(t)+1], & j=K\end{cases}$$

$$=E[X_j(t)+\delta_{jK}]$$

$$\sum_{\substack{x_i=0\\ i=1,2,\cdots,n}}^{+\infty} x_j(x_K+1)\cdot P(x+e_K,t)=\begin{cases}E[X_j(t)X_K(t)], & j\neq K,\\ E[(X_j(t)-1)X_K(t)], & j=K\end{cases}$$

$$=E[(X_j(t)-\delta_{jK})X_K(t)],$$

这里
$$\delta_{jK}=\begin{cases}0,\ j\neq K,\\ 1,\ j=K.\end{cases}$$

将此两式代入(3.2)等式左边,得

$$\sum_{K=1}^{n}\mathscr{D}_{xK}\cdot E[X_K(t)]\cdot\{E[X_j(t)+\delta_{jK}]-E[X_j(t)]\}+$$
$$\sum_{K=1}^{n}\mathscr{D}_{xK}\cdot\{E[(X_j(t)-\delta_{jK})X_K(t)]-E[X_j(t)\cdot X_K(t)]\}$$
$$=\sum_{K=1}^{n}\mathscr{D}_{xK}\cdot\{E[X_K(t)]\cdot\delta_{jK}-\delta_{jK}E[X_K(t)]\}=0.\ \square$$

利用上面这两个引理,我们可以求出粒子数的数学期望所满足的微分方程:

定理 3　若 $P(x,t)$满足(3.1),则

$$\frac{\mathrm{d}E[X_i(t)]}{\mathrm{d}t}=\sum_{j=1}^{L}\lambda_j\cdot C_j\alpha_i^j\cdot E\left[\binom{X_1(t)}{r_1^j}\binom{X_2(t)}{r_2^j}\cdots\binom{X_n(t)}{r_n^j}\right].\tag{3.4}$$

证　根据引理 4,5 显然得证. □

例 1　Volterra-Lotka 模型的化学动力学方程为

$$\begin{cases}\dfrac{\mathrm{d}[X_1]}{\mathrm{d}t}=k_1[A][X_1]-k_2[X_1][X_2],\\ \dfrac{\mathrm{d}[X_2]}{\mathrm{d}t}=-k_3[B][X_2]+k_2[X_1][X_2].\end{cases}$$

另一方面,根据定理 3,得

$$\begin{cases}\dfrac{\mathrm{d}E[X_1(t)]}{\mathrm{d}t}=\lambda_1AE[X_1(t)]+\lambda_2(-1)E[X_1(t)\cdot X_2(t)],\\ \dfrac{\mathrm{d}E[X_2(t)]}{\mathrm{d}t}=\lambda_2E[X_1(t)\cdot X_2(t)]+\lambda_3B(-1)E[X_2(t)].\end{cases}$$

将上述两组方程比较,可以看出基本上是一致的,因为宏观地考虑系统时,实际上认为 X_1,X_2 的粒子在不起基本反应时“独立”地运动着. 反映到微观随机现象上来就是

$$E[X_1(t)\cdot X_2(t)]=E[X_1(t)]\cdot E[X_2(t)].$$

例 2　Brusselator 模型的化学动力学方程为

$$\begin{cases}\dfrac{\mathrm{d}[X_1]}{\mathrm{d}t}=k_1[A]+k_3[X_1]^2\cdot[X_2]-k_2[B][X_1]-k_4[X_1],\\ \dfrac{\mathrm{d}[X_2]p}{\mathrm{d}t}=-k_3[X_1]^2\cdot[X_2]+k_2[B][X_1].\end{cases}$$

另一方面，根据定理3得

$$\begin{cases}\dfrac{\mathrm{d}E[X_1(t)]}{\mathrm{d}t}=\lambda_1 A+\lambda_2 B(-1)E[X_1(t)]+\\ \qquad\lambda_3 E\left[\begin{pmatrix}X_1(t)\\2\end{pmatrix}\begin{pmatrix}X_2(t)\\1\end{pmatrix}\right]+\lambda_4(-1)E[X_1(t)],\\ \dfrac{\mathrm{d}E[X_2(t)]}{\mathrm{d}t}=\lambda_2 BE[X_1(t)]+\lambda_3(-1)E\left[\begin{pmatrix}X_1(t)\\2\end{pmatrix}\begin{pmatrix}X_2(t)\\1\end{pmatrix}\right].\end{cases}$$

如果仔细地考虑模型的反应情况，显然 $E\left[\begin{pmatrix}X_1(t)\\2\end{pmatrix}\begin{pmatrix}X_2(t)\\1\end{pmatrix}\right]$要比 $[X_1]^2\cdot[X_2]$较为合理，因为从微观上考虑，每一个分子在反应时不能重复计数.

§4. 线性 Master 方程的概率模型

前几节我们建立了非线性的 Master 方程，以及它的概率模型. 这个方程就是 I. Prigogine 在文章[1]所引用的. 值得注意的是：这个方程的导出是建立在假定V的基础之上. 而它与客观物理背景并不太符合，其次所推得的宏观动力学方程缺少扩散项. 因此需要在上一节的基础上改进模型，这一节将改进前节的数学模型，建立一个线性 Master 方程，同时推导出它们的宏观动力学方程，而就是相应的反应扩散方程.

首先设在空间区域 V 中有一个开放系统，这个系统包含有 M 种物种，其中几种特定的物种进行着特定的几种基本化学反应，而且同时进行着扩散，本节将用 $X,Y,\cdots$表示特定的物种.

现在将空间区域 V 划分为 n 个体积相同，彼此互不相交的正方体 $V_1,V_2,\cdots,V_n$，也就是说 $V\subseteq\bigcup\limits_{i=1}^{n}V_i$. 在空间区域 V 里，特定的物种几个粒子一起进行一次特定的基本化学反应或者这些特定的物种中一个粒子由空间区域 V_i 进入到空间区域 V_j 我们都称为一次状态改变.

设系统满足三条假定：

Ⅰ′ 在时间$(t,t+\Delta t]$的间隔内，系统内发生一次以上的状态改变的概率为 $o(\Delta t)$.

Ⅱ′ 在时间$(t,t+\Delta t]$的间隔内，系统内特定的物种中几个粒子一起进行一次特定的基本化学反应的概率为 $\lambda\cdot\Delta t+o(\Delta t)$，其中 λ 依赖于该特定的基本化学反应.

Ⅲ′ 在时间$(t,t+\Delta t]$的间隔内,系统内特定的物种中的一个粒子由空间区域 V_i 进入到空间区域 V_j 的概率为 $d_{ij}\Delta t+o(\Delta t)$,其中 d_{ij} 依赖于该特定的物种,自然有 $d_{ij}=d_{ji}(i\neq j,i,j=1,2,\cdots,n)$

为了避免符号上的烦琐,本文给出两种特定的物种结果.至于多种特定的物种结果,没有任何困难便可得到,因此不在此赘述.

设
$$\boldsymbol{X}(t)=(X_1(t),X_2(t),\cdots,X_n(t)),$$
$$\boldsymbol{Y}(t)=(Y_1(t),Y_2(t),\cdots,Y_n(t)),\quad t\in(0,+\infty),$$
$\boldsymbol{X}(t)$,$\boldsymbol{Y}(t)$为取非负整数值的向量随机过程,这里 X,Y 表示特定的物种,n 表示空间区域 V 划分成的区域数.$X_i(t)$,$Y_i(t)$分别表示物种 X 和 Y 在空间区域 V_i 中的粒子数.

设Λ表示 $2n$ 维欧氏空间中一个非负整数点的集合.Λ_0 表示集合Λ中除去原点所得的集合,e_i 表示 n 维欧氏空间中的单位向量.α,β,x,y 分别表示 n 维欧氏空间中取整数值的向量.

定理 1′　$\exists\Lambda,\forall(\alpha,\beta)\in\Lambda_0,x,y\geqslant 0$ 如果满足下列两点:

1. $P\{\boldsymbol{X}(t+\Delta t)=x+\alpha,\boldsymbol{Y}(t+\Delta t)=y+\frac{\beta}{\boldsymbol{X}(t)}=x,$

$\boldsymbol{Y}(t)=y\}=\lambda_{(x,y)(x+\alpha,y+\beta)}(t)\cdot\Delta t+o(\Delta t),$

2. $P\{\boldsymbol{X}(t+\Delta t)-\boldsymbol{X}(t),\boldsymbol{Y}(t+\Delta t)-\boldsymbol{Y}(t)\overline{\in}\Lambda\}=o(\Delta t),$

那么概率 $P\{\boldsymbol{X}(t)=x,\boldsymbol{Y}(t)=y\}=P(x,y,t)$满足下列方程:
$$\frac{\partial P(x,y,t)}{\partial t}=\sum_{(\alpha,\beta)\in\Lambda_0}[\lambda_{(x-\alpha,y-\beta)(x,y)}\cdot P(x-\alpha,y-\beta,t)-\lambda_{(x,y)(x+\alpha,y+\beta)}\cdot P(x,y,t)].\tag{4.1}$$

证　与定理 1 相同,故从略.

定理 2′　设一宏观系统在空间区域 V 中,满足假设Ⅰ′～Ⅲ′,则概率 $P(x,y,t)$满足下列方程:
$$\begin{aligned}\frac{\partial P(x,y,t)}{\partial t}=&\sum_{\substack{i,j=1\\i\neq j}}^{n}\{[d_{ij}^{x}(x_i+1)P(x+e_i-e_j,y,t)-d_{ij}^{x}x_iP(x,y,t)]+\\&[d_{ij}^{y}(y_i+1)P(x,y+e_i-e_j,t)-d_{ij}^{y}y_iP(x,y,t)]\}+\\&\sum_{(\alpha,\beta)\in\Lambda_0}[\mu_{(x-\alpha,y-\beta)(x,y)}P(x-\alpha,y-\beta,t)-\\&\mu_{(x,y)(x+\alpha,y+\beta)}P(x,y,t)],\end{aligned}\tag{4.2}$$

其中Λ_0表示$2n$维欧氏空间中一个不包含原点的整数点的有限集合，这个集合的整数点就是$(\boldsymbol{Y}(t),\boldsymbol{Y}(t))$经过一次特定的基本化学反应的改变量.

$\mu_{(x,y)(x+\alpha,y+\beta)}\cdot\Delta t+o(\Delta t)$表示事件"$\boldsymbol{X}(t)=x,\boldsymbol{Y}(t)=y$"发生的条件下，在时间$(t,+\Delta t]$间隔内，某一区域$V_i$内特定的物种中几种粒子一起进行一次特定的基本化学反应，能使"$\boldsymbol{X}(t+\Delta t)=x+\alpha,\boldsymbol{Y}(t+\Delta t)=y+\beta$"发生的概率.

类似于(3.1)这里也有

$$\begin{aligned}\frac{\partial P(x,y,t)}{\partial t}=&\sum_{\substack{i,j=1\\i\neq j}}^{n}\{[d_{ij}^{x}(x_i+1)P(x+e_i-e_j,y,t)-d_{ij}^{x}x_iP(x,y,t)]+\\&[d_{ij}^{y}(y_i+1)P(x,y+e_i-e_j,t)-d_{ij}^{y}y_iP(x,y,t)]\}+\\&\sum_{i=1}^{n}\sum_{j=1}^{L}\lambda_j\cdot C_j^i\left[\binom{x_i-\alpha_j}{r_1^j}\binom{y_i-\beta_j}{r_2^j}\cdot\right.\\&\left.P(x-\alpha_je_i,y-\beta_je_i,t)-\binom{x_i}{r_1^j}\binom{y_i}{r_2^j}P(x,y,t)\right],\end{aligned}\tag{4.3}$$

这里r_1^j,r_2^j分别表示第j个基本化学反应中进行一次反应物种X,Y的参加粒子数. $-\alpha_j,-\beta_j$分别表示第j个基本化学反应中进行一次反应物种X,Y在反应前后的粒子改变数.

下面A_i,B_i分别表示区域V_i中物种A,B的粒子数.

例1 Volterra-Lotka模型

$$A+X\xrightarrow{\lambda_1}2X,\ X+Y\xrightarrow{\lambda_2}2Y,\ Y+B\xrightarrow{\lambda_3}E+B,$$

这里

$$\Lambda_0=\{(e_i,0),(-e^i,e_i),(0,-e_i),i=1,2,\cdots,n\}.$$

这时
$$\mu_{(x,y)(x+e_i,y)}=\lambda_1A_ix_i,\ (i=1,2,\cdots,n)$$
$$\mu_{(x-e_j,y)(x,y)}=\lambda_1A_i(x_i-1),\ (i=1,2,\cdots,n)$$
$$\mu_{(x,y)(x-e_i,y+e_i)}=\lambda_2x_iy_i,\ (i=1,2,\cdots,n)$$
$$\mu_{(x+e_i,y-e_i)(x,y)}=\lambda_2(x_i+1)(y_i-1),\ (i=1,2,\cdots,n)$$
$$\mu_{(x,y)(x,y-e_j)}=\lambda_3B_iy_i,\ (i=1,2,\cdots,n)$$
$$\mu_{(x,y+e_i)(x,y)}=\lambda_3B_i(y_i+1),\ (i=1,2,\cdots,n)$$

故由(4.3)知，模型的Master方程为

$$\frac{\partial P(x,y,t)}{\partial t}=\sum_{\substack{i,j=1\\ i\neq j}}^{n}\{[d_{ij}^{x}(x_i+1)P(x+e_i-e_j,y,t)-d_{ij}^{x}x_iP(x,y,t)]+ d_{ij}^{y}(y_i+1)P(x,y+e_i-e_j,t)-d_{ij}^{y}y_iP(x,y,t)]\}+\sum_{i=1}^{n}\{[\lambda_1A_i(x_i-1)P(x-e_i,y,t)-\lambda_1A_ix_iP(x,y,t)]\}+[\lambda_2(x_i+1)(y_i-1)P(x+e_i,y-e_i,t)-\lambda_2x_iy_iP(x,y,t)]+[\lambda_3B_i(y_i+1)P(x,y+e_i,t)-\lambda_3B_iy_iP(x,y,t)]\}.$$

例 2　Brusselator 模型

$$A\xrightarrow{\lambda_1}X,B+X\xrightarrow{\lambda_2}Y+D,2X+Y\xrightarrow{\lambda_3}3X,X\xrightarrow{\lambda_4}E,$$

这里

$$\Lambda_0=\{(e_i,0),(-e_i,e_i),(e_i,-e_i),(-e_i,0),i=1,2,\cdots,n\}.$$

这时
$$\mu_{(x,y)(x+e_i,y)}=\lambda_1A_i,\ (i=1,2,\cdots,n)$$
$$\mu_{(x-e_i,y)(x,y)}=\lambda_1A_i,\ (i=1,2,\cdots,n)$$
$$\mu_{(x,y)(x-e_i,y+e_i)}=\lambda_2B_ix_i,\ (i=1,2,\cdots,n)$$
$$\mu_{(x+e_i,y-e_i)(x,y)}=\lambda_2B_i(x_i+1),\ (i=1,2,\cdots,n)$$
$$\mu_{(x,y)(x+e_i,y-e_j)}=\lambda_3\begin{pmatrix}x_i\\2\end{pmatrix}y_i,\ (i=1,2,\cdots,n)$$
$$\mu_{(x-e_i,y-e_i)(x,y)}=\lambda_3\begin{pmatrix}x_i-1\\2\end{pmatrix}(y_i+1),\ (i=1,2,\cdots,n)$$
$$\mu_{(x,y)(x-e_i,y)}=\lambda_4x_i,\ (i=1,2,\cdots,n)$$
$$\mu_{(x+e_i,y)(x,y)}=\lambda_4(x_i+1),\ (i=1,2,\cdots,n)$$

故由(4.3)知,模型的 Master 方程为

$$\frac{\partial P(x,y,t)}{\partial t}=\sum_{\substack{i,j=1\\ i\neq j}}^{n}\{[d_{ij}^{x}(x_i+1)P(x+e_i-e_j,y,t)-d_{ij}^{x}x_iP(x,y,t)]+[d_{ij}^{y}(y_i+1)P(x,y+e_i-e_j,t)-d_{ij}^{y}y_iP(x,y,t)]\}+\sum_{i=1}^{n}\{[\lambda_1A_iP(x-e_i,y,t)-\lambda_1A_ip(x,y,t)]+[\lambda_2B_i(x_i+1)P(x+e_i,y-e_i,t)-\lambda_2B_ix_iP(x,y,t)]+\left[\lambda_3\begin{pmatrix}x_i-1\\2\end{pmatrix}(y_i+1)P(x-e_i,y+e_i,t)-\lambda_3\begin{pmatrix}x_i\\2\end{pmatrix}y_iP(x,y,t)\right]+[\lambda_4(x_i+1)P(x+e_i,y,t)-\lambda_4x_iP(x,y,t)]\}.$$

下面将由 Master 方程出发,求出粒子数的数学期望所满足的微分方

程，我们引用引理 4，只不过这里是 $2n$ 维的情况，可以得到

定理 3′ 若 $P(x,y,t)$ 满足(4.3)，则

$$\frac{\mathrm{d}E[X_j(t)]}{\mathrm{d}t}=\sum_{\substack{i=1\\i\neq j}}^{n}\{d_{ij}^{x}E[X_i(t)]-d_{ji}^{x}E[X_j(t)]\}-\sum_{K=1}^{L}\lambda_K C_K^j\alpha_K\cdot E\left[\begin{pmatrix}X_j(t)\\r_1^K\end{pmatrix}\begin{pmatrix}Y_j(t)\\r_2^K\end{pmatrix}\right],$$

$$\frac{\mathrm{d}E[Y_j(t)]}{\mathrm{d}t}=\sum_{\substack{i=1\\i\neq j}}^{n}\{d_{ij}^{y}E[Y_i(t)]-d_{ji}^{y}E[Y_j(t)]\}-\sum_{K=1}^{L}\lambda_K C_K^j\beta_K\cdot E\left[\begin{pmatrix}X_j(t)\\r_1^K\end{pmatrix}\begin{pmatrix}Y_j(t)\\r_2^K\end{pmatrix}\right].\tag{4.4}$$

上式第 1 项不难看出就是扩散项，只是以差分的形式给出的，第 2 项为化学反应项. 由假设Ⅲ′可以看出 $d_{ij}^{Z}\cdot E[Z_i(t)]$表示 V_i 中的 Z 物种粒子在时刻 t 单位时间内扩散到 V_j 中的平均个数，而 $d_{ji}^{z}\cdot E[Z_j(t)]$表示 V_j 中的 Z 物种粒子在时刻 t 单位时间内扩散到 V_i 中的平均个数. 所以 $d_{ji}^{Z}\cdot E[Z_i(t)]-d_{ji}^{Z}E[Z_j(t)]$表示 V_i 中的 Z 物种粒子在时刻 t 单位时间内扩散到 V_j 中的绝对平均个数.

设 V_j 的正方体各边边长为 l. $\boldsymbol{e}_1=(1,0,0)$，$\boldsymbol{e}_2=(0,1,0)$，$\boldsymbol{e}_3=(0,0,1)$，

设
$$\lim_{V_j\to\boldsymbol{r}=(r_1,r_2,r_3)}\frac{E[X_j(t)]}{V_j}=\langle X_j(t,\boldsymbol{r})\rangle.$$

当 V_i 与 V_j 相邻时才有 $d_{ij}\neq 0$，否则 $d_{ij}=0$，而且 $d_{ij}^{x}=d^{x}$，$d_{ij}^{y}=d^{y}$，

则
$$\begin{aligned}&\sum_{\substack{i=1\\i\neq j}}^{n}\{d_{ij}^{x}\cdot E[X_i(t)]-d_{ji}^{x}\cdot E[X_j(t)]\}\\=&\sum_{i=1}^{3}\{d^{x}\cdot\int_{V_f}[\langle X_j(t,\boldsymbol{r}+l\boldsymbol{e}_i)\rangle-2\langle X_j(t,\boldsymbol{r})\rangle+\langle X_j(t,\boldsymbol{r}-l\boldsymbol{e})\rangle]\mathrm{d}\boldsymbol{r}\}\\=&\sum_{i=1}^{3}d^{x}l^{2}\int_{V_f}\frac{\partial^2}{\partial r_i^2}\langle X_j(t,\boldsymbol{r})\rangle\mathrm{d}\boldsymbol{r}=d^{x}l^{2}\int_{V_f}\nabla^{2}\langle X_j(t,\boldsymbol{r})\rangle\mathrm{d}\boldsymbol{r},\end{aligned}$$

所以

$$\frac{\mathrm{d}E[X_j(t)]}{\mathrm{d}t}=d^{x}l^{2}\int_{V_f}\nabla^{2}\langle X_j(t,\boldsymbol{r})\rangle\mathrm{d}\boldsymbol{r}-\sum_{K=1}^{L}\lambda_K\cdot C_K^j\cdot\alpha_K E\left[\begin{pmatrix}X_j(t)\\r_1^K\end{pmatrix}\begin{pmatrix}Y_j(t)\\r_2^K\end{pmatrix}\right],$$

同理有

$$\frac{\mathrm{d}E[Y_j(t)]}{\mathrm{d}t}=d^y l^2\int_{V_f}\nabla^2\langle Y_j(t,\boldsymbol{r})\rangle\mathrm{d}\boldsymbol{r}-\sum_{K=1}^{L}\lambda_K\cdot C_K^j\cdot\beta_K E\left[\binom{X_j(t)}{r_1^K}\binom{Y_j(t)}{r_2^K}\right].\tag{4.5}$$

这就与反应扩散方程更为接近了，

例 1　Volterra-Lotka 模型

$$\frac{\mathrm{d}E[X_j(t)]}{\mathrm{d}t}=d^x l^2\int_{V_f}\nabla^2\langle X_j(t,\boldsymbol{r})\rangle\mathrm{d}\boldsymbol{r}+\lambda_1 AE[X_j(t)]-\lambda_2 AE[X_j(t)Y_j(t)],$$

$$\frac{\mathrm{d}E[Y_j(t)]}{\mathrm{d}t}=d^y l^2\int_{V_f}\nabla^2\langle Y_j(t,\boldsymbol{r})\rangle\mathrm{d}\boldsymbol{r}+\lambda_2 E[X_j(t)Y_j(t)]-\lambda_3 BE[Y_j(t)].$$

例 2　Brusselator 模型

$$\frac{\mathrm{d}E[X_j(t)]}{\mathrm{d}t}=\int_{V_f}d^x l^2\nabla^2\langle X_j(t,\boldsymbol{r})\rangle\mathrm{d}\boldsymbol{r}+\lambda_1 A-\lambda_2 BE[X_j(t)]+\lambda_3 E\left[\binom{X_j(t)}{2}\binom{Y_j(t)}{1}\right]-\lambda_4 E[X_j(t)],$$

$$\frac{\mathrm{d}E[Y_j(t)]}{\mathrm{d}t}=\int_{V_f}d^y l^2\nabla^2\langle Y_j(t,\boldsymbol{r})\rangle\mathrm{d}\boldsymbol{r}+\lambda_2 BE[X_j(t)]-\lambda_3 E\left[\binom{X_j(t)}{2}\binom{Y_j(t)}{1}\right].$$

§ 5.　Brusselator 模型的空间耗散结构的解释

这一节先建立线性 Master 方程的母函数方程.

设 S,T 为 n 维欧氏空间中的向量

$$F(S,T,t)=\sum_{x,y}\prod_{i=1}^{n}(S_i)^{x_i}\prod_{j=1}^{n}(T_j)^{y_j}P(x,y,t),$$

显然有

$$\frac{\partial F}{\partial t}=\sum_{x,y}\prod_{i=1}^{n}(S_i)^{x_i}\prod_{j=1}^{n}(T_j)^{y_j}\frac{\partial P(x,y,t)}{\partial t},$$

$$\frac{\partial^{r_1^i+r_2^j}F}{\partial S_i^{r_1^i}\partial T_j^{r_2^j}}=\frac{r_1^i!\cdot r_2^j!}{(S_i)^{r_1^i}(T_j)^{r_2^j}}\sum_{x,y}\binom{x_i}{r_1^i}\binom{y_i}{r_2^j}\prod_{i=1}^{n}(S_i)^{x_i}\prod_{j=1}^{n}(T_j)^{y_j}P(x,y,t),$$

$$\sum_{x,y}\binom{x_K+\alpha_l}{r_1^l}\binom{y_K+\beta_l}{r_2^l}\prod_{i=1}^{n}(S_i)^{x_i}\prod_{j=1}^{n}(T_j)^{y_j}P(x+\alpha,y+\beta,t)$$

$$=\frac{(S_K)^{r_1^l}\cdot(T_K)^{r_2^l}}{r_1^l!r_2^l!}(S_K)^{-\alpha_l}\cdot(T_K)^{-\beta_l}\frac{\partial^{r_1^l+r_2^l}F}{\partial S_K^{r_1^l}\partial T_K^{r_2^l}},$$

这里 α,β 分别表示第 K 个坐标为 α_l,β_l，其他为 0 的 n 维向量.

$$\sum_{x,y}\prod_{i=1}^{n}(S_i)^{x_i}\prod_{j=1}^{n}(T_j)^{y_j}P(x-e_K,y,t)=S_KF,$$

$$\sum_{x,y}\prod_{i=1}^{n}(S_i)^{x_i}\prod_{j=1}^{n}(T_j)^{y_j}P(x,y-e_K,t)=T_KF.$$

由(4.3)得

$$\frac{\partial F}{\partial t}\sum_{\substack{i,j=1\\i\neq j}}^{n}\left\{\left[d_{ij}^{x}(S_j)\frac{\partial F}{\partial S_i}-d_{ij}^{x}(S_i)\frac{\partial F}{\partial S_i}\right]+\left[d_{ij}^{y}(T_j)\frac{\partial F}{\partial T_i}-d_{ij}^{y}(T_i)\frac{\partial F}{\partial T_i}\right]\right\}+$$

$$\sum_{i=1}^{n}\sum_{j=1}^{L}\lambda_jC_j^i\left[\frac{(S_i)^{-\alpha_j}(T_i)^{-\beta_j}}{r_1^j!r_2^j!}-1\right]\cdot(S_i)^{r_1^j}(T_i)^{r_2^j}\cdot\frac{\partial^{r_1^l+r_2^l}F}{\partial S_i^{r_1^j}\partial T_i^{r_2^j}}$$

例 1 Volterra-Lotka 模型

$$\frac{\partial F}{\partial t}=\sum_{\substack{i,j=1\\i\neq j}}^{n}\left\{\left[d_{ij}^{x}(S_j)\frac{\partial F}{\partial S_i}-d_{ij}^{x}(S_i)\frac{\partial F}{\partial S_i}\right]+\left[d_{ij}^{y}(T_j)\frac{\partial F}{\partial T_i}-d_{ij}^{y}(T_i)\frac{\partial F}{\partial T_i}\right]\right\}+$$

$$\sum_{i=1}^{n}\left[\lambda_1A_i(S_i-1)S_i\frac{\partial F}{\partial S_i}+\lambda_2\left(\frac{T_i}{S_i}-1\right)S_iT_i\frac{\partial F}{\partial S_i\partial T_i}+\right.$$

$$\left.\lambda_3B_i\left(\frac{1}{T_i}-1\right)T_i\frac{\partial F}{\partial T_i}\right].$$

例 2 Brusselator 模型

$$\frac{\partial F}{\partial t}=\sum_{\substack{i,j=1\\i\neq j}}^{n}\left\{\left[d_{ij}^{x}(S_j-S_i)\frac{\partial F}{\partial S_i}+d_{ij}^{y}(T_j-T_i)\frac{\partial F}{\partial T_i}\right]\right\}+$$

$$\sum_{i=1}^{n}\left[\lambda_1A_i(S_i-1)F+\lambda_2B_i\left(\frac{1}{S_i}-\frac{1}{T_i}\right)S_iT_i\frac{\partial F}{\partial S_i}+\right.$$

$$\left.\lambda_3\left(\frac{S_i}{T_i}-1\right)S_i^2T_i\frac{\partial^3F}{\partial S_i^2\partial T_i}+\lambda_4\left(\frac{1}{S_i}-1\right)S_i\frac{\partial^3F}{\partial S_i}\right].\tag{5.1}$$

针对 Brusselator 模型，我们解释一下平面上空间耗散结构的形成. 设划分区域为宏观足够小微观足够大.

设 $$F(S,T,t)=\exp\{N\cdot\psi(S,T,t)\},$$

这时

$$\frac{\partial F}{\partial t}=NF\frac{\partial \psi}{\partial t},$$

$$\frac{\partial F}{\partial S_i}=NF\frac{\partial \psi}{\partial S_i},\ \left.\frac{\partial F}{\partial S_i}\right|_{S,T=1}=E[X_i(t)],$$

$$\frac{\partial F}{\partial T_i}=NF\frac{\partial \psi}{\partial T_i},\ \left.\frac{\partial F}{\partial T_i}\right|_{S,T=1}=E[Y_i(t)],$$

$$\frac{\partial^2 F}{\partial S_i^2}=NF\frac{\partial^2 \psi}{\partial S_i^2}+N^2F\left(\frac{\partial \psi}{\partial S_i}\right)^2,\ \left.\frac{\partial^2 F}{\partial S_i^2}\right|_{S,T=1}=E[X_i(t)(X_i(t)-1)],$$

$$\frac{\partial^2 F}{\partial S_i\partial T_i}=NF\frac{\partial^2 \psi}{\partial S_i\partial T_i}+N^2F\frac{\partial \psi}{\partial S_i}\frac{\partial \psi}{\partial T_i},\ \left.\frac{\partial^2 F}{\partial S_i\partial T_i}\right|_{S,T=1}=E[X_i(t)Y_i(t)],$$

$$\frac{\partial^2 F}{\partial T_i^2}=NF\frac{\partial^2 \psi}{\partial T_i^2}+N^2F\left(\frac{\partial \psi}{\partial T_i}\right)^2,\ \left.\frac{\partial^2 F}{\partial T_i^2}\right|_{S,T=1}=E[Y_i(t)(Y_i(t)-1)],$$

$$\frac{\partial^2 F}{\partial S_i^2\partial T_i}=NF\left[N^2\frac{\partial \psi}{\partial T_i}\left(\frac{\partial \psi}{\partial S_i}\right)+N\frac{\partial \psi}{\partial T_i}\frac{\partial^2 \psi}{\partial S_i^2}+2N\frac{\partial \psi}{\partial S_i}\frac{\partial^2 \psi}{\partial S_i\partial T_i}+\frac{\partial^3 \psi}{\partial S_i^2\partial T_i}\right].$$

所以

$$\left.\frac{\partial^2 \psi}{\partial S_i^2}\right|_{S,T=1}=\frac{\{E[X_i(t)(X_i(t)-1)]-E^2[X_i(t)]\}}{N},$$

$$\left.\frac{\partial^2 \psi}{\partial S_i\partial T_i}\right|_{S,T=1}=\frac{\{E[X_i(t)Y_i(t)]-E[X_i(t)]\cdot E[Y_i(t)]\}}{N},$$

$$\left.\frac{\partial^2 \psi}{\partial T_i^2}\right|_{S,T=1}=\frac{\{E[Y_i(t)(Y_i(t)-1)]-E^2[Y_i(t)]\}}{N},$$

代入(5.1)得

$$\begin{aligned}\frac{\partial \psi}{\partial t}=&\sum_{i,j=1}^{n}\left[d_{ij}^{x}(S_j-S_i)\frac{\partial \psi}{\partial S_i}+d_{ij}^{y}(T_j-T_i)\frac{\partial \psi}{\partial T_i}\right]+\\&\sum_{i=1}^{n}\left\{\frac{\lambda_1A_i(S_i-1)}{N}+[\lambda_2B_i(T_i-S_i)+\lambda_4(1-S_i)]\frac{\partial \psi}{\partial S_i}+\right.\\&\lambda_3(S_i-T_i)T_i^2\left[N^2\frac{\partial \psi}{\partial T_i}\left(\frac{\partial \psi}{\partial S_i}\right)^2+N\frac{\partial \psi}{\partial T_i}\frac{\partial^2 \psi}{\partial S_i^2}+\right.\\&\left.\left.2N\frac{\partial \psi}{\partial S_i}\frac{\partial^2 \psi}{\partial S_i\partial T_i}+\frac{\partial^3 \psi}{\partial S_i^2\partial T_i}\right]\right\}.\end{aligned}$$

设

$$\Delta V=V_i,\ N=\frac{1}{\Delta V},$$

$$\xi_i=S_i-1,\ \eta_i=T_i-1,$$

$\boldsymbol{\xi},\boldsymbol{\eta}$ 分别为 n 维向量

$$K_1 = \frac{\lambda_1 A_i}{N}\ (\text{与 } i \text{ 无关}),$$
$$K_2^i = \lambda_2 B_i,$$
$$K_3 = \lambda_3 N^2,$$
$$K_4 = \lambda_4.$$

当 ΔV 足够小时可以忽略上式中 ψ 的高阶导数项，因此有

$$\frac{\partial \psi}{\partial t} = \sum_{\substack{i,j=1\\ i\neq j}}^{n}\left[d_{ij}^{x}(\xi_j-\xi_i)\frac{\partial \psi}{\partial \xi_i}d_{ij}^{y}(\eta_j-\eta_i)\frac{\partial \psi}{\partial \eta_i}\right]+$$
$$\sum_{i=1}^{n}\left\{K_1\xi_i+[K_2^i(\xi_i-\eta_i)-K_4\xi_i]\frac{\partial \psi}{\partial S_i}+K_3(\xi_i+1)^2(\xi_i-\eta_i)\left(\frac{\partial \psi}{\partial \xi_i}\right)^2\left(\frac{\partial \psi}{\partial \eta_i}\right)\right\}.$$

设 $\psi(S,T,t) = \psi(\xi+\mathbf{1},\eta+\mathbf{1},t)$
$$= \sum_{i=1}^{n}a_i^1\xi_i+\sum_{j=1}^{n}a_j^2\eta_j+\frac{1}{2}\sum_{i,j=1}^{n}(b_{ij}^{11}\xi_i\xi_j+b_{ij}^{12}\xi_i\eta_j+$$
$$b_{ij}^{21}\xi_i\eta_i+b_{ij}^{22}\eta_i\eta_j)+\cdots$$

将上式代入前式比较系数得

$$\frac{\mathrm{d}a_m^1}{\mathrm{d}t} = \sum_{\substack{i=1\\ i\neq m}}^{n}d_{im}^{x}a_i^1-\sum_{\substack{j=1\\ j\neq m}}^{n}d_{mj}^{x}a_m^1+K_1-(K_2^m+K_4)a_m^1+K_3(a_m^1)^2a_m^2,$$

$$\frac{\mathrm{d}a_m^2}{\mathrm{d}t} = \sum_{\substack{i=1\\ i\neq m}}^{n}d_{im}^{y}a_i^2-\sum_{\substack{j=1\\ j\neq m}}^{n}d_{mj}^{y}a_m^2+K_2^m a_m^1-K_3(a_m^1)a_m^2,$$

$$\frac{1}{2}\frac{\mathrm{d}b_{mm}^{11}}{\mathrm{d}t} = \sum_{\substack{i=1\\ i\neq m}}^{n}(d_{im}^{x}b_{mi}^{11}-d_{mi}^{x}b_{mm}^{11})-(K_2^m+K_4)b_{mm}^{11}+$$
$$K_3[2(a_m^1)^2a_m^2+2a_m^1a_m^2b_{mm}^{11}+(a_m^1)^2b_{mm}^{12}],$$

$$\frac{\mathrm{d}b_{mm}^{12}}{\mathrm{d}t} = \frac{\mathrm{d}b_{mm}^{21}}{\mathrm{d}t} = \sum_{\substack{i=1\\ i\neq m}}^{n}(d_{im}^{x}b_{im}^{12}-d_{mi}^{x}b_{im}^{12})+\sum_{\substack{i=1\\ i\neq m}}^{n}(d_{im}^{y}b_{mi}^{12}-d_{mi}^{y}b_{mm}^{12})-$$
$$(K_2^m+K_4)b_{mm}^{12}+K_2^m b_{mm}^{11}+K_3[-2(a_m^1)^2a_m^2+$$
$$2a_m^1a_m^2(b_{mm}^{12}-b_{mm}^{11})+(a_m^1)^2(b_{mm}^{22}-b_{mm}^{12})],$$

$$\frac{1}{2}\frac{\mathrm{d}b_{mm}^{22}}{\mathrm{d}t} = \sum_{\substack{i=1\\ i\neq m}}^{n}(d_{im}^{y}b_{mi}^{22}-d_{mi}^{y}b_{mm}^{22})+K_2^m b_{mm}^{12}-K_3[2a_m^1a_m^2b_{mm}^{12}+(a_m^1)^2b_{mm}^{22}].$$

在平面区域 V 中，根据前面所假设，相邻的 V_j 和 V_i 才有 d_{ij}^{x}, d_{ij}^{y} 不为 0，否则就是 0. 这样可以设

$$d^x\nabla^2 a_m^1 = \sum_{\substack{i=1\\ i\neq m}}^{n}d_{im}^{x}(a_i^1-a_m^1),$$

$$d^y \nabla^2 a_m^2 = \sum_{\substack{i=1 \\ i\neq m}}^{n} d_{im}^y (a_i^2 - a_m^2),$$

$$d^x \nabla^2 b_{mm}^{11} = \sum_{\substack{i=1 \\ i\neq m}}^{n} d_{im}^x (b_{mi}^{11} - b_{mm}^{11}),$$

$$d^x \underset{1}{\nabla}^2 b_{mm}^{12} = \sum_{\substack{i=1 \\ i\neq m}}^{n} d_{im}^x (b_{im}^{12} - b_{mm}^{12}),$$

$$d^y \underset{2}{\nabla}^2 b_{mm}^{12} = \sum_{\substack{i=1 \\ i\neq m}}^{n} d_{im}^y (b_{mi}^{12} - b_{mm}^{12}),$$

$$d^y \nabla^2 b_{mm}^{22} = \sum_{\substack{i=1 \\ i\neq m}}^{n} d_{im}^y (b_{mi}^{22} - b_{mm}^{22}).$$

于是得到

$$\frac{\mathrm{d}a_m^1}{\mathrm{d}t} = d^x \nabla^2 a_m^1 + K_1 - (K_2^m - K_4) a_m^1 + K_3 (a_m^1)^2 a,$$

$$\frac{\mathrm{d}a_m^2}{\mathrm{d}t} = d^y \nabla^2 a_m^2 + K_2^m a_m^1 - K_3 (a_m^1)^2 a_m^2, \tag{5.2}$$

$$\frac{1}{2}\frac{\mathrm{d}b_{mm}^{11}}{\mathrm{d}t} = d^x \nabla^2 b_{mm}^{11} - (K_2^m + K_4) b_{mm}^{11} + K_3 [2(a_m^1)^2 a_m^2 + 2a_m^1 \cdot a_m^2 b_{mm}^{11} + (a_m^1)^2 \cdot b_{mm}^{12}],$$

$$\frac{\mathrm{d}b_{mm}^{12}}{\mathrm{d}t} = d^x \underset{1}{\nabla}^2 b_{mm}^{12} + d^y \underset{2}{\nabla}^2 b_{mm}^{12} - (K_2^m + K_4) b_{mm}^{12} + K_2^m b_{mm}^{11} + K_3 [-2(a_m^1) a_m^2 + 2a_m^1 a_m^2 (b_{mm}^{12} - b_{mm}^{11}) + (a_m^1)^2 (b_{mm}^{22} - b_{mm}^{12})],$$

$$\frac{1}{2}\frac{\mathrm{d}b_{mm}^{22}}{\mathrm{d}t} = d^y \nabla^2 b_{mm}^{22} + K_2^m b_{mm}^{12} - K_3 [2a_m^1 a_m^2 + (a_m^1)^2 b_{mm}^2] \tag{5.3}$$

如果 $a_m^1 = \dfrac{K_1}{K_4}$ 代入(5.2) 第 1 式,那么 $\nabla^2 a_m^1 = 0$,且

$$K_1 - (K_2^m + K_4) \cdot \frac{K_1}{K_4} + K_3 \left(\frac{K_1}{K_4}\right)^2 a_m^2 = 0,$$

得

$$a_m^2 = \frac{K_2^m \cdot K_4}{(K_1 \cdot K_3)}.$$

如果将

$$a_m^1 = \frac{K_1}{K_4},\ a_m^2 = \frac{K_2^m \cdot K_4}{(K_1 \cdot K_3)}$$

此两式代入(5.2) 第 2 式,那么

$$d^y \nabla^2 \left[\frac{K_2^m \cdot K_4}{(K_1 \cdot K_3)}\right] + \frac{K_2^m \cdot K_1}{K_4} - K_3 \left(\frac{K_1}{K_4}\right)^2 \frac{K_2^m \cdot K_4}{(K_1 \cdot K_3)} = 0,$$

即得
$$\nabla^2 \cdot K_2^m = 0. \tag{5.4}$$

由此可以看出只要 K_2^m 满足(5.4)，则 $a_m^1 = \dfrac{K_1}{K_4}, a_m^2 = \dfrac{K_2^m \cdot K_4}{(K_1 \cdot K_3)}$ 是(5.2) 的定态解.

将此解代入(5.3)，并且假定
$$d^x \underset{1}{\nabla}^2 b_{mm}^{1\,i} = -\mathscr{D}_x^m \cdot b_{mm}^{1\,i},$$
$$d^y \underset{2}{\nabla}^2 b_{mm}^{i\,2} = -\mathscr{D}_y^m \cdot b_{mm}^{i\,2},$$

得到
$$\frac{\mathrm{d}}{\mathrm{d}t}\begin{pmatrix} b_{mm}^{1\,1} \\ b_{mm}^{1\,2} \\ b_{mm}^{2\,2} \end{pmatrix} =$$
$$\begin{pmatrix} 2(K_2^m - K_4) - 2\mathscr{D}_x^m & 2\left(\dfrac{K_1}{K_4}\right)^2 K_3 & 0 \\ -K_2^m & K_2^m - K_4 - \left(\dfrac{K_1}{K_4}\right)^2 K_3 - \mathscr{D}_x^m - \mathscr{D}_y^m & \left(\dfrac{K_1}{K_4}\right)^2 K_3 \\ 0 & -2K_2^m & -2\left(\dfrac{K_1}{K_4}\right)^2 K_3 - 2\mathscr{D}_y^m \end{pmatrix} \cdot$$
$$\begin{pmatrix} b_{mm}^{1\,1} \\ b_{mm}^{1\,2} \\ b_{mm}^{2\,2} \end{pmatrix} + \begin{pmatrix} 4\,\dfrac{K_1 \cdot K_2^m}{K_4} \\ 2\,\dfrac{K_1 \cdot K_2^m}{K_4} \\ 0 \end{pmatrix},$$

即
$$\frac{\mathrm{d}\boldsymbol{b}_{mm}}{\mathrm{d}t} = D\boldsymbol{b}_{mm} + \boldsymbol{\lambda},$$

这里 $\boldsymbol{b}_{mm}, \boldsymbol{\lambda}, D$，分别表示前一个式中的向量和矩阵，而上面的方程组中的矩阵的特征多项式是(由此看出由上面假定而得到方程组与[4] 中是一致的)
$$|D - \omega I| = 0,$$
$$\begin{vmatrix} 2(K_2^m - K_4) - 2\mathscr{D}_x^m - \omega & 2\left(\dfrac{K_1}{K_4}\right)^2 K_3 & 0 \\ -K_2^m & K_2^m - K_4 - \left(\dfrac{K_1}{K_4}\right)^2 K_3 - \mathscr{D}_x^m - \mathscr{D}_y^m - \omega & \left(\dfrac{K_1}{K_4}\right)^2 K_3 \\ 0 & -2K_2^m & -2\left(\dfrac{K_1}{K_4}\right)^2 K_3 - 2\mathscr{D}_y^m - \omega \end{vmatrix} = 0.$$

展开上面的行列式得

$$\omega^3-3\Delta\omega^2+(3\Delta^2-\delta^2)\omega-(\Delta^3-\Delta\delta^2)=0,$$

这里
$$\Delta=\left[K_2^m-K_4-\left(\frac{K_1}{K_4}\right)^2K_3-\mathscr{D}_x^m-\mathscr{D}_y^m\right],$$

$$\delta^2=\Delta^2-4\left[\mathscr{D}_x^m\cdot\mathscr{D}_y^m-K_2^m\mathscr{D}_y^m+K_4\mathscr{D}_y^m+K_4\left(\frac{K_1}{K_4}\right)^2K_3+\mathscr{D}_x^m\left(\frac{K_1}{K_4}\right)^2K_3\right].$$

所以三个特征根是

$$\omega_1=\Delta,$$
$$\omega_+=\Delta+\delta,$$
$$\omega_-=\Delta-\delta.$$

方程组的一般解的形式：$\boldsymbol{b}_{mm}=\boldsymbol{b}_{特解}+\boldsymbol{b}_{通解}$.

非齐次方程的特解

$$\boldsymbol{b}_{特解}=-D^{-1}\boldsymbol{\lambda}.$$

齐次方程的通解

$$\boldsymbol{b}_{通解}=\boldsymbol{A}_1\mathrm{e}^{\omega_1t}+\boldsymbol{A}_2\mathrm{e}^{\omega_+t}+\boldsymbol{A}_3\mathrm{e}^{\omega_-t}.$$

若 $\Delta<0$，并且 $\Delta\pm\delta<0(\Delta^2>\delta^2)$，也就是在

$$\begin{cases}K_2^m-K_4-\left(\dfrac{K_1}{K_4}\right)^2K_3-\mathscr{D}_x^m-\mathscr{D}_y^m<0,\\ \mathscr{D}_x^m\mathscr{D}_y^m-K_2^m\mathscr{D}_y^m+K_4\mathscr{D}_y^m+K_4\left(\dfrac{K_1}{K_4}\right)^2K_3+\mathscr{D}_x^m\left(\dfrac{K_1}{K_4}\right)^2K_3>0\end{cases}\tag{5.5}$$

条件下，这时 $\boldsymbol{b}_{mm}$ 趋向于 $\boldsymbol{b}_{特解}$，否则趋向无穷大. 系统的涨落是直接与 $\boldsymbol{b}_{mm}$ 有关. $\boldsymbol{b}_{mm}$ 越大说明在区域 V_m 中，微观粒子起伏越大，显示不出稳定的倾向，宏观现象变得也就越削弱，逐渐消失. 反之 $\boldsymbol{b}_{mm}$ 越小就越有稳定的倾向，呈现出宏观效应.

下面给出一个最简单的数值例子，解释它在平面上的空间耗散结构.

不妨假设

$$\mathscr{D}_x^m=k\mathscr{D}_y^m=k\mathscr{D},$$

则(5.5) 变为

$$\begin{cases}K_2^m<K_4+K_3\left(\dfrac{K_1}{K_4}\right)^2+(1+k)\mathscr{D},\\ K_2^m<k\mathscr{D}+K_4+K_3\dfrac{K_1^2}{K_4}\dfrac{1}{\mathscr{D}}+K_3\left(\dfrac{K_1}{K_4}\right)^2k.\end{cases}\tag{5.6}$$

现在研究定态解 $a_m^1=\dfrac{K_1}{K_4}$，$a_m^2=\dfrac{K_2\cdot K_4}{K_1\cdot K_3}$，及其附近的出现的其他定

态解 $a_m^1 = \frac{K_1}{K_4}$, $a_m^2 = \frac{K_2^m \cdot K_4}{K_1 \cdot K_3}$,这里 $K_2^m = K_2 + \varepsilon k_2^m$,而且 $\nabla^2 k_2^m = 0$ 在平面区域上的稳定性.

为了清楚具体起见,我们举数值例子来看看.

设 $$K_1 = \sqrt{2},\ K_3 = K_4 = 1,\ K_2 = 3.77,$$

$$\varepsilon = \frac{1}{3},\ k = \frac{1}{4},\ m = 1,2,\cdots,25,$$

将此数值代入(5.6)式我们得到

$$\begin{cases} K_2^m < \frac{5}{4}\mathscr{D} + 3, \\ K_2^m > \frac{\mathscr{D}}{4} + \frac{2}{\mathscr{D}} + \frac{3}{2}, \end{cases}$$

其交点为 $K_2^m \approx 4.06$, $\mathscr{D} \approx 0.85$.

k_2^m 在平面上的数值分布如下:

0	0	0	0	0
0	0.151	0.182	0.151	0
0	0.258	0.427	0.258	0
0	0.453	0.583	0.453	0
0	0.707	1	0.707	0

$K_2^m = K_2 + \frac{1}{3}k_2^m$ 在平面上的数值分布如下:

3.77	3.77	3.77	3.77	3.77	$\mathscr{D} = 0.45$
3.77	3.82	3.83	3.82	3.77	$\mathscr{D} = 0.60$
3.77	3.86$^{\vee}$	3.91$^{\vee}$	3.86$^{\vee}$	3.77	$\mathscr{D} = 0.75$
3.77	3.92$^{\vee}$	3.96	3.92$^{\vee}$	3.77	$\mathscr{D} = 0.90$
3.77	4.01	4.10	4.01	3.77	$\mathscr{D} = 1.05$

$K_2^{m'} = \frac{5}{4}\mathscr{D} + 3$, $K_2^{m''} = \frac{\mathscr{D}}{4} + \frac{2}{\mathscr{D}} + \frac{3}{2}$ 在不同的 $\mathscr{D}$ 值的分布如下:

$$\mathscr{D} = 0.45, 0.60, 0.75, 0.90, 1.05$$

$$K_2^{m'} = 3.56, 3.75, 3.94, 4.13, 4.31$$

$$K_2^{m''} = 6.05, 4.98, 4.36, 3.95, 3.66$$

V 区域表 $\boldsymbol{b}_{mm}$ 有限,否则 $\boldsymbol{b}_{mm}$ 无穷,这说明存在定态解 $a'_m = \frac{K_1}{K_4}$, $a_m^2 =$

$\frac{K_2^m \cdot K_4}{K_1 \cdot K_3}$，这里 $K_2^m = K_2 + \varepsilon k_2^m$，并且 $\nabla^2 k_2^m = 0$，这个解在参数 $\mathscr{D}$ 的变化情况下，在平面区域 V 中，有些区域 $\boldsymbol{b}$ 有限给出了宏观效应. 有些区域 $\boldsymbol{b}$ 趋向无穷大，因而原来的宏观现象即原来的稳定解变弱，所以在混乱的背景上有可能出现有序的区域. 并且只要在边界上保持稳定的与外界交换，参数 $\mathscr{D}$ 的变化稳定这种有序性会稳定下来. 这样就可以作为一个例子来解释 I. Prigogine 等人所描述平面上的空间耗散结构. 如图 1.

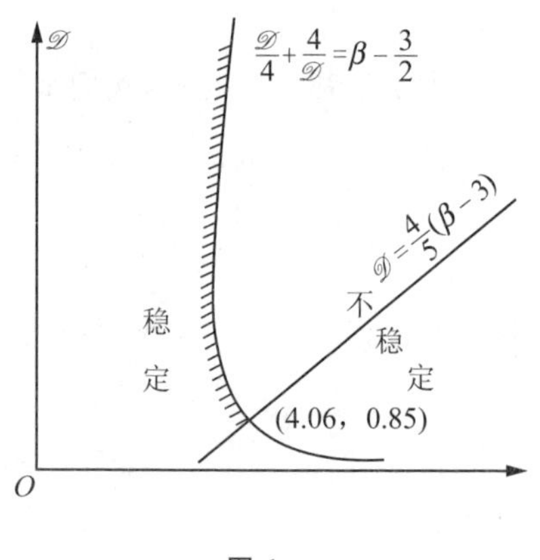

图 1

参考文献

[1] Nicolis G and Prigogine I. Self-organization in non-equilibrium systems. John Wiley & Sons，1977.

[2] 方福康. 耗散结构简介. 1978 年统计物理会议综述报告.

[3] Malek-Mansour M and Nicolis G J. Stat. Phys.，1975，13：197.

[4] Nicolis G，Malek-Mansour M A. van Nypelseer and Kitahara K. J. Stat. Phys.，1976，14：417.

[5] Gardiner C W and Chaturvedi S J. Stat. Phys.，1977，17：429.

[6] Chaturvedi S，Gardinlr C W，Matheson I S and Walls D F. J. Stat. Phys.，1977，17：469.

北京师范大学学报(自然科学版)
1980,(2):25-42

非平衡系统 Master 方程的稳定性①

On the Stability of the Multivariate Master Equation for Non-Equilibrium Systems

自从比利时学派 I. Prigogine 等人提出远离平衡区的耗散结构理论以来,无论是对宏观的反应扩散方程、微观的 Master 方程的研究,还是在其他学科领域里的应用,都取得了不小的进展.

本文针对非平衡系统的概率模型建立的 Master 方程[1],提出 Master 方程所决定的"概率流"概念,给出"概率流"的分解方法,求出"概率流"的分解解析表达式. 这种分解结果与马氏链转移矩阵的分解有类似之处[2]. 利用"熵产生"及"剩余熵产生"的概念,讨论了 Master 方程在线性平衡区以及非线性远离平衡区的 Ляпудов 稳定性问题,从而得到与 I. Prigogine 宏观热力学理论中远离平衡区的耗散结构理论一样的结果,即在非线性远离平衡区,有出现新的结构的可能性. 这种 Ляпудов 稳定性,也就是由 Master 方程所决定的"概率流"的稳定性. 文章最后讨论了几种 Ляпудов 稳定性判据的等价性.

§1. Master 方程所决定的"概率流"的分解

这一节里我们将研究 Master 方程

$$\frac{\mathrm{d}P_i}{\mathrm{d}t} = \sum_{j \neq i}(P_j q_{ji} - P_i q_{ij}) = \sum_j (P_j q_{ji} - P_i q_{ij}), \tag{1.1}$$

这里时间 t 是连续的,状态 i 是有限的,q_{ij} 是依赖某些参数的,这些参数的

---

① 本文 1979 年 11 月 5 日收到,2 月 25 日收到修改稿. 本文与严士健和刘若庄合作.

变化将影响着稳定性.

定义 矩阵$(P_i(t)q_{ij})$称为由 Master 方程(1) 所决定的"概率流",简称"概率流".

定义 矩阵$(P_{ij}(t))$,如果$P_{ij}(t)\equiv P_{ji}(t)$,那么称细致平衡矩阵.

定义 矩阵$(P_{ij}(t))$,如果存在$i_1,i_2,\cdots,i_k,i_{k+1}=i_1(K\geqslant 2)(i_{k1}\neq i_{k2}$,当$K_1\neq K_2\leqslant K)$和$Q(t)$,使得

$$P_{ij}(t)=\begin{cases}Q(t), & i=i_{k'},j=i_{k'+1},K'=1,2,\cdots,K\\ 0, & \text{其他}\end{cases}$$

那么称环流矩阵.

定义 矩阵$(P_{ij}(t))$,如果存在i_0和$R(t)$,使得

$$P_{ij}(t)=\begin{cases}R(t), & i=i_0,j=i_0+1;-R(t)i=i_0+1,j=i_0\\ 0, & \text{其他}\end{cases}$$

那么称单流矩阵.

引理 1 若$(P_{ij}(t))$是环流矩阵,则$(Q(t)P_{ij}(t))$也是环流矩阵.

引理 2 若$(P_{ij}(t))$是单流矩阵,则$(Q(t)P_{ij}(t))$也是单流矩阵.

定理 1 若$\dfrac{\mathrm{d}P_i}{\mathrm{d}t}=\sum\limits_j(P_jq_{ji}-P_iq_{ij})$,则"概率流"矩阵

$$(P_i(t)q_{ij})=(P_{ij}(t))+\sum_k(Q_{ij}^k(t))+\sum_l(R_{ij}^l(t)),$$

这里$(P_{ij}(t))$是细致平衡矩阵,$(Q_{ij}^k(t))$是环流矩阵的线性组合,$(R_{ij}^l(t))$是单流矩阵的线性组合.

证 利用数学归纳法.

当$n=3$时,

$$(P_i(t)q_{ij})_{3\times 3}=$$

$$\left(\frac{1}{2}(P_i(t)q_{ij}+P_j(t)q_{ji})\right)_{3\times 3}+\left(\frac{1}{2}(P_i(t)q_{ij}-P_j(t)q_{ji})\right)_{3\times 3}.$$

设
$$P_{ij}(t)=\frac{1}{2}(P_i(t)q_{ij}+P_j(t)q_{ij}),$$

$$S_{ij}=\frac{1}{2}(P_i(t)q_{ij}-P_j(t)q_{ij}),$$

则$(P_i(t)q_{ij})_{3\times 3}=(P_{ij}(t))_{3\times 3}+(S_{ij})_{3\times 3}$,

$$(S_{ij})_{3\times 3}=\begin{pmatrix}0 & S_{12} & S_{13}\\ S_{21} & 0 & S_{23}\\ S_{31} & S_{32} & 0\end{pmatrix}=\begin{pmatrix}0 & S_{12} & S_{13}\\ -S_{21} & 0 & S_{23}\\ -S_{13} & -S_{23} & 0\end{pmatrix}.$$

设 $$\boldsymbol{R}_2 = \begin{pmatrix} 0 & 1 & 0 \\ 0 & 0 & 0 \\ 0 & 0 & 0 \end{pmatrix}, \quad \boldsymbol{R}'_2 = \begin{pmatrix} 0 & 0 & 0 \\ 1 & 0 & 0 \\ 0 & 0 & 0 \end{pmatrix},$$

$$(S_{ij})_{3\times 3} + \left(\frac{1}{2}\frac{\mathrm{d}P_1}{\mathrm{d}t}\right)\cdot(\boldsymbol{R}_2 - \boldsymbol{R}'_2) = \begin{pmatrix} 0 & \frac{1}{2}\frac{\mathrm{d}P_1}{\mathrm{d}t} + S_{12} & S_{13} \\ -\frac{1}{2}\frac{\mathrm{d}P_1}{\mathrm{d}t} - S_{12} & 0 & S_{23} \\ -S_{13} & -S_{23} & 0 \end{pmatrix}.$$

因为$$\frac{\mathrm{d}P_1}{\mathrm{d}t} = (P_2 q_{21} - P_1 q_{12}) + (P_3 q_{31} - P_1 q_{13}) = -2(S_{12} + S_{13}),$$

所以 $$(S_{ij})_{3\times 3} + \left(\frac{1}{2}\frac{\mathrm{d}P_1}{\mathrm{d}t}\right)\cdot(\boldsymbol{R}_2 - \boldsymbol{R}'_2) = \begin{pmatrix} 0 & -S_{13} & S_{13} \\ S_{12} & 0 & S_{23} \\ -S_{13} & -S_{23} & 0 \end{pmatrix}.$$

设

$$\boldsymbol{R}_3 = \begin{pmatrix} 0 & 0 & 0 \\ 0 & 0 & 1 \\ 0 & 0 & 0 \end{pmatrix}, \quad \boldsymbol{R}'_3 = \begin{pmatrix} 0 & 0 & 0 \\ 0 & 0 & 0 \\ 0 & 1 & 0 \end{pmatrix},$$

$$\boldsymbol{Q}_3 = \begin{pmatrix} 0 & 0 & 1 \\ 1 & 0 & 0 \\ 0 & 1 & 0 \end{pmatrix}, \quad \boldsymbol{Q}'_3 = \begin{pmatrix} 0 & 1 & 0 \\ 0 & 0 & 1 \\ 1 & 0 & 0 \end{pmatrix},$$

$$(S_{ij})_{3\times 3} + \left(\frac{1}{2}\frac{\mathrm{d}P_1}{\mathrm{d}t}\right)\cdot(\boldsymbol{R}_2 - \boldsymbol{R}'_2) - S_{13}\cdot(\boldsymbol{Q}_3 - \boldsymbol{Q}'_3) =$$

$$\begin{pmatrix} 0 & 0 & 0 \\ 0 & 0 & S_{13} + S_{23} \\ 0 & -S_{13} - S_{23} & 0 \end{pmatrix}.$$

因为 $$\frac{\mathrm{d}P_1}{\mathrm{d}t} = -2(S_{12} + S_{13}), \frac{\mathrm{d}P_2}{\mathrm{d}t} = -2(S_{21} + S_{23}),$$

所以 $$\frac{\mathrm{d}P_1}{\mathrm{d}t} + \frac{\mathrm{d}P_2}{\mathrm{d}t} = -2(S_{13} + S_{23});$$

故 $$(S_{ij})_{3\times 3} + \left(\frac{1}{2}\frac{\mathrm{d}P_1}{\mathrm{d}t}\right)\cdot(\boldsymbol{R}_2 - \boldsymbol{R}'_2) - S_{13}(\boldsymbol{Q}_3 - \boldsymbol{Q}'_3) +$$

$$\frac{1}{2}\left(\frac{\mathrm{d}P_1}{\mathrm{d}t} + \frac{\mathrm{d}P_2}{\mathrm{d}t}\right)\cdot(\boldsymbol{R}_3 - \boldsymbol{R}'_3) = (0)_{3\times 3}.$$

最后，我们得到

$$(P_i(t)q_{ij})_{3\times 3}=(P_{ij}(t))_{3\times 3}+S_{13}(\boldsymbol{Q}_3-\boldsymbol{Q}'_3)-\frac{1}{2}\left(\frac{\mathrm{d}\,P_1}{\mathrm{d}t}\right)(\boldsymbol{R}_2-\boldsymbol{R}'_2)-\frac{1}{2}\left(\frac{\mathrm{d}P_1}{\mathrm{d}t}+\frac{\mathrm{d}P_2}{\mathrm{d}t}\right)(\boldsymbol{R}_3-\boldsymbol{R}'_3).$$

这里$(P_{ij}(t))_{3\times 3}$是细致平衡矩阵，$\boldsymbol{Q}_3$，$\boldsymbol{Q}'_3$是环流矩阵，$(\boldsymbol{R}_2-\boldsymbol{R}'_3)$，$(\boldsymbol{R}_3-\boldsymbol{R}'_3)$是单流矩阵.

设$n=m-1$真，当$n=m$时

$$(P_i(t)q_{ij})_{m\times m}=\left(\frac{1}{2}(P_i(t)q_{ij}+P_i(t)q_{ji})\right)_{m\times m}+\left(\frac{1}{2}(P_i(t)q_{ij}-P_i(t)q_{ji})\right)_{m\times m},$$

则
$$(P_i(t)q_{ij})_{m\times m}=(P_{ij}(t))_{m\times m}+(S_{ij})_{m\times m},$$

$$(S_{ij})_{m\times m}=\begin{pmatrix}0 & S_{12} & \cdots & S_{1m}\\ S_{21} & 0 & \cdots & S_{2m}\\ \vdots & \vdots & & \vdots\\ S_{m1} & S_{m2} & \cdots & 0\end{pmatrix}_{m\times m}=\begin{pmatrix}0 & S_{12} & \cdots & S_{1m}\\ -S_{21} & 0 & \cdots & S_{2m}\\ \vdots & \vdots & & \vdots\\ -S_{1m} & -S_{2m} & \cdots & 0\end{pmatrix}_{m\times m}.$$

设

$$\boldsymbol{R}_k=\begin{pmatrix}0 & \cdots & 0 & \cdots & 0\\ \vdots & & \vdots & & \vdots\\ 0 & \cdots & 1 & \cdots & 0\\ \vdots & & \vdots & & \vdots\\ 0 & \cdots & 0 & \cdots & 0\end{pmatrix}_{m\times m}\begin{matrix}\\ \\ k-1,\\ \\ \\ \end{matrix}\quad(\text{第 } k \text{ 列}),\qquad \boldsymbol{R}'_k=\begin{pmatrix}0 & \cdots & 0 & \cdots & 0\\ \vdots & & \vdots & & \vdots\\ 0 & \cdots & 1 & \cdots & 0\\ \vdots & & \vdots & & \vdots\\ 0 & \cdots & 0 & \cdots & 0\end{pmatrix}_{m\times m}\begin{matrix}\\ \\ k,\\ \\ \\ \end{matrix}\quad(\text{第 } k-1 \text{ 列})$$

$$(S_{ij})_{m\times m}+\left(\frac{1}{2}\frac{\mathrm{d}P_1}{\mathrm{d}t}\right)\cdot(\boldsymbol{R}_2-\boldsymbol{R}'_2)$$

$$=\begin{pmatrix}0 & \frac{1}{2}\frac{\mathrm{d}P_1}{\mathrm{d}t}+S_{12} & S_{13} & \cdots & S_{1m}\\ -\frac{1}{2}\frac{\mathrm{d}P_1}{\mathrm{d}t}-S_{12} & 0 & S_{23} & \cdots & S_{2m}\\ -S_{13} & -S_{23} & 0 & \cdots & S_{3m}\\ \vdots & \vdots & \vdots & & \vdots\\ -S_{1m} & -S_{2m} & -S_{3m} & \cdots & 0\end{pmatrix}_{m\times m}.$$

因为
$$\frac{\mathrm{d}P_1}{\mathrm{d}t}=-2(S_{12}+S_{13}+\cdots+S_{1m}),$$

所以

$$(S_{ij})_{m\times m}+\left(\frac{1}{2}\frac{\mathrm{d}P_1}{\mathrm{d}t}\right)\cdot(\boldsymbol{R}_2-\boldsymbol{R}'_2)$$

$$
=\begin{pmatrix}
0 & -\sum\limits_{k=3}^{m} S_{1k} & S_{13} & \cdots & S_{1m} \\
\sum\limits_{k=3}^{m} S_{1k} & 0 & S_{23} & \cdots & S_{2m} \\
-S_{13} & -S_{23} & 0 & \cdots & S_{3m} \\
\vdots & \vdots & \vdots & & \vdots \\
-S_{1m} & -S_{2m} & -S_{3m} & \cdots & 0
\end{pmatrix}_{m\times m}.
$$

设

$$
\boldsymbol{Q}_k=\begin{pmatrix}
0 & 0 & \cdots & 0 & 1 & \\
1 & 0 & \cdots & 0 & 0 & \\
0 & 1 & \cdots & 0 & 0 & 0 \\
\vdots & \vdots & & \vdots & & \\
0 & 0 & \cdots & 1 & 0 & \\
 & & 0 & & & I_{m-k}
\end{pmatrix},
$$

（第 k 列，第 k 行）

$$
\boldsymbol{Q}'_k=\begin{pmatrix}
0 & 1 & \cdots & 0 & 0 & \\
0 & 0 & \cdots & 1 & 0 & \\
\vdots & \vdots & & \vdots & & 0 \\
0 & 0 & \cdots & 0 & 1 & \\
1 & 0 & & & 0 & \\
 & & 0 & & & I_{m-k}
\end{pmatrix},
$$

（第 k 列，第 k 行）

$$
(S_{ij})_{m\times m}+\left(\frac{1}{2}\frac{\mathrm{d}P_1}{\mathrm{d}t}\right)\cdot(\boldsymbol{R}_2-\boldsymbol{R}'_2)-\sum_{k=3}^{m}S_{1k}(\boldsymbol{Q}_k-\boldsymbol{Q}'_k)
$$

$$
=\begin{pmatrix}
0 & -\sum\limits_{k=3}^{m} S_{1k} & S_{13} & \cdots & S_{1m} \\
\sum\limits_{k=3}^{m} S_{1k} & 0 & S_{23} & \cdots & S_{2m} \\
-S_{13} & -S_{23} & 0 & \cdots & S_{3m} \\
\vdots & \vdots & \vdots & & \vdots \\
-S_{1m} & -S_{2m} & -S_{3m} & \cdots & 0
\end{pmatrix}_{m\times m}-
$$

$$\begin{pmatrix} 0 & -\sum_{k=3}^{m} S_{1k} & S_{13}\cdots S_{1m} \\ \sum_{k=3}^{m} S_{1k} & & \\ \vdots & & T \\ -S_{1m} & & \end{pmatrix} = \begin{pmatrix} & 0 & & & \\ & 0 & S_{23}^{1} & \cdots & S_{2m}^{1} \\ 0 & S_{23}^{1} & 0 & \cdots & S_{3m}^{1} \\ & \vdots & \vdots & & \vdots \\ & S_{m2}^{1} & S_{m3}^{1} & \cdots & 0 \end{pmatrix} = (S_{ij}^{1})_{m\times m},$$

其中

$$T = \begin{pmatrix} 0 & -\sum_{k=3}^{m} S_{1k} & & & \\ \sum_{k=3}^{m} S_{1k} & 0 & -\sum_{k=4}^{m} S_{1k} & & 0 \\ & \sum_{k=4}^{m} S_{1k} & \ddots & & \\ & & 0 & -S_{1m} & \\ 0 & & \ddots & & \\ & & S_{1m} & 0 & \end{pmatrix},$$

这里 $S_{ij}^{1} = S_{ij}, i \neq j+1$ 或 $j \neq i+1$.

因为$(\boldsymbol{Q}_k - \boldsymbol{Q}'_k)$是反对称的，并且每一行元素的和是0，所以 $\sum_{k=3}^{m} S_{1k} \cdot (\boldsymbol{Q}_k - \boldsymbol{Q}'_k)$ 也是反对称的，并且每一行元素的和也是0.

$(S_{ij}^{1})_{m\times m}$ 第2行元素的和$\sum_{k=3}^{m} S_{2k}^{1}$，等于$(S_{ij})_{m\times m}$ 第2行元素的和加上$\left(\frac{1}{2}\frac{\mathrm{d}P_1}{\mathrm{d}t}\right)$. $(\boldsymbol{R}_2 - \boldsymbol{R}'_2)$第2行元素的和，再减$\sum_{k=3}^{m} S_{1k} \cdot (\boldsymbol{Q}_k - \boldsymbol{Q}'_k)$第2行元素的和.

即
$$\sum_{k=3}^{m} S_{2k}^{1} = \sum_{\substack{k=1 \\ k\neq 2}}^{m} S_{2k} - \frac{1}{2}\frac{\mathrm{d}P_1}{\mathrm{d}t} - 0 = -\frac{1}{2}\frac{\mathrm{d}P_2}{\mathrm{d}t} - \frac{1}{2}\frac{\mathrm{d}P_1}{\mathrm{d}t},$$

$(S_{ij}^{1})_{m\times m}$ 第 i 行元素的和$\sum_{\substack{k=2 \\ k\neq i}}^{m} S_{ik}^{1}\ (i>2)$保持不变，等于$-\frac{1}{2}\frac{\mathrm{d}P_i}{\mathrm{d}t}$，故可以设 $P_2^{1} = P_1 + P_2, P_i^{1} = P_i\ (i>2)$，我们得到

$$\frac{\mathrm{d}P_i^{1}}{\mathrm{d}t} = -2\sum_{k=2}^{m} S_{ik}^{1}. \quad (i = 2,3,\cdots,m)$$

于是，根据数学归纳法定理得证. 定理1中

$$(P_{ij}(t)) = \left(\frac{1}{2}(P_i(t)q_{ij} + P_j(t)q_{ji})\right),$$

$$(Q_{ij}^k) = \left[\sum_{l=3} S_{k-2,l}^{k-3}(Q_l^{k-3}) - \sum_{l=3} S_{k-2,l}^{k-3}(Q_l^{k'-3})\right],(k \geqslant 3)$$

$$(R_{ij}^k) = \left(-\frac{1}{2}\sum_{l=1}^{k-1}\frac{\mathrm{d}P_l}{\mathrm{d}t}\right)(\boldsymbol{R}_k - \boldsymbol{R}'_k),(k \geqslant 2)$$

其中

$$\boldsymbol{Q}_l^i = \overbrace{\begin{pmatrix} \mathbf{0} & \mathbf{0} \\ \mathbf{0} & Q_l \end{pmatrix}}^{i}\Big\}i.$$

定理 1 给出 Master 方程所决定的“概率流”的具体分解方法. 在这种分解意义下,“概率流”分解为细致平衡矩阵,环流矩阵的线性组合和单流矩阵的线性组合,我们分别称它们为“概率流”的细致平衡部分,环流部分和单流部分(参看[2]).

定义 $\frac{\mathrm{d}P_i}{\mathrm{d}t} = \sum_j (P_j q_{ji} - P_i q_{ij})$,如果存在$\{P_i\}$使得 $P_j q_{ij} - P_i q_{ij} \equiv 0(\forall i,j)$,那么称$\{P_i\}$为细致平衡态,即平衡态,记作$\{P_i^0\}$.

定义 $\frac{\mathrm{d}P_i}{\mathrm{d}t} = \sum_j (P_j q_{ji} - P_i q_{ij})$,如果存在$\{P_i\}$使得$\sum_l (P_j q_{ij} - P_i q_{ij}) \equiv 0(\forall i)$,那么称$\{P_i\}$为定态,记作$\{P_i^{+\infty}\}$.

显然,细致平衡态一定是定态.

由定理 1 不难得出

定理 1′ 若$\frac{\mathrm{d}P_i}{\mathrm{d}t} = \sum_j (P_j q_{ji} - P_i q_{ij})$,在定理 1 分解方法下,$\{P_i\}$为细致平衡态,当且仅当“概率流”分解仅有细致平衡部分. $\{P_i\}$为定态,非细致平衡态,当且仅当“概率流”分解仅有细致平衡部分和环流部分.

§ 2. Master 方程的稳定性

上一节我们讨论了 Master 方程所决定的“概率流”的分解,这种分解的稳定性直接关系到 Master 方程的稳定性. 这一节我们将研究 Master 方程在线性平衡区以及非线性远离平衡区的 Ляпунов 稳定性问题.

定义 若$\frac{\mathrm{d}P_i}{\mathrm{d}t} = \sum_j (P_j q_{ji} - P_i q_{ij})$,则 $S(t) \triangleq -\sum_i P_i \ln P_i$ 称为 Master 方程的熵,简称“熵”.

注 $\frac{\mathrm{d}P_i}{\mathrm{d}t}=\sum_j(P_jq_{ji}-P_iq_{ij})$.

若$\{P_i(t)\}$为方程的解，且$P_i(t)\not\equiv 0$，则在任意时间$[0,T)$的间隔内，至多有有限个时间t，使得$P_i(t)=0$. 事实上，如果不然，

那么存在$\{t_n\}_{n\in\mathbf{N}^*}$，$t_n\in[0,T)$，并且$t_n\xrightarrow{n\to+\infty}t_0$有$P_i(t_n)=0$.

因为$\{P_i(t)\}$为方程的解，所以$\{P_i(t)\}$，$\left\{\frac{\mathrm{d}P_i}{\mathrm{d}t}\right\}$，$\left\{\frac{\mathrm{d}^2P_i}{\mathrm{d}t^2}\right\}$……都是连续函数.

这样，
$$\forall n, P_i(t_n)=0,\text{所以 } P_i(t_0)=0,$$
$$\forall n, P_i(t_n)=0, P_i(t_0)=0.$$

根据罗尔引理，$\exists t_n^1$，使得$\frac{\mathrm{d}P_i(t_n^1)}{\mathrm{d}t}=0$，这里$t_n^1$在$t_n$与$t_0$之间，并且$t_n^1\xrightarrow{n\to+\infty}t_0$，

所以
$$\frac{\mathrm{d}P_i(t_n^1)}{\mathrm{d}t}\xrightarrow{n\to+\infty}\frac{\mathrm{d}P_i(t_0)}{\mathrm{d}t}=0.$$

同理，
$$\forall n,\quad \frac{\mathrm{d}P_i(t_n^1)}{\mathrm{d}t}=0,\quad \frac{\mathrm{d}P_i(t_0)}{\mathrm{d}t}=0,$$

根据罗尔引理，$\exists t_n^2$，使得
$$\frac{\mathrm{d}^2P_i(t_n^2)}{\mathrm{d}t^2}=0,$$

这里t_n^2在t_n^1与t_0之间，并且$t_n^2\xrightarrow{n\to+\infty}t_0$，所以
$$\frac{\mathrm{d}^2P_i(t_n^2)}{\mathrm{d}t^2}\xrightarrow{n\to+\infty}\frac{\mathrm{d}^2P_i(t_0)}{\mathrm{d}t^2}=0.$$

依此类推，
$$\forall n,\quad \frac{\mathrm{d}^nP_i(t_0)}{\mathrm{d}t^n}=0.$$

这样就与$P_i(t)\not\equiv 0$相矛盾.

所以，在以后的讨论过程中都认为$P_i>0(\forall i)$.

$$\frac{\mathrm{d}S(t)}{\mathrm{d}t}=-\left(\sum_i\frac{\mathrm{d}P_i}{\mathrm{d}t}\ln P_i+\sum_iP_i\frac{\frac{\mathrm{d}P_i}{\mathrm{d}t}}{P_i}\right).$$

因为$\sum_iP_i\equiv 1$，所以$\sum_i\frac{\mathrm{d}P_i}{\mathrm{d}t}\equiv 0$，

$$\frac{\mathrm{d}S(t)}{\mathrm{d}t}=-\sum_i\frac{\mathrm{d}P_i}{\mathrm{d}t}\ln P_i.$$

根据(1)式，有

$$\frac{\mathrm{d}S(t)}{\mathrm{d}t}=-\sum_{i,j}(P_iq_{ji}-P_iq_{ij})\ln P_i.$$

交换上式中 i 与 j 的指标,与原式相加除以 2 得到

$$\frac{\mathrm{d}S(t)}{\mathrm{d}t}=-\frac{1}{2}\sum_{i,j}(P_iq_{ji}-P_iq_{ij})\ln\frac{P_i}{P_j},$$

根据 Master 方程的推导(参看[1]),我们有 $q_{ij}\geqslant 0\ (\forall i,j,i\neq j)$,

所以$\frac{\mathrm{d}S(t)}{\mathrm{d}t}$

$$=-\left[\frac{1}{2}\sum_{i,j}(P_iq_{ji}-P_iq_{ij})\ln\frac{P_iq_{ij}}{P_jq_{ji}}+\frac{1}{2}\sum_{i,j}(P_iq_{ji}-P_iq_{ij})\ln\frac{q_{ji}}{q_{ij}}\right].$$

注　若 $q_{ij}=0$, $q_{ji}\neq 0$,则 $\ln\frac{q_{ij}}{q_{ji}}\triangleq-\infty$.

若 $q_{ij}\neq 0$, $q_{ji}=0$,则 $\ln\frac{q_{ij}}{q_{ji}}\triangleq+\infty$.

若 $q_{ij}=0$, $q_{ji}=0$,则 $\ln\frac{q_{ij}}{q_{ji}}\triangleq 0$.

定义　$\frac{\mathrm{d}_iS}{\mathrm{d}t}\triangleq-\frac{1}{2}\sum_{i,j}(P_iq_{ji}-P_iq_{ij})\ln\frac{P_iq_{ij}}{P_jq_{ji}}$ 称为“熵产生”.

定义　$\frac{\mathrm{d}_eS}{\mathrm{d}t}\triangleq-\frac{1}{2}\sum_{i,j}(P_iq_{ji}-P_iq_{ij})\ln\frac{q_{ji}}{q_{ij}}$ 称为“熵流”,所以

$$\frac{\mathrm{d}S(t)}{\mathrm{d}t}=\frac{\mathrm{d}_iS}{\mathrm{d}t}+\frac{\mathrm{d}_eS_e}{\mathrm{d}t}.$$

注　$\frac{\mathrm{d}S(t)}{\mathrm{d}t}$ 是有意义的,$\frac{\mathrm{d}_iS}{\mathrm{d}t}$ 也是有意义的,可能为 $+\infty$,这时$\frac{\mathrm{d}_eS_e}{\mathrm{d}t}$ 应理解为$\frac{\mathrm{d}S(t)}{\mathrm{d}t}-\frac{\mathrm{d}_iS}{\mathrm{d}t}$.

定理 2　$\frac{\mathrm{d}_iS}{\mathrm{d}t}\geqslant 0$,等式成立当且仅当是细致平衡态.

证　**充分性**是显然的.

必要性

$$\frac{\mathrm{d}_iS}{\mathrm{d}t}=\frac{1}{2}\sum_{i,j}(P_iq_{ji}-P_iq_{ij})\ln\frac{P_iq_{ij}}{P_jq_{ji}}.$$

设 $f_{ij}=(P_iq_{ij}-P_iq_{ji})\ln\frac{P_iq_{ij}}{P_jq_{ji}}$,

若 $q_{ij}=q_{ji}=0$,则 $f_{ij}=0$;若 $q_{ij}=0,q_{ji}\neq 0$,则 $f_{ij}=+\infty$;若 $q_{ij}\neq 0$, $q_{ji}=0$,则 $f_{ij}=+\infty$;若 $q_{ij}\neq 0,q_{ji}\neq 0$:

若 $P_iq_{ij}-P_jq_{ji}\geqslant 0$,则 $\ln\frac{P_iq_{ij}}{P_jq_{ji}}\geqslant 0$; 若 $P_iq_{ij}-P_jq_{ji}\leqslant 0$,则 $\ln\frac{P_iq_{ij}}{P_jq_{ji}}\leqslant 0$.

总之 $(P_iq_{ij}-P_iq_{ji})\ln\frac{P_iq_{ij}}{P_jq_{ji}}\geqslant 0$.

若 $\frac{\mathrm{d}_iS}{\mathrm{d}t}=0$, 则 $P_iq_{ij}=P_jq_{ji}$.

定理得证.

定义　$J_{ij}\stackrel{\triangle}{=\!=}-(P_jq_{ji}-P_iq_{ij})=(P_iq_{ij}-P_jq_{ji})$ 称为"流".

定义　$A_{ij}\stackrel{\triangle}{=}\ln\frac{P_iq_{ij}}{P_jq_{ji}}$ 称为"力".

显然,若 $\{P_i\}$ 为细致平衡态,则 $J_{ij}^0=P_i^0q_{ij}-P_j^0q_{ji}=0$;

若 $\{P_i\}$ 为定态,则 $\sum_j J_{ji}^{+\infty}=\sum_j(P_j^{+\infty}q_{ji}-P_i^{+\infty}q_{ij})=0$.

$$P\stackrel{\triangle}{=}\frac{\mathrm{d}_iS}{\mathrm{d}t}=-\frac{1}{2}\sum_{i,j}(P_jq_{ij}-P_iq_{ij})\ln\frac{P_iq_{ij}}{P_jq_{ji}}=\frac{1}{2}\sum_{i,j}A_{ij}\cdot J_{ij}\quad\frac{\mathrm{d}P}{\mathrm{d}t}$$

$$=\frac{1}{2}\left(\sum_{i,j}\frac{\mathrm{d}A_{ij}}{\mathrm{d}t}J_{ij}+\sum_{i,j}A_{ij}\frac{\mathrm{d}J_{ij}}{\mathrm{d}t}\right).$$

设 $\frac{\mathrm{d}_AP}{\mathrm{d}t}\stackrel{\triangle}{=}\frac{1}{2}\sum_{i,j}\frac{\mathrm{d}A_{ij}}{\mathrm{d}t}J_{ij}$.

定理 3　$\frac{\mathrm{d}_AP}{\mathrm{d}t}\leqslant 0$,等式成立当且仅当是定态.

证　$\frac{\mathrm{d}_AP}{\mathrm{d}t}=\frac{1}{2}\sum_{i,j}\frac{\mathrm{d}A_{ij}}{\mathrm{d}t}J_{ij}$,

$$\frac{\mathrm{d}A_{ij}}{\mathrm{d}t}=\frac{\mathrm{d}}{\mathrm{d}t}(\ln P_iq_{ij}-\ln P_jq_{ji})=\frac{1}{P_i}\frac{\mathrm{d}P_i}{\mathrm{d}t}-\frac{1}{P_j}\frac{\mathrm{d}P_j}{\mathrm{d}t},$$

所以

$$\frac{\mathrm{d}_AP}{\mathrm{d}t}=\frac{1}{2}\sum_{i,j}\left[\left(\frac{1}{P_i}\frac{\mathrm{d}P_i}{\mathrm{d}t}-\frac{1}{P_j}\frac{\mathrm{d}P_j}{\mathrm{d}t}\right)\cdot J_{ij}\right]$$

$$=\frac{1}{2}\sum_{i,j}\frac{1}{P_i}\frac{\mathrm{d}P_i}{\mathrm{d}t}J_{ij}-\frac{1}{2}\sum_{i,j}\frac{1}{P_j}\frac{\mathrm{d}P_j}{\mathrm{d}t}J_{ij}$$

$$=\frac{1}{2}\sum_{i,j}\frac{1}{P_i}\frac{\mathrm{d}P_i}{\mathrm{d}t}\left(\sum_j J_{ij}\right)-\frac{1}{2}\sum_j\frac{1}{P_j}\frac{\mathrm{d}P_j}{\mathrm{d}t}\left(\sum_i J_{ij}\right)$$

$$=\frac{1}{2}\sum_j\frac{1}{P_i}\frac{\mathrm{d}P_i}{\mathrm{d}t}\left(-\frac{\mathrm{d}P_i}{\mathrm{d}t}\right)-\frac{1}{2}\sum_j\frac{1}{P_j}\frac{\mathrm{d}P_j}{\mathrm{d}t}\left(\frac{\mathrm{d}P_j}{\mathrm{d}t}\right)$$

$$=-\sum_i\frac{1}{P_i}\left(\frac{\mathrm{d}P_i}{\mathrm{d}t}\right)^3\leqslant 0,$$

定理得证.

近平衡区：$\forall i \,|P_i - P_i^0| \ll 1$，

$$\forall i,j\,|A_{ij} - A_{ij}^0| \ll 1\text{，即}\,|A_{ij}| \ll 1\text{，}$$

这时有

$$\begin{aligned} J_{ij} &= P_i q_{ij} - P_j q_{ji} = \mathrm{e}^{\ln P_j q_{ij}} - \mathrm{e}^{\ln P_j q_{ji}} \\ &= \mathrm{e}^{\ln P_j q_{ij}}(1 - \mathrm{e}^{-(\ln P_i q_{ij} - \ln P_j q_{ji})}) = \mathrm{e}^{\ln P_i q_{ji}}(1 - \mathrm{e}^{-A_{ij}}) \\ &= P_i q_{ij}\left[1 - \left(1 + \sum_{k=1}^{+\infty} \frac{(-1)^k}{K!}\right)(A_{ij})^k\right]. \end{aligned}$$

同理 $J_{ij} = P_j q_{ji}\left[\left(1 + \sum\limits_{k=1}^{+\infty} \dfrac{1}{K!}(A_{ij})^k\right) - 1\right]$，

所以 $J_{ij} = \dfrac{P_i q_{ij} + P_j q_{ji}}{2} A_{ij} + \dfrac{1}{2}\sum\limits_{k=2}^{+\infty} \dfrac{1}{K!}(A_{ij})^k[(-1)^{k-1} P_i q_{ij} + P_j q_{ji}]$.

又因为 $A_{ij} = -A_{ji}$，

所以 $J_{ij} = \left(\dfrac{P_i q_{ij} + P_j q_{ji}}{4}\right) A_{ij} + \left(-\dfrac{P_i q_{ij} + P_j q_{ji}}{4}\right) A_{ij} + o(A_{ij})$.

因 $|P_i - P_i^0| \ll 1$，并忽略 $o(|A_{ij}|)$，我们得到

$$J_{ij} = \frac{P_i^0 q_{ij} + P_j^0 q_{ji}}{4} A_{ij} + \left(-\frac{P_j^0 q_{ji} + P_i^0 q_{ij}}{4}\right) \cdot A_{ji}.$$

从此看出，“流”和“力”之间的关系是线性关系.

设 $\quad a_{ij}^0 = \dfrac{P_i^0 q_{ij} + P_j^0 q_{ji}}{4}$， $\quad a_{ji}^0 = -\dfrac{P_j^0 q_{ji} + P_i^0 q_{ij}}{4}$，

则

$$J_{ij} = a_{ij}^0 A_{ij} + a_{ji}^0 A_{ji}\text{，}$$

$$\frac{\partial J_{ij}}{\partial A_{ji}} = \frac{\partial J_{ji}}{\partial A_{ij}} = a_{ji}^0\text{，}$$

线性近平衡区：$\forall i,j, J_{ij} = a_{ij}^0 A_{ij} + a_{ji}^0 A_{ji}$，

$$\forall i, |P_i - P_i^0| \ll 1\text{，}$$

$$\forall i,j, |A_{ij} - A_{ij}^0| \ll 1\text{，即}\,|A_{ij}| \ll 1.$$

(1) 线性近平衡区 Master 方程的稳定性

在线性近平衡区，有

$$J_{ij} = a_{ij}^0 A_{ij} + a_{ji}^0 A_{ji}\text{，}$$

$$\begin{aligned} \frac{\mathrm{d}J_{ij}}{\mathrm{d}t} A_{ij} &= a_{ij}^0 \frac{\mathrm{d}A_{ij}}{\mathrm{d}t} A_{ij} - a_{ji}^0 \frac{\mathrm{d}A_{ij}}{\mathrm{d}t} A_{ij} \\ &= a_{ij}^0 \frac{\mathrm{d}A_{ij}}{\mathrm{d}t} A_{ij} + a_{ji}^0 \frac{\mathrm{d}A_{ij}}{\mathrm{d}t} A_{ji} \\ &= (a_{ij}^0 A_{ij} + a_{ji}^0 A_{ji}) \cdot \frac{\mathrm{d}A_{ij}}{\mathrm{d}t} = J_{ij} \frac{\mathrm{d}A_{ij}}{\mathrm{d}t}. \end{aligned}$$

根据定理 2,有

$$P=\frac{\mathrm{d}_iS}{\mathrm{d}t}=\frac{1}{2}\sum_{i,j}A_{ij}J_{ij}\geqslant 0,$$

$$\frac{\mathrm{d}P}{\mathrm{d}t}=\frac{1}{2}\sum_{i,j}\left(\frac{\mathrm{d}A_{ij}}{\mathrm{d}t}J_{ij}+A_{ij}\frac{\mathrm{d}J_{ij}}{\mathrm{d}t}\right)$$

$$=\sum_{i,j}\frac{\mathrm{d}A_{ij}}{\mathrm{d}t}J_{ij}=\frac{\mathrm{d}_AP}{\mathrm{d}t},$$

根据定理 3,有 $\frac{\mathrm{d}_AP}{\mathrm{d}t}\leqslant 0$,所以 $\frac{\mathrm{d}P}{\mathrm{d}t}\leqslant 0$.

若 P 作为 Ляпунов 函数,则线性近平衡区 Master 方程是稳定的.

(2) 非线性远离平衡区 Master 方程的稳定性

定义　$\delta_AP\triangleq\sum_{i,j}J_{ij}\delta A_{ij}$ 称为"剩余熵产生".

$$S(t)=-\sum_iP_i\ln P_i,$$

$$\delta S(t)=\sum_i\frac{\partial S(t)}{\partial P_i}\delta P_i=\sum_i[-(\ln P_i+1)]\delta P_i,$$

$$\delta^2S(t)=\delta[\delta S(t)]=-\sum_{i,j}\frac{\partial(\ln P_i+1)}{\partial P_j}\delta P_i\delta P_j$$

$$=-\sum_i\frac{1}{P_i}\delta P_i\delta P_i\leqslant 0.$$

在远离平衡区定态附近:$\delta P_i=P_i-P_i^{+\infty}$,这时有

$$\delta^2S(t)=-\sum_i\frac{1}{P_i^{+\infty}}\delta P_i\cdot\delta P_i.$$

又因 $\frac{\mathrm{d}}{\mathrm{d}t}(\delta P_i)=\delta\left(\frac{\mathrm{d}}{\mathrm{d}t}P_i\right)$,

$$\frac{\mathrm{d}(\delta^2S)}{\mathrm{d}t}=-2\sum_i\frac{1}{P_i^{+\infty}}\delta P_i\cdot\delta\left(\frac{\mathrm{d}P_i}{\mathrm{d}t}\right)$$

$$=-\sum_i\frac{\delta P_i}{P_i^{+\infty}}\delta\left(\sum_jJ_{ji}\right)-\sum_j\frac{\delta P_j}{P_j^{+\infty}}\delta\left(\sum_iJ_{ij}\right)$$

$$=\sum_i\frac{\delta P_i}{P_i^{+\infty}}\delta\left(\sum_jJ_{ij}\right)-\sum_j\frac{\delta P_j}{P_j^{+\infty}}\delta\left(\sum_iJ_{ij}\right)$$

$$=\sum_{i,j}\left(\frac{\delta P_i}{P_i^{+\infty}}-\frac{\delta P_j}{P_j^{+\infty}}\right)\cdot\delta J_{ij},$$

另一方面

$$\delta_AP=\sum_{i,j}J_{ji}\delta A_{ij}=\sum_{i,j}(J_{ij}^{+\infty}+\delta J_{ij})\delta A_{ij}$$

$$= \sum_{i,j} J_{ij}^{+\infty} \delta A_{ij} + \sum_{i,j} J_{ij} \cdot \delta A_{ij}$$

$$= \sum_{i,j} J_{ij}^{+\infty} \left[\left(\frac{\partial A_{ij}}{\partial P_i} \right)_{+\infty} \delta P_i + \left(\frac{\partial A_{ij}}{\partial P_j} \right)_{+\infty} \delta P_j \right] +$$

$$\sum_{i,j} \delta J_{ij} \left[\left(\frac{\partial A_{ij}}{\partial P_i} \right)_{+\infty} \delta P_i + \left(\frac{\partial A_{ij}}{\partial P_j} \right)_{+\infty} \delta P_j \right]$$

$$= \sum_{i,j} J_{ij}^{+\infty} \left(\frac{\delta P_i}{P_i^{+\infty}} - \frac{\delta P_j}{P_j^{+\infty}} \right) + \sum_{i,j} \delta J_{ij} \left(\frac{\delta P_i}{P_i^{+\infty}} - \frac{\delta P_j}{P_j^{+\infty}} \right).$$

因为$\sum_i - J_{ij}^{+\infty} = 0$，所以$\sum_{i,j} J_{ij}^{+\infty} \left(\frac{\delta P_i}{P_i^{+\infty}} \right) = \sum_{i,j} J_{ij}^{+\infty} \left(\frac{\delta P_j}{P_j^{+\infty}} \right) = 0$，

所以
$$\delta_A P = \sum_{i,j} \left(\frac{\delta P_i}{P_i^{+\infty}} - \frac{\delta P_j}{P_j^{+\infty}} \right) \delta J_{ij} = \frac{\mathrm{d}(\delta^2 S)}{\mathrm{d}t}.$$

若$\delta^2 S$作为 Ляпунов 函数，则非线性远离平衡区 Master 方程的稳定性，根据“剩余熵产生”的>0，$=0$，<0来判断.

注 $\delta_A P = \frac{\mathrm{d}(\delta^2 S)}{\mathrm{d}t} = -2 \sum_i \frac{1}{P_i^{+\infty}} \delta P_i \frac{\mathrm{d}(\delta^2 P_i)}{\mathrm{d}t}.$

若$\lambda, \delta P_i^{\lambda}$为 Master 方程$\frac{\mathrm{d}(\delta^2 P_i)}{\mathrm{d}t} = \sum_j (\delta P_j q_{ji} - \delta P_i q_{ij})$的特征根、特征解，则

$$\delta_A P = -2 \sum_i \frac{1}{P_i^{+\infty}} \delta P_i \cdot \lambda \cdot \delta P_i = \lambda \cdot \left(-2 \sum_i \frac{1}{P_i^{+\infty}} \delta P_i \cdot \delta P_i \right),$$

所以稳定性根据所有λ的符号来判断.

§3. 几种 Ляпунов 稳定性的等价性

这一节所采用的符号均参考[1].

设系统的基本化学反应如下：

$$\gamma_1^j X + \gamma_2^j Y + \gamma_3^j Z + \cdots \xrightarrow{\lambda_j} (\gamma_1^j + \alpha_j) X + (\gamma_2^j + \beta_{kj}) Y + (\gamma_3^j + \gamma_j) Z + \cdots$$

则多元线性 Master 方程有

$$\frac{\partial P(x,y,z,t)}{\partial t} = \sum_{\substack{i,j=1 \\ i \neq j}}^{n} \{ [d_{ij}^x (x_i + 1) P(x + e_i - e_j, y, z, t) - d_{ij}^x x_i P(x,y,z,t)] +$$
$$[d_{ij}^y (y_i + 1) P(x, y + e_i - e_j, z, t) - d_{ij}^y y_i P(x,y,z,t)] +$$
$$[d_{ij}^z (z_i + 1) P(x, y, z + e_i - e_j, t) - d_{ij}^z z_i P(x,y,z,t)] \} +$$
$$\sum_{i=1}^{n} \sum_{j=1}^{L} \lambda_j \cdot C_j^i \left[\begin{pmatrix} x_i - \alpha_j \\ \gamma_1^j \end{pmatrix} \begin{pmatrix} y_i - \beta_i \\ \gamma_2^j \end{pmatrix} \begin{pmatrix} z_i - \gamma_j \\ \gamma_3^j \end{pmatrix} \right.\cdot$$

$$P(x-\alpha_j e_i, y-\beta_j e_i, z-\gamma_j e_i, t)-\binom{x_i}{\gamma_1^j}\binom{y_i}{\gamma_2^j}\binom{z_i}{\gamma_3^j}\cdot P(x,y,z,t)\Big].$$

设 $F(R,S,T,t)=\sum\limits_{x,y,z}\prod\limits_{i=1}^{n}(R_i)^{xi}\prod\limits_{j=1}^{n}(S_j)^{yj}\prod\limits_{k=1}^{n}(T_k)^{zk}\cdot P(x,y,z,t)$,

$$\sum_{x,y,z}\binom{x'_l+\alpha_l}{\gamma_1^l}\binom{y'_l+\beta_l}{\gamma_2^l}\binom{z'_l+\gamma_l}{\gamma_3^l}\prod_{i=1}^{n}(R_i)^{xi}\prod_{j=1}^{n}(S_j)^{yj}\prod_{k=1}^{n}(T_k)^{zk}\cdot P(x+\alpha,y+\beta,z+\gamma,t)=\frac{(R'_l)^{r_1^l}(S'_l)^{r_2^l}(T'_l)^{r_3^l}}{\gamma_1^l!\gamma_2^l!\gamma_3^l!}\cdot(R'_l)^{-\alpha_l}(S'_l)^{-\beta_l}(T'_l)^{-\gamma_l}\frac{\partial^{\gamma_1^l+\gamma_2^l+\gamma_3^l}F}{\partial R_{l'}^{\gamma_1 l}\partial S_{l'}^{\gamma_2 l}\partial T_{l'}^{\gamma_3 l}},$$

这里 α,β,γ 分别表示第 l 个坐标为 $\alpha_l,\beta_l,\gamma_l$，其他为 0 的 n 维向量.

$$\sum_{x,y,z}\prod_{i=1}^{n}(R_i)^{xi}\prod_{j=1}^{n}(S_j)^{yj}\prod_{k=1}^{n}(T_k)^{zk}P(x-e'_l,y,z,t)=R'_lF,$$

$$\sum_{x,y,z}\prod_{i=1}^{n}(R_i)^{xi}\prod_{j=1}^{n}(S_j)^{yj}\prod_{k=1}^{n}(T_k)^{zk}P(x,y-e'_l,z,t)=S'_lF,$$

$$\sum_{x,y,z}\prod_{i=1}^{n}(R_i)^{xi}\prod_{j=1}^{n}(S_j)^{yj}\prod_{k=1}^{n}(T_k)^{zk}P(x,y,z-e'_l,t)=T'_lF,$$

得到

$$\frac{\partial F}{\partial t}=\sum_{\substack{i,j=1\\ i\neq j}}^{n}\Big\{\Big[d_{ij}^x(R_j)\frac{\partial F}{\partial R_i}-d_{ij}^x(R_i)\frac{\partial F}{\partial R_i}\Big]+\Big[d_{ij}^y(S_j)\frac{\partial F}{\partial S_i}-d_{ij}^y(S_i)\frac{\partial F}{\partial S_i}\Big]+\Big[d_{ij}^z(T_i)\frac{\partial F}{\partial T_i}-d_{ij}^z(T_i)\frac{\partial F}{\partial T_i}\Big]\Big\}+\sum_{i=1}^{n}\sum_{j=1}^{L}\lambda_jC_j^i\Big[\frac{(R_i)^{-\alpha j}(S_i)^{-\beta j}(T_i)^{-\gamma j}-1}{\gamma_1^j!\gamma_2^j!\gamma_3^j!}\Big]\cdot(R_i)^{\gamma_1^j}(S_i)^{\gamma_2^j}(T_i)^{\gamma_3^j}\frac{\partial^{\gamma_1^j+\gamma_2^j+\gamma_3^j}F}{\partial R_i^{\gamma_1 j}\partial S_i^{\gamma_2 j}\partial T_i^{\gamma_3 j}}.$$

设 $F(R,S,T,t)=\exp\{N\psi(R,S,T,t)\}$,

经过合理近似，得到

$$\frac{\partial\psi}{\partial t}=\sum_{\substack{i,j=1\\ i\neq j}}^{n}\Big[d_{ij}^x(R_j-R_i)\frac{\partial\psi}{\partial R_i}+d_{il}^y(S_j-S_i)\frac{\partial\psi}{\partial S_i}+d_{ij}^z(T_j-T_i)\frac{\partial\psi}{\partial T_i}\Big]+\sum_{i=1}^{n}\sum_{j=1}^{L}\lambda_jC_j^i\Big[\frac{(R_i)^{-\alpha j}(S_i)^{-\beta j}(T_i)^{-\gamma j}-1}{\gamma_1^j!\gamma_2^j!\gamma_3^j!}\Big](R_i)^{\gamma_1^j}(S_i)^{\gamma_2^j}(T_i)^{\gamma_3^j}\cdot N^{\gamma_1^j+\gamma_2^j+\gamma_3^j}\Big(\frac{\partial\psi}{\partial R_i}\Big)^{\gamma_1^j}\Big(\frac{\partial\psi}{\partial S_i}\Big)^{\gamma_2^j}\Big(\frac{\partial\psi}{\partial T_i}\Big)^{\gamma_3^j}.$$

设 $R_i=\xi_i+1, S_i=\eta_i+1, T_i=\xi_i+1$,

$$\frac{\lambda_j C_j^i}{\gamma_1^j!\gamma_2^j!\gamma_3^j!}N^{\gamma_1^j+\gamma_2^j+\gamma_3^j}=\lambda_j^i,$$

$$\frac{\partial\psi}{\partial t}=\sum_{\substack{i,j=1\\i\neq j}}^{n}\left[d_{ij}^x(\xi_j-\xi_i)\frac{\partial\psi}{\partial\xi_i}+d_{ij}^y(\eta_j-\eta_i)\frac{\partial\psi}{\partial\eta_i}+d_{ij}^z(\zeta_j-\zeta_i)\frac{\partial\psi}{\partial\zeta_i}\right]+$$

$$\sum_{i=1}^{n}\sum_{j=1}^{L}\lambda_j^i[(\xi_i+1)^{-\alpha j}(\eta_i+1)^{-\beta j}(\zeta_i+1)^{-\gamma j}-1](\xi_i+1)^{\gamma_1^j}\cdot$$

$$(\eta_i+1)^{\gamma_1^j}(\zeta_i+1)^{\gamma_3^j}\left(\frac{\partial\psi}{\partial\xi_i}\right)^{\gamma_1^j}\left(\frac{\partial\psi}{\partial\eta_i}\right)^{\gamma_2^j}\left(\frac{\partial\psi}{\partial\zeta_i}\right)^{\gamma_3^j},$$

设 $\psi=\sum_{i=1}^{n}a_i^1\xi_i+\sum_{j=1}^{n}a_j^2\eta_i+\sum_{k=1}^{n}a_k^3\xi_k+\frac{1}{2}\sum_{i,j}^{n}(b_{ij}^{11}\xi_i\xi_j+b_{ij}^{12}\xi_i\eta_j+b_{ij}^{21}\xi_j\eta_i+$

$b_{ij}^{22}\eta_i\eta_j+b_{ij}^{13}\xi_i\zeta_j+b_{ij}^{31}\xi_j\zeta_i+b_{ij}^{32}\eta_j\zeta_j+b_{ij}^{23}\eta_i\zeta_j+b_{ij}^{33}\zeta_i\zeta_j)+\cdots$

$$d^x\nabla^2a_m^y=\sum_{i=1}^{n}d_{im}^x(a_i^1-a_m^1)=-\mathscr{D}_m^1a_m^1,$$

$$d^y\nabla^2a_m^2=\sum_{\substack{i=1\\i\neq m}}^{n}d_{im}^y(a_i^2-a_m^2)=-\mathscr{D}_m^2a_m^2,$$

$$d^z\nabla^2a_m^3=\sum_{\substack{i=1\\i\neq m}}^{n}d_{im}^z(a_i^3-a_m^3)=-\mathscr{D}_m^3a_m^3,$$

$$d^x\nabla^2b_{mm}^{11}=\sum_{\substack{i=1\\i\neq m}}^{n}d_{im}^x(b_{mi}^{11}-b_{mm}^{11})=-\mathscr{D}_m^1b_{mm}^{11},$$

$$d^y\nabla^2b_{mm}^{22}=\sum_{\substack{i=1\\i\neq m}}^{n}d_{im}^y(b_{mi}^{22}-b_{mm}^{22})=-\mathscr{D}_m^2b_{mm}^{22},$$

$$d^z\nabla^2b_{mm}^{33}=\sum_{\substack{i=1\\i\neq m}}^{n}d_{im}^z(b_{mi}^{33}-b_{mm}^{33})=-\mathscr{D}_m^3b_{mm}^{33},$$

$$d^x\nabla_1^2b_{mm}^{12}=\sum_{\substack{i=1\\i\neq m}}^{n}d_{im}^x(b_{im}^{12}-b_{mm}^{12})=-\mathscr{D}_m^1b_{mm}^{12},$$

$$d^y\nabla_2^2b_{mm}^{12}=\sum_{\substack{i=1\\i\neq m}}^{n}d_{im}^y(b_{mi}^{12}-b_{mm}^{12})=-\mathscr{D}_m^2b_{mm}^{12},$$

…

将上面各式代入前式，比较系数得

$$\begin{cases}\dfrac{\mathrm{d}a_m^1}{\mathrm{d}t}=-\mathscr{D}_m^1a_m^1-\sum\limits_{j=1}^{L}\alpha_j(a_m^1)^{\gamma_1^j}(a_m^2)^{\gamma_2^j}(a_m^3)^{\gamma_3^j}\lambda_j^m\triangleq g_1(a_m^1,a_m^2,a_m^3),\\ \dfrac{\mathrm{d}a_m^2}{\mathrm{d}t}=-\mathscr{D}_m^2a_m^2-\sum\limits_{j=1}^{L}\beta_j(a_m^1)^{\gamma_1^j}(a_m^2)^{\gamma_2^j}(a_m^3)^{\gamma_3^j}\lambda_j^m\triangleq g_2(a_m^1,a_m^2,a_m^3),\\ \dfrac{\mathrm{d}a_m^3}{\mathrm{d}t}=-\mathscr{D}_m^3a_m^3-\sum\limits_{j=1}^{L}\gamma_j(a_m^1)^{\gamma_1^j}(a_m^2)^{\gamma_2^j}(a_m^3)^{\gamma_3^j}\lambda_j^m\triangleq g_3(a_m^1,a_m^2,a_m^3),\end{cases}$$

$$\begin{cases}\dfrac{1}{2}\dfrac{\mathrm{d}b_{mm}^{i\,i}}{\mathrm{d}t}=\sum\limits_{k=1}^{3}\dfrac{\partial g_i}{\partial a_m^n}b_{mm}^{i\,k}+\dfrac{1}{2}\tau_{ij},(i=1,2,3)\\ \dfrac{\mathrm{d}b_{mm}^{j\,j}}{\mathrm{d}t}=\sum\limits_{k=1}^{3}\dfrac{\partial g_i}{\partial a_m^k}b_{mm}^{j\,k}+\sum\limits_{k=1}^{3}\dfrac{\partial g_j}{\partial a_m^k}b_{mm}^{i\,k}+\tau_{ij}.(i\neq j,i=1,2,3,j=1,2,3)\end{cases}$$

例 1 Brusselator 模型

$$\begin{cases}\dfrac{\mathrm{d}a_m^1}{\mathrm{d}t}=-\mathscr{D}_m^1a_m^1-+K_1-(K_2^m-K_4)a_m^1+K_3(a_m^1)^2a_m^2=g_1(a_m^1,a_m^2),\\ \dfrac{\mathrm{d}a_m^2}{\mathrm{d}t}=-\mathscr{D}_m^2a_m^2+K_2^ma_m^1-K_3(a_m^1)^2a_m^2=g_2(a_m^1,a_m^2).\end{cases}$$

$$\begin{cases}\dfrac{1}{2}\dfrac{\mathrm{d}b_{mm}^{11}}{\mathrm{d}t}=[-\mathscr{D}_m^1-(K_2^m-K_4)+2K_3a_m^1a_m^2]b_{mm}^{11}+K_3(a_m^1)^2b_{mm}^{12}+\dfrac{\tau_{11}}{2},\\ \dfrac{\mathrm{d}b_{mm}^{12}}{\mathrm{d}t}=[-\mathscr{D}_m^1-(K_2^m-K_4)+2K_3a_m^1a_m^2]b_{mm}^{21}+K_3(a_m^1)^2b_{mm}^{22}+\\ \qquad (K_2-2K_3a_m^1a_m^2)b_{mm}^{11}+[-\mathscr{D}_m^2-K_3(a_m^1)^2]b_{mm}^{12}+\tau_{12},\\ \dfrac{1}{2}\dfrac{\mathrm{d}b_{mm}^{22}}{\mathrm{d}t}=(K_2^m-2K_3a_m^1a_m^2)b_{mm}^{21}+[-\mathscr{D}_m^2-K_3(a_m^1)^2]b_m^{22}m+\dfrac{\tau_{22}}{2}.\end{cases}$$

例 2 Belolusov-Zhabotinskei 模型

$$A+Y\xrightarrow{\lambda_1}X+D,$$

$$X+Y\xrightarrow{\lambda_2}D,$$

$$B+X\xrightarrow{\lambda_3}2X+Z,$$

$$2X\xrightarrow{\lambda_4}A+D,$$

$$Z\xrightarrow{\lambda_5}fY,$$

$$\begin{cases}\dfrac{\mathrm{d}a_m^1}{\mathrm{d}t}=-\mathscr{D}_m^1a_m^1+K_1Aa_m^2-K_2a_m^1a_m^2+K_3Ba_m^1-2K_4(a_m^1)^2,\\ \dfrac{\mathrm{d}a_m^2}{\mathrm{d}t}=-\mathscr{D}_m^2a_m^2-K_1Aa_m^2-K_2a_m^1a_m^2+fK_5Ba_m^3,\\ \dfrac{\mathrm{d}a_m^3}{\mathrm{d}t}=-\mathscr{D}_m^3a_m^3+K_3Ba_m^1-K_5a_m^3.\end{cases}$$

$$
\begin{cases}
\dfrac{1}{2}\dfrac{\mathrm{d}b_{mm}^{11}}{\mathrm{d}t}=[-\mathscr{D}_m^1+K_3B-4K_4a_m^1]b_{mm}^{11}+(K_1A-K_2a_m^1)b_{mm}^{12}+\dfrac{\tau_{11}}{2},\\
\dfrac{1}{2}\dfrac{\mathrm{d}b_{mm}^{22}}{\mathrm{d}t}=(-K_2a_m^2)b_{mm}^{21}+(-\mathscr{D}_m^2-K_1A-K_2a_m^1)b_{mm}^{22}+fK_5b_{mm}^{31}+\dfrac{\tau_{22}}{2},\\
\dfrac{1}{2}\dfrac{\mathrm{d}b_{mm}^{33}}{\mathrm{d}t}=K_3Bb_{mm}^{31}+(-\mathscr{D}_m^3-K_5)b_{mm}^{33}+\dfrac{\tau_{33}}{2},\\
\dfrac{\mathrm{d}b_{mm}^{12}}{\mathrm{d}t}=(-\mathscr{D}_m^1-K_2a_m^2+K_3B-4K_4a_m^1)b_{mm}^{21}+(K_1A-K_2a_m^1)b_{mm}^{22}+\\
\qquad(-K_2a_m^2)b_{mm}^{11}+(-\mathscr{D}_m^2-K_1A-K_2a_m^1)b_{mm}^{12}+fK_5b_{mm}^{13}+\tau_{12},\\
\dfrac{\mathrm{d}b_{mm}^{13}}{\mathrm{d}t}=(-\mathscr{D}_m^1-K_2a_m^2+K_3B-4K_4a_m^1)b_{mm}^{31}+(K_1A-K_2a_m^1)b_{mm}^{32}+\\
\qquad K_3Bb_{mm}^{11}+(-\mathscr{D}_m^3-K_5)b_{mm}^{13}+\tau_{13},\\
\dfrac{\mathrm{d}b_{mm}^{23}}{\mathrm{d}t}=(-K_2a_m^2)b_{mm}^{31}+(-\mathscr{D}_m^2-K_1A-K_2a_m^1)b_{mm}^{22}+fK_5b_{mm}^{33}+\\
\qquad K_3Bb_{mm}^{21}+(-\mathscr{D}_m^3-K_5)b_{mm}^{23}+\tau_{23}.
\end{cases}
$$

定理 4 $\dfrac{\mathrm{d}a_m^i}{\mathrm{d}t}=g_i(a_m^1,a_m^2,\cdots,a_m^n),\ (i=1,2,\cdots,n)$

定态有，$0=g_i(a_m^{1,+\infty},a_m^{2,+\infty},\cdots,a_m^{n,+\infty}),\ (i=1,2,\cdots,n)$

$$\delta a_m^k=a_m^k-a_m^{k,+\infty},\ (k=1,2,\cdots,n)$$

$$\frac{\mathrm{d}(\delta a_m^i)}{\mathrm{d}t}=\sum_{k=1}^n\left(\frac{\partial g_i}{\partial b_m^k}\right)_{+\infty}(\delta a_m^k),\ (i=1,2,\cdots,n) \tag{3.1}$$

$$
\begin{cases}
\dfrac{1}{2}\dfrac{\mathrm{d}b_{mm}^{ii}}{\mathrm{d}t}=\displaystyle\sum_{k=1}^n\left(\frac{\partial g_i}{\partial a_m^k}\right)_{+\infty}b_{mm}^{ik},\ (i=1,2,\cdots,n)\\
\dfrac{\mathrm{d}b_{mm}^{ij}}{\mathrm{d}t}=\displaystyle\sum_{k=1}^n\left(\frac{\partial g_i}{\partial a_m^k}\right)_{+\infty}b_{mm}^{ik}+\sum_{k=1}^n\left(\frac{\partial g_j}{\partial a_m^k}\right)_{+\infty}b_{mm}^{ik},\\
\qquad(i\neq j,i=1,2,\cdots,n,j=1,2,\cdots,n)
\end{cases}
\tag{3.2}
$$

则(3.2)的特征方程的特征根是且仅是(3.1)的特征方程任意两个特征根之和.

证 设

$$
\boldsymbol{B}=\begin{pmatrix} b_{mm}^{11} & \cdots & b_{mm}^{1n}\\ \vdots & & \vdots\\ b_{mm}^{n1} & \cdots & b_{mm}^{nn}\end{pmatrix},\quad
\boldsymbol{G}=\begin{pmatrix} \dfrac{\partial g_1}{\partial a_m^1} & \cdots & \dfrac{\partial g_1}{\partial a_m^n}\\ \vdots & & \vdots\\ \dfrac{\partial g_n}{\partial a_m^1} & \cdots & \dfrac{\partial g_n}{\partial a_m^n}\end{pmatrix}_{+\infty},
$$

则(3.2)有

$$\frac{\mathrm{d}}{\mathrm{d}t}B = GB + BG' = F(B),$$

$$F(B_1 + B_2) = F(B_1) + F(B_2),$$

$$F(\lambda B) = \lambda F(B).$$

设 λ 是 F 的特征根,$\Lambda \neq 0$ 是与 λ 相应的 F 的特征向量,则

$$F(\Lambda) = \lambda\Lambda,$$

$$F(\Lambda) = G\Lambda + \Lambda G' = \lambda\Lambda,$$

$$(\boldsymbol{G} - \lambda\boldsymbol{E})\Lambda = \Lambda(-G').$$

矩阵 $\boldsymbol{G}-\lambda\boldsymbol{E}$ 和 $(-\boldsymbol{G}')$ 至少存在一个共同的特征根,否则 $\boldsymbol{G}-\lambda\boldsymbol{E}$ 的特征多项式 $f(x)$ 和 $-\boldsymbol{G}'$ 的特征多项式 $g(x)$ 互素,因此有多项式 $a(x)$ 和 $b(x)$ 使 $a(x)f(x)+b(x)g(x)=1$. 于是 $f(\boldsymbol{G}-\lambda\boldsymbol{E})=0, g(-\boldsymbol{G}')=0$, 且由上式知

$$\Lambda = b(\boldsymbol{G} - \lambda\boldsymbol{E})g(\boldsymbol{G} - \lambda\boldsymbol{E})\Lambda = \Lambda \cdot b(-\boldsymbol{G}')g(-\boldsymbol{G}') = 0,$$

这与 $\Lambda \neq 0$ 矛盾.

这共同的特征根 v 是 $\boldsymbol{G}-\lambda\boldsymbol{E}$ 的特征根,它可以写成 $\lambda_1-\lambda$,同样它又是 $-\boldsymbol{G}'$ 的特征根,所以可以写成 $-\lambda_2$,这里 λ_1 和 λ_2 都是 G 的特征根. 于是

$$\lambda_1 - \lambda = v = -\lambda_2,\text{即 } \lambda_1 + \lambda_2 = \lambda.$$

反之,λ_1 和 λ_2 是 $\boldsymbol{G}$ 的特征根,对应 λ_1 和 λ_2,$\boldsymbol{G}$ 的特征向量是 $\begin{pmatrix} a_n \\ \vdots \\ a_1 \end{pmatrix}$ 和 $\begin{pmatrix} b_1 \\ \vdots \\ b_n \end{pmatrix}$.

$$\boldsymbol{G}\begin{pmatrix} a_1 \\ \vdots \\ a_n \end{pmatrix} = \lambda_1\begin{pmatrix} a_1 \\ \vdots \\ a_n \end{pmatrix}, \quad \boldsymbol{G}\begin{pmatrix} b_1 \\ \vdots \\ b_n \end{pmatrix} = \lambda_2\begin{pmatrix} b_1 \\ \vdots \\ b_n \end{pmatrix},$$

$$\begin{pmatrix} a_1 \\ \vdots \\ a_n \end{pmatrix}(b_1 \cdots b_n) = \begin{pmatrix} b_1 b_1 & \cdots & a_1 b_n \\ \vdots & & \vdots \\ a_n b_1 & \cdots & a_n b_n \end{pmatrix} = \Lambda$$

$$\boldsymbol{G}\Lambda + \Lambda\boldsymbol{G}' = \boldsymbol{G}\begin{pmatrix} a_1 \\ \vdots \\ a_n \end{pmatrix}(b_1 \cdots b_n) + \begin{pmatrix} a_1 \\ \vdots \\ a_n \end{pmatrix}(b_1 \cdots b_n)\boldsymbol{G}'$$

$$= \lambda_1 \begin{pmatrix} a_1 \\ \vdots \\ a_n \end{pmatrix} (b_1 \cdots b_n) + \begin{pmatrix} a_1 \\ \vdots \\ a_n \end{pmatrix} \lambda_2 (b_1 \cdots b_n)$$

$$= (\lambda_1 + \lambda_2)\Lambda,$$

定理得证.

定理 4 指出了(3.1) 和(3.2) 稳定性判据是等价的.

考虑到局域平衡假设,根据 I. Prigogine 非平衡系统热力学理论,我们可以得到非线性反应扩散方程

$$\frac{\partial a_m^i}{\partial t} = gi(a_m^1, a_m^2, \cdots, a_m^n)\ (i = 1, 2, \cdots, n) \tag{3.3}$$

定态附近,参看[4] 我们有

$$\frac{1}{2}\delta^2 S = -K \sum_{i,j}^{n} \left(\frac{\partial ui}{\partial a_m^i}\right)_{+\infty} \partial a_m^j \partial a_m^j \leqslant 0,$$

$$\delta_x P = \frac{\mathrm{d}}{\mathrm{d}t}\left(\frac{1}{2}\delta^2 S\right) = -2K \sum_{i,j}^{n} \left(\frac{\partial ui}{\partial a_m^j}\right)_{+\infty} \delta a_m^j \frac{\mathrm{d}}{\mathrm{d}t}(\delta a_m^i).$$

又 $$\frac{\mathrm{d}(\delta a_m^i)}{\mathrm{d}t} = \sum_{k=1}^{n} \left(\frac{\partial gi}{\partial a_n^K}\right)_{+\infty} (\delta a_m^K),$$

所以 $$\partial xP = -2K(\partial a_m^1, \partial a_m^2, \cdots, \partial a_m^n) \begin{pmatrix} \frac{\partial u_1}{\partial a_m^1} & \cdots & \frac{\partial u_n}{\partial a_m^1} \\ \vdots & & \vdots \\ \frac{\partial u_1}{\partial a_m^1} & \cdots & \frac{\partial u_n}{\partial a_m^1} \end{pmatrix}_{+\infty} \cdot \boldsymbol{G} \cdot \begin{pmatrix} \delta a_m^1 \\ \vdots \\ \delta a_m^n \end{pmatrix}.$$

由此不难看出,若$\frac{1}{2}\delta^2 s$ 作为 Ляпунов 函数,(3.3) 和(3.1) 稳定性判据是一致的.

当然,这几种稳 Ляпунов 定性的一致性的讨论,都应该在一个共同的假设前提下进行,这里不再赘述.

参考文献

[1] 严士健,李占柄.非平衡系统的概率模型以及 Master 方程的建立.北京师范大学学报(自然科学版),1979,(1):1-20.

[2] 钱敏,侯振挺,等.可逆马尔可夫过程.北京:科学出版社,1979.

[3] Nicolis G and Prigogine I. Self-Organization in non-eguilibrium systems. John

Wiley & Sons, 1977.

[4] 方福康. 耗散结构简介. 1978 年统计物理会议综述报告.

[5] Malek-Mansour M and Nicolis G. J. Stat. Phys., 1975, 13: 197.

[6] Nicolis G, Malek-Mansour M. J. Stat. Phys., 1976, 14: 417.

[7] Chaturvedi S et al. J. Stat. Phys., 1977, 17: 469.

Abstract In this paper the concept of "probability flow" is proposed for the multivariate master equation of the stochastic models of non-equilibrium systems. The method of decomposition of the probability flow is given. By means of the terms "entropy production" and "excess entropy production", the Lyapounov stability of the master equation in linear and non-linear range has been discussed. The results obtained are consistent with the stability theory of the time evolution equation of macro-scopic non-equilibrium systems discussed by I. Prigogine.

北京师范大学学报(自然科学版)
1993,29(2):173-177

随机场与系统理论的数学基础[①]

Random Fields and the Mathematical Foundations of Systems Theory

摘要 介绍了 Markov 随机场的一些初步结果,并建立与平衡、非平衡系统理论之间的关系,导出各种配分函数.还应用于电网络理论中,对熵产生、熵流的意义给了具体的解释.

关键词 熵;熵产生;局域平衡假设

§1. 随机场与 Markov 随机场

我们研究在一定条件限制下的 Markov 随机场.

设(Ω,F,P)是完备概率空间,$G\subset F$ 是完备子 σ 代数,若 $B\in F$ 且 $P\{B\}>0$,则$G|_B\doteq\{A/A\in G$ 且 $A\subseteq B\}$是 σ 环,特别地,当 $B\in G$ 时是 σ 代数.$(B,G|_B,P_B)$是完备概率子空间.

若 $\xi\in F$ 是随机变量,则$\xi|_B\doteq\xi I_B$ 是$(B,G|_B,P_B)$上的随机变量.

不难验证 $E\{I_A/G\}|_B=E_B\{I_A|_B/G|_B\}$,$\forall A\in F,B\in G$.

定义 (Ω,F,P)是完备概率空间,G_1,G_2,G 是完备子 σ 代数.$B\in G$,若$\forall A_1\in G_1,A_2\in G_2$,有 E 是$\{I_{A_1}\cdot I_{A_2}/G\}|_B=E\{I_{A_1}/G\}|_B\cdot E\{I_{A_2}/G\}|_B$,则称 G 在 B 上分离 G_1,G_2.记作$\langle G/G_1,G_2\rangle|_B$.

定义的等价条件有 $E\{I_{A_1}\cdot I_{A_2}/G\}I_B=E\{I_{A_1}/G\}I_B\cdot E\{I_{A_2}/G\}I_B$ 以及 $E_B\{I_{A_1}|_B\cdot I_{A_2}|_B/G|_B\}=E_B\{I_{A_1}|_B/G|_B\}\cdot E_B\{I_{A_2}|_B/G|_B\}$.

---

① 国家自然科学基金资助项目.
收稿日期:1992-11-03.

引理 1　$B\in G, B\in(G_1\cap G_2)$下列条件等价：

(1)$\langle G/G_1, G_2\rangle|_B$；　　(2)$\langle G/G_1\vee G, G_2\vee G\rangle|_B$；

(3)$\forall A_2\in G_2$ 有 $E\{I_{A_2}/G_1\vee G\}|_B=E\{I_{A_2}/G\}|_B$.

这里(3)也称在 B 限制下 G_1, G, G_2 为 Markov 随机场.

引理 2　$B\in G, G\subset G_1, B\in(G_1\cap G_2)$，若$\langle G/G_1, G_2\rangle|_B$，则$\forall G\subset G'\subset G_1$ 有$\langle G'/G_1, G_2\rangle|_B$.

引理 3　$B\in G, G\subset G'=G_1'\vee G_2', G_1'\subset(G_1\vee G), G_2'\subset(G_2\vee G), B\in(G_1\cap G_2)$，则$\langle G/G_1, G_2\rangle|_B$.

引理 4　$B\in G, B\in(G_1\cap G_2)$，若$\langle G/G_1\vee G_3, G_2\rangle|_B$，则$\langle G\vee G_3/G_1, G_2\vee G_3\rangle|_B$，$\langle G\vee G_3/G_1\vee G_3, G_2\rangle|_B$，$\langle G\vee G_3/G_1, G_2\rangle|_B$.

引理 5　$B\in G, B\in(G_1\cap G_2)$若$\langle G/G_1, G_2\rangle|_B$，则$G|_B\supset(G_1\cap G_2)|_B$.

引理 6　$F_i, i\in\mathbf{N}^*$，子σ代数族，$B\in(\cap F_i), B\in(G_1\cap G_2), F_1\subset G_1$，若$\langle F_i/G_1, G_2\rangle|_B, i\in\mathbf{N}^*$，则$\langle\cap F_i/G_1, G_2\rangle|_B$.

引理 7　$F_i\downarrow F_0, i\in\mathbf{N}^*$，子$\sigma$代数族，$B\in F_0, B\in(G_1\cap G_2)$，若$\langle F_i/G_1, G_2\rangle|_B, i\in\mathbf{N}^*$，则$\langle F_0/G_1, G_2\rangle|_B$.

定理　(Ω, F, P)是完备概率空间，G_1, G_2 是完备子σ代数，$B\in(G_1\cap G_2)$. 则$\langle G_1\cap G_2/G_1, G_2\rangle|_B$ 的充要条件是$\forall A\in F$ 有 $E\{I_A/G_1/G_2\}|_B=E\{I_A/G_2/G_1\}|_B=E\{I_A/G_1\cap G_2\}|_B$ 或者是$\forall\xi\in L^2(G_1), \xi_2\in L^2(G_2)$，有$E\{(\xi_1-E\{\xi_1/G_1\cap G_2\})(\xi_2-E\{\xi_2/G_1\cap G_2\})/(G_1\cap G_2)\}|_B=0$.

定义　G_1, G_2 是完备子σ代数，$B\in(G_1\cap G_2)$，若$\langle G_1\cap G_2/G_1, G_2\rangle|_B$，则称集合 B 为 G_1, G_2 的分离集，

定义　G_1, G_2 是完备子σ代数，$B\in(G_1\cap G_2)$，若 $G_1|_B\subset G_2|_B$(或 $G_2|_B\subset G_1|_B$)，则称集合 B 为 G_1, G_2 的可比较集，

定理　(Ω, F, P)是完备概率空间，G_1, G_2 是完备子σ代数. $\Omega=B_1\cup B_2, B_1\cap B_2=\varnothing$，$B_1, B_2$ 是 G_1, G_2 的分离集的充要条件是$\forall A\in F$ 有 $E\{I_A/G_1/G_2\}=E\{I_A/G_2/G_1\}=E\{I_A/G_1\cap G_2\}$. B_1, B_2 是 G_1, G_2 的可比较集的充要条件是$\forall A\in F$ 有 $E\{I_A/G_1/G_2\}=E\{I_A/G_2/G_1\}=E\{I_A/G_1\cap G_2\}$，且 $L^2(G_1\vee G_2)=L^2(G_1)+L^2(G_2)$.

§ 2.　系统的熵理论

不妨假设我们所研究的对象是热力学体系，这种体系就是我们通常

接触到的，即在一定的时空范围内的物体或系统．如某些气体、液体、固体等，它们往往是由更深一层次的微观分子所构成，服从一定物理的、化学的规律．比如非相对论系统的 Hamiltonian 等．

系统在固定的时空范围内可以处于不同的状态，而处于各种状态上又有一定的概率，它是客观的、不依人的意识为转移的．研究系统，我们往往是研究该系统的某个量或者是某些量，例如系统的分子数、能量等．这些量一般用时空上的随机泛函来表示，$\xi_{\upsilon}(\tau)$，$\eta_{\upsilon}(\tau)$，υ 表示空间范围，τ 表示时间．设 (X,ρ) 距离空间 $\upsilon\subset X$，$\upsilon^{c}\subset X$，$\partial\upsilon=\bar{\upsilon}\cap i^{c}$．这样能量、分子数的随机泛函 $\eta_{\upsilon}(\tau)$，$\xi_{\upsilon}(\tau)$ 显然是个随机场．

特别地，当 $\langle\sigma\{\eta_{\partial\upsilon}(\tau),\xi_{\partial\upsilon}(\tau)\}/\sigma\{\eta_{\upsilon}(\tau),\xi_{\upsilon}(\tau)\},\sigma\{\eta_{\upsilon^{c}}(\tau),\xi_{\upsilon^{c}}(\tau)\}\rangle$ 时，它是个 Markov 随机场．由 Boltzmann 在著名的 H 定理中引入关于系统的热力学熵 $H(\eta_{\upsilon}(\tau),\xi_{\upsilon}(t))$，或 $S(\eta_{\upsilon}(\tau),\xi_{\upsilon}(t))$，设 $A_{k}\doteq\{\omega/(\eta_{\upsilon}(\tau),\xi_{\upsilon}(\tau))=\boldsymbol{a}_{k}\}$，$B_{k}\doteq\{\omega/(\eta_{\upsilon^{c}}(\tau),\xi_{\upsilon^{c}}(\tau))=\boldsymbol{b}_{k}\}$，$D_{k}\doteq\{\omega/(\eta_{\partial\upsilon_{c}}(\tau),\xi_{\upsilon_{c}}(\tau))=\boldsymbol{c}\}$，则系统的熵 $S(\eta_{\upsilon}(\tau),\xi_{\upsilon}(\tau))=-\sum_{k}P\{A_{k}\}\cdot\ln P\{A_{k}\}$．

设 $\xi_{\upsilon}(\tau)\doteq(\eta_{\upsilon}(\tau),\xi_{\upsilon}(\tau))$，根据简单的推导，不难得出

$$\begin{aligned}S(\xi_{\upsilon}(\tau)\vee\xi_{\upsilon^{c}}(\tau))&=S(\xi_{\upsilon}(\tau)\vee\xi_{\partial\upsilon}(\tau)\vee\xi_{\upsilon^{c}}(\tau))\\&=S(\xi_{\partial\upsilon}(\tau)\vee\xi_{\upsilon^{c}}(\tau))+S(\xi_{\upsilon}(\tau)/\xi_{\partial\upsilon}(\tau)\vee\xi_{\upsilon^{c}}(\tau)).\end{aligned}$$

特别地，当随机场是 Markov 随机场时，则

$$S(\xi_{\upsilon}(\tau)\vee\xi_{\upsilon^{c}}(\tau))=S(\xi_{\partial\upsilon}(\tau)\vee\xi_{\upsilon^{c}}(\tau))+S(\xi_{\upsilon}(\tau)/\xi_{\partial\upsilon}(\tau)).$$

当是独立随机场时，则

$$S(\xi_{\upsilon}(\tau)\vee\xi_{\upsilon^{c}}(\tau))=S(\xi_{\upsilon}(\tau))+S(\xi_{\upsilon^{c}}(\tau)).$$

由此可见，一般在总的熵不变的情况下，在空间 υ 范围内系统熵也可能改变，依赖系统的周围环境，$\partial\upsilon(\tau)\vee\upsilon^{c}$ 范围内的熵变化．特别地，只依赖系统的边界环境，$\partial\upsilon$ 范围内的熵变化．

从空间角度来讲，平衡系统是在空间 υ 范围内的系统独立于空间 υ^{c} 范围内的，从时间角度来讲随着时间趋于 $+\infty$ 时，系统的状态变量不再随时间变化，即达到定态，而且系统内部不存在能量、粒子流等，即定态是平衡态．

平衡系统在空间 υ 范围内系统熵，当时间趋于 $+\infty$ 时，达到极值．

$$S^{+\infty}(\eta_{\upsilon}(+\infty),\zeta_{\upsilon}(+\infty))=-\sum_{k}P^{+\infty}\{A_{k}\}\cdot\ln P^{+\infty}\{A_{k}\}.$$

孤立系统，熵达到极值显然是均匀分布．当状态是可数时，则分布值借助非标准分析中的无穷小量 ω．开放系统，即闭系统和开系统，熵将达

到的条件极值. 开放系统,系统与环境尽管有能量或粒子的交换,但是基于系统是独立随机场,一旦总的能量、粒子数确定以后,系统 v 的能量的数学期望与粒子数的数学期望也就确定了. 即 $E\xi_v + E\xi_{v^c} = \text{const}, E\eta_v + E\eta_{v^c} = \text{const}$. 利用 Lagrangian 方法有

$$\varepsilon = \sum_k \varepsilon_k P^{+\infty}\{B_k\} = \text{const},\ N = \sum_k N_k P^{+\infty}\{B_k\} = \text{const},$$

$$\frac{\partial}{\partial P_k^{+\infty}}\left[S^{+\infty} - \alpha\sum_k P^{+\infty}\{B_k\} - \beta\sum_k \varepsilon_k P^{+\infty}\{B_k\} - \gamma\sum_k N_k P^{+\infty}\{B_k\}\right] = 0,$$

则 $$-\ln P_k^{+\infty} - 1 - \alpha - \beta\varepsilon_k - \gamma N_k = 0.\ 所以\ P_k^{+\infty} = Q^{-1}\mathrm{e}^{-(\alpha+1)-\beta\varepsilon_k-\gamma N_k}.$$

配分函数$Q = \sum_k \mathrm{e}^{-(\alpha+1)-\beta\varepsilon_k-\gamma N_k}$,所以 $P_k^{+\infty} = \dfrac{\mathrm{e}^{-\beta\varepsilon_k-\gamma N_k}}{\sum_k \mathrm{e}^{-\beta\varepsilon_k-\gamma N_k}}$.

其中 $$\varepsilon = \sum_k \varepsilon_k P_k^{+\infty},\ N = \sum N_k P_k^{+\infty}.$$

从统计学观点,若进行若干独立的系统试验,即系综,闭系对应着正则系综,正则分布,开系对应着巨正则系综、巨正则分布,而孤立系统对应着微正则分布. 当状态变量是连续的则是均匀分布,当是离散的则是等概率分布(可以是非标准分析的无穷小量 ω).

对非平衡系统,当然特别有意义的是 Markov 随机场,只依赖系统的边界环境情况. 一旦边界的情况确定后($D=\{(\eta_{\delta_v}(+\infty),\xi_{\partial v}(+\infty))=C\}$),在空间 v 范围内的系统就独立于空间 i^c 范围内的系统,成为在 D 限制下 $G_{\bar{v}}, G_{\partial v}, G_{\bar{v}^c}$ 的 Markov 随机场. 这里的独立性、分离性相当于非平衡统计物理学中的局域平衡假设. 在这种情况下同样可以讨论各种不同的系统,以及它们的配分函数. 不过它们明显地依赖周围的环境.

对非平衡系统,可以研究随时间的发展情况,对应情况是具有单流的情况,特别有意义的是到达定态,对非平衡系统定态,系统内部可能存在能量、粒子流等有环流. 这时依赖着周围环境,各种情景会产生出千变万化的图像.

§3. 非平衡系统与电网络

一个由 v 个顶点组成的图 G 中,在每个边 a_{ij} 上安设一个阻抗 R_{ij} 的元件. 由顶点 x 处相连接的边上有 $R_{x1}, R_{x2}, \cdots, R_{xv}$. 若不与该顶点相连接的顶点 y,则假设 $R_{xy} = +\infty$, $R_{xx} \doteq 0$.

设 $C_{xy}=\dfrac{1}{R_{xy}}, C_x=\sum\limits_{y\in G}C_{xy}, V_x$ 表示顶点 x 处的电位. 这时

$$I_{xy}\doteq\frac{V_x-V_y}{R_{xy}}=(V_x-V_y)\cdot C_{xy},$$

$$I_{xx}\doteq 0,$$

$$I_x\doteq\sum_{y\in G}I_{xy}=\sum_{y\in G}(V_x-V_y)C_{xy}=\sum_{y\in G}(V_xC_{xy}-V_yC_{yx}).$$

如果没有外接电源，这时 $I_x=0$. $\forall x\in G$，有 $\sum\limits_{y\in G}(V_xC_{xy}-V_yC_{yx})=0$. 设 $C_{xx}=0$，

$$V_x=\sum_{y\in G}\frac{V_yC_{xy}}{C_x}\text{ 即 }\mathbf{V}=\left(\frac{C_{xy}}{C_x}\right)_{G\times G}\mathbf{V},\text{是调和势.}$$

研究能量 $\langle\mathbf{V},\boldsymbol{Q}\rangle$，$\dfrac{\mathrm{d}}{\mathrm{d}t}\langle\mathbf{V},\boldsymbol{Q}\rangle=\langle\dfrac{\mathrm{d}\mathbf{V}}{\mathrm{d}t},\boldsymbol{Q}\rangle+\langle\mathbf{V},\dfrac{\mathrm{d}\boldsymbol{Q}}{\mathrm{d}t}\rangle$.

因为 $\mathbf{V}=\text{const}$，所以 $\mathrm{d}\mathbf{V}/\mathrm{d}t=\mathbf{0}$，

所以 $\dfrac{\mathrm{d}}{\mathrm{d}t}\langle\mathbf{V},\boldsymbol{Q}\rangle=\langle\mathbf{V},\dfrac{\mathrm{d}\boldsymbol{Q}}{\mathrm{d}t}\rangle=\langle\mathbf{V},\boldsymbol{I}\rangle=0$，$\langle\mathbf{V},\boldsymbol{Q}\rangle=\text{const}$.

因为 $\mathbf{V}=(C_{xy}/C_x)_{G\times G}\mathbf{V}$，所以 $\langle\mathbf{V},\boldsymbol{Q}\rangle=\langle(C_{xy}/C_x)_{G\times G}\mathbf{V},\boldsymbol{Q}\rangle=\langle\mathbf{V},(C_{xy}/C_x)'_{G\times G}\boldsymbol{Q}\rangle$ 对 $\forall\mathbf{V}$ 成立.

故 $\boldsymbol{Q}=\left(\dfrac{C_{xy}}{C_x}\right)'\boldsymbol{Q}$，$Q_x=\sum\limits_{y\in G}\left(\dfrac{C_{xy}}{C_x}\right)Q_y$，$\sum\limits_{y\in G}\left(\dfrac{Q_x}{C_x}C_{xy}-\dfrac{Q_y}{C_y}C_{yx}\right)=0$，$\forall x\in G$.

也就是说 $\dfrac{\mathrm{d}Q_x}{\mathrm{d}t}=\sum\limits_{y\in Q}\left(\dfrac{Q_x}{C_x}C_{xy}-\dfrac{Q_y}{C_y}C_{yx}\right)$，$\forall x\in G$.

设 $q_{xy}\doteq\dfrac{C_{xy}}{C_x}$，有 $\dfrac{\mathrm{d}Q_x}{\mathrm{d}t}=-\sum\limits_{y\in Q}(Q_yq_{yx}-Q_xq_{xy})$.

假设的直观含义是：在一定的电场情况下，在顶点 x 处的一个粒子向顶点相连接的顶点 y 的迁移概率的速率与 C_{xy} 成正比，即与 R_{xy} 成反比.

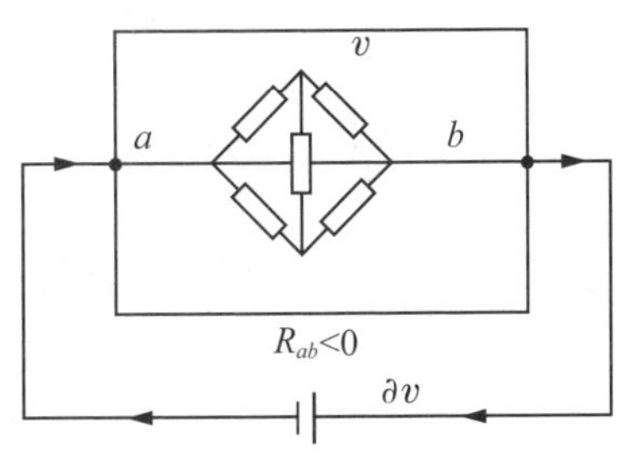

图 1

假设在边界上顶点 a,b 处有外接电源，其电位分别为 V_a,V_b，电流为 I_a,I_b. 且 $I_a=-I_b$（如图 1）.

这时根据 KCL 定律有

$$\forall x\neq a,b,\ \sum_{y\in G}(V_xC_{xy}-V_yC_{yx})=0;$$

$$x=a\text{ 或 }b,\ \sum_{y\in G}(V_xC_{xy}-V_yC_{yx})=I_x.$$

不妨假设一负值电阻连接 a,b 即 $R_{ab}=R_{ba}<0$,同样可以得到.设

$$\sum_{x\in G\cup G^c}C_{ax}>0,\quad \sum_{x\in G\cup G^c}C_{bx}>0,$$

$$\frac{\mathrm{d}Q_x}{\mathrm{d}t}=-\sum_{y\in G\cup G^c}(Q_yq_{yx}-Q_xq_{xy})=0,\forall x\in G,$$

$$\forall x\neq a,b,Q_x=Q_x^v;x=a\text{ 或 }b,$$

$$Q_a=Q_a^v+Q_a^{v^c},Q_b=Q_b^v=Q_b^v+Q_b^{v^c},$$

所以 $\forall x\neq a,b,\dfrac{\mathrm{d}Q_x}{\mathrm{d}t}=\dfrac{\mathrm{d}Q_x^v}{\mathrm{d}t}$; $x=a$ 或 b,

$$\frac{\mathrm{d}Q_a}{\mathrm{d}t}=\frac{\mathrm{d}Q_a^v}{\mathrm{d}t}+\frac{\mathrm{d}Q_a^{v^c}}{\mathrm{d}t}=-I_a+\frac{\mathrm{d}Q_a^v}{\mathrm{d}t},\ \frac{\mathrm{d}Q_b}{\mathrm{d}t}=\frac{\mathrm{d}Q_b^v}{\mathrm{d}t}+\frac{\mathrm{d}Q_b^{v^c}}{\mathrm{d}t}=-I_b+\frac{\mathrm{d}Q_b^v}{\mathrm{d}t},$$

令 $x\neq b,Q_aq_{ax}=Q_a^vq'_{ax},x=b,Q_aq_{ab}=Q_a^{v^c}q'_{ab}$;

$x\neq a,Q_bq_{bx}=Q_b^vq'_{bx},x=a,Q_bq_{ba}=Q_b^{v^c}q'_{ab}$;

$x\neq a,b,q_{xy}=q'_{ab},\forall x\in G.$

这时有 $\forall x\neq a,b,\dfrac{\mathrm{d}Q_x^v}{\mathrm{d}t}=-\sum\limits_{y\in G}(Q_y^vq'_{yx}-Q_x^vq'_{yx})$;

$x=a$ 或 b

$$\frac{\mathrm{d}Q_a^v}{\mathrm{d}t}+\frac{\mathrm{d}Q_a^{v^c}}{\mathrm{d}t}+(Q_bq_{ba}-Q_aq_{ab})=-\sum_{\substack{y\in G\\ y\neq b}}(Q_yq_{ya}-Q_aq_{ay}),$$

$$\frac{\mathrm{d}Q_b^v}{\mathrm{d}t}+\frac{\mathrm{d}Q_b^{v^c}}{\mathrm{d}t}+(Q_aq_{ab}-Q_bq_{ba})=-\sum_{\substack{y\in G\\ y\neq b}}(Q_yq_{yb}-Q_bq_{by}),$$

所以 $\dfrac{\mathrm{d}Q_a^v}{\mathrm{d}t}=-\sum\limits_{\substack{y\in G\\ y\neq b}}(Q_y^vq'_{ya}-Q_a^vq'_{ay}),\ \dfrac{\mathrm{d}Q_b^v}{\mathrm{d}t}=-\sum\limits_{\substack{y\in G\\ y\neq a}}(Q_y^vq'_{ya}-Q_b^vq'_{by}).$

总之有 $\dfrac{\mathrm{d}Q_x^v}{\mathrm{d}t}=-\sum\limits_{y\in G}(Q_y^vq'_{xy}-Q_x^vq'_{xy}),\forall x\in G.$

这是在 $q'_{ab}\equiv 0$ 的情况下,其假设的直观含义也是如前所说,只不过用 q'_{xy} 代替 q_{xy}.

$$\langle\mathbf{V},\frac{\mathrm{d}\boldsymbol{Q}}{\mathrm{d}t}\rangle=\langle\mathbf{V},\frac{\mathrm{d}\boldsymbol{Q}^v}{\mathrm{d}t}\rangle+\langle\mathbf{V},\frac{\mathrm{d}\boldsymbol{Q}^{v^c}}{\mathrm{d}t}\rangle,$$

$$\langle\mathbf{V},\frac{\mathrm{d}\boldsymbol{Q}^v}{\mathrm{d}t}\rangle=\frac{1}{2}\sum_x\sum_k I_{xy}(V_x-V_y).$$

因为 $I_{xy}=-I_{yx},I_{ab}=0(q'_{ab}=0)$.

又$\langle \boldsymbol{V}, \frac{\mathrm{d}\boldsymbol{Q}^{v}}{\mathrm{d}t}\rangle = \frac{1}{2}\sum_{x}\sum_{y}(Q_x^v q'_{xy} - Q_y^v q'_{yx})\cdot(V_x - V_y)$.

$$\langle \boldsymbol{V}, \frac{\mathrm{d}\boldsymbol{Q}^{v^c}}{\mathrm{d}t}\rangle = -(V_a I_a + V_b I_b) = -(V_a - V_b)I_a.$$

$$S = \langle \ln \boldsymbol{Q}, \boldsymbol{Q}\rangle, \quad \frac{\mathrm{d}S}{\mathrm{d}t} = \langle \ln \boldsymbol{Q}, \frac{\mathrm{d}\boldsymbol{Q}}{\mathrm{d}t}\rangle = 0.$$

所以$\langle \ln \boldsymbol{Q}, \frac{\mathrm{d}\boldsymbol{Q}}{\mathrm{d}t}\rangle = \langle \ln \frac{\boldsymbol{Q}}{C}, \frac{\mathrm{d}\boldsymbol{Q}}{\mathrm{d}t}\rangle$

$$= \frac{1}{2}\sum_{x}\sum_{y}(Q_x^v q'_{xy} - Q_y^v q'_{yx})\ln \frac{Q_x^v q'_{xy}}{Q_y^v q'_{yx}} + (Q_a q_{ab} - Q_b Q_{ba})\ln \frac{Q_a C_b}{Q_b C_a},$$

$$\frac{\mathrm{d}S^v}{\mathrm{d}t} = \frac{\mathrm{d}}{\mathrm{d}t}\langle \ln \boldsymbol{Q}^v, \boldsymbol{Q}^v\rangle = \langle \ln \boldsymbol{Q}, \frac{\mathrm{d}\boldsymbol{Q}}{\mathrm{d}t}\rangle = \frac{\mathrm{d_i}S^v}{\mathrm{d}t} + \frac{\mathrm{d_e}S^v}{\mathrm{d}t},$$

$$\frac{\mathrm{d}S^{v^c}}{\mathrm{d}t} = \frac{\mathrm{d_i}S^{v^c}}{\mathrm{d}t} + \frac{\mathrm{d_e}S^{v^c}}{\mathrm{d}t},$$

$$\langle \ln \frac{\boldsymbol{Q}}{C}, \frac{\mathrm{d}\boldsymbol{Q}}{\mathrm{d}t}\rangle = \langle \ln \frac{\boldsymbol{Q}}{C}, \frac{\mathrm{d}\boldsymbol{Q}^v}{\mathrm{d}t}\rangle + \langle \ln \frac{\boldsymbol{Q}}{C}, \frac{\mathrm{d}\boldsymbol{Q}^{v^c}}{\mathrm{d}t}\rangle.$$

所以 $\mathrm{d}S = \mathrm{d_i}S = \mathrm{d_i}S^v - \mathrm{d_i}S^{v^c} = 0$.

当电位 V_a 和 V_b 为接触电压时，$V_a - V_b = \frac{KT}{C}\left(\ln \frac{Q_a}{C_a} - \ln \frac{Q_b}{C_b}\right)$. 电位有势的情况下，比较前面的等式可得到如上解释. 当 $Q^v = Q^{v^c}$ 时，$-\mathrm{d}S^{v^c} = \mathrm{d}s^v = \mathrm{d_i}S^v + \mathrm{d_e}S^v$，意义是显而易见的.

参考文献

[1] Rozanov Y A. Markov random fields. New York: Spriger-Verlag, 1982.

[2] 李占柄，严士健，刘若庄. 非平衡系统 Master 方程的稳定性. 物理学报，1981，30(4)：448.

[3] Коронюк В С. Стохастидеские тодеюи сuсmem. Kueв: Haykoba Dyмa, 1989.

[4] Peter G, Doyle J. Laurie snell random walks and elecmtic networks. New York: The Mathematical Association of American, 1984.

Abstract Some properties of radom feild and its connection with the non-equilibrium system are given. A application in the electric networks is obtained.

Keywords entropy; entropy production; hypothesis of local equilibrium

北京师范大学学报(自然科学版)
1983,(3):11-16

关于 Boltzmann H 定理的讨论①

A Note on Boltzmann's H Theorem

1872 年,L. Boltzmann 研究了单原子气体,并提出了著名的 H 定理[4]. 他证明了在系统中由于弹性碰撞,Boltzmann H 总是不增的,除非达到平衡时,它的值最小,随后不久,关于 H 定理产生了激烈的争论,反对 H 定理的一些主要论断是所谓 Loschmidt 可逆性和 Zermelo 可复原性.

1876 年,J. Loschmidt 证明了微观运动的可逆性[5]. 他指出,H 值是由微观运动决定的,既然微观运动是可以可逆的,为什么 Boltzmann's H 总是减少?

1890 年,H. Poincare 证明了一个著名的定理[6]. 1896 年,Zermelo 利用这个定理指出[7],微观运动是可以可"复原"的,为什么 Boltzmann's H 总是减少? 除此之外,还有一些至今还在争论的问题.

许多问题归根结底是涉及 H 定理的统计性质的问题. 如何在数学上严格地去解释这个问题呢? 本文给出了一个数学模型,并在此基础上力图来解释 H 定理,讨论这些佯谬.

§1.　模型

现在来研究由 N 个独立质点所构成的系统. 如果每个质点具有 $2n$ 个坐标,则整个系统将有 $2nN$ 个坐标. 设 $p_1, p_2, \cdots, p_N; q_1, q_2, \cdots, q_N$

① 本文 1982 年 11 月 4 日收到.
本文与严士健合作.

是质点的广义动量和广义坐标，其中 $p_i=\{p_{i1},p_{i2},\cdots,p_{in}\}$，$q_i=\{q_{i1},q_{i2},\cdots,q_{in}\}$. 这个系统的状态就完全由 $2nN$ 个坐标所决定. 这个系统的状态对应着一个点 $x=\{x_1,x_2,\cdots,x_N\}$，其中 $x_i=\{p_i,q_i\}$. 称该点为 $2nN$ 维相空间 Ω 的代表点，随着时间的改变，系统的代表点将在相空间 Ω 中描绘出一条轨道.

在理论力学中，运动方程是正则的或者说是 Hamiltonian 形式

$$\begin{cases}\dot{p}_i=-H_{q_i}(p,q,t),\\ \dot{q}_i=H_{p_i}(p,q,t),\end{cases}$$

其解为

$$\begin{cases}x(t)=x(x_0,t_0,t),\\ x_0=x(x_0,t_0,t_0).\end{cases}$$

如果在某个时刻给出一个状态，那么任意其他时刻的状态也就完全决定了.

设对任意的 s，$(\Omega_s,\mathscr{B}_s)$ 是可测空间，$\left(\prod\limits_{s\leqslant t}\Omega_s,\prod\limits_{s\leqslant t}\mathscr{B}_s\right)$ 是乘积可测空间，其中 $\prod\limits_{s\leqslant t}\mathscr{B}_s$ 是乘积 σ 域.

我们假设：系统的代表点是一个乘积可测空间 $\left(\prod\limits_{s\leqslant t}\Omega_s,\prod\limits_{s\leqslant t}\mathscr{B}_s\right)$ 上的 Markov 过程，并且正则方程的解满足 Kolmogorov 方程

$$p\{t_0,x_0;t,x\}=\int_{-\infty}^{+\infty}p\{t_0,x_0;s,y\}p\{s,y;t,x\}\mathrm{d}y.$$

特别地，当 $p\{t_0,x_9;t,x\}=\delta\{x-x(x_0,t_0,t)\}$ 的时候，其中 $\delta(x)$ 是 Dirac's δ 函数，初始分布为 $\delta\{t_0,x_0-x\}$，此即 Poincare 的模型. 初始分布为 $p\{t_0,x_0\}$，此即 Rudolf Kurth 的模型[2].

另一方面，引进坐标 $r=\{r_x,r_y,r_z\}$ 和速度 $v=\{v_x,v_y,v_z\}$. 这样随着时间的变化，系统的运动将在坐标 — 速度空间 R_6 中用 N 条轨道来描述，这些轨道与相空间 Ω 中一条轨道之间彼此建立一一对应.

设 $\Delta\tau\times\Delta\nu\subset R_6$，则

$f(\Delta\tau\times\Delta\nu,t)=\int_{\Delta\tau\times\Delta\nu}\sum\limits_{i=1}^{N}\delta\{y-x_i(r_0^i,v_0^i,t_0,t)\}\mathrm{d}y$ 表示在时刻 t，位于坐标 — 速度空间 R_6，体积 $\Delta\tau\times\Delta\nu$ 中的粒子数.

$$\begin{aligned}f(\Delta\tau\times\Delta\nu,t)&=\sum_{i=1}^{N}\int_{\Delta\tau\times\Delta\nu}\delta\{y-x_i(r_0^i,v_0^i,t_0,t)\}\mathrm{d}y\\&=\sum_{i=1}^{N}f_i(\Delta\tau\times\Delta\nu,t)(x_i),\end{aligned}$$

其中 $f_i(\Delta\tau\times\Delta\nu,t)(x_i)=\begin{cases}1, & x_i\in\Delta\tau\times\Delta\nu,\\ 0, & x_i\overline{\in}\Delta\tau\times\Delta\nu.\end{cases}$

设 $\Delta\tau_1\times\Delta\nu_1,\Delta\tau_2\times\Delta\nu_2\subset R_6$，则

$$f(\Delta\tau_1\times\Delta\nu_1,\Delta\tau_2\times\Delta\nu_2,t)$$

$$=\int_{\Delta\tau_1\times\Delta\nu_1}\cdot\int_{\Delta\tau_2\times\Delta\nu_2}\sum_{i\neq j}^{N}\delta\{y_i-x_i(r_0^i,v_0^i,t_0,t);y_j-x_j(r_0^j,v_0^j,t_0,t)\}\mathrm{d}y_i\mathrm{d}y_j$$

$$=\int_{\Delta\tau_1\times\Delta\nu_1}\cdot\int_{\Delta\tau_2\times\Delta\nu_2}\sum_{i\neq j}^{N}\delta\{y_i-x_i(r_0^i,v_0^i,t_0,t)\}\cdot\delta\{y_j-x_j(r_0^j,v_0^j,t_0,t)\}\mathrm{d}y_i\mathrm{d}y_i.$$

若 $\Delta\tau_1\times\Delta\nu_1\cap\Delta\tau_2\times\Delta\nu_2=\varnothing$，则

$$f(\Delta\tau_1\times\Delta\nu_1,\Delta\tau_2\times\Delta\nu_2,t)$$

$$=\int_{\Delta\tau_1\times\Delta\nu_1}\sum_{i=1}^{N}\delta\{y_i-x_i(r_0^i,v_0^i,t_0,t)\}\mathrm{d}y_i\cdot\int_{\Delta\tau_2\times\Delta\nu_2}\sum_{j=1}^{N}\delta\{y_j-x_j(r_0^j,v_0^j,t_0,t)\}\mathrm{d}y_j$$

$$=\sum_{i=1}^{N}f_i(\Delta\tau_1\times\Delta\nu_1,t)(x_i)\cdot\sum_{j=r}^{N}f_i(\Delta\tau_2\times\Delta\nu_2,t)(x_j)$$

表示在时刻 t，位于坐标一速度空间 R_6，体积 $\Delta\tau_1\times\Delta\nu_1$ 中和体积 $\Delta\tau_2\times\Delta\nu_2$ 中的粒子对数.

上面所述的情况在我们的数学模型里将变成概率的描述. 设 $\widetilde{p}\{t_0,x_0;t,x\}$ 是由 $p\{t_0,x_0;t,x\}$ 诱导出来的转移概率密度，$\widetilde{p}\{t_0,x_0;t,x_i\}$，$\widetilde{p}\{t_0,x_0;t,x_i,x_j\}$ 相应地分别表示边缘分布密度，这时

$$g(\Delta\tau\times\Delta\nu,t)=\int_{-\infty}^{+\infty}f(\Delta\tau\times\Delta\nu,t)\cdot\widetilde{p}\{t_0,x_0;t,x\}\mathrm{d}x$$

$$=\int_{-\infty}^{+\infty}\sum_{i=1}^{N}f_i(\Delta\tau\times\Delta\nu,t)(x_i)\widetilde{p}\{t_0,x_0;t,x\}\mathrm{d}x$$

$$=\int_{-\infty}^{+\infty}\sum_{i=1}^{N}\int_{\Delta\tau\times\Delta\nu}\delta\{y-x_i(r_0^i,\nu_0^i,t_0,t)\}\widetilde{p}\{t_0,x_0;t,x_i\}\mathrm{d}x_i,$$

$$g(\Delta\tau_1\times\Delta\nu_1,\Delta\tau_2\times\Delta\nu_2,t)=\int_{-\infty}^{+\infty}f(\Delta\tau_1\times\Delta\nu_1,\Delta\tau_2\times\Delta\nu_2,t)\widetilde{p}\{t_0,x_0;t,x\}\mathrm{d}x$$

$$=\int_{-\infty}^{+\infty}f(\Delta\tau_1\times\Delta\nu_1,t)\cdot f(\Delta\tau_2\times\Delta\nu_2,t)\widetilde{p}\{t_0,x_0;t,x\}\mathrm{d}x$$

$$=\int_{-\infty}^{+\infty}\int_{-\infty}^{+\infty}\sum_{i,j=1}^{N}f_i(\Delta\tau_1\times\Delta\nu_1,t)(x_i)\cdot$$

$$f_j(\Delta\tau_2\times\Delta\nu_2,t)(x_j)\widetilde{p}\{t_0,x_0;t,x_i,x_j\}\mathrm{d}x_i\mathrm{d}x_j.$$

假设 $\widetilde{p}\{t_0,x_0;t,x_i,x_j\}=\widetilde{p}\{t_0,x_0;t,x_i\}\cdot\widetilde{p}\{t_0,x_0;t,x_j\}$，对任意的 $i,j(i\neq j)(x_i\neq x_j)$，以及充分大的 t 成立. 此即混沌性假设. 这时，我们有

$$g(\Delta\tau_1\times\Delta\nu_1,\Delta\tau_2\times\Delta\nu_2,t)=\left(\sum_{i=1}^{N}\int_{-\infty}^{+\infty}f_i(\Delta\tau_1\times\Delta\nu_1,t)(x_i)\cdot\widetilde{p}\{t_0,x_0;t,x_i\}\mathrm{d}x_i\right)\cdot\left(\sum_{i=1}^{N}\int_{-\infty}^{+\infty}f_j(\Delta\tau_2\times\Delta\nu_2,t)(x_j)\cdot\widetilde{p}\{t_0,x_0;t,x_j\}\mathrm{d}x_j\right)=g(\Delta\tau_1\times\Delta\nu_1,t)\cdot g(\Delta\tau_2\times\Delta\nu_2,t).$$

§2. H 定理

不妨假设在样本空间 $\left(\prod\limits_{s\leqslant t}\Omega_s,\prod\limits_{s\leqslant t}\mathscr{B}_s\right)$ 上几乎所有的样本轨道是左连续的，也就是说，如果在时刻 t 有碰撞，那么时刻 t 的状态是表示碰撞前的状态.

在数学上描述单原子气体的相互碰撞，意味着一个或者两个原子的速度发生突然的改变. 在坐标 — 速度空间 R_6 中，坐标是不变的，但是速度突然改变，即速度改变在某一时刻 t 进行，同时，相互碰撞应该服从动能、动量守恒定律. 一般地说，围绕着该值有起伏，但是并不认为是在碰撞时刻 t 发生.

让我们研究速度为 ν_1 和 ν_2 的单原子碰撞. 碰撞以后，速度为 ν_1 的单原子数将缺少一个. 很容易得出，碰撞前和碰撞后的速度是相互一一对应的.

现在研究在坐标 — 速度空间 R_6 中的这类碰撞. 假设单原子有速度 ν_1 和坐标 τ_1，我们有[①]

$$\widetilde{g}(\tau_1\times\nu_1,t)=\frac{1}{2}\sum_{i\neq j}^{N}\int_{-\infty}^{+\infty}\left\{\int_{\|\tau_1-\tau_2\|=R}\int_{-\infty}^{+\infty}f_i(\tau_1\times\nu_1,t)(x_i)\cdot f_j(\tau_2\times\nu_2,t)(x_j)\widetilde{p}\{t_0,x_0;t,x_j\}\mathrm{d}x_j\mathrm{d}\tau_2\right\}\cdot\widetilde{p}\{t_0,x_0;t,x_i\}\mathrm{d}x_i$$

$$=\frac{1}{2}\sum_{i\neq j}^{N}\int_{-\infty}^{+\infty}f_i(\tau_1\times\nu_1,t)(x_i)\cdot\left\{\int_{\|\tau_1-\tau_2\|=R}\int_{-\infty}^{+\infty}f_i(\tau_2\times\nu_2,t)(x_j)\cdot\widetilde{p}\{t_0,x_0;t,x_j\}\mathrm{d}x_j\mathrm{d}\tau_2\right\}\cdot\widetilde{p}\{t_0,x_0;t,x_i\}\mathrm{d}x_i$$

---

① 这里 R 是碰撞半径.

$$= \frac{1}{2}\sum_{i\neq j}^{N}\int_{-\infty}^{+\infty} f_i(\tau_1\times\nu_1,t)(x_i)\cdot\left\{\int_{\|\tau_1-\tau_2\|=R}\widetilde{p}\{t_0,x_0;t,\overbrace{\tau_2\times\nu_2}^{j}\}\mathrm{d}\tau_2\right\}\cdot$$

$$\widetilde{p}\{t_0,x_0;t,x_j\}\mathrm{d}x_i.$$

设$\int_{\|\tau_1-\tau_2\|=R}\widetilde{p}\{t_0,x_0;t,\overbrace{\tau_2\times\nu_2}^{j}\}\mathrm{d}\tau_2 = C_1 4\pi R_2\widetilde{p}\{t_0,x_0;t,\overbrace{\tau_1\times\nu_2}^{j}\}$.

这里 C_1 是常数. 这就是连续性假设. 假设对于充分大的 t,有

$$\frac{\widetilde{p}\{t_0,x_0;t,\overbrace{\tau_1\times\nu_1}^{i}\}}{\sum_{j=1}^{N}\widetilde{p}\{t_0,x_0;t,\overbrace{\tau_1\times\nu_2}^{j}\}} = C_3,$$

其中 C_3 是常数. 这就是等同性假设. 所以

$$\begin{aligned}\widetilde{g}(\tau_1\times\nu_1,t) &= K\sum_{i=1}^{N}\widetilde{p}\{t_0,x_0;t,\overbrace{\tau_1\times\nu_1}^{i}\}\cdot\sum_{i=1}^{N}\widetilde{p}\{t_0,x_0;t,\overbrace{\tau_1\times\nu_2}^{j}\}\\ &= Kg(\tau_1\times\nu_1,t)g(\tau_1\times\nu_2,t).\end{aligned}$$

类似地,在坐标 — 速度空间 R_6 中,对另一类碰撞,即碰撞以后,速度为 ν_1 的单原子数将增加一个,我们也有

$$\begin{aligned}\widetilde{\widetilde{g}}(\tau_1\times\nu_1,t) &= Kg(\tau_1\times\tilde{\nu}_1,t)g(\tau_1\times\tilde{\nu}_2,t)\\ &= Kg(\tau_1\times\tilde{\nu}_1(\nu_1,\nu_2),t)\cdot g(\tau_1\times\tilde{\nu}_2(\nu_1,\nu_2),t),\end{aligned}$$

这里 ν_1,ν_2 和 $\tilde{\nu}_1,\tilde{\nu}_2$ 有一一对应关系.

引进 H 函数如下

$$\mathrm{H} = \iint g(\tau_1\times\nu_1,t)\ln g(\tau_1\times\nu_1,t)\mathrm{d}\tau_1\mathrm{d}\nu_1.$$

假设没有外力场. 类似 Boltzmann 积分微分方程的推导,我们有

$$\frac{\partial g(\tau_1\times\nu_1,t)}{\partial t}+\nu_1\frac{\partial g(\tau_1\times\nu_1,t)}{\partial\tau_1}$$

$$= K\int[g(\tau_1\times\tilde{\nu}_1,t)g(\tau_1\times\tilde{\nu}_2,t)-g(\tau_1\times\nu_1,t)g(\tau_1\times\nu_2,t)]\mathrm{d}\nu_2,$$

这样

$$\begin{aligned}\frac{\mathrm{d}H}{\mathrm{d}t} &= \frac{\mathrm{d}}{\mathrm{d}t}\iint g(\tau_1\times\nu_1,t)\ln g(\tau_1\times\nu_1,t)\mathrm{d}\tau_1\mathrm{d}\nu_1\\ &= \iint[1+\ln g(\tau_1\times\nu_1,t)]\frac{\partial g(\tau_1\times\nu_1,t)}{\partial t}\mathrm{d}\tau_1\mathrm{d}\nu_1\\ &= -\iint[1+\ln g(\tau_1\times\nu_1,t)]\nu_1\frac{\partial g(\tau_1\times\nu_1,t)}{\partial\tau_1}\mathrm{d}\tau_1\nu_1+\end{aligned}$$

$$\iint[1+\ln g(\tau_1\times\nu_1,t)]\times K\int[g(\tau_1,\tilde{\nu}_1,t)g(\tau_1\times\tilde{\nu}_2,t)]-$$

$$g(\tau_1\times\nu_1,t)g(\tau_1\times\nu_2,t)\mathrm{d}\nu_2\mathrm{d}\tau_1\mathrm{d}\nu_1.$$

因为在封闭器壁面上 $g(\tau_1\times\nu_1,t)=0$,所以

$$\iint[1+\ln g(\tau_1\times\nu_1,t)]\nu_1\frac{\partial g(\tau_1\times\nu_1,t)}{\partial\tau_1}\mathrm{d}\tau_1\mathrm{d}\nu_1$$

$$=\iint\frac{\partial}{\partial\tau_1}[\nu_1 g(\tau_1\times\nu_1,t)\ln g(\tau_1\times\nu_1,t)]\mathrm{d}\tau_1\mathrm{d}\nu_1$$

$$=\iint\oint\boldsymbol{n}(\nu_1 g(\tau_1\times\nu_1,t))\mathrm{d}\Sigma\mathrm{d}\nu_1=0,$$

这里$\oint\mathrm{d}\Sigma$ 表示曲面积分.

我们得到方程

$$\frac{\mathrm{d}H}{\mathrm{d}t}=K\iiint[1+\ln g(\tau_1\times\nu_1,t)][g(\tau_1,\tilde{\nu}_1,t)g(\tau_1\times\tilde{\nu}_2,t)-$$

$$g(\tau_1\times\nu_1,t)g(\tau_1\times\nu_2,t)]\mathrm{d}\nu_2\mathrm{d}\tau_1\mathrm{d}\nu_1,$$

交换积分中变量 ν_1 与 ν_2 得

$$\frac{\mathrm{d}H}{\mathrm{d}t}=K\iiint[1+\ln g(\tau_1\times\nu_2,t)][g(\tau_1,\tilde{\nu}_1,t)g(\tau_1\times\tilde{\nu}_2,t)-$$

$$g(\tau_1\times\nu_1,t)g(\tau_1\times\nu_2,t)]\mathrm{d}\nu_2\mathrm{d}\tau_1\mathrm{d}\nu_1,$$

两式相加,除以 2 得

$$\frac{\mathrm{d}H}{\mathrm{d}t}=\frac{K}{2}\iiint[2+\ln g(\tau_1\times\nu_1,t)g(\tau_1\times\nu_2,t)]\cdot$$

$$[g(\tau_1\times\tilde{\nu}_1,t)g(\tau_1\times\tilde{\nu}_2,t)-$$

$$g(\tau_1\times\nu_1,t)g(\tau_1\times\nu_2,t)]\mathrm{d}\nu_2\mathrm{d}\tau_1\mathrm{d}\nu_1,$$

交换积分中变量 ν_1,ν_2 与 $\tilde{\nu}_1,\tilde{\nu}_2$ 得 $\mathrm{d}\nu_1\mathrm{d}\nu_2=\mathrm{d}\tilde{\nu}_1\mathrm{d}\tilde{\nu}_2$,

并且

$$\frac{\mathrm{d}H}{\mathrm{d}t}=\frac{K}{2}\iiint[2+\ln(g(\tau_1\times\tilde{\nu}_1,t)g(\tau_1\times\tilde{\nu}_2,t))]\cdot$$

$$[g(\tau_1\times\nu_1,t)g(\tau_1\times\nu_2,t)-$$

$$g(\tau_1\times\tilde{\nu}_1,t)g(\tau_1\times\tilde{\nu}_2,t)]\mathrm{d}\nu_1\mathrm{d}\tau_1\mathrm{d}\nu_2,$$

两式相加,除以 2 得

$$\frac{\mathrm{d}H}{\mathrm{d}t}=-\frac{K}{4}\iiint[\ln[g(\tau_1\times\nu_1,t)g(\tau_1\times\nu_2,t)]-\ln[g(\tau_1\times\tilde{\nu}_1,t)g(\tau_1\times\tilde{\nu}_2,t)]\cdot$$

$$[g(\tau_1\times\nu_1,t)g(\tau_1\times\nu_2,t)-g(\tau_1\times\tilde{\nu}_1,t)g(\tau_1\times\tilde{\nu}_2,t)]\mathrm{d}\nu_1\mathrm{d}\tau_1\mathrm{d}\nu_2\leqslant 0.$$

§3. 解释

单原子气体的碰撞理论,即使几个单原子也极其复杂.物理学家往往借统计理论来研究单原子气体的碰撞理论.值得感兴趣的是理论本身包含着两部分内容,一方面是决定性的规律,例如能量守恒定律、动量守恒定律等,一方面是非决定性,例如分布函数等.在客观物理世界中,研究层次不同物理现象时,决定性和非决定性往往是相对的.它们是客观事物的发展过程中同时具备着的互相对应而又互相联系的两个方面.科学的方法是从现象中区分开矛盾的这两个方面来加以研究的.

在本文的模型中,$g(\Delta\tau\times\Delta\nu,t)$ 具有两方面的内容,一方面是 $f(\Delta\tau\times\Delta\nu,t)$,一方面是 $\widetilde{p}\{t_0,x_0;t,x\}$.这样处理便于深入研究它们的非决定性和决定性规律.进一步明确它的统计含义,具体说对样本空间 $(\prod_{s\leqslant t}\Omega_s,\prod_{s\leqslant t}\mathscr{B}_s)$ 上的样本来讲,不排斥样本"可逆的""复原的",而只是概率非常之小,基本上是在正则方程解的附近起伏.所有的描述变成了概率的描述,这样可以看出宏观现象的总体特征不仅与微观现象并不矛盾,而且是相互补充的.物理过程描述也许要清楚些,数学工具的采用上也许能更深入些.

参考文献

[1] Fowler R H. *Statistical Mechanics*. Cambridge,1936.

[2] Rudolf K. *Axiomatics of Classical Statistical Mechanics*. Oxford,Pergamon,1960.

[3] Khinchin A I. *Mathamatical Foundations of Statistical Mechanics*. Dover Publicaions,Inc. New York,1949.

[4] Boltzmann L. *Wien. Ber.*,1868,58:517.

[5] Loschmidt J. *Wien. Ber.*,1876,73:139.

[6] Poincare H. *Acta. Math.*,1890,13:67.

[7] Zermelo E. *Ann. Physik*,1896,57:485.

Abstract In this paper a mathematical model is given,by means of this model the reversibility paradox and the recurrence paradox are discussed.

北京师范大学学报(自然科学版)
1994,30(4):435-438

p-adic 系统上的随机过程①

Stochastic Processes in p-adic Systems

摘要 介绍了定义在 p-adic 数上的一种非对称的随机过程,并对其性质做了简单的讨论.

关键词 p-adic 空间;马氏链;等级结构

§1. 概述

p-adic 数(即 p-进位数)与现代理论物理的联系已经受到越来越多地注意,这主要是由于它在现代物理研究课题,比如量子力学、超弦理论等中的重要作用[1].

在实践中,人们会经常遇到一些令人“一筹莫展”的复杂系统.系统元之间的交互作用如此复杂,以至于人们无法确定它们的单个行为.例如,无序的磁系统(自旋晶体)[1]、亢奋而受抑制的神经网络以及很多优化控制问题[2].然而,无论系统多么复杂,在这些系统中一个最有意义的发现就是深层次的状态具有树状的等级结构,而且状态间表现出超度量距离(ultrametric distance).即这种距离服从如下规则:

$$d(x,y)\leqslant\max\{d(x,z),d(y,z)\}, \tag{1.1}$$

当一个系统有树状结构,并且其动态距离是超度量距离的时候,去标记该

① 国家自然科学基金资助项目.
收稿日期:1994-04-28.
本文与赵学雷合作.

系统状态的数系就不再是实数，而自然是 p-adic 数. 特别是，在动力系统中当处理所谓的“松弛行为”(relaxation behavior)、波动或转移行为(fluctuations or transience behavior)时，人们通常都在 p-adic 空间中考虑，这就需要发展 p-adic 空间中的数学理论，在这方面许多数学家、物理学家已做了大量的工作. 有关详情可参见[3].

树上及 p-adic 空间中的随机过程已有一些研究[4~6]. 以前人们只是考虑过程的无穷小转移函数仅仅依赖 p-adic 距离，得到的过程是对称的，而且其渐近概率分布是常数. 显然，这种过程具有很大的局限性. 从统计规律来看，更常见的是不同状态受到的“欢迎”程度是不同的. 一个重要的例子就是湍流瀑布树(the turbulent cascade tree)中的动力系统[6]. 所以更有意义的工作是构造非对称的随机过程. 直到最近，Karwowski 和 Mendes[7] 才构造了这样一个非对称的随机过程. 为简单起见，我们称它为 KM-过程.

目前，国内在这方面的研究仍是一片空白. p-adic 空间上的非对称过程的构造也属于一个崭新的结果. 本文的主要目的就是向国内的读者介绍这一进展，希望能够引起大家的关注. 而且，我们也将对 KM-过程的一些性质进行讨论.

§2.　KM-过程的构造

设 $p>0$ 是一个素数，对于有理数域中的任一元 a 如果把它分解为 $a=(q/r)p^n, n\in \mathbf{Z}$，其中 p,q,r 互为素数，它的 p-范数定义为 $\|a\|_p=p^{-n}$. 容易验证 $\|\cdot\|_p$ 满足(1). 按照通常方式，我们可以以此范数把有理数域 Q 完备化为 Q_p，使之成为完备的距离空间. 其详细步骤可参见[1].

记 $K(a,p^M)=\{x\in Q_p; \|a-x\|_p\leqslant p^M\}$. 它是以 a 为中心、半径为 p^M 的 p-adic 球. 如果 a 的 Hensel 表现是

$$a=\sum_{j=-m}^{+\infty}\alpha_{-M+j}p^{-M+j}, \tag{2.1}$$

那么 $K(a,p^M)$ 由数组 $(\alpha_{-(M+m)},\alpha_{-(M+m-1)},\cdots,\alpha_{-(M+1)})$ 唯一决定，换句话说，$K(a,p^M)$ 中任一元的 Hensel 表达式中的 $p^{-(M+1)}$ 及其以前各项的系数必定和 a 的 Hensel 表现中的相应系数相同. 因此我们简记

$$K(a,p^M)=(\alpha_{-(M+m)},\alpha_{-(M+m-1)},\cdots,\alpha_{-(M+1)}),$$

注意到

$$(\alpha_{-(M+m)},\alpha_{-(M+m-1)},\cdots,\alpha_{-(M+1)})=(0,\alpha_{-(M+m)},\alpha_{-(M+m-1)},\cdots,\alpha_{-(M+1)}),\quad(2.2)$$

及

$$(\alpha_{-(M+m)},\alpha_{-(M+m-1)},\cdots,\alpha_{-(M+1)})=\sum_{\alpha_{-(M+1)}=0}^{p-1}(0,\alpha_{-(M+m)},\alpha_{-(M+m-1)},\cdots,\alpha_{-(M+1)}),\quad(2.3)$$

由此可知,对于任何固定的整数 $M>0$,Q_p 可以表示成相互不交的 $K(a,p^M)$的并(我们称之为 Q_p 的 p^M-球分解).

记 Σ 为 Q_p 上的由所有球所产生的 σ-代数,定义集函数 $\mu(K(a,p^M))=p^M$,我们可以把 μ 扩张为 Σ 上的测度. 如果把 Q_p 看为加群,这个测度为 Haar 测度. 设 ρ 是 Q_p 上的非负 Σ-可测函数,使得

$$\int_{K(a,p^M)}\rho(x)\mu(\mathrm{d}x)<+\infty,\ \alpha\in Q_p,M\in\mathbf{Z}.$$

记
$$\rho_M^{\{\alpha\}}\equiv\rho_{\{\alpha_{-(M+m)},\cdots,\alpha_{-(M+1)}\}}=\int_{K(a,p^M)}\rho(x)\mu(\mathrm{d}x).$$

由于对于 $N>M+m$ 有 $K(a,p^N)=K(0,p^N)$,这时 $\rho_N^{\{\alpha\}}$ 不依赖于$\{\alpha\}$. 再记 $\rho_{+\infty}=\int_{Q_p}\rho(x)\mu(\mathrm{d}x)$.

为构造 Q_p 上的随机过程,我们首先需要建立 Q_p 的 p^M-球分解上的马氏链,进而需要设定一个 Q-矩阵. 为此设 $\alpha(M),m\in\mathbf{Z}$ 是一个非负序列,满足:

(i)$a(M)\geqslant a(M+1)$, (ii) $\lim\limits_{M\to+\infty}a(M)=0$.

并取 $u(M,j)=a(M+j-1)-a(M+j)$.

如果记 Q_p 的球分解族为 $\mathscr{K}^M=\{K_i^M\}_{i=1}^{+\infty}$,i. e. $Q_p=\sum\limits_{i=1}^{+\infty}K_i^M$. 我们希望建立一个以 $\mathscr{K}^M$ 为状态空间的马氏链. 考虑 Kolmogrov 向前及向后方程(为简单起见我们暂时略去上标 M):

$$\dot{P}_{K_iK_j}(t)=-\tilde{a}(K_j)P_{K_lK_j}(t)+\sum_{j\neq i}^{+\infty}\tilde{u}(K_jK_i)P_{K_iK_j}(t),\quad(2.4)$$

$$\dot{P}_{K_iK_j}(t)=-\tilde{a}(K_i)P_{K_iK_j}(t)+\sum_{j\neq i}^{+\infty}\tilde{u}(K_iK_j)P_{K_iK_j}(t),\quad(2.5)$$

且具有初始条件 $P_{K_iK_j}=\delta_{ij}$. 其中 $\tilde{a}(K_i)=\sum\limits_{j\neq i}^{+\infty}\tilde{u}(K_jK_i)\triangleq-\tilde{u}(K_i,K_i)$. 即$(\tilde{u}(K_i,K_j))_{i,j\in\mathbf{N}}$是一个 Q-矩阵. 那么我们如何选择 $\tilde{u}(K_i,K_j)$呢? 下面我们来考虑这个问题.

对于 2 个球 $K_i=\{\alpha_{-(M+m)},\cdots,\alpha_{-(M+1)}\}:=\{\alpha\}$ 和 $K_f=\{\beta_{-(N+n)},\cdots,\beta_{-(N+1)}\}:=\{\beta\}$，由于(2.2)，所以不失一般性，假设 $M=N,m=n,\beta_{-(M+m)}=\alpha_{-(M+m)}$. 取 $j_0=\max\{j:\beta_{-(M+j)}=\alpha_{-(M+j)},0\leqslant j\leqslant m\}$. 于是有 $d_p(\{\alpha\},\{\beta\})=p^{M+j_0}$. 这时令 $\tilde{u}(K_i,K_j)=\rho_{\{\beta-(M+m),\cdots,\beta-(M+1)\}}u(M,j_0)$. 因而，

$$\tilde{a}(K_j)=\sum_{j=1}^{m}u(M,j)\sum_{\gamma_{-(M+j)}\neq\beta_{-(M+j)}}\rho_{\{\beta_{-(M+m)},\cdots,\beta_{-(M+j-1)},\gamma_{-(M+j)}\}}+$$
$$\sum_{j=1}^{+\infty}u(M,m+j)\sum_{\gamma_{-(M+m+j)}=0}^{p-1}\rho_{\{\gamma-(M+m+j)\}}:=-W_{\{\beta\}},$$

其中 $\rho_{\gamma-(M+m+j)}$ 等于 ρ 在以 $c=\gamma_{-(M+m+j)}p^{-(M+m+j)}$ 为中心，以 $p^{(M+m+j-1)}$ 为半径球上的积分. 即 $\rho_{\gamma_{-(M+m+j)}}:=\int_{K(c,p^{-(M+m+j)})}\rho(x)\mu(\mathrm{d}x)$.

为了使该马氏链存在，可选 $a(M)$ 及 ρ 使得我们如上构造的 Q-矩阵是保守的. 用上述记号，可以把方程(5)重写为

$$\dot{P}_{\{\alpha\}\{\beta\}}(t)=W_{\{\beta\}}P_{\{\alpha\}\{\beta\}}(t)+\rho_{\{\beta\}}\sum_{\gamma\neq\beta}u(M,\log_p d_p(\{\beta\},\{\gamma\})),\quad(2.6)$$

初始条件为　$P_{\{\alpha\}\{\beta\}}(t)=\begin{cases}1, & \{\alpha\}=\{\beta\},\\ 0, & \text{其他}.\end{cases}$

若记 $\mathscr{W}_{M,j}^{\{\beta\}}=\sum_{k=j}^{+\infty}(u(M,k)-u(M,k+1))\rho_{M+k}^{\{\beta\}}$，则方程(7) 的解为

$$P_{\{\alpha\}\{\beta\}}(t)=\begin{cases}\delta_{\{\alpha\}\{\beta\}}\mathrm{e}^{\mathscr{W}_{M,j}^{\{\beta\}}},\rho_M^{\{\beta\}}=0,\\ \rho_M^{\{\alpha\}}\left\{\rho_{+\infty}^{-1}P_{Q_p^{\{x\}}}(t)+\sum_{i=0}^{+\infty}\left(\frac{1}{\rho_{M+i}^{\{\alpha\}}}-\frac{1}{\rho_{M+i+1}^{\{\alpha\}}}\right)\mathrm{e}^{\mathscr{W}_{M,i+1}^{\{\beta\}}}\right\},\\ \qquad\{\alpha\}=\{\beta\},\rho_M^{\{\beta\}}\neq0,\\ \rho_M^{\{\alpha\}}\left\{\rho_\infty^{-1}P_{Q_p^{\{x\}}}(t)+\sum_{i=0}^{+\infty}\left(\frac{1}{\rho_{M+i+j_0}^{\{\alpha\}}}-\frac{1}{\rho_{M+l+j_0+1}^{\{\alpha\}}}\right)\mathrm{e}^{t\mathscr{W}_{M,i+j_0+1}^{\{\alpha\}}}-\frac{1}{\rho_{M+j_0}^{\{\alpha\}}}\mathrm{e}^{t\mathscr{W}_{M,j_0}^{\{x\}}}\right\},\\ \qquad d_p(\{\alpha\},\{\beta\})=P^{M+j_0},j_0\geqslant1,\rho_M^{\{\beta\}}\neq0.\end{cases}$$

(2.7)

上式的计算需要很强的技巧，而且证明也较长，详见[7].

至此，已有了 $\mathscr{K}$ 上的随机过程，我们的目的是构造 Q_p 上的过程，关键是要给出有关的转移函数. 对于 $a\in Q_p$ 及任意一个球 B. 如果 B 的半径是 p^M，A 是包含 a 的半径为 p^M 的球，这时我们就取其转移函数为 $P(t,a,B):=P_{AB}^M(t)$，这里 $P_{AB}^M(t)$ 由(2.7)给出. 定义的合理性，由如下的性质立得.

性质 1　$\forall b\in K(a,p^M)$，则 $K(b,p^M)=K(a,p^M)$.

性质 2　Q_p 的 p^M-球分解是唯一的. 换句话说，如果 $Q_p=\bigcup_{i=1}^{+\infty}K_i^M=\bigcup_{i=1}^{+\infty}L_i^M$，那么 $\{K_i^M\}=\{L_i^M\}$.

证　$\forall i\in N,\forall a\in K_i$，必存在一个 n_l 使得 $a\in L_{n_i}$. 由性质 1 则有 $K_i=L_{n_i}$，即 $\{K_i^M\}\subset\{L_i\}$. 同理可证相反的包含关系成立.

性质 3　若记 $\{K_i^{M+1}\}$ 上的转移概率为

$$P_{\{\alpha\}\{\beta\}}^{M+1}(t)=P_{\{\alpha_{-(M+m)},\cdots,\alpha_{-(M+2)}\}\{\beta_{-(M+m)},\cdots,\beta_{-(M+2)}\}}(t),$$

则有

$$P_{\{\alpha\}\{\beta\}}^{M+1}(t)=\sum_{\gamma_{-(M+1)}=0}^{p-1}P_{\{\alpha_{-(M+m)},\cdots,\alpha_{-(M+2)},\alpha_{-(M+1)}\}\{\beta_{-(M+m)},\cdots,\beta_{-(M+2)},\gamma_{-(M+1)}\}}(t).$$

证　为说明性质 3 也只需注意到：$u(M,j)=u(M+j)$，从而出有 $\mathscr{W}_{M,j}^{\{\alpha\}}=\mathscr{W}_{M+j}^{\{\alpha\}}$，以及若 $d_p(\{\alpha\},\{\beta\})=p^{M+j}$，那么，

$$d_p(K(a,p^{M+i}),K(b,p^{M+i}))=p^{M+j},i<j,$$

其中，$a=\sum_{j=-m}^{+\infty}\alpha_{-M+j}p^{-M+j}$，$b=\sum_{j^{int}-m}^{+\infty}\beta_{-M+j}p^{-M+j}$.

现在我们已经构造了一个 p-adic 空间 Q_p 上的随机过程. 进一步，也可以构造阿代尔环(ring of adeles)上的随机过程. 值得说明的是，从 Q_p 上的随机过程的构造到 adeles 环上的构造不是水到渠成、轻而易举的，仍需要一些准备工作和技巧. 由于篇幅所限，我们将另文讨论.

§3.　KM-过程的常返及遍历性质

由式(8)易知，我们有如下遍历定理.

命题 1　当 $\rho_{+\infty}=1,P_{Q_p}(t)=1$ 时，若所有的 $\mathscr{W}$ 是正数，则有，

$$\lim_{t\to+\infty}P_{\{\alpha\}\{\beta\}}^{M}(t)=\rho_{\{\beta\}}^{M}.$$

这就是说，对于任意给定的一个概率密度，我们就可以建立一个随机过程使之以这个给定的概率分布遍历. 那么，什么时候所有的 $\mathscr{W}$ 为正呢？我们有下面的结果.

命题 2　所有的 $\mathscr{W}$ 为正当且仅当：

① $\rho_{+\infty}>0$；

② 对于任意的 $N>0$，存在 $K>N$ 使得 $a(K)-a(K+1)>0$.

（证明略）

注　条件②的直观意义是，过程的跳不仅仅限于近距离.

由命题1,2及马氏链的遍历性与常返性的关系，我们有

命题3　假设命题2中的条件成立，$\rho_{+\infty}=1$，$P_{Q_p}(t)=1$. 若对任意的球K，都有$\rho_K>0$，则上述过程是(集)常返的.

参考文献

[1] Mezard M, Parisi G, Virasoro V. Spin glass theory and beyond. Singapore: World Scientific, 1987. 1.

[2] Solbrig O T, Nicolis G N. Perspectives on biological complexity. Perth Australia: IUBS, 1991. 77.

[3] Brekke L, Freund P G O. *p*-adic numbers in physics. Physics Reports, 1993, 233(1): 1.

[4] Albeverio S, Karwowski W. Diffusion on *p*-acic number. Nagoya: World Science Publishing, 1991. 86.

[5] Albeverio S, Karwowski W. A random walk on *p*-adics — The generator and its spectrum. SFB, 1991, 37: 135.

[6] Lima R, Vilela Mendes R. A stochastic process for the dynamics of the turbulent cascade, CPT, 1993, 98: 2 965.

[7] Karwowski W, Mendes R V. Hierarchical structures and asymmetric stochastic processes on *p*-adics and adeles IHFS, 1993, 93: 65.

Abstract　It is found that there is more and more closely relationship between the *p*-adic number and the modern physics. A kind of asymmetric stochastic processes is introduced, and its properties is also simply discussed.

Keywords　*p*-adic space; Markov chain; hierarchical structure

Nonlinear Analysis. Theory. Methods & Applications
1983,7(10):1 089-1 099

满足非线性 Fokker-Planck 方程一类 Markov 过程的扩散逼近[①]

Diffusion Approximation for a Class of Markov Processes Satisfying a Nonlinear Fokker-Planck Equation

§ 1. Introduction

There have been many papers in recent years justifying the diffusion approximation in such diverse areas as population genetics, transport theory and in queueing theory (where the diffusion approximation is also called the heavy traffic approximation). In most of these examples we have a sequence of Markov processes $X_n(t)$ converging to a limit Markov process $X(t)$ whose Kolmogorov forward and backward equations are linear parabolic equations of the form:

$$\begin{cases} \dfrac{\partial \rho}{\partial t} = \dfrac{\partial}{\partial x}\left[\dfrac{\partial\left(\frac{\rho}{2}V(x)\right)}{\partial x} - M(x)\rho\right], \\ \rho(0,x) = g(x), -\infty \leqslant a < x < b \leqslant +\infty, \end{cases} \tag{1.1}$$

$$\begin{cases} \dfrac{\partial u}{\partial t} = \dfrac{1}{2}V(x)\dfrac{\partial^2 u}{\partial x^2} + MK(x)\dfrac{\partial u}{\partial x}, \\ u(0,x) = f(x), -\infty \leqslant a < x < b \leqslant +\infty. \end{cases} \tag{1.2}$$

If either a or b or both are finite then additional boundary conditions may have to be imposed e. g. $\left.\dfrac{\partial u}{\partial x}\right|_{(a,t)} = 0$ which is the reflecting

① 本文与 Rosenkrantz W A 合作.

boundary condition or $u(a,t)=0$, the absorbing boundary condition. Notice that equations (1.1) and (1.2) are adjoint (or dual) to one another in the sense that the formal adjoint A① of the operator

$$Af(x)=\frac{V(x)}{2}f''(x)+M(x)f'(x) \tag{1.3}$$

is given by

$$A^{*}g(x)=\left\{\left(\frac{V(x)}{2}g(x)\right)'-M(x)g(x)\right\}'. \tag{1.4}$$

In particular as was noted by Feller [5] the solution to equation (1.2) is given by a strongly continuous positivity preserving contraction semigroup $T(t)f=\exp(tA)f$ and the solution to equation (1.1) is given by the adjoint semigroup $T^{*}(t)g=\exp(tA^{*})g$ as defined by Phillips [13]. It is for this reason that the Trotter-Kato theorem and a particularly powerful variant of it due to Kurtz [10] has become one of the standard methods for justifying the diffusion approximation—see Trotter [15], Ellis and Rosenkrantz [4], Rosenkrantz and Dorea [14], Norman [12] and Burman [2] for various applications.

There are however many instances in which the limiting Markov process satisfies a nonlinear forward equation of the so-called reaction diffusion (R-D) type. A typical example of this occurs in the monograph by Fife [6, Section 1.9, pp. 37~40] who discusses a special case of the following model: Consider two types of interacting particles (or species e.g. rabbits and foxes) which are spatially distributed over equally spaced cells $C(j)=[jh,(j+1)h]$ of length h. We denote the number of particles of type i in $C(j)$ at time t by $N_h(i;t,jh)$. The particles migrate from $C(j)$ to $C(j+1)$ and $C(j-1)$ at the rates $k^{+}(i;jh)$, $k^{-}(i;jh)$ respectively. More precisely we assume

① Supported in part by a grant from the Air Force Office of Scientific Research No. 82-0167.

$$\begin{cases} k^{+}(i;jh)\Delta t+o(\Delta t)=\text{probability that a single particle of} \\ \quad \text{type } i \text{ moves from } C(j) \text{ to } C(j+1) \text{ in the small} \\ \quad \text{interval of time } \Delta t; \\ k^{-}(i;jh)\Delta t+o(\Delta t)=\text{probability that a single particle of} \\ \quad \text{type } i \text{ moves from } C(j) \text{ to } C(j-1) \text{ in the small} \\ \quad \text{interval of time } \Delta t. \end{cases} \tag{1.5}$$

When there are no interactions then each particle travels according to a continuous time Markov chain with infinitesimal generator matrix $Q_h(i,j,k)$ given by

$$Q_h(i,j,k)=\begin{cases} 0, & \text{for } |j-k|>1, \\ k^{+}(i;jh), & \text{for } k=j+1, \\ k^{-}(i;jh), & \text{for } k=j-1, \\ -(k^{+}(i;jh)+k^{-}(i;jh)). & \text{for } k=j. \end{cases} \tag{1.6}$$

The matrix whose j,k^{th} entry is $Q_h(i,j,k)$ is denoted by Q_{hi} and we shall denote its adjoint by A_{hi}, thus

$$A_{hi}f(jh)=\sum_k f(kh)A_{hi}(j,k),$$

where $A_{hi}(j,k)=Q_h(i,k,j)$. Under these hypotheses the quantities $N_h(i,t,jh)$ satisfy the Kolmogorov forward equation:

$$\begin{cases} \dfrac{\partial N_h(i;t,jh)}{\partial t}=A_{hi}N_h(i;t,jh), \\ N_h(i,0,jh)=\text{initial distribution of particles of type } i. \end{cases} \tag{1.7}$$

Remark This is just the Markov chain interpretation of equation (1.29) of Fife [6, p. 38]. Next we assume the two types of particles interact in the following way: In the small interval of time Δt the number of particles of type 1 increase in $C(j)$ by the amount $\lambda_1 N_h(i;t,jh)\Delta t+o(\Delta t)$ and decrease due to the presence of the predator by the amount $\dfrac{\lambda_2}{h}N_h(i;t,jh)N_h(2;t,jh)\Delta t+o(\Delta t)$. The term $\dfrac{\lambda_2}{h}$ is justified by noting that the rate of interaction depends not only on the number of particles in each cell but also on its length i. e. the same number of particles crowded into an interval of smaller length will interact at a proportionately higher rate. Similarly, the number of particles of type 2 increases in cell $C(j)$ by the amount $\frac{\lambda_2}{h}N_h(i;t,jh)N_h(2;t,jh)\Delta t+o(\Delta t)$ and decreases by the amount $\lambda_3 N_h(2;t,jh)\Delta t+o(\Delta t)$. Under these conditions it is easy to see that the functions $N_h(i;t,jh)$ satisfy the nonlinear forward equation:

$$\begin{cases}\dfrac{\partial N_h(1;t,jh)}{\partial t}=A_{h1}N_h(1;t,jh)+\lambda_1 N_h(1;t,jh)-\\ \quad\dfrac{\lambda_2}{h}N_h(1;t,jh)N_h(2;t,jh),\\ \dfrac{\partial N_h(2;t,jh)}{\partial t}=A_{h2}N_h(2;t,jh)+\dfrac{\lambda_2}{h}N_h(1;t,jh)N_h(2;t,jh)-\end{cases}\tag{1.8}$$

$\lambda_3 N_h(2;t,jh)$, $N_h(i;0,jh)=g_h(i;jh)$, $i=1,2$.

Next we introduce the quantities

$$k(i;jh)=\frac{k^+(i;jh)+k^-(i;jh)}{2},\tag{1.9.i}$$

$$\delta k(i,jh)=k^+(i;jh)-k^-(i;jh)\tag{1.9.ii}$$

and assume there exist functions $V_i(x), M_i(x)\in C^2(R)$ such that

$$2h^2k(i,jh)=V_i(jh)+o_i(h),\tag{1.9.iii}$$

$$h\delta k(i,jh)=M_i(jh)+o_i(h),\tag{1.9.iv}$$

$$g_h(i,jh)=g_i(jh)+o_i(h).\tag{1.9.v}$$

If in addition to conditions (1.9.iii) and (1.9.iv) one assumes there exists functions $\rho_i(t,x)\in C^{1,2}(R)$ with the property

$$h^{-1}N_n(i;t,jh)=\rho_i(t,jh),\tag{1.9.vi}$$

then it is easy to show, see e.g. [6], that $\rho_i(t,x)$ satisfies the system of reaction diffusion equations (or R-D system):

$$\begin{cases}\dfrac{\partial\rho_1(t,x)}{\partial t}=A_1^*\rho_1(t,x)+\lambda_1\rho_1(t,x)-\lambda_2\rho_1(t,x)\rho_2(t,x),\\ \dfrac{\partial\rho_2(t,x)}{\partial t}=A_2^*\rho(t,x)+\lambda_2\rho_1(t,x)\rho_2(t,x)-\lambda_3\rho_2(t,x),\\ \rho_i(0,x)=g_i(x),\end{cases}\tag{1.10}$$

where $A_i^* g(x)=\left\{\left(\frac{V_i(x)}{2}g(x)\right)'-M_i(x)g(x)\right\}'$, cf. definition (1.4).

It is to be observed that the derivation of the R-D system (1.10) from the "discrete model" (1.8) and conditions (1.9.iii) through (1.9.vi) is purely formal and that most of the current research on R-D systems focuses on the many fascinating properties displayed by the solutions. The purpose of this paper is quite different and that is to actually prove in a rigorous fashion that

$$\lim_{h\to 0, jh\to x} h^{-1}N_h(i;t,jh) = \rho_i(t,x), \quad i = 1,2. \tag{1.11}$$

This differs significantly from Fife's heuristic derivation of (1.10) in the sense that the assumption (1.9.vi) is replaced by theorem (1.11).

Before giving the details we give a formal sketch of the proof in the particularly important special case

$$V_1(x) = V_2(x) \equiv 1,\ M_1(x) = M_2(x) \equiv 0,\ A_i g(x) = A_i^* g(x) = \frac{1}{2}g''(x).$$

As is customary we rewrite equation (1.10) as an evolution equation in a suitable Banach space. To do this however requires some additional notation: $u(t,x)=(u_1(t,x),u_2(t,x))$

$$u'(t) = \left(\frac{\partial u_1(t,x)}{\partial t}, \frac{\partial u_2(t,x)}{\partial t}\right)$$

$$F(u(t)) = (\lambda_1 u_1(t,x) - \lambda_2 u_1(t,x)u_2(t,x), \lambda_2 u_1(t,x)u_2(t,x) - \lambda_3 u_2(t,x)),$$

$$Au(t) = (A_1 u_1(t,x), A_2 u_2(t,x)) = \left(\frac{1}{2}\frac{\partial^2 u_1(t,x)}{\partial x^2}, \frac{1}{2}\frac{\partial^2 u_2(t,x)}{\partial x^2}\right),$$

u elements of the Banach space $Y = C_0(R) \times C_0(R)$ equipped with the sup norm $|u| = |u_1| + |u_2|$, $|u_i| = \sup_{-\infty<x<+\infty} |u_i(x)|$. Note that $F(Y) \subset Y$ but is otherwise nonlinear and unbounded; it is however locally Lipschitz continuous in the sense that on the set $\{u: |u| \leqslant M\}$ we have (see lemma 2.2)

$$|F(u) - F(v)| \leqslant k(M)|u - v|, \quad k(M) = \lambda_1 + \lambda_3 + 2\lambda_2 M. \tag{1.12}$$

We assume the reader is familiar with the definitions and basic properties of functions $u(t): [0, t_0] \to Y$ which are strongly continuous, strongly differentiable and referred to simply as s-continuous, s-differentiable and so forth, see Kato [9, p. 152] for additional background and details. Using this notation we can rewrite the differential equation (1.10) as an evolution equation in the Banach space $Y=C_0(R)\times C_0(R)$, namely

$$\begin{cases} u'(t) = Au(t) + F(u(t)), \\ u(0) = g(0). \end{cases} \tag{1.13}$$

In a similar fashion we can rewrite equation (1.8) as

$$\begin{cases} u'_h(t) = A_h u_h(t) + F(u_h(t)), \\ u_h(0) = g_h(0),\ u_{hi}(t,jh) = h^{-1}N_h(i,t;jh). \end{cases} \tag{1.14}$$

Let $I(h)=\{jh: j\in\mathbf{Z}\}$, $C_0(I(h))$ set of all functions $f: I(h)\to R$ such that $\lim\limits_{|j|\to+\infty} f(jh)=0$. The Banach space in which equation (1.14) is to be solved is denoted by $Y(h)=C_0(I(h))\times C_0(I(h))$ equipped with the sup norm $|u_h|=|u_{h1}|+|u_{h2}|$, where

$$|u_{hi}| = \sup_{-\infty<j<+\infty} |u_{hi}(jh)|.$$

Following Trotter [15] or Karo [9, p. 514] we define the bounded linear mappings $P_h: Y\to Y(h)$ via the recipe $P_h u(x)=u(jh)$ for $jh\leqslant x<(j+1)h$ and note that

$$|P_h u| \leqslant |u|, \tag{1.15.i}$$

$$\lim_{h\to 0}|P_h u| = |u|, \tag{1.15.ii}$$

For any $u_h\in Y(h)$ there exists a $u\in Y$ such that $u_h=P_h u$ and $|u_h|\leqslant|u|$. (1.15.iii)

Remark Because there is little danger of confusion we denote the norms in both Y and $Y(h)$ by the same symbol $|\quad|$.

If $u(t)$ and $u_h(t)$ are both s-differentiable solutions of equations (1.13) and (1.14) respectively then it follows by means of a standard argument to be found in [9, p. 488], that $u(t)$ and $u_h(t)$ are solutions to the (nonlinear) integral equations:

$$u(t) = G(t)u(0) + \int_0^t G(t-s)F(u(s))\mathrm{d}s, \tag{1.16}$$

$$u_h(t) = G_h(t)u(0) + \int_0^t G_h(t-s)F(u_h(s))\mathrm{d}s, \tag{1.17}$$

where

$$(G(t)g)_i(x) = \int_{-\infty}^{+\infty} p(t,x,y)g_i(y)\mathrm{d}y,$$

$$p(t,x,y) = (2\pi t)^{-\frac{1}{2}}\exp\left(-\frac{(y-x)^2}{2t}\right) \tag{1.18}$$

and

$$(G_h(t)g)_i(jh) = \exp(tA_h i)g_i(jh).$$

As is well known $G(t): Y \to Y$ defines a strongly continuous, positivity preserving contraction semigroup with infinitesimal generator $Ag = \left(\frac{g''(x)}{2}, \frac{g_2''(x)}{2}\right)$ and domain $D(A) = C_0^2(R) \times C_0^2(R)$. Under hypotheses (1.9.iii) ~ (1.9.v) it is not too difficult to show using the classical Trotter-Karo theorem, see e.g. [10][14] that

$$\lim_{h\to 0} | P_h G(t) G(0) - G_h(t) P_h g(0) | = 0 \tag{1.19}$$

uniformly in t in compact subsets of $R^+ = [0, +\infty)$. In particular for $g \in C_0^4(R) \times C_0^4(R)$ we can show that $| P_h G(t) g - G_h(t) P_h g | \leqslant M h t_0$, $0 \leqslant t \leqslant t_0$. Applying the operator P_h to both sides of (1.16) yields

$$\begin{aligned} P_h u(t) &= P_h G(t) u(0) + \int_0^t P_h G(t-s) F(u(s)) \mathrm{d}s \\ &= G_h(t) P_h u(0) + 0(h) + \int_0^t \{ G_h(t-s) P_h F(u(s)) + o(h) \} \mathrm{d}s \qquad (1.20) \\ &= G_h(t) P_h u(0) + \int_0^t G_h(t-s) F(P_h u(s)) \mathrm{d}s + o(h), \text{ for } 0 \leqslant t \leqslant t_0 \end{aligned}$$

consequently,

$$\begin{aligned} P_h u(t) - u_h(t) = G_h(t)(P_h u(0) - u_h(0)) + o(h) + \\ \int_0^t G_h(t-s) \{ F(P_h u(s)) - F(u_h(s)) \} \mathrm{d}s. \end{aligned} \tag{1.21}$$

Set $\phi_h(t) = | P_h u(t) - u_h(t) |$ and apply (1.12) together with the fact that $G_h(t)$ is a contraction semigroup to conclude the existence of a constant k depending on t_0 and $\sup\limits_{0 \leqslant s \leqslant t_0} | u_h(s) |$ such that

$$\phi_h(t) \leqslant k \int_0^t \phi_h(s) \mathrm{d}s + o(h) \leqslant Kh + K \int_0^t \phi_h(s) \mathrm{d}s, \quad \text{some } K > k. \tag{1.22}$$

Of course we are assuming that $P_u u(0) - u_h(0) = o(h)$.

Iterating (1.22) m times and proceeding by induction yields the inequality

$$\phi_h(t) \leqslant Kh \left(1 + Kt + \cdots + \frac{(Kt)^m}{m!} + \frac{K^{m+1}}{m!} \int_0^t (t-s)^m \phi_h(s) \mathrm{d}s \right). \tag{1.23}$$

Since $\lim_{m\to+\infty}\frac{K^{m+1}(t-s)^m}{m!}=0$ on $[0,t_0]$ we see at once that $\varphi_h(t)\leqslant Kh\exp(Kt), 0\leqslant t\leqslant t_0$ and therefore

$$\lim_{h\to 0}\phi_h(t)=\lim_{h\to 0}|P_hu(t)-u_h(t)|=0,\quad 0\leqslant t\leqslant t_0.$$

Although this proof is only formally correct it can be made rigorous provided we can show that $u(0)\in C_0^4(R)\times C_0^4(R)$ implies that

$$u(t)\in C_0^4(R)\times C_0^4(R),\ 0\leqslant t\leqslant t_0\quad\text{and that}\ \sup_{0\leqslant t\leqslant t_0}\left|\frac{\partial^{(l)}u_i(t,x)}{\partial x^l}\right|<+\infty$$

where $l=0,1,2,3,4$. This regularity theorem is proved in Section 2—see theorem 2.4. Bounds on the first derivatives for more general R-D systems have been obtained by Chueh, Conley and Smoller [3] and their methods could presumably be extended to the case considered here. We found it easier to derive these estimates directly by exploiting the well-known smoothness preserving properties of solutions to the heat equation. Indeed our methods can be extended to R-D systems where the diffusion term is singular e. g.

$$Af(x)=\frac{1}{2}f''(x)+\frac{\gamma}{x}f''(x),\ 0<x<+\infty \tag{1.24}$$

and γ is a constant. Regularity theorems for the class of generators of the form (1.24) have been obtained by Brezis, Rosenkrantz and Singer [1].

It is to be observed that our method of proof differs from that of Kurtz [11] who used a nonlinear Trotter-Kato theorem to prove the convergence of a sequence of nonlinear semigroups. The same problem was treated using similar methods but in somewhat more detail by Kaper and Leaf [8].

§ 2. Regularity Properties of Solutions to Systems of R-D Equations

Throughout this section we limit ourselves to the R-D system

$$\begin{cases} \dfrac{\partial u_1(t,x)}{\partial t} = \dfrac{1}{2}\dfrac{\partial^2 u_1(t,x)}{\partial x^2} + \lambda_1 u_1(t,x) - \lambda_2(t,x)u_2(t,x), \\ \qquad -\infty < x < +\infty \\ \dfrac{\partial u_2(t,x)}{\partial t} = \dfrac{1}{2}\dfrac{\partial^2 u_2(t,x)}{\partial x^2} + \lambda_2 u_1(t,x)u_2(t,x) - \lambda_3 u_2(t,x), \\ u_i(0,x) = g_i(x). \end{cases} \tag{2.1}$$

We shall solve (2.1) in the Banach spaces $C_o^k(R)\times C_o^k(R)$ where

$$C_0^k(R) = \{f: f^{(l)} \in C_0(R),\ 0 \leqslant l \leqslant k\}$$

(where $f^{(l)}$ denotes the lth derivative) equipped with the norm $|f|_k = \sum_{l=0}^{k} |f^{(l)}|$ and $C_0^k(R)\times C_0^k(R)$ is normed by $|u|_k = |u_1|_k + |u_2|_k$.

Lemma 2.1 The function

$$F(u) = (\lambda_1 u_1 - \lambda_2 u_1 u_2; \lambda_2 u_1 u_2 - \lambda_3 u_2) \tag{2.2}$$

is locally Lipschitz continuous on $C_o^k(R)\times C_o^k(R)$.

Proof We shall give the proof in the case $k=0$ as the proof in the other cases are similar.

$$F(u) - F(v) = (\lambda_1(u_1 - v_1)) + (\lambda_2(v_1 v_2 - u_1 u_2),$$
$$\lambda_2(u_1 u_2 - v_1 v_2) + \lambda_3(v_2 - u_2)),$$

so

$$\begin{aligned} |F(u) - F(v)| &\leqslant \lambda_1 |u_1 - v_1| + 2\lambda_2 |u_1 u_2 - v_1 v_2| + \lambda_3 |v_2 - u_2| \\ &\leqslant \lambda_1 |u_1 - v_1| + 2\lambda_2 |v_1(v_2 - u_2)| + \\ &\quad 2\lambda_2 |u_2(v_1 - u_1)| + \lambda_3 |v_2 - u_2|. \end{aligned}$$

If now $|u| \leqslant M$ $|v| \leqslant M$ then $|v_1(v_2 - u_2)| \leqslant M\ |v_2 - u_2|$ and $|u_2(v_1 - u_1)| \leqslant M|v_1 - u_1|$,

consequently

$$\begin{aligned} |F(u) - F(v)| &\leqslant \lambda_1 |u_1 - v_1| + 2\lambda_2 M(|u_1 - v_1| + |u_2 - v_2| + \lambda_3 |u_2 - v_2|) \\ &\leqslant kM|u - v| \quad \text{where} \quad k(M) = \lambda_1 + 2\lambda_2 M + \lambda_3. \end{aligned} \tag{2.3}$$

In the general case $k(M) = \lambda_1 + 2(k+1)\lambda_2 M + \lambda_3$.

Definition

$$T(t)f(x) = \int_{-\infty}^{+\infty} (2\pi t)^{-\frac{1}{2}} \exp\left(-\frac{(y-x)^2}{2t}\right) f(y)\mathrm{d}y,\ f \in C_0^k(R) \tag{2.4}$$

and

$$G(t)u(t)=(T(t)u_1,T(t)u_2),\ u\in C_0^k(R)\times C_0^k(R).$$

It is well known that $T(t):C_0^k(R)\to C_0^k(R)$ is a strongly continuous contraction semigroup—with infinitesimal generator given by $\mathscr{A}f(x)=\frac{1}{2}f''(x)$—and consequently so is

$$G(t):C_0^k(R)\times C_0^k(R)\to C_0^k(R)\times C_0^k(R);$$

in particular

$$|G(t)u|_4\leqslant|u|_4. \tag{2.5}$$

We are now ready to solve the nonlinear evolution equation $u'(t)=Au(t)+F(u(t)),u(0)=g$ in the Banach space $C_0^k(R)\times C_0^k(R)$. For our purposes however it suffices to consider the case $k=4$.

As is well known if a strongly continuous and strongly differentiable solution to (2.1) exists then u satisfies the integral equation.

$$u(t)=G(t)g+\int_0^t G(t-s)F(u(s))\mathrm{d}s. \tag{2.6}$$

Theorem 2.2 Given $g\in C_0^4(R)\times C_0^4(R)$, $|g|_4\leqslant M$ there exists a unique solution $u(t),0\leqslant t\leqslant t_0$, to the equation (1.13) with $u(t)\in C_0^4(R)\times C_0^4(R),0\leqslant t\leqslant t_0$; t_0 depends only on $M,k(M)$ and $t\to u(t)$ is strongly continuous (in the $|\quad|_4$ norm). (2.7)

Consequently,

$$\sup_{0\leqslant t\leqslant t_0}\left|\frac{\partial^{(l)}u_i(t,x)}{\partial x^l}\right|<+\infty\quad\text{where}\quad|f|=\sup_{-\infty<x<+\infty}|f(x)|,\ l=0,1,\cdots,4. \tag{2.8}$$

The proof is omitted since it is based on the well known contraction mapping principle of Banach, see e.g. Henry [7, theorem 3.3.3, p. 54] where a similar result is stated and proved.

Since $G(t)g$ and $u(t)$ are both in $C_0^4(R)\times C_0^4(R)$ it follows from (2.6) that

$$\int_0^t G(t-s)F(u(s))\mathrm{d}s\in C_0^4(R)\times C_0^4(R)\subset C_0^2(R)\times C_0^2(R)=D(A)$$

and hence

$$\lim_{h\to 0} h^{-1}(G(h)-1)\int_0^t G(t-s)F(u(s))\mathrm{d}s$$

exists and equals

$$A\int_0^t G(t-s)F(s)\mathrm{d}s \quad \text{where} \quad Ag(x)=\left(\frac{1}{2}g''_1(x),\ \frac{1}{2}g''_2(x)\right).$$

From these results it is easy to prove that the solution $u(t)$ to the nonlinear integral equation (2.6) is a classical solution to the R-D system (2.1) satisfying the estimate (2.5).

Remarks (1) Using standard arguments based on the maximum principle it is easy to show that solutions to (2.1) are positivity preserving.

(2) The same methods can be used to prove the existence and uniqueness of solutions to the approximating system (1.8). More precisely, let $u_{hi}(t,jh)=h^{-1}N_h(i;t,jh)$ and

$$u_h(t,jh)=(u_{h1}(t,jh),u_{h2}(t,jh)).$$

Then $u_h(t,jh)$ satisfies the evolution equation (1.14) where $A_h u_h = (A_{h1}u_{h1}, A_{h2}u_{h2})$ and A_{hi} is a second order difference operator. For ease of exposition we shall assume $k^+(i,jh)=k^-(i,jh)=\dfrac{1}{2h^2}$ so $\delta k(i,jh)=0$; this is the standard normalization of the central limit theorem. Then

$$\begin{aligned} A_{h1}f(jh) &= \frac{f((j+1)h)}{2h^2}-\frac{f(jh)}{h^2}+\frac{f((j-1)h)}{2h^2} \\ &= \frac{f(jh+h)-2f(jh)+f(jh-h))}{2h^2} \end{aligned} \tag{2.9}$$

with a similar expression for A_{h2}.

Lemma 2.3 If $f\in C_o^3(R)$ with $|f'''|\leqslant M_0$ then

$$\left|A_{h1}f(jh)-\frac{1}{2}f''(jh)\right|\leqslant \frac{M_0}{6}h\leqslant Mh. \tag{2.10}$$

Proof Expand $f(jh+h)$ and $f(jh-h)$ in a Taylor series about jh like so: $f(jh+h)=f(jh)+f'(jh)h+\frac{1}{2}f''(jh)h^2+R_1(h)$ where

$$R_1(h)=\frac{1}{6}f'''(\xi_1)h^3 \text{ and } jh\leqslant\xi\leqslant jh+h.$$

Similarly,

$$f(jh-h)=f(jh)-f'(jh)h+\frac{1}{2}f''(jh)h^2+R_2(h)$$

where

$$R_2(h)=\frac{1}{6}f'''(\xi_2)h^3,\quad jh-h\leqslant\xi_2\leqslant jh.$$

Thus

$$A_{h1}f(jh)=\frac{1}{2}f''(jh)+\frac{1}{2h^2}(R_1(h)+R_2(h))$$

and note that $|R_1(h)+R_2(h)|<\frac{1}{3}M_0h^3$. A similar argument works for A_{h2}.

Lemma 2.4 Suppose only that $f\in C_o^2(R)$. Then given any $\varepsilon>0$ $\exists\,\delta>0$ such that $\left|\frac{d^2}{dx^2}T(t)f(x+h)-\frac{d^2}{dx^2}T(t)f(x)\right|<\varepsilon$ for $|h|\leqslant\delta$; δ depends only on f and ε and not on t. (2.11)

Proof $\frac{d^2}{dx^2}$ commutes with $T(t)$ so

$$\begin{aligned}&\left|\frac{d^2}{dx^2}T(t)f(x+h)-\frac{d^2}{dx^2}T(t)f(x)\right|\\&=|T(t)(f''(x+h)-f''(x))|\\&\leqslant|f''(x+h)-f''(x)|<\varepsilon,\end{aligned}$$

because $f''\in C_0(R)$ and is therefore uniformly continuous.

Remark If we assume $f\in C_0^4(R)$ then the same argument shows that

$$\left|\frac{d^4}{dx^4}T(t)f(x+h)-\frac{d^4}{dx^4}r(t)f(x)\right|<\varepsilon\quad\text{for}\quad|h|\leqslant\delta_1,\tag{2.12}$$

where δ_1 depends only on ε and f and not on t. In other words $\frac{d^4}{dx^4}T(t)f(x)$ is equicontinuous provided $f\in D(\mathscr{A}^2)=C_0^4(R)$.

§ 3. The Diffusion Approximation

Making use of the representations (1.16)(1.17) we can derive the diffusion approximation (1.11) as a straightforward consequence of the validity of the diffusion approximation in the linear case presented in the next

Lemma 3.1 Let $f \in C_0^4(R)$, then

$$\sup_{0 \leqslant t \leqslant t_0} | P_h T(t) f - \exp(t A_{h1}) P_h f | \leqslant M_0 t_0 h. \tag{3.1}$$

Proof Taylor's theorem for the semigroup $T(t)$ yields

$$T(t) f = f + tAf + \int_0^t (t-s) T(s) A^2 f \mathrm{d}s, \ f \in D(A^2).$$

Applying this result to the special case $Af(x) = \frac{1}{2} f''(x)$. $D(A^2) = C_0^4(R)$ yields

$$\left| \frac{T\left(\frac{t}{n}\right) f - f}{\frac{t}{n}} - \frac{f''}{2} \right| \leqslant \left(\frac{t}{n}\right)^2 | f^{(4)} | \tag{3.2}$$

and similarly

$$\left| \frac{T_h\left(\frac{t}{n}\right) P_h f - P_h f}{\frac{t}{n}} - A_{hi} f \right| \leqslant \left(\frac{t}{n}\right)^2 | A_{hi}^2 P_h f |. \tag{3.3}$$

Now a straightforward but somewhat tedious calculation similar to the one used in lemma (2.7) yields the result that for $f \in C_0^4(R)$.

$$\left| A_h^2 P_h f(x) - \frac{1}{4} f^{(4)}(x) \right| = o(1) \quad \text{as} \quad h \to 0; \tag{3.4}$$

in particular, and this is all we need, $| A_h^2 P_h f |$ remains bounded as $h \to 0$.

From the semigroup property, we have at once that $T_h(t) = T_h\left(\frac{t}{n}\right)^n$ and $T(t) = T\left(\frac{t}{n}\right)^n$, consequently,

$$| T_h(t) P_h f - P_h T(t) f | = \left| T_h\left(\frac{t}{n}\right)^n P_h f - P_h T\left(\frac{t}{n}\right)^n F \right|$$

$$= \left| \sum_{k=1}^n T_h\left(\frac{(n-k)t}{n}\right) \left(\left(T_h\left(\frac{t}{n}\right) - I \right) P_h f - P_h \left(T\left(\frac{t}{n}\right) - I \right) \right) T\left(\frac{(k-1)t}{n}\right) f \right|$$

$$\leqslant \left(\frac{t}{n}\right) \sum_{k=1}^n \left| \left(\frac{\left(T_h\left(\frac{t}{n}\right) - I\right) P_h}{\frac{t}{n}} - \frac{\left(P_h\left(T\left(\frac{t}{n}\right) - I\right)\right)}{\frac{t}{n}} \right) T\left(\frac{(k-1)t}{n}\right) f \right|. \tag{3.5}$$

Since $f \in C_0^4(R)$ it follows at once from theorem 2.4 that $T\left(\frac{(k-1)t}{n}\right) f \in$

$C_0^4(R)$ and we may therefore apply (3. 2) and (3. 3) to conclude that each summand is less than or equal to

$$\left(\frac{t}{n}\right)^2\left|A_h^2P_hT\left(\frac{(k-1)t}{n}\right)f\right|+4^{-1}\left(\frac{t}{n}\right)^2\left|P_h\left(\frac{\mathrm{d}^4}{\mathrm{d}x^4}\right)T\left(\frac{(k-1)t}{n}\right)f\right|+$$
$$\left|A_hP_hT\left(\frac{(k-1)t}{n}\right)f-P_h\left[\frac{1}{2}\right]\left(\frac{\mathrm{d}^2}{\mathrm{d}x^2}\right)T\left(\frac{(k-1)t}{n}\right)f\right|.$$

Now remark (2. 12) and the derivation of (3. 4) via the 4 term Taylor expansion imply that $\left|A_h^2P_hT\left(\frac{(k-1)t}{n}\right)f\right|\leqslant M_2$ for $h\leqslant\delta$, where M_2 depends only $|f^{(4)}|$ and the fact that $f^{(4)}$ is uniformly continuous. Since

$$\left|\left(\frac{\mathrm{d}^4}{\mathrm{d}x^4}\right)T\left(\frac{(k-1)t}{n}\right)f\right|=\left|T\left(\frac{(k-1)t}{n}\right)f^{(4)}\right|\leqslant|f^{(4)}|$$

we see that

$$\left|P_h\left(\frac{\mathrm{d}^4}{\mathrm{d}x^4}\right)T\left(\frac{(k-1)t}{n}\right)f\right|\leqslant|f^{(4)}|$$

which is also independent of h. Thus

$$|T_h(t)P_hf-P_hT(t)f|\leqslant\frac{t}{n}\sum_{k=1}^{n}M_2\left(\frac{t}{n}\right)^2+$$
$$t\sup_{0\leqslant k\leqslant n}\left|A_hP_hT\left(\frac{(k-1)t}{n}\right)f-P_h\left[\frac{1}{2}\right]\left(\frac{\mathrm{d}^2}{\mathrm{d}x^2}\right)T\left(\frac{(k-1)t}{n}\right)f\right|. \tag{3.6}$$

By lemma 2. 3 the second term on the r. h. s, of (3. 6) is less than or equal to M_0ht and the first term is less than or equal to M_2t^3/n^2. Let $n\to+\infty$ and we obtain the result that $|T_h(t)P_hf-P_hT(t)f|\leqslant M_0ht$. This completes the proof of lemma 3. 1.

Lemma 3. 2 If $u(0)\in C_0^4(R)\times C_0^4(R)$ then there exists $t_0>0$, depending only on $\sup\limits_{0\leqslant l\leqslant 4}|u^{(l)}(0,x)|$ and on F, such that

$$|P_hG(t-s)F(u(s))-G_h(t-s)P_hF(u(s))|\leqslant M't_0h. \tag{3.7}$$

Proof Just apply (3. 1) to each component of $G(t-s)F(u(s))$ and use the fact that the nonlinear function $F(u(t))$ preserves the smoothness (in x) of $u(t)$; in particular

$$\sup_{0\leqslant t\leqslant t_0}\left|\frac{\partial^{(l)}F(u(t))}{\partial x^l}\right|<+\infty \text{ holds.}$$

Since $P_hF(u(s))=F(P_hu(s))$ we deduce at once the representation

(1.20) for $P_h u(t)$. And, as we already noted, this implies

$$\lim_{h\to 0}|P_h u(t)|=0, 0\leqslant t\leqslant t_0.$$

The proof of the diffusion approximation is complete.

§ 4. Concluding Remarks

It is easy to check that if $g=(g_1, g_2)$ satisfies Dirichlet or Neuman boundary conditions of the form $g_i(a)=0$ or $g_i'(a+)=0$ then so does $F(g)$. Consequently if the operator

$$A_i^* g_i(x)=\frac{1}{2}((V_i(x)g_i(x))'-M_i(x)g_i(x))'$$

is the infinitesimal generator of a strongly continuous semigroup acting on the domain determined by these boundary conditions then the proof of the regularity theorem (2.2) goes through without change provided $T_i(t)=\exp(tA_i^*)$ satisfies an estimate of the form

$$|T_i(t)g_i|_4\leqslant\exp(\lambda t)|g_i|_4.$$

An important class of semigroups for which such estimates hold is presented in Brezis, Rosenkrantz and Singer [1].

References

[1] Brezis H, Rosenkrantz W & Singer B (with an appendix by LAx P D.), On a degenerate elliptic-parabolic equation occurring in the theory of probability. *Comrnuns pure appl. Math.*, 1971, 24: 395-416.

[2] Burman D. An analytic approach to diffusion approximations in queueing. Thesis (NYU-CIMS), 1979.

[3] Chueh K N, Conley C C & Smoller J A. Positively invariant regions for systems of nonlinear diffusion equations. *Indiana Univ. Math. J.*, 1977, 26: 373-392.

[4] Ellis R & Rosenkrantz W. Diffusion approximation for transport processes satisfying boundary conditions. *Indiana Univ. Math.* J., 1977, 26: 1 075-1 096.

[5] Feller W. The parabolic differential equation and the associated semigroup of transformations. *Ann. Math.*, 1952, 55: 468-519.

[6] Fife P. Mathematical aspects of reacting and diffusing systems. *Lecture Notes in Biomathematics* 28. Springer, Berlin, 1979.

[7] Henry D. Geometric theory of semilinear parabolic equations. *Lecture Notes in Mathematics* 840. Springer, New York, 1981.

[8] Kaper H G & Leaf G K. Initial value problems for the Carleman equation. *Nonlinear Analysis*, 1980, 4: 343-362.

[9] Kato T. *Perturbation Theory for Linear Operators*. Springer, Berlin, 1976.

[10] Kurtz T. Extensions of Trotter's operator semigroup approximation theorems. *J. funct. Analysis*, 1969, 3: 354-375.

[11] Kurtz T. Convergence of sequences of semigroups of nonlinear operators with an application to gas kinetics. *Trans. Am. Math.* Soc., 1973, 186: 259-272.

[12] Norman M F. Diffusion approximation of non-Markovian processes. *Ann. Probability*, 1975, 3: 358-364.

[13] Phillips R S. The adjoint semigroup. *Pacif. J. Math.*, 1955, 5: 269-283.

[14] Rosenkrantz W & Dorea C C Y. Limit theorems for Markov processes via a variant of the Trotter-Karo theorem. *J. appl. Probability*, 1980, 17: 704-715.

[15] Trotter H. Approximation of semigroups of operators. *Pacif. J. Math.*, 1958, 8: 887-919.

二、概率与量子力学

Ⅱ. Probability with Quantum Mechanics

北京师范大学学报(自然科学版)
1986,(4):19-28

从相对论随机力学到随机力学[①]

From Relativistic Stochastic Mechanics to Stochastic Mechanics

摘要 本文给出了一个随机模型.在此基础上对相对论随机力学与随机力学进行了讨论,得到了它们与 Klein-Gordon 方程、Schrödinger 方程之间的内在联系.

自从 E. Nelson[1~3] 介绍了随机力学的内容以来,许多人在此基础上得到了一系列有意义的结果,从而丰富了随机力学本身的内容.随后,L. de Lapena-Auerbuch 等人的工作[4~13] 企图将随机力学推广到相对论的情况,这就将随机力学与量子力学 Schrödinger 方程之间的关系推广到相对论随机力学与相对论量子力学 Klein-Gordon 方程之间的关系.但是许多模型不自然而有争议,并且相对论随机力学与随机力学之间的关系不清晰,本文是给出了一个模型,在此模型的基础上可以看出随机力学与相对论随机力学都是特殊情况,这样统一了理论,也统一了它们之间的关系.

§1. 模型的建立

不失一般性,设 M^1 是 4 维流形(或是 n 维流形),$\{g_{\mu\nu}\}_{\mu,\nu=0,1,2,3}$ 是其上的度规张量场,$ds^2 = \sum\limits_{\mu,\nu=0}^{3} g_{\mu\nu} dx^\mu dx^\nu$. C 为一条曲线,过 A 与 B 之间该曲

① 本文 1986 年 3 月 10 日收到.

线的长度为$|C|_B^A \triangleq \int_A^B \sqrt{|ds^2|}$.

设$\boldsymbol{X}_\tau \triangleq (X_\tau^0, X_\tau^1, X_\tau^2, X_\tau^3)$是沿着曲线$C$所决定的固有时而变化的4维Markov过程，$\Delta^\pm \boldsymbol{X}_\tau \triangleq \pm(\boldsymbol{X}_{\tau\pm\Delta\tau} - \boldsymbol{X}_\tau)$，其分量为

$$\Delta^\pm \boldsymbol{X}_\tau^i \triangleq \pm(\boldsymbol{X}_{\tau+\Delta\tau}^i - X_\tau^i), i = 0,1,2,3.$$

如果$\forall \tau, \Delta\tau$有

$$E\left\{\boldsymbol{X}_{\tau+\Delta\tau} - \frac{\boldsymbol{X}_\tau}{\boldsymbol{X}_\tau^-}\right\} = \boldsymbol{V}^+(\boldsymbol{X}_\tau, \tau)\Delta\tau + \boldsymbol{b}^+(\boldsymbol{X}_\tau, \tau)(\Delta\tau)^2 + o(\Delta\tau)^2, \tag{1.1}$$

$$E\left\{-\frac{\boldsymbol{X}_{\tau-\Delta\tau} - \boldsymbol{X}_\tau}{\boldsymbol{X}_\tau^+}\right\} = \boldsymbol{V}^-(\boldsymbol{X}_\tau, \tau)\Delta\tau + \boldsymbol{b}^-(\boldsymbol{X}_\tau, \tau)(\Delta\tau)^2 + o(\Delta\tau)^2,$$

这里$\boldsymbol{X}_\tau^- \triangleq \sigma\{\Delta_s, s \leqslant \tau\}$是由$\{\boldsymbol{X}_s, s \leqslant \tau\}$产生的$\sigma$代数，$\boldsymbol{X}_\tau^+ \triangleq \sigma\{\Delta_s, s \geqslant \tau\}$是由$\{\boldsymbol{X}_s, \tau \geqslant s\}$产生的$\sigma$代数. 显然有

$$\lim_{\Delta\tau\to 0} \frac{1}{\Delta\tau} E\left(\frac{\Delta^+ \boldsymbol{X}_\tau}{\boldsymbol{X}_\tau^-}\right) = \boldsymbol{V}^+(\boldsymbol{X}_\tau, \tau),$$

$$\lim_{\Delta\tau\to 0} \frac{1}{\Delta\tau} E\left(\frac{\Delta^- \boldsymbol{X}_\tau}{\boldsymbol{X}_\tau^+}\right) = \boldsymbol{V}^-(\boldsymbol{X}_\tau, \tau).$$

设　$$\boldsymbol{V}(\boldsymbol{X}_\tau, t) \triangleq \frac{1}{2} E\left\{\boldsymbol{V}_1^+(\boldsymbol{X}_\tau, \tau) + \frac{\boldsymbol{V}^-(\boldsymbol{X}_\tau, \tau)}{\boldsymbol{X}_\tau}\right\},$$

则　$$\boldsymbol{V}(\boldsymbol{X}_\tau, t) = \frac{1}{2}(\boldsymbol{V}^+(\boldsymbol{X}_\tau, \tau) + \boldsymbol{V}^-(\boldsymbol{X}_\tau, \tau)).$$

我们分别称$\boldsymbol{V}^+(\boldsymbol{X}_\tau, \tau)$，$\boldsymbol{V}^-(\boldsymbol{X}_\tau, \tau)$，$\boldsymbol{V}(\boldsymbol{X}_\tau, \tau)$为平均向前速度、平均向后速度和平均速度.

如果$\forall \tau$极限存在

$$\lim_{\Delta\tau\to 0} \frac{1}{(\Delta\tau)^2}\left[E\left\{\frac{\Delta^+ \boldsymbol{X}_\tau}{\boldsymbol{X}_\tau^-}\right\} - E\left\{\frac{\Delta^+ \boldsymbol{X}_{\tau-\Delta\tau}}{\boldsymbol{X}_{\tau-\Delta\tau}^-}\right\}\right] \triangleq \boldsymbol{a}^+(\boldsymbol{X}_\tau, \tau),$$

$$\lim_{\Delta\tau\to 0} \frac{1}{(\Delta\tau)^2}\left[E\left\{-\frac{\Delta^- \boldsymbol{X}_\tau}{\boldsymbol{X}_\tau^+}\right\} - E\left\{-\frac{\Delta^- \boldsymbol{X}_{\tau+\Delta\tau}}{\boldsymbol{X}_{\tau+\Delta\tau}^+}\right\}\right] \triangleq \boldsymbol{a}^-(\boldsymbol{X}_\tau, \tau).$$

设$\boldsymbol{a}(\boldsymbol{X}_\tau, \tau) \triangleq \dfrac{1}{2} E\left\{\dfrac{\boldsymbol{a}^+(\boldsymbol{X}_\tau, \tau) + \boldsymbol{a}^-(\boldsymbol{X}_\tau, \tau)}{\boldsymbol{X}_\tau}\right\}$,

那么
$$\boldsymbol{a}(\boldsymbol{X}_\tau, \tau) = \frac{1}{2} \lim_{\Delta\tau\to 0} \frac{1}{\Delta\tau}\left\{E\left[\boldsymbol{V}^+(\boldsymbol{X}_\tau, \tau) - \boldsymbol{V}^+(\boldsymbol{X}_{\tau-\Delta\tau}, \tau-\Delta\tau) + (\boldsymbol{b}^+(\boldsymbol{X}_\tau, \tau) - \boldsymbol{b}^+(\boldsymbol{X}_{\tau-\Delta\tau}, \tau-\Delta\tau))\Delta\tau + \frac{o(\Delta\tau)}{\boldsymbol{X}_\tau}\right] + E\left[\boldsymbol{V}^-(\boldsymbol{X}_{\tau+\Delta\tau}, \tau+\Delta\tau) - \boldsymbol{V}^-(\boldsymbol{X}_\tau, \tau) + (\boldsymbol{b}^-(\boldsymbol{X}_{\tau+\Delta\tau}, \tau+\Delta\tau) - \boldsymbol{b}^-(\boldsymbol{X}_\tau, \tau))\Delta\tau + \frac{o(\Delta\tau)}{\boldsymbol{X}_\tau}\right]\right\}.$$

我们分别称 $\boldsymbol{a}^{+}(\boldsymbol{X}_\tau,\tau),\boldsymbol{a}^{-}(\boldsymbol{X}_\tau,\tau),\boldsymbol{a}(\boldsymbol{X}_\tau,\tau)$ 为平均向前加速度、平均向后加速度和平均加速度.

为了简化符号,而不失模型有效性,我们假定,$\boldsymbol{V}^{+}(\boldsymbol{X}_\tau,\tau)=\boldsymbol{V}^{+}(\boldsymbol{X}_\tau)$,$\boldsymbol{V}^{-}(\boldsymbol{X}_\tau,\tau)=\boldsymbol{V}^{-}(\boldsymbol{X}_\tau)$,并且 $\boldsymbol{b}^{+}(\boldsymbol{X}_\tau,\tau)=\boldsymbol{b}^{-}(\boldsymbol{X}_\tau,\tau)=\text{const}$,这时有

$$\boldsymbol{a}(\boldsymbol{X}_\tau)=\frac{1}{2}\lim_{\Delta\tau\to 0}\frac{1}{\Delta\tau}E\left\{\boldsymbol{V}^{+}(\boldsymbol{X}_\tau)-\boldsymbol{V}^{+}(\boldsymbol{X}_{\tau-\Delta\tau})+\boldsymbol{V}^{-}(\boldsymbol{X}_{\tau+\Delta\tau})-\frac{\boldsymbol{V}^{-}(\boldsymbol{X}_\tau)}{\boldsymbol{X}_\tau}\right\}.$$

由众所周知的矢量分析公式有

$$\boldsymbol{F}(\boldsymbol{X}_{\tau\pm\Delta\tau},\tau\pm\Delta\tau)=\boldsymbol{F}(\boldsymbol{X}_\tau,\tau)\pm\frac{\partial}{\partial\tau}\boldsymbol{F}(\boldsymbol{X}_\tau,\tau)(\Delta\tau)\pm(\Delta^{\pm}\boldsymbol{X}_\tau\cdot\nabla)\boldsymbol{F}(\boldsymbol{X}_\tau,\tau)+\frac{1}{2}(\Delta^{\pm}\boldsymbol{X}_\tau\cdot\nabla)^2\boldsymbol{F}(\boldsymbol{X}_\tau,\tau)+o(\Delta\tau),$$

即

$$\pm\left(\frac{\boldsymbol{F}(\boldsymbol{X}_{\tau\pm\Delta\tau},\tau\pm\Delta\tau)-\boldsymbol{F}(\boldsymbol{X}_\tau,\tau)}{\Delta\tau}\right)=$$

$$\frac{\partial}{\partial\tau}F(\boldsymbol{X}_\tau,\tau)+\left(\frac{\Delta^{\pm}\boldsymbol{X}_\tau}{\Delta\tau}\cdot\nabla\right)\boldsymbol{F}(\boldsymbol{X}_\tau,\tau)\pm\frac{1}{2}\left(\frac{\Delta^{\pm}\boldsymbol{X}_\tau}{(\Delta\tau)^{\frac{1}{2}}}\cdot\nabla\right)^2\boldsymbol{F}(\boldsymbol{X}_\tau,\tau)+\boldsymbol{o}(1),$$

这里$\nabla\triangleq\left(\frac{\partial}{\partial X^0},\frac{\partial}{\partial X^1},\frac{\partial}{\partial X^2},\frac{\partial}{\partial X^4}\right)$,“$\cdot$”表示内积.

我们利用此公式分别对 $\boldsymbol{V}^{-}(\boldsymbol{X}_\tau),\boldsymbol{V}^{+}(\boldsymbol{X}_\tau)$ 进行讨论,从而得到

$$\frac{\boldsymbol{V}^{-}(\boldsymbol{X}_{\tau+\Delta\tau})-\boldsymbol{V}^{-}(\boldsymbol{X}_\tau)}{\Delta\tau}$$

$$=\left(\frac{\Delta^{+}\boldsymbol{X}_\tau}{\Delta\tau}\cdot\nabla\right)\boldsymbol{V}^{-}(\boldsymbol{X}_\tau)+\frac{1}{2}\left(\frac{\Delta^{+}\boldsymbol{X}_\tau}{(\Delta\tau)^{\frac{1}{2}}}\cdot\nabla\right)^2\boldsymbol{V}^{-}(\boldsymbol{X}_\tau)+\boldsymbol{o}(1),$$

$$-\frac{\boldsymbol{V}^{+}(\boldsymbol{X}_{\tau-\Delta\tau})-\boldsymbol{V}^{+}(\boldsymbol{X}_\tau)}{\Delta\tau}$$

$$=\left(\frac{\Delta^{-}\boldsymbol{X}_\tau}{\Delta\tau}\cdot\nabla\right)\boldsymbol{V}^{+}(\boldsymbol{X}_\tau)-\frac{1}{2}\left(\frac{\Delta^{-}\boldsymbol{X}_\tau}{(\Delta\tau)^{\frac{1}{2}}}\cdot\nabla\right)^2\boldsymbol{V}^{+}(\boldsymbol{X}_\tau)+\boldsymbol{o}(1).$$

将此两式代入到平均加速度公式中得到

$$\boldsymbol{a}(\boldsymbol{X}_\tau)=\frac{1}{2}\lim_{\Delta\tau\to 0}\left[\left(E\left\{\frac{\Delta^{+}\boldsymbol{X}_\tau}{\Delta\tau}/\boldsymbol{X}_\tau\right\}\cdot\nabla\right)\boldsymbol{V}^{-}(\boldsymbol{X}_\tau)+\right.$$

$$\left(E\left\{\frac{\Delta^{-}\boldsymbol{X}_\tau}{\Delta\tau}/\boldsymbol{X}_\tau\right\}\cdot\nabla\right)\boldsymbol{V}^{+}(\boldsymbol{X}_\tau)+$$

$$\frac{1}{2}\sum_{i,j=0}^{3}\frac{\partial^2}{\partial X^i\partial X^j}\boldsymbol{V}^{-}(\boldsymbol{X}_\tau)\cdot E\left\{\frac{\Delta^{+}X_\tau^i\Delta^{+}X_\tau^j}{\Delta\tau}/\boldsymbol{X}_\tau\right\}-$$

$$\frac{1}{2}\sum_{i,j=0}^{3}\frac{\partial^2}{\partial X^i\partial X^j}\boldsymbol{V}^+(\boldsymbol{X}_\tau)\cdot E\left\{\frac{\Delta^- X_\tau^i\Delta^- X_\tau^j}{\Delta\tau}/\boldsymbol{X}_\tau\right\}\Bigg].$$

如果 $\forall\tau$ 极限存在

$$\lim_{\Delta\tau\to 0}E\left\{\frac{\Delta^\pm X_\tau^i\Delta^\pm X^j}{\Delta\tau}/\boldsymbol{X}_\tau\right\}\triangleq D_{ij}^\pm(\boldsymbol{X}_\tau). \tag{1.2}$$

设 $D^\pm(\boldsymbol{X}_\tau)\triangleq(D_{ij}^\pm(\boldsymbol{X}_\tau))_{4\times 4}$，我们称 $D^+(\boldsymbol{X}_\tau)$，$D^-(\boldsymbol{X}_\tau)$ 为向前扩散系数矩阵、向后扩散系数矩阵. 这时有

$$\begin{aligned}\boldsymbol{a}(\boldsymbol{X}_\tau)=&\frac{1}{2}\Bigg\{(\boldsymbol{V}^+(\boldsymbol{X}_\tau)\cdot\nabla)\boldsymbol{V}^-(\boldsymbol{X}_\tau)+(\boldsymbol{V}^-(\boldsymbol{X}_\tau)\cdot\nabla)\boldsymbol{V}^+(\boldsymbol{X}_\tau)+\\&\frac{1}{2}\sum_{i,j=0}^{3}\left(D_{ij}^+\frac{\partial^2}{\partial X^i\partial X^j}\boldsymbol{V}^-(\boldsymbol{X}_\tau)-D_{ij}^-\frac{\partial^2}{\partial X^i\partial X^j}\boldsymbol{V}^+(\boldsymbol{X}_\tau)\right)\Bigg\}\\=&\frac{1}{2}\Bigg\{\left(\frac{\boldsymbol{V}^+(\boldsymbol{X}_\tau)+\boldsymbol{V}^-(\boldsymbol{X}_\tau)}{2}\cdot\nabla\right)\cdot(\boldsymbol{V}^+(\boldsymbol{X}_\tau)+\boldsymbol{V}^-(\boldsymbol{X}_\tau))-\\&\left(\frac{\boldsymbol{V}^+(\boldsymbol{X}_\tau)-\boldsymbol{V}^-(\boldsymbol{X}_\tau)}{2}\cdot\nabla\right)\cdot(\boldsymbol{V}^+(\boldsymbol{X}_\tau)-\boldsymbol{V}^-(\boldsymbol{X}_\tau))+\\&\frac{1}{2}\sum_{i,j=0}^{3}\Bigg[\left(\frac{D_{ij}^+(\boldsymbol{X}_\tau)-D_{ij}^-(\boldsymbol{X}_\tau)}{2}\right)\cdot\frac{\partial^2}{\partial X^i\partial X^j}(\boldsymbol{V}^+(\boldsymbol{X}_\tau)+\boldsymbol{V}^-(\boldsymbol{X}_\tau))-\\&\left(\frac{D_{ij}^+(\boldsymbol{X}_\tau)+D_{ij}^-(\boldsymbol{X}_\tau)}{2}\right)\frac{\partial^2}{\partial X^i\partial X^j}(\boldsymbol{V}^+(\boldsymbol{X}_\tau)-\boldsymbol{V}^-(\boldsymbol{X}_\tau))\Bigg]\Bigg\}\end{aligned}$$

设 $\boldsymbol{U}(\boldsymbol{X}_\tau)\triangleq\frac{1}{2}(\boldsymbol{V}^+(\boldsymbol{X}_\tau)-\boldsymbol{V}^-(\boldsymbol{X}_\tau))$，$D_{ij}(\boldsymbol{X}_\tau)=\frac{1}{2}(D_{ij}^+(\boldsymbol{X}_\tau)+D_{ij}^-(\boldsymbol{X}_\tau))$，

$$\delta D_{ij}(\boldsymbol{X}_\tau)=\frac{1}{2}(D_{ij}^+(\boldsymbol{X}_\tau)-D_{ij}^-(\boldsymbol{X}_\tau)).$$

这时有

$$\begin{aligned}\boldsymbol{a}(\boldsymbol{X}_\tau)=&(\boldsymbol{V}^-(\boldsymbol{X}_\tau)\cdot\nabla)\boldsymbol{V}(\boldsymbol{X}_\tau)-(\boldsymbol{U}(\boldsymbol{X}_\tau)\cdot\nabla)\boldsymbol{U}(\boldsymbol{X}_\tau)+\\&\frac{1}{2}\sum_{i,j=0}^{3}\left(\delta D_{ij}(\boldsymbol{X}_\tau)\cdot\frac{\partial^2}{\partial X^i\partial X^j}\boldsymbol{V}(\boldsymbol{X}_\tau)-D_{ij}(\boldsymbol{X}_\tau)\frac{\partial^2}{\partial X^i\partial X^j}\boldsymbol{U}(\boldsymbol{X}_\tau)\right).\end{aligned} \tag{1.3}$$

定义　$\boldsymbol{X}_\tau$ 是 4 维 Markov 过程，如果满足(1)(2) 且有

$$\lim_{\Delta\tau\to 0}\frac{1}{\Delta\tau}\int_{|y-x|\geqslant\delta}|\boldsymbol{y}-\boldsymbol{x}|^2P^\pm(\tau,\boldsymbol{x};\tau\pm\Delta\tau;\mathrm{d}y)=0,$$

其中 $P^\pm(\tau,\boldsymbol{x};\tau\pm\Delta\tau;\mathrm{d}y)$ 为 Markov 过程的向前向后转移概率，则称 $\boldsymbol{X}_\tau$ 为双向扩散过程

根据随机微分方程的基本理论知道，在一定条件下[14]，

$$\begin{cases} d^{+} \boldsymbol{X}_{\tau} = \boldsymbol{V}^{+}(\boldsymbol{X}_{\tau})\mathrm{d}\tau + \sum_{k=0}^{3} \boldsymbol{\sigma}_{k}^{+}(\boldsymbol{X}_{\tau})\mathrm{d}W_{k}^{+}, \\ d^{-} \boldsymbol{X}_{\tau} = \boldsymbol{V}^{-}(\boldsymbol{X}_{\tau})\mathrm{d}\tau + \sum_{k=0}^{3} \boldsymbol{\sigma}_{k}^{-}(\boldsymbol{X}_{\tau})\mathrm{d}W_{k}^{-}, \end{cases}$$

其中 $W_k^{\pm}(k=0,1,2,3)$ 为独立 Brownian 过程,$\boldsymbol{\sigma}_k^{\pm}(\boldsymbol{X}_\tau) = \sqrt{\lambda_k^{\pm}(\boldsymbol{X}_\tau)}\boldsymbol{e}_k^{\pm}(\boldsymbol{X}_\tau)$,而 $\lambda_k^{\pm}(\boldsymbol{X}_\tau)$,$\boldsymbol{e}_k^{\pm}(\boldsymbol{X}_\tau)$ 分别是上面 $D^{\pm}(\boldsymbol{X}_\tau)$ 的特征值和特征向量.

存在唯一解,并且解 $\boldsymbol{X}_\tau$ 是双向扩散过程,其分布函数满足向前方程

$$\begin{cases} \dfrac{\partial P(\boldsymbol{X},\tau)}{\partial \tau} = -\sum_{i=0}^{3} \dfrac{\partial}{\partial X^i}[V_i^{+}(\boldsymbol{X})P(\boldsymbol{X},\tau)] + \dfrac{1}{2}\sum_{i,j=0}^{3} \dfrac{\partial^2}{\partial X^i \partial X^j}(D_{ij}^{+}(\boldsymbol{X})P(\boldsymbol{X},\tau)), \\ \dfrac{\partial P(\boldsymbol{X},\tau)}{\partial \tau} = -\sum_{i=0}^{3} \dfrac{\partial}{\partial X^i}[V_i^{-}(\boldsymbol{X})P(\boldsymbol{X},\tau)] - \dfrac{1}{2}\sum_{i,j=0}^{3} \dfrac{\partial^2}{\partial X^i \partial X^j}(D_{ij}^{-}(\boldsymbol{X})P(\boldsymbol{X},\tau)). \end{cases}$$

我们将此两式相加,相减,然后除以 2,得到

$$\begin{cases} \dfrac{\partial P(\boldsymbol{X},\tau)}{\partial \tau} = -\sum_{i=0}^{3} \dfrac{\partial}{\partial X^i}[V_i(\boldsymbol{X})P(\boldsymbol{X},\tau)] + \dfrac{1}{2}\sum_{i,j=0}^{3} \dfrac{\partial^2}{\partial X^i \partial X^j}(D_{ij}(\boldsymbol{X})P(\boldsymbol{X},\tau)), \\ 0 = -\sum_{i=0}^{3} \dfrac{\partial}{\partial X^i}[U_i(\boldsymbol{X})P(\boldsymbol{X},\tau)] + \dfrac{1}{2}\sum_{i,j=0}^{3} \dfrac{\partial^2}{\partial X^i \partial X^j}(D_{ij}(\boldsymbol{X})P(\boldsymbol{X},\tau)), \end{cases}$$

这样就建立统一的随机模型,下面我们分别就两种特殊情况进行研究.即对相对论随机力学与随机力学进行讨论,并且得到它们与 Klein-Gordon 方程、Schrödinger 方程之间的内在联系.

§2. 相对论随机力学与 Klein-Gordon 方程

设 M^4 是 4 维流形,$\{g_{\mu\nu}\}_{\mu,\nu=0,1,2,3}$ 是 Lorentz 度规,即

$$g_{\mu\nu} = \begin{cases} +1, & \mu=\nu=1,2,3, \\ -1, & \mu=\nu=0, \\ 0, & \mu\neq\nu, \end{cases} \qquad \mathrm{d}s^2 = \sum_{\mu,\nu=0}^{3} g_{\mu\nu}\mathrm{d}X^\mu \mathrm{d}X^\nu,$$

其中惯性坐标系(X^0,X^1,X^2,X^3)是 Minkowshi 时空(ct,x,y,z).

众所周知动量、能量在相对论力学中有

$$P_x = \frac{mV_x}{\sqrt{1-\dfrac{V^2}{c^2}}} = mc\frac{\mathrm{d}x}{\mathrm{d}s}, \quad P_y = \frac{mV_y}{\sqrt{1-\dfrac{V^2}{c^2}}},$$

$$P_z = \frac{mV_z}{\sqrt{1-\dfrac{V^2}{c^2}}}, \quad \varepsilon = \frac{mc^2}{\sqrt{1-\dfrac{V^2}{c^2}}} = mc^2\frac{\mathrm{d}(ct)}{\mathrm{d}s},$$

其中 $ds \triangleq \sqrt{1-ds^2} = \sqrt{1-\frac{V^2}{c^2}}d(ct)$，$C$ 为一条类时曲线.

若 $d\tau = \frac{1}{c}ds$，这时 m,c,s,τ 都是不变量.

下面讨论在这样时空背景下的随机模型：

设 $\boldsymbol{X}_\tau$ 为由如下随机微分方程所决定的双向扩散过程

$$\begin{cases} d^+\boldsymbol{X}_\tau = \boldsymbol{V}^+(\boldsymbol{X}_\tau)d\tau + \sqrt{\frac{\hbar}{2m}}\cdot d\boldsymbol{W}^+, \\ d^-\boldsymbol{X}_\tau = \boldsymbol{V}^-(\boldsymbol{X}_\tau)d\tau + \sqrt{\frac{\hbar}{2m}}\cdot d\boldsymbol{W}^-, \end{cases}$$

这里 $h = \frac{h}{2\pi}$，$h=$ Planck 常数；$\sqrt{\frac{\hbar}{2m}}\cdot d\boldsymbol{W}^\pm$ 可用 $\sqrt{\frac{\hbar}{2m}}\circ d\boldsymbol{W}^\pm$ 代替[15].

其分布函数满足

$$\begin{cases} \frac{\partial P(\boldsymbol{X},\tau)}{\partial\tau} = -\sum_{i=0}^{3}\frac{\partial}{\partial X^i}[V_i(\boldsymbol{X})P(\boldsymbol{X},\tau)], \\ 0 = -\sum_{i=0}^{3}\frac{\partial}{\partial X^i}[U_i(\boldsymbol{X})P(\boldsymbol{X},\tau)] + \frac{\hbar}{2m}\sum_{i=0}^{3}\frac{\partial^2}{\partial(X^i)^2}P(\boldsymbol{X},\tau), \end{cases}$$

其中 $V_1(\boldsymbol{X}_\tau) = \frac{1}{m}P_x(\boldsymbol{X}_\tau)$，$V_2(\boldsymbol{X}_\tau) = \frac{1}{m}P_y(\boldsymbol{X}_\tau)$，$V_3(\boldsymbol{X}_\tau) = \frac{1}{m}P_z(\boldsymbol{X}_\tau)$，

$V_0(\boldsymbol{X}_\tau) = \frac{1}{mc}\varepsilon(\boldsymbol{X}_\tau)$.

$$U_i(\boldsymbol{X}) = \frac{\hbar}{2m}\frac{\partial}{\partial X^i}\ln(\boldsymbol{X},\tau), \quad i=0,1,2,3. \tag{2.1}$$

若 τ 如上面所选取，这时

$$\begin{aligned}(\boldsymbol{V}(\boldsymbol{X}_\tau)\cdot\boldsymbol{V}(\boldsymbol{X}_\tau)) &= -\frac{\varepsilon^2(\boldsymbol{X}_\tau)}{m^2c^2} + \frac{1}{m^2}(P_x^2(\boldsymbol{X}_\tau)+P_y^2(\boldsymbol{X}_\tau)+P_z^2(\boldsymbol{X}_\tau)) \\ &= -\frac{1}{m^2c^2}\cdot m^2c^4 = -c^2.\end{aligned}$$

而平均加速度由(1.3)得到

$$\boldsymbol{a}(\boldsymbol{X}_\tau) = (\boldsymbol{V}(\boldsymbol{X}_\tau)\cdot\nabla)\boldsymbol{V}(\boldsymbol{X}_\tau) - (\boldsymbol{U}(\boldsymbol{X}_\tau)\cdot\nabla)\boldsymbol{U}(\boldsymbol{X}_\tau) - \frac{1}{2}\sum_{i=0}^{3}\frac{\hbar}{2m}\frac{\partial^2}{\partial(X^i)^2}\boldsymbol{U}(\boldsymbol{X}_\tau).$$

其分量有

$$a_\mu(\boldsymbol{X}_\tau) = \sum_{i=0}^{3}V_i(\boldsymbol{X}_\tau)\frac{\partial}{\partial X^i}V_\mu(\boldsymbol{X}_\tau) - \sum_{i=0}^{3}U_i(\boldsymbol{X}_\tau)\frac{\partial}{\partial X^i}U_\mu(\boldsymbol{X}_\tau) - \frac{\hbar}{2m}\sum_{i=0}^{3}\frac{\partial^2}{\partial(X^i)^2}U_\mu(\boldsymbol{X}_\tau).$$

根据 Einstein 相对论，Newton 第二定律有

$$\boldsymbol{F}(\boldsymbol{X}_\tau) = m\boldsymbol{a}(\boldsymbol{X}_\tau).$$

其分量有

$$F_\mu(\boldsymbol{X}_\tau) = ma_\mu(\boldsymbol{X}_\tau). \tag{2.2}$$

在研究电磁场中 Klein-Gordon 方程时在电磁场的 Lorentz 力有

$$F_\mu = \frac{\mathrm{e}}{c}\Big[\sum_{i=0}^{3}\Big(\frac{\partial}{\partial X^\mu}A_i - \frac{\partial}{\partial X^i}A_\mu\Big)V_i\Big], \tag{2.3}$$

其中矢量 $\boldsymbol{A} = (A_0, A_1, A_2, A_3)$ 是电磁势，并有 $\sum_{i=0}^{3}\frac{\partial}{\partial X^i}A_i = 0$.

比较(2.2)(2.3) 两式得到

$$\frac{\mathrm{e}}{c}\Big[\sum_{i=0}^{3}\Big(\frac{\partial}{\partial X^\mu}A_i - \frac{\partial}{\partial X^i}A_\mu\Big)V_i\Big]$$

$$= m\Big\{\sum_{i=0}^{3}\Big(V_i\frac{\partial}{\partial X^i}V_\mu\Big) - \sum_{i=0}^{3}\Big(U_i\frac{\partial}{\partial X^i}U_\mu\Big) - \frac{\hbar}{2m}\sum_{i=0}^{3}\frac{\partial^2}{\partial(X^i)^2}U_\mu\Big\}.$$

所以 $\sum_{i=0}^{3}\Big[\frac{\partial}{\partial X^\mu}\Big(\frac{\mathrm{e}}{c}A_i\Big)\cdot V_i\Big] - \sum_{i=0}^{3}\Big[\frac{\partial}{\partial X^i}\Big(\frac{\mathrm{e}}{c}A_\mu + mV_\mu\Big)\cdot V_i\Big]$

$$= -m\sum_{i=0}^{3}\Big(U_i\frac{\partial}{\partial X^i}U_\mu\Big) - \frac{\hbar}{2}\sum_{i=0}^{3}\frac{\partial^2}{\partial(X^i)^2}U_\mu.$$

设 S 是世界标量，有

$$\frac{\partial S}{\partial X^i} = mV_i + \frac{\mathrm{e}}{c}A_i,\ i = 0,1,2,3,\text{代入有}$$

$$-\sum_{i=0}^{3}\Big[\frac{\partial}{\partial X^\mu}\Big(\frac{\mathrm{e}}{c}A_i\Big)\cdot\Big(\frac{1}{m}\Big(\frac{\partial S}{\partial X^i} - \frac{\mathrm{e}}{c}A_i\Big)\Big)\Big] + \sum_{i=0}^{3}\frac{\partial}{\partial X^i}\Big(\frac{\partial S}{\partial X^\mu}\Big)\cdot V_i$$

$$= m\sum_{i=0}^{3}\Big(U_i\frac{\partial}{\partial X^i}U_\mu\Big) + \frac{\hbar}{2}\sum_{i=0}^{3}\frac{\partial^2}{\partial(X^i)^2}U_\mu.$$

即 $\frac{1}{m}\Big\{-\frac{\partial}{\partial X^\mu}\Big[\sum_{i=0}^{3}\Big(\frac{\mathrm{e}}{c}A_i\Big)\cdot\frac{\partial S}{\partial X^i}\Big] + \frac{\partial}{\partial X^\mu}\Big[\frac{1}{2}\sum_{i=0}^{3}\Big(\frac{\partial S}{\partial X^i}\Big)^2 + \frac{1}{2}\sum_{i=0}^{3}\Big(\frac{\mathrm{e}}{c}A_i\Big)^2\Big]\Big\}$

$$= m\sum_{i=0}^{3}U_i\frac{\partial}{\partial X^i}U_\mu + \frac{\hbar}{2}\sum_{i=0}^{3}\frac{\partial^2}{\partial(X^i)^2}U_\mu.$$

因为

$$U_\mu = \frac{\hbar}{2m}\frac{\partial}{\partial X^\mu}\ln P,\quad \mu = 0,1,2,3,$$

所以

$$\frac{\partial U_\mu}{\partial X^k} = \frac{\partial U_k}{\partial X^\mu}.$$

因此 $\frac{1}{2m}\frac{\partial}{\partial X^\mu}\Big[\sum_{i=0}^{3}\Big(\frac{\partial S}{\partial X^i} - \frac{\mathrm{e}}{c}A_i\Big)^2\Big] =$

$$\frac{m}{2}\frac{\partial}{\partial X^{\mu}}\Big(\sum_{i=0}^{3}U_i^2\Big)+\frac{\hbar}{2}\cdot\frac{\hbar}{2m}\frac{\partial}{\partial X^{\mu}}\Big(\sum_{i=0}^{3}\frac{\partial^2}{\partial (X^i)^2}\ln P\Big),$$

$$\frac{1}{2m}\sum_{i=0}^{3}(mV_i)^2-\frac{m}{2}\sum_{i=0}^{3}(U_i)^2-\frac{\hbar^2}{4m}\sum_{i=0}^{3}\frac{\partial^2}{\partial (X^i)^2}\ln P=\text{const}.$$

因为$\frac{\partial^2}{\partial (X^i)^2}\ln P=\frac{1}{P^2}\Big[\frac{\partial^2 P}{\partial (X^i)^2}\cdot P-\Big(\frac{\partial P}{\partial X^i}\Big)^2\Big]=\frac{\frac{\partial^2 P}{\partial (X^i)^2}}{P}-\Big(\frac{\partial \ln P}{\partial X^i}\Big)^2$,

所以
$$\frac{m}{2}\sum_{i=0}^{3}(V_i^2+U_i^2)-\frac{\hbar^2}{4m}\sum_{i=0}^{3}\frac{\frac{\partial^2 P}{\partial (X^i)^2}}{P}=\text{const}.$$

$$\frac{m}{2}E\sum_{i=0}^{3}(V_i^2+U_i^2)-\frac{\hbar^2}{4m}\int\Big[\sum_{i=0}^{3}\frac{\partial^2 P}{\partial (X^i)^2}\Big]\mathrm{d}\boldsymbol{X}=\text{const}.$$

这里我们得到了一个重要的守恒公式，从公式中可以看到，粒子本身的能量以外，还有客观随机背景的影响. 特别地当$\frac{\hbar}{2m}\to 0$时为非随机情况，由(2.1)就得到$\text{const}=-\frac{m}{2}c^2$.

所以

$$\frac{1}{2}\sum_{i=0}^{3}[(mV_i)^2-(mU_i)^2]-\frac{m\hbar}{2}\sum_{i=0}^{3}\frac{\partial^2}{\partial (X^i)^2}\Big(\frac{\hbar}{2m}\ln P\Big)=-\frac{1}{2}(mc)^2.$$

又因为$V_i=\frac{1}{m}\Big(\frac{\partial S}{\partial X^i}-\frac{\mathrm{e}}{c}A_i\Big)$，$U_i=\frac{\hbar}{2m}\frac{\partial}{\partial X^i}\ln P$，设$\ln P=\frac{2R}{\hbar}$，$P=\mathrm{e}^{\frac{2R}{\hbar}}$.

那么$U_i=\frac{1}{m}\frac{\partial}{\partial X^i}R$，代入上式得

$$\sum_{i=0}^{3}\Big[\Big(\frac{\partial S/\hbar}{\partial X^i}-\frac{\mathrm{e}}{\hbar c}A_i\Big)^2-\Big(\frac{\partial (R/\hbar)}{\partial X^i}\Big)^2\Big]-\sum_{i=0}^{3}\frac{\partial^2 (R/\hbar)}{\partial (X^i)^2}-\frac{m^2c^2}{\hbar^2}=0. \tag{2.4}$$

根据假设(2.1)式，$\frac{\partial U_{\mu}}{\partial \tau}=0$，得$\frac{\hbar}{2m}\frac{\partial}{\partial X^{\mu}}\frac{\partial}{\partial \tau}\ln P=0$，即$\frac{\hbar}{2m}\frac{\partial}{\partial \tau}\ln P=\text{const}$.

为了确定常数，两边积分得到

$$\frac{\hbar}{2m}\frac{\partial}{\partial \tau}\int P\mathrm{d}\boldsymbol{X}=\text{const},$$

所以
$$\text{const}=0,$$

即
$$\frac{\hbar}{2m}\Big[\sum_{i=0}^{3}\frac{\partial}{\partial X^i}V_i+\frac{2}{\hbar}\sum_{i=0}^{3}\Big(\frac{\partial}{\partial X^i}R\cdot V_i\Big)\Big]=0.$$

所以 $$\frac{m}{\hbar}\left[\sum_{i=0}^{3}\frac{\partial V_i}{\partial X^i}+\frac{2}{\hbar}\sum_{i=0}^{3}\left(\frac{\partial R}{\partial X^i}\cdot V_i\right)\right]=0. \tag{2.5}$$

(2.5) 乘 i 与(2.4) 相加得到

$$\sum_{i=0}^{3}\left[\left(\frac{\partial(S/\hbar)}{\partial X^i}-\frac{e}{\hbar c}A_i\right)^2-\left(\frac{\partial(R/\hbar)}{\partial X^i}\right)^2-\frac{\partial^2(R/\hbar)}{\partial(X^i)^2}\right]+$$

$$\mathrm{i}\sum_{i=0}^{3}\left[\frac{\partial}{\partial X^i}\left(\frac{\partial(S/\hbar)}{\partial X^i}-\frac{e}{\hbar c}A_i\right)+2\frac{\partial(R/\hbar)}{\partial X^i}\cdot\left(\frac{\partial^2(S/\hbar)}{\partial X^i}-\frac{e}{hc}A_i\right)\right]-\frac{m^2c^2}{\hbar^2}=0.$$

即 $$\sum_{i=0}^{3}\left[\left(\frac{\partial^2(R/\hbar)}{\partial(X^i)^2}+\mathrm{i}\frac{\partial^2(S/\hbar)}{\partial(X^i)^2}\right)+\left(\frac{\partial(R/\hbar)}{\partial X^i}+\mathrm{i}\frac{\partial^2(S/\hbar)}{\partial X^i}\right)^2-\right.$$

$$\left.2\mathrm{i}\frac{e}{\hbar c}A_i\left(\frac{\partial(R/\hbar)}{\partial X^i}+\mathrm{i}\frac{\partial(S/\hbar)}{\partial X^i}-\mathrm{i}\frac{e}{\hbar c}\frac{\partial A_i}{\partial X^i}+\left(\frac{\mathrm{i}e}{\hbar c}\right)^2A_i^2\right]=\frac{m^2c^2}{\hbar^2}.$$

设 $\psi=e^{\frac{R}{\hbar}+\mathrm{i}\frac{S}{\hbar}}$ 则有

$$\sum_{i=0}^{3}\left(\frac{\partial}{\partial X^i}-\frac{e\mathrm{i}}{\hbar c}A_i\right)^2\psi-\frac{m^2c^2}{\hbar^2}=0.$$ 此即 Klein-Gordon 方程.

若 $\mathbf{A}=(\varphi,A^1,A^2,A^3)$，时空为 (ct,X^1,X^2,X^3)，则有

$$\left(\frac{\hbar}{i}\frac{\partial}{\partial t}+e\varphi\right)^2\psi=c^2\left(\frac{\hbar}{i}\nabla-\frac{e}{c}\mathbf{A}'\right)\left(\frac{\hbar}{i}\nabla-\frac{e}{c}\mathbf{A}'\right)\psi+m^2c^4\psi. \tag{2.6}$$

其中 $\mathbf{A}'=(A^1,A^2,A^3)$. 此即 Klein-Gordon 方程常见形式.

总之惯性坐标系是 Minkowski 时空.

$$P(X,\tau)=|\psi|^2,\psi=e^{\frac{r}{\hbar}+\mathrm{i}\frac{S}{\hbar}}$$ 是方程(2.6) 的解,

其中 $$U_i=\frac{1}{m}\frac{\partial}{\partial X^i}R,\quad R=\frac{\hbar}{2}\ln P,$$

$$V_i=\frac{1}{m}\left(\frac{\partial S}{\partial X_i}-\frac{e}{c}A_i\right),$$ S 是世界标量.

特别地，当 $U_0=0$ 时，$\frac{\partial \ln P}{\partial X^0}=0$，这时有 $P(X^1,X^2,X^3,\tau)$ 不依赖于 X^0.

§ 3. 随机力学与 Schödinger 方程

现在再回到非相对论情况. 设 M^4 是 4 维流形，$\{g_{\mu\nu}\}_{\mu,\nu=0,1,2,3}$ 是度规，即

$$g_{\mu\nu}=\begin{cases}+1, & \mu=\nu=0,1,2,3,\\ 0, & \mu\neq\nu,\end{cases}\qquad dS^2=\sum_{\mu,\nu=0}^{3}g_{\mu\nu}dX^\mu dX^\nu,$$

其中坐标系 (X^0,X^1,X^2,X^3) 是 4 维欧氏空间 (t,x,y,z)，C 为沿 X^0 坐标

轴的曲线，$d\tau = dt$.

设 $\boldsymbol{X}_t$ 是 3 维双向扩散过程，另外 1 维是确定性的. 即

$$V_0^+(\boldsymbol{X}_t) = \boldsymbol{V}_0^-(\boldsymbol{X}_t) = 1, \quad U_0^+(\boldsymbol{X}_t) = \boldsymbol{U}_0^-(\boldsymbol{X}_t) = 1.$$

这时

$$\begin{cases} d^+ \boldsymbol{X}_t = \boldsymbol{V}^+ (\boldsymbol{X}_t)\mathrm{d}t + \sqrt{\dfrac{\hbar}{2m}}\mathrm{d}\boldsymbol{W}^-, \\ d^- \boldsymbol{X}_t = \boldsymbol{V}^- (\boldsymbol{X}_t)\mathrm{d}t + \sqrt{\dfrac{\hbar}{2m}}\mathrm{d}\boldsymbol{W}^+ \end{cases}$$

变为 3 维的随机微分方程 $X_t = (X_t^1, X_t^2, X_t^3)$，另外 1 维为确定性的，$\mathrm{d}t = \mathrm{d}\tau$.

其分布函数满足

$$\begin{cases} \dfrac{\partial P(\boldsymbol{X},t)}{\partial t} = -\displaystyle\sum_{k=1}^{3} \frac{\partial}{\partial X^k}(V_k(\boldsymbol{X}_t,t)P(\boldsymbol{X}_t,t)), \\ 0 = -\displaystyle\sum_{k=1}^{3} \frac{\partial}{\partial X^k}(U_k(\boldsymbol{X}_t,t)P(\boldsymbol{X}_t,t)) + \frac{\hbar}{2m}\sum_{k=1}^{3} \frac{\partial^2}{\partial (X^k)^2}P(\boldsymbol{X}_t,t). \end{cases}$$

$$\boldsymbol{a}(\boldsymbol{X}_t,t) = \frac{\partial \boldsymbol{V}}{\partial t} + (\boldsymbol{V}\cdot\nabla)\boldsymbol{V} - (\boldsymbol{U}\cdot\nabla)\boldsymbol{U} - \frac{\hbar}{2m}\sum_{k=1}^{3}\frac{\partial^2}{\partial (X^k)^2}\boldsymbol{U}.$$

在电磁场理论中

$$\boldsymbol{H} = \mathrm{rot}\ \boldsymbol{A}, \quad \ln P = \frac{2R}{\hbar},$$

$$\boldsymbol{E} + \frac{1}{c}\frac{\partial \boldsymbol{A}}{\partial t} = -\nabla\varphi, \quad \boldsymbol{F} = e\boldsymbol{E} + \frac{\mathrm{e}}{c}\boldsymbol{V}\times\boldsymbol{H},$$

$$V_k = \frac{1}{m}\left(\frac{\partial S}{\partial X^k} - \frac{\mathrm{e}}{c}a_k\right), \quad U_k = \frac{\hbar}{2m}\frac{\partial}{\partial X^k}\ln P = \frac{1}{m}\frac{\partial}{\partial X^k}R.$$

根据牛顿第二定律，

$$\boldsymbol{F} = e\boldsymbol{E} + \frac{\mathrm{e}}{c}\boldsymbol{V}\times\boldsymbol{H} = m\left(\frac{\partial \boldsymbol{V}}{\partial t} + (\boldsymbol{V}\cdot\nabla)\boldsymbol{U} - (\boldsymbol{U}\cdot\nabla)\boldsymbol{U} - \frac{\hbar}{2m}\sum_{k=1}^{3}\frac{\partial^2}{\partial (X^k)^2}\boldsymbol{U}\right),$$

得到
$$\frac{\partial \boldsymbol{V}}{\partial t} = \frac{\mathrm{e}}{m}\boldsymbol{E} - \frac{1}{2}\nabla(V)^2 + \frac{1}{2}\nabla(\boldsymbol{U})^2 + \frac{\hbar}{2m}\Delta\boldsymbol{U}.$$

按坐标分量写出

$$\frac{\partial V_\mu}{\partial t} = \frac{\partial}{\partial t}\left[\frac{1}{m}\left(\frac{\partial S}{\partial X^\mu} - \frac{\mathrm{e}}{c}A_\mu\right)\right] = \frac{\mathrm{e}}{m}E_\mu - \frac{1}{2}\frac{\partial}{\partial X^\mu}\left(\sum_{k=1}^{3}\left[\frac{1}{m}\left(\frac{\partial S}{\partial X^k} - \frac{\mathrm{e}}{c}A_k\right)\right]^2\right) +$$
$$\frac{1}{2}\frac{\partial}{\partial X^\mu}\sum_{k=1}^{3}\left(\frac{1}{m}\frac{\partial}{\partial X^k}R\right)^2 + \frac{\hbar}{2m}\Delta\left(\frac{1}{m}\frac{\partial}{\partial X^\mu}R\right).$$

所以 $$\frac{\partial}{\partial X^{\mu}}\left(\frac{1}{m}\frac{\partial S}{\partial t}\right)=\left(\frac{e}{mc}\frac{\partial A_{\mu}}{\partial t}+\frac{e}{m}E_{\mu}\right)-\frac{1}{2}\frac{\partial}{\partial X^{\mu}}\sum_{k=1}^{3}\frac{1}{m^{2}}\left[\left(\frac{\partial S}{\partial X^{k}}\right)^{2}-\right.$$

$$\left.2\frac{e}{c}A_{k}\frac{\partial S}{\partial X^{k}}+\left(\frac{e}{c}A_{k}\right)^{2}\right]+\frac{1}{2}\frac{\partial}{\partial X^{\mu}}\sum_{k=1}^{3}\frac{1}{m^{2}}\left(\frac{\partial}{\partial X^{k}}R\right)^{2}+\frac{\hbar}{2m^{2}}\Delta\left(\frac{\partial}{\partial X^{\mu}}R\right);$$

$$\frac{\partial S}{\partial t}=-e\varphi-\frac{1}{2m}\sum_{k=1}^{3}\left[\left(\frac{\partial S}{\partial X^{k}}\right)^{2}-2\frac{e}{c}A_{k}\frac{\partial S}{\partial X^{k}}+\left(\frac{e}{c}A_{k}\right)^{2}-\right.$$

$$\left.\left(\frac{\partial R}{\partial X^{k}}\right)^{2}-\hbar\frac{\partial^{2}R}{\partial(X^{k})^{2}}\right]+\alpha\hbar;$$

$$\frac{\partial(S/\hbar)}{\partial t}=-i\frac{e}{\hbar}\varphi-i\frac{1}{2m\hbar}\sum_{k=1}^{3}\left[-\hbar^{2}\left(\frac{\partial i(S/\hbar)}{\partial X^{k}}\right)^{2}+\right.$$

$$\left.2\frac{\hbar e}{c}iA_{k}\frac{\partial i(S/\hbar)}{\partial X^{k}}+\left(\frac{e}{c}A_{k}\right)^{2}-\hbar^{2}\left(\frac{\partial(R/\hbar)}{\partial X^{k}}\right)-h^{2}\frac{\partial^{2}(R/\hbar)}{\partial(X^{k})^{2}}\right]+i\alpha.$$

又因 $$\frac{\partial U_{\mu}}{\partial t}=\frac{1}{m}\frac{\partial}{\partial X^{\mu}}\frac{\partial R}{\partial t}=\frac{\partial}{\partial X^{\mu}}\left[-\frac{\hbar}{2m}\left(\sum_{k=1}^{3}\frac{\partial V_{k}}{\partial X^{k}}+\sum_{k=1}^{3}\frac{\partial}{\partial X^{k}}\left(2\frac{R}{\hbar}\right)\cdot V_{k}\right)\right],$$

所以 $$\frac{\partial(R/\hbar)}{\partial t}=\sum_{k=1}^{3}-\frac{1}{2m}\left[-i\hbar\frac{\partial^{2}i(S/\hbar)}{\partial(X^{k})^{2}}-\frac{e}{c}\frac{\partial A_{k}}{\partial X^{k}}-2\frac{\partial(R/\hbar)}{\partial X^{k}}\cdot\right.$$

$$\left.\frac{e}{c}A_{k}-2i\frac{\partial(R/\hbar)}{\partial X^{k}}\frac{\partial i(S/\hbar)}{\partial X^{k}}\right],$$

那么

$$\frac{\partial\frac{R}{\hbar}}{\partial t}+i\frac{\partial\frac{S}{\hbar}}{\partial t}=\sum_{k=1}^{3}-\frac{i}{2m\hbar}\left[-\hbar^{2}\frac{\partial^{2}\left(\frac{R}{\hbar}+i\frac{S}{\hbar}\right)}{\partial(X^{k})^{2}}-\hbar^{2}\left[\frac{\partial\left(\frac{R}{\hbar}+i\frac{S}{\hbar}\right)}{\partial X^{k}}\right]^{2}+\right.$$

$$\left.2\frac{e}{c}A_{k}i\hbar\left[\frac{\partial\left(\frac{R}{\hbar}+i\frac{S}{\hbar}\right)}{\partial X^{k}}\right]+i\frac{e\hbar}{c}\frac{\partial A_{k}}{\partial X^{k}}+\left(\frac{e}{c}A_{k}\right)^{2}\right]-\frac{ie}{\hbar}\varphi+i\alpha.$$

设 $\psi=e^{\frac{R}{\hbar}+i\frac{S}{\hbar}}$,则

$$\frac{\partial\psi}{\partial t}=\sum_{k=1}^{3}-\frac{i}{2m\hbar}\left(-i\hbar\frac{\partial}{\partial X^{k}}-\frac{e}{c}A_{k}\right)^{2}\psi-\frac{ie}{\hbar}\varphi\psi+i\alpha\psi.$$

此即 Schrödinger 方程.

参考文献

[1] Nelson E. *Phys. Veview*,1966,15:1 079-1 085.

[2] Nelson E. *Dynamical Theories of Brownian Motion*,Princeton Univ. Press.,1967.

[3] Nelson E. *Connection between Brownian Motion and Quantums Mechanics*.

Talk in Einstein Symposium Berlin, 1979.

[4] Caubet J P. *Lect. Notes in Math.*, No 559, 1976.

[5] de Lapena-Auerbuch L. *J. Math. Phys.*, 1971, 12: 458-464.

[6] de Lapena-Auerbuch L. *Found. of Phys.*, 1975, 5: 335-351.

[7] Lehr W J, Park J L. *J. Math. Phys.*, 1977, 18: 1 235-1 240.

[8] Guerra F, Ruggiero P. *Lett. Nuovo Cimento*, 1978, 23: 529-534.

[9] Blaguieve A. *J. Optim. Theor. and Appl.*, 1979, 27: 71-78.

[10] Yasue K. *J. Funct. Anal.*, 1981, 41: 327-340.

[11] Yasue K. *Lett. Math. Phys.*, 1981, 5: 93-97.

[12] Yasue K. *J. Math. Phys.*, 1981, 22: 1 010-1 020.

[13] Schroeck F E. *Found. of Phys.*, 1982, 12: 825-841.

[14] Гихмав Й Й, Скороход А В. *Вееэенце е Теорпю Случайных Процессов*. Изд. Наука, 1965.

[15] Ikeda N, Watanabe S. *Stochastic Differential Equations and Diffusion Processes*. North-Holland, Inc., 1981.

Abstract This paper gives a generalization of Nelson stochastic mechanics to the 4-dimensional manifold with metrio $\{g_{\mu\nu}\}_{\mu,\nu=0,1,2,3}$ and considers a 4-dimensional Markov two side diffusion processes $\{\boldsymbol{X}_\tau\}$ with parameter τ. In particular, if the position $\boldsymbol{X}_\tau$ is in Minkowski space-time, then we get a connection between relativistic stochastic mechanics and relativistic quantum mechanics, if the position is in Euclid space-time, then we get a connection between stochastic mechanics and quantum mechanics.

北京师范大学学报(自然科学版)
1987,(3):12-19

电磁场中自旋为 $\frac{1}{2}$ 的粒子随机力学模型[①]

A Model of Stochastic Mechanics for a Spin $\frac{1}{2}$ Particle in an Electromagnetic Field

摘要 本文给出自旋为$\frac{1}{2}$的粒子在电磁场中的随机力学模型,在这基础上寻求 Dirac 方程以及 Pauli 方程中由自旋波函数所确定的概率方程.

关键词 电磁场;自旋;粒子;随机力学模型

§1. 符号

$\boldsymbol{e}_1,\boldsymbol{e}_2$ 为相互垂直的状态向量;$\bar{\boldsymbol{e}}_1,\bar{\boldsymbol{e}}_2$ 为 $\boldsymbol{e}_1,\boldsymbol{e}_2$ 的复共轭向量.

$\boldsymbol{e}_1\cdot\boldsymbol{e}_1=\bar{\boldsymbol{e}}_1\cdot\boldsymbol{e}_1=\boldsymbol{e}_2\cdot\bar{\boldsymbol{e}}_2=\bar{\boldsymbol{e}}_2\cdot\boldsymbol{e}_2=1,$

$\boldsymbol{e}_1\cdot\bar{\boldsymbol{e}}_2=\bar{\boldsymbol{e}}_1\cdot\boldsymbol{e}_2=\boldsymbol{e}_2\cdot\bar{\boldsymbol{e}}_1=\bar{\boldsymbol{e}}_2\cdot\boldsymbol{e}_1=0.$

$\sigma_0\triangleq\boldsymbol{e}_1\bar{\boldsymbol{e}}_1+\boldsymbol{e}_2\bar{\boldsymbol{e}}_2,\quad \sigma_1\triangleq\boldsymbol{e}_1\bar{\boldsymbol{e}}_2+\boldsymbol{e}_2\bar{\boldsymbol{e}}_1,$

$\sigma_2\triangleq\mathrm{i}(\boldsymbol{e}_2\bar{\boldsymbol{e}}_1-\boldsymbol{e}_1\bar{\boldsymbol{e}}_2),\quad \sigma_3\triangleq\boldsymbol{e}_1\bar{\boldsymbol{e}}_1-\boldsymbol{e}_2\bar{\boldsymbol{e}}_2.$

$\sigma_0\cdot\boldsymbol{e}_1=\boldsymbol{e}_1,\sigma_1\cdot\boldsymbol{e}_1=\boldsymbol{e}_2,\quad \sigma_2\cdot\boldsymbol{e}_1=\mathrm{i}\boldsymbol{e}_2,\sigma_3\cdot\boldsymbol{e}_1=\boldsymbol{e}_1,$

$\sigma_0\cdot\boldsymbol{e}_2=\boldsymbol{e}_2,\sigma_1\cdot\boldsymbol{e}_2=\boldsymbol{e}_1,\quad \sigma_2\cdot\boldsymbol{e}_2=-\mathrm{i}\boldsymbol{e}_1,\sigma_3\cdot\boldsymbol{e}_2=-\boldsymbol{e}_2.$

若 $\sigma_i\cdot\sigma_j\triangleq\sigma_i\sigma_j$,则

$\sigma_1^2=\sigma_2^2=\sigma_3^2=\sigma_0^2=\alpha_0,\quad \sigma_1\sigma_2=-\sigma_2\sigma_1=\mathrm{i}\sigma_3,$

$\sigma_2\sigma_3=-\sigma_3\sigma_2=\mathrm{i}\sigma_1,\quad \sigma_3\sigma_1=-\sigma_1\sigma_3=\mathrm{i}\sigma_2.$

设

① 本文 1986 年 12 月 15 日收到.

$$r_0 \triangleq \begin{pmatrix} \sigma_0 & 0 \\ 0 & -\sigma_0 \end{pmatrix},\quad r_1 \triangleq -\mathrm{i}\begin{pmatrix} 0 & -\sigma_1 \\ \sigma_1 & 0 \end{pmatrix},$$

$$r_2 \triangleq -\mathrm{i}\begin{pmatrix} 0 & -\sigma_2 \\ \sigma_2 & 0 \end{pmatrix},\quad r_3 \triangleq -\mathrm{i}\begin{pmatrix} 0 & -\sigma_3 \\ \sigma_3 & 0 \end{pmatrix}.$$

那么
$$r_1^2 = r_2^2 = r_3^2 = \begin{pmatrix} \sigma_0 & 0 \\ 0 & \sigma_0 \end{pmatrix} \triangleq \boldsymbol{I},$$

$$r_i r_j + r_j r_i = \begin{pmatrix} 0 & 0 \\ 0 & 0 \end{pmatrix} \triangleq 0,\quad i \neq j = 1,2,3,$$

$$r_i r_i + r_j r_j = 2I,\quad i,j = 0,1,2,3.$$

4 维向量 $\boldsymbol{X} \leftrightarrow \underset{\sim}{\boldsymbol{X}} = x^0\sigma_0 + \sum_{k=1}^{3} x^k(\mathrm{i}\sigma_k) \leftrightarrow \widetilde{X} = x^0\alpha_0 + \sum_{k=1}^{3} x^k(-\mathrm{i}\sigma_k)$.

$$\underset{\sim}{\boldsymbol{X}} \cdot \widetilde{\boldsymbol{Y}} = \sum_{i=0}^{3} x^i y^i \sigma_0 + \sum_{k=0}^{3}(x^k y^0 - x^0 y^k)(\mathrm{i}\sigma_k) +$$
$$(x^1 y^2 - x^2 y^1)(\mathrm{i}\sigma_3) + (x^2 y^3 - x^3 y^2)(\mathrm{i}\sigma_1) + (x^1 y^3 - x^3 y^1)(-\mathrm{i}\sigma_2).$$

$$\underset{\sim}{\boldsymbol{X}} \cdot \widetilde{\boldsymbol{Y}} = \sum_{i=0}^{3} x^i y^i \sigma_0 - \sum_{i=0}^{3}(x^k y^0 - x^0 y^k)(\mathrm{i}\sigma_k) +$$
$$(x^1 y^2 - x^2 y^1)(\mathrm{i}\sigma_3) + (x^2 y^3 - x^3 y^2)(\mathrm{i}\sigma_1) + (x^1 y^3 - x^3 y^1)(-\mathrm{i}\sigma_2).$$

若
$$(\underset{\sim}{\boldsymbol{X}}, \widetilde{\boldsymbol{Y}}) \triangleq \frac{1}{2}\mathrm{tr}(\underset{\sim}{\boldsymbol{X}} \cdot \widetilde{\boldsymbol{Y}}),\quad (\widetilde{\boldsymbol{X}}, \underset{\sim}{\boldsymbol{Y}}) \triangleq \frac{1}{2}\mathrm{tr}(\widetilde{\boldsymbol{X}} \cdot \underset{\sim}{\boldsymbol{Y}}),$$

$$(\boldsymbol{X}, \boldsymbol{Y}) \triangleq \sum_{i=0}^{3} x^i y^i,$$

则
$$(\boldsymbol{X}, \boldsymbol{Y}) = (\underset{\sim}{\boldsymbol{X}}, \widetilde{\boldsymbol{Y}}) = (\widetilde{\boldsymbol{X}}, \underset{\sim}{\boldsymbol{Y}}).$$

显然有 $(\underset{\sim}{\boldsymbol{X}}, \widetilde{\boldsymbol{Y}}) = (\underset{\sim}{\boldsymbol{Y}}, \widetilde{\boldsymbol{X}}), (a_1 \underset{\sim}{\boldsymbol{X}}_1 + a_2 \underset{\sim}{\boldsymbol{X}}_2, \widetilde{\boldsymbol{Y}}) = a_1(\underset{\sim}{\boldsymbol{X}}_1, \widetilde{\boldsymbol{Y}}) + a_2(\underset{\sim}{\boldsymbol{X}}_2, \widetilde{Y})$,

$$\|\boldsymbol{X}\|^2 = \|\underset{\sim}{\boldsymbol{X}}\|^2 \triangleq (\underset{\sim}{\boldsymbol{X}}, \widetilde{\boldsymbol{X}}) = (\widetilde{\boldsymbol{X}}, \underset{\sim}{\boldsymbol{X}}) = \|\widetilde{\boldsymbol{X}}\|^2.$$

$$\nabla \leftrightarrow \underset{\sim}{\nabla} = \frac{\partial}{\partial x^0}\sigma_0 + \sum_{k=1}^{3} \frac{\partial}{\partial X^k}(\mathrm{i}\sigma_k).$$

$$\leftrightarrow \widetilde{\nabla} = \frac{\partial}{\partial X^0}\sigma_0 + \sum_{k=1}^{3} \frac{\partial}{\partial X^k}(-\mathrm{i}\sigma_k).$$

$$\nabla\psi \leftrightarrow \underset{\sim}{\nabla}\psi = \underset{\sim}{\nabla}\psi \leftrightarrow \widetilde{\nabla}\psi = \widetilde{\nabla}\psi.$$

$$\mathrm{div}\,\boldsymbol{A} = (\nabla, \boldsymbol{A}) = (\underset{\sim}{\nabla}, \widetilde{\boldsymbol{A}}) = (\widetilde{\nabla}, \underset{\sim}{\boldsymbol{A}}),$$

$$\Delta\psi = (\nabla, \nabla\psi) = (\underset{\sim}{\nabla}, \widetilde{\nabla}\psi) = (\widetilde{\nabla}, \underset{\sim}{\nabla}\psi).$$

§2. 随机力学模型

研究随机过程$(\boldsymbol{X}_\tau,\sigma_\tau,\rho_\tau)$，$\boldsymbol{X}_\tau \triangleq (X_\tau^0,X_\tau^1,X_\tau^2,X_\tau^3)$是沿着曲线$C$所决定的固有时$\tau$而变化的4维Markov过程[1]．在$\sigma_\tau,\rho_\tau$固定的条件下，随机过程满足

$$\begin{cases} \mathrm{d}^+ \boldsymbol{X}_\tau = \boldsymbol{V}^+ (\boldsymbol{X}_\tau)\mathrm{d}\tau + \sqrt{\dfrac{\hbar}{2m}}\,\mathrm{d}\boldsymbol{W}^+, \\ \mathrm{d}^- \boldsymbol{X}_\tau = \boldsymbol{V}^- (\boldsymbol{X}_\tau)\mathrm{d}\tau + \sqrt{\dfrac{\hbar}{2m}}\,\mathrm{d}\boldsymbol{W}^-; \end{cases}$$

$$\begin{cases} \mathrm{d}^+ \boldsymbol{X}_\tau, \\ \mathrm{d}^- \boldsymbol{X}_\tau \end{cases} \leftrightarrow \begin{cases} \mathrm{d}^+ \underset{\sim}{\boldsymbol{X}}_\tau = \underset{\sim}{\boldsymbol{V}}^+ (\underset{\sim}{\boldsymbol{X}}_\tau)\mathrm{d}\tau + \sqrt{\dfrac{\hbar}{2m}}\,\mathrm{d}\underset{\sim}{\boldsymbol{W}}^+, \\ \mathrm{d}^- \underset{\sim}{\boldsymbol{X}}_\tau = \underset{\sim}{\boldsymbol{V}}^- (\underset{\sim}{\boldsymbol{X}}_\tau)\mathrm{d}\tau + \sqrt{\dfrac{\hbar}{2m}}\,\mathrm{d}\underset{\sim}{\boldsymbol{W}}^- \end{cases}$$

$$\leftrightarrow \begin{cases} \mathrm{d}^+ \widetilde{\boldsymbol{X}}_\tau = \widetilde{\boldsymbol{V}}^+ (\widetilde{\boldsymbol{X}}_\tau)\mathrm{d}\tau + \sqrt{\dfrac{\hbar}{2m}}\,\mathrm{d}\underset{\sim}{\boldsymbol{W}}^+, \\ \mathrm{d}^- \widetilde{\boldsymbol{X}}_\tau = \widetilde{\boldsymbol{V}}^- (\widetilde{\boldsymbol{X}}_\tau)\mathrm{d}\tau + \sqrt{\dfrac{\hbar}{2m}}\,\mathrm{d}\underset{\sim}{\boldsymbol{W}}^-. \end{cases}$$

$$E\mathrm{d}\underset{\sim}{\boldsymbol{W}}^\pm = E\mathrm{d}\widetilde{\boldsymbol{W}}^\pm = \underset{\sim}{\boldsymbol{0}} = \widetilde{\boldsymbol{0}},$$

$$E(\mathrm{d}\underset{\sim}{\boldsymbol{W}}^\pm \cdot \mathrm{d}\underset{\sim}{\boldsymbol{W}}^\pm) = E(\mathrm{d}\widetilde{\boldsymbol{W}}^\pm \cdot \mathrm{d}\widetilde{\boldsymbol{W}}^\pm) = \mathrm{d}\tau(\underset{\sim}{\boldsymbol{1}} \cdot \widetilde{\boldsymbol{1}}) = \mathrm{d}\tau(\widetilde{\boldsymbol{1}} \cdot \underset{\sim}{\boldsymbol{1}}),$$

$$E(\mathrm{d}\underset{\sim}{\boldsymbol{W}}^\pm, \mathrm{d}\widetilde{\boldsymbol{W}}^\pm) = E(\mathrm{d}\widetilde{\boldsymbol{W}}^\pm, \mathrm{d}\widetilde{\boldsymbol{W}}^\pm) = \mathrm{d}\tau(\underset{\sim}{\boldsymbol{1}}, \widetilde{\boldsymbol{1}}) = \mathrm{d}\tau(\widetilde{\boldsymbol{1}}, \underset{\sim}{\boldsymbol{1}}).$$

$$\begin{cases} \dfrac{\partial P(\underset{\sim}{\boldsymbol{X}},\tau)}{\partial \tau} = -(\widetilde{\nabla}, \underset{\sim}{\boldsymbol{V}} P), \\ 0 = -(\nabla, \underset{\sim}{\boldsymbol{U}} P) + \dfrac{\hbar}{2m}(\widetilde{\nabla}, \underset{\sim}{\nabla} P). \end{cases}$$

$$\begin{cases} \dfrac{\partial P(\widetilde{\boldsymbol{X}},\tau)}{\partial \tau} = -(\underset{\sim}{\nabla}, \widetilde{\boldsymbol{V}} P), \\ 0 = -(\underset{\sim}{\nabla}, \widetilde{\boldsymbol{U}} P) + \dfrac{\hbar}{2m}(\underset{\sim}{\nabla}, \widetilde{\nabla} P). \end{cases}$$

对应的波函数$\widetilde{\psi},\underset{\sim}{\psi}$分别满足Klien-Golden方程.

设$\psi_1 \triangleq \widetilde{\psi}$，$\psi_2 = \widetilde{\psi}$，有[1]

$$\sum_{i=0}^{3}\left(\frac{\partial}{\partial X^i} - \frac{\mathrm{ie}}{\hbar c}A_i\right)^2 \psi_j = \frac{mc^2}{\hbar}\psi_j, \quad j = 1,2.$$

我们研究矩阵方程

$$\left(\underbrace{\nabla-\frac{\mathrm{ie}}{\hbar c}A\cdot\overbrace{\nabla-\frac{\mathrm{ie}}{\hbar c}}A}\right)\begin{pmatrix}\psi_1\\\psi_2\end{pmatrix}=\left(\frac{mc}{\hbar}\right)^2\begin{pmatrix}\psi_1\\\psi_2\end{pmatrix}. \tag{2.1}$$

当$\left(\frac{\partial}{\partial X^0}-\frac{\mathrm{ie}}{\hbar c}A_0\right)$与$\left(\frac{\partial}{\partial X^k}-\frac{\mathrm{ie}}{\hbar c}A_k\right)$，$(k=1,2,3)$ 可交换时，有 Dirac 方程

$$\begin{cases}\sum_{k=1}^{3}\left(\frac{\partial}{\partial X^k}-\frac{\mathrm{ie}}{\hbar c}A_k\right)(\mathrm{i}\sigma_k)\begin{pmatrix}\psi_3\\\psi_4\end{pmatrix}=-\left[\left(\frac{\partial}{\partial X^0}-\frac{\mathrm{ie}}{\hbar c}A_0\right)\sigma_0-\frac{mc}{\hbar}\right]\begin{pmatrix}\psi_1\\\psi_2\end{pmatrix},\\ \sum_{k=1}^{3}\left(\frac{\partial}{\partial X^k}-\frac{\mathrm{ie}}{\hbar c}A_k\right)(-\mathrm{i}\sigma_k)\begin{pmatrix}\psi_1\\\psi_2\end{pmatrix}=\left[\left(\frac{\partial}{\partial X^0}-\frac{\mathrm{ie}}{\hbar c}A_0\right)\sigma_0+\frac{mc}{\hbar}\right]\begin{pmatrix}\psi_3\\\psi_4\end{pmatrix}.\end{cases}$$

即
$$\sum_{i=0}^{3}r_i\left(\frac{\partial}{\partial X^i}-\frac{\mathrm{ie}}{\hbar c}A_i\right)\psi=\frac{mc}{\hbar}\psi.$$

$$\sum_{i=0}^{3}\frac{\partial}{\partial X^i}(\bar{\psi}^+r_i\psi)=0,\ \psi=\begin{pmatrix}\psi_1\\\vdots\\\psi_4\end{pmatrix}.$$

当$\left(\frac{\partial}{\partial X^i}-\frac{\mathrm{ie}}{\hbar c}A_i\right)$与$\left(\frac{\partial}{\partial X^j}-\frac{\mathrm{ie}}{\hbar c}A_j\right)$，$(i,j=0,1,2,3)$ 可交换时有 Klien-Golden 方程

$$\left(\underbrace{\nabla-\frac{\mathrm{ie}}{\hbar c}\boldsymbol{A}\cdot\overbrace{\nabla-\frac{\mathrm{ie}}{\hbar c}}\boldsymbol{A}}\right)\begin{pmatrix}\psi_1\\\psi_2\end{pmatrix}=\left(\frac{mc}{\hbar}\right)^2\begin{pmatrix}\psi_1\\\psi_2\end{pmatrix}.$$

一般的有

$$1)\left\{\sum_{i=0}^{3}\left(\frac{\partial}{\partial X^i}-\frac{\mathrm{ie}}{\hbar c}A_i\right)^2\sigma_0+\sum_{k=1}^{3}\left[\left(\frac{\partial}{\partial X^k}-\frac{\mathrm{ie}}{\hbar c}A_k\right)\left(\frac{\partial}{\partial X^0}-\frac{\mathrm{ie}}{\hbar c}A_0\right)-\right.\right.$$
$$\left.\left(\frac{\partial}{\partial X^0}-\frac{\mathrm{ie}}{\hbar c}A_0\right)\left(\frac{\partial}{\partial X^k}-\frac{\mathrm{ie}}{\hbar c}A_k\right)\right]\cdot(\mathrm{i}\sigma_k)+\left[\left(\frac{\partial}{\partial X^1}-\frac{\mathrm{ie}}{c\hbar}A_1\right)\left(\frac{\partial}{\partial X^2}-\frac{\mathrm{ie}}{\hbar c}A_2\right)-\right.$$
$$\left.\left.\left(\frac{\partial}{\partial X^2}-\frac{\mathrm{ie}}{\hbar c}A_2\right)\left(\frac{\partial}{\partial X^1}-\frac{\mathrm{ie}}{\hbar c}A_1\right)\right](\mathrm{i}\sigma_1)+\cdots\right\}\begin{pmatrix}\psi_1\\\psi_2\end{pmatrix}$$
$$=\left(\frac{mc}{\hbar}\right)^2\begin{pmatrix}\psi_1\\\psi_2\end{pmatrix}.$$

即

$$\left\{\sum_{i=0}^{3}\left(\frac{\partial}{\partial X^i}-\frac{\mathrm{ie}}{\hbar c}A_i\right)^2\sigma_0-\frac{\mathrm{ie}}{\hbar c}(\boldsymbol{E},\sigma)+\frac{e}{\hbar c}(\boldsymbol{H},\sigma)\right\}\begin{pmatrix}\psi_1\\\psi_2\end{pmatrix}=\left(\frac{mc}{\hbar}\right)^2\begin{pmatrix}\psi_1\\\psi_2\end{pmatrix}.$$

$$\sum_{i=0}^{3}\frac{\partial}{\partial X^i}\left[\left(\bar{\psi}^+,\left(\frac{\partial}{\partial X^i}-\frac{\mathrm{ie}}{c\hbar}A_i\right)\psi\right)-\left(\psi^+,\left(\frac{\partial}{\partial X^i}+\frac{\mathrm{ie}}{c\hbar}A_i\right)\bar{\psi}\right)\right]+$$

$$\frac{\mathrm{e}}{\hbar\, c}[(\bar{\psi}^{+},(\boldsymbol{H},\sigma)\psi)-(\psi^{+},(\boldsymbol{H},\sigma)^{+}\bar{\psi})]-$$

$$\frac{\mathrm{ie}}{\hbar\, c}[(\bar{\psi}^{+},(E,\sigma)\psi)-(\psi^{+},(E,\sigma)^{+}\psi)]=0,\psi=\begin{pmatrix}\psi_1\\ \psi_2\end{pmatrix}.$$

对$\begin{pmatrix}\psi_3\\ \psi_4\end{pmatrix}$类似地有

$$\left\{\sum_{i=0}^{3}\left(\frac{\partial}{\partial X^i}-\frac{\mathrm{ie}}{\hbar\, c}A_i\right)^2\sigma_0+\frac{\mathrm{ie}}{\hbar\, c}(\boldsymbol{E},\sigma)+\frac{e}{\hbar\, c}(\boldsymbol{H},\sigma)\right\}\begin{pmatrix}\psi_3\\ \psi_4\end{pmatrix}=\left(\frac{mc}{\hbar}\right)^2\begin{pmatrix}\psi_3\\ \psi_4\end{pmatrix}.$$

对应的波函数$\tilde{\psi}$,$\underset{\sim}{\psi}$分别满足Schrödinger方程. 设$\psi_1=\tilde{\psi}$,$\psi_2=\underset{\sim}{\psi}$,有

$$\left(\frac{\partial}{\partial X^0}-\frac{\mathrm{ie}}{c\,\hbar}A_0\right)\psi_j=\frac{\hbar}{2mc}\sum_{k=1}^{3}\left(\frac{\partial}{\partial X^k}-\frac{\mathrm{ie}}{c\,\hbar}A_k\right)^2\psi_j\,[1],j=1,2.$$

我们研究矩阵方程

$$\left(\frac{\partial}{\partial X^0}-\frac{\mathrm{ie}}{c\,\hbar}A_0\right)\begin{pmatrix}\psi_1\\ \psi_2\end{pmatrix}=\frac{\hbar}{2mc}\left(\underbrace{\nabla-\frac{\mathrm{ie}}{c\,\hbar}A}_{\circ}\cdot\overbrace{\nabla-\frac{\mathrm{ie}}{c\,\hbar}A}^{\circ}\right)\begin{pmatrix}\psi_1\\ \psi_2\end{pmatrix},\qquad(2.2)$$

其中$\underset{\circ}{\underset{\sim}{\boldsymbol{X}}}=0\sigma_0+\sum_{k=1}^{3}X^k(\mathrm{i}\sigma_k)$,$\overset{\circ}{\tilde{\boldsymbol{X}}}=0\sigma_0+\sum_{k=1}^{3}X^k(-\mathrm{i}\sigma_k)$.

当$\left(\frac{\partial}{\partial X^i}-\frac{\mathrm{ie}}{c\,\hbar}A_i\right)$与$\left(\frac{\partial}{\partial X^j}-\frac{\mathrm{ie}}{c\,\hbar}A_j\right)(i,j=1,2,3)$可交换时有Schrödinger方程

$$\left(\frac{\partial}{\partial X_0}-\frac{\mathrm{ie}}{c\,\hbar}A_0\right)\begin{pmatrix}\psi_1\\ \psi_2\end{pmatrix}=\frac{\hbar}{2mc}\left(\underbrace{\nabla-\frac{\mathrm{ie}}{c\,\hbar}A}_{\circ},\overbrace{\nabla-\frac{\mathrm{ie}}{c\,\hbar}A}^{\circ}\right)\begin{pmatrix}\psi_1\\ \psi_2\end{pmatrix}.$$

一般的有Pauli方程

2)
$$\left(\frac{\partial}{\partial X^0}-\frac{\mathrm{ie}}{c\,\hbar}A_0\right)\begin{pmatrix}\psi_1\\ \psi_2\end{pmatrix}=\frac{\hbar}{2mc}\left\{\sum_{k=1}^{3}\left(\frac{\partial}{\partial X^k}-\frac{\mathrm{ie}}{c\,\hbar}A_k\right)^2\sigma_0+\left[\left(\frac{\partial}{\partial X^1}-\frac{\mathrm{ie}}{c\,\hbar}A_1\right)\left(\frac{\partial}{\partial X^2}-\frac{\mathrm{ie}}{c\,\hbar}A_2\right)-\left(\frac{\partial}{\partial X^2}-\frac{\mathrm{ie}}{\hbar\, c}A_2\right)\left(\frac{\partial}{\partial X^1}-\frac{\mathrm{ie}}{\hbar\, c}A_1\right)\right](\mathrm{i}\sigma_1)+\cdots\right\}\begin{pmatrix}\psi_1\\ \psi_2\end{pmatrix}.$$

即

$$\left(\frac{\partial}{\partial X^0}-\frac{\mathrm{ie}}{c\,\hbar}A_0\right)\begin{pmatrix}\psi_1\\ \psi_2\end{pmatrix}=\left\{\frac{\hbar}{2mc}\sum_{k=1}^{3}\left(\frac{\partial}{\partial X^k}-\frac{\mathrm{ie}}{c\,\hbar}A_k\right)^2\sigma_0+\frac{\mathrm{e}}{2mc^2}(\boldsymbol{H},\sigma)\right\}\begin{pmatrix}\psi_1\\ \psi_2\end{pmatrix}.$$

从而有$\frac{\partial}{\partial t}(\bar{\psi}^{+},\psi)=\frac{\mathrm{i}\,\hbar}{2m}\sum_{k=1}^{3}\frac{\partial}{\partial X^k}\left[\left(\bar{\psi}^{+},\left(\frac{\partial}{\partial X^k}-\frac{\mathrm{ie}}{c\,\hbar}A_k\right)\psi\right)-\right.$

$$\left.\left(\psi^{+},\left(\frac{\partial}{\partial X^k}+\frac{\mathrm{ie}}{c\,\hbar}A_k\right)\bar{\psi}\right)\right]+\frac{\mathrm{ie}}{2mc}[(\bar{\psi}^{+},(\boldsymbol{H},\sigma)\psi)-(\psi^{+},(H,\sigma)^{+}\bar{\psi})].$$

§ 3.　$(\boldsymbol{\rho}_\tau,\boldsymbol{\sigma}_\tau)$ 的概率方程

研究随机过程$(\boldsymbol{X}_\tau,\sigma_\tau,\rho_\tau)$的 Master 方程在一般的假设下有

$$\partial p\frac{\{\boldsymbol{X},\sigma,\rho;\tau\}}{\partial\tau}=\int\left\{q^{\sigma,\rho}\left(\frac{\boldsymbol{Y}}{\boldsymbol{X}}\right)p\{\boldsymbol{X},\sigma,\rho;\tau\}-q^{\sigma,\rho}\left(\frac{\boldsymbol{X}}{\boldsymbol{Y}}\right)p\{\boldsymbol{Y},\sigma,\rho;\tau\}\right\}\mathrm{d}\boldsymbol{X}+$$

$$\left[p\{\boldsymbol{X},-\sigma,\rho;\tau\}q^{\boldsymbol{X}}\left(\sigma,-\frac{\rho}{\sigma},\rho\right)-p\{\boldsymbol{X},\sigma,\rho;\tau\}q^{\boldsymbol{X}}\left(-\sigma,\frac{\rho}{\sigma},\rho\right)\right]+$$

$$\left[p\{\boldsymbol{X},\sigma,-\rho;\tau\}q^{\boldsymbol{X}}\left(\sigma,\frac{\rho}{\sigma},-\rho\right)-p\{\boldsymbol{X},\sigma,\rho;\tau\}q^{\boldsymbol{X}}\left(\sigma,\frac{\rho}{\sigma},-\rho\right)\right]$$

其中 $q^{\boldsymbol{X}}\left(\pm\sigma,\frac{\rho}{\mp\sigma},\rho\right)\triangleq\lim\limits_{\Delta\tau\downarrow 0}\frac{1}{\Delta\tau}p\{\boldsymbol{X}_{\tau+\Delta\tau}=\boldsymbol{X},\sigma_{\tau+\Delta\tau}=\pm\sigma,$

$$\rho_{\tau+\Delta\tau}=\frac{\rho}{\boldsymbol{X}_{\tau+\Delta\tau}}=\boldsymbol{X},\sigma_\tau=\mp\sigma,\rho_\tau=\rho\},$$

$$q^{\boldsymbol{X}}\left(\sigma,\pm\frac{\rho}{\sigma},\mp\rho\right)\triangleq\lim_{\Delta\tau\downarrow 0}\frac{1}{\Delta\tau}p\{\boldsymbol{X}_{\tau+\Delta\tau}=\boldsymbol{X},\sigma_{\tau+\Delta\tau}$$

$$=\sigma,\rho_{\tau+\Delta\tau}=\pm\frac{\rho}{\boldsymbol{X}_{r+\Delta r}}=\boldsymbol{X},\sigma_\tau=\sigma,\rho_\tau=\mp\rho\},$$

$$q^{\sigma,\rho}\left(\frac{\boldsymbol{Y}}{\boldsymbol{X}}\right)\triangleq\lim_{\Delta\tau\downarrow 0}\frac{1}{\Delta\tau}p\{\boldsymbol{X}_{\tau+\Delta\tau}=\frac{\boldsymbol{Y}}{\sigma_\tau}=\sigma,\rho_\tau=\rho,\boldsymbol{X}_\tau=\boldsymbol{X}\},(\boldsymbol{Y}\neq\boldsymbol{X}).$$

值得注意的是在没有自旋，也就是在σ,ρ固定的条件下，随机过程$\boldsymbol{X}_\tau$应满足 Master 方程的连续部分.

设 $p\{\boldsymbol{X},\sigma,\rho;\tau\}=p\left\{\boldsymbol{X};\frac{\tau}{\sigma},\rho\right\}\cdot p\{\sigma,\rho;\tau\}$，则有

$$\frac{\partial p\left\{\boldsymbol{X};\frac{\tau}{\sigma},\rho\right\}}{\partial\tau}=\int\left\{q^{\sigma,\rho}\left(\frac{\boldsymbol{Y}}{\boldsymbol{X}}\right)p\left\{\boldsymbol{X};\frac{\tau}{\sigma},\rho\right\}-q^{\sigma,\rho}\left(\frac{\boldsymbol{X}}{\boldsymbol{Y}}\right)\cdot p\left\{\boldsymbol{Y};\frac{\tau}{\sigma},\rho\right\}\right\}\mathrm{d}\boldsymbol{X},$$

$$\frac{\partial p(\sigma,\rho;\tau)}{\partial\tau}=\left[q^{\boldsymbol{X}}\left(\sigma,-\frac{\rho}{\sigma},\rho\right)p\{-\sigma,\rho;\tau\}-q^{\boldsymbol{X}}\left(-\sigma,\frac{\rho}{\sigma},\rho\right)p\{\sigma,\rho;\tau\}\right]+$$

$$\left[q^{\boldsymbol{X}}\left(\sigma,\frac{\rho}{\sigma},-\rho\right)p\{\sigma,-\rho;\tau\}-q^{\boldsymbol{X}}\left(\sigma,-\frac{\rho}{\sigma},\rho\right)p\{\sigma,\rho;\tau\}\right].$$

设 $p\{\boldsymbol{X},\sigma,\rho;\tau\}=(\bar{\psi}(\boldsymbol{X},\sigma,\rho;\tau),\psi(\boldsymbol{X},\sigma,\rho;\tau))$，其中 $\psi(\boldsymbol{X},\sigma,\rho;\tau)=\psi_{\sigma,\rho}\cdot\varphi_{\sigma,\rho}$.

下面将对 § 2 和 § 1 两种情况分别进行讨论.

首先为了简化计算，考虑$\psi_{\sigma,\rho}$不依赖σ,ρ，并且满足 Schrödinger 方程，而$\varphi_{\sigma,\rho}$不依赖$\rho,x^k(k=1,2,3)$时有

$$\frac{\partial\varphi_\sigma}{\partial X^0}=\frac{\hbar}{2mc}\frac{\mathrm{e}}{\hbar c}\{(H_x-\mathrm{i}\sigma H_y)\varphi_{-\sigma}+\sigma H_x\varphi_\sigma\},$$

$$\frac{\partial}{\partial X^0}(\bar{\varphi}^+,\varphi)=\frac{e}{2mc^2}\{(\bar{\varphi}^+,(\boldsymbol{H},\sigma)\varphi)-(\varphi^+,(\boldsymbol{H},\sigma)\bar{\varphi})\}，其中\ \varphi=\begin{pmatrix}\varphi_\sigma\\ \varphi_{-\sigma}\end{pmatrix};$$

$$\mathrm{i}\frac{\partial\varphi_\sigma}{\partial t}=-\frac{e}{2mc}[\sigma H_x\varphi_\sigma+(H_x-\mathrm{i}\sigma H_y)\varphi_{-\sigma}].$$

设 $\varphi_\sigma\triangleq\exp\left\{\frac{r}{\hbar}+\mathrm{i}\frac{S}{\hbar}\right\}$，则

$$\begin{cases}\frac{1}{\hbar}\frac{\partial r}{\partial t}=-\frac{e}{2mc}\mathrm{Im}\left[(H_x-\mathrm{i}\sigma H_y)\frac{\varphi_{-\sigma}}{\varphi_\sigma}\right],\\ \frac{1}{\hbar}\frac{\partial S}{\partial t}=\frac{e}{2mc}\left\{\sigma H_z+\mathrm{Re}\left[(H_x-\mathrm{i}\sigma H_y)\frac{\varphi_{-\sigma}}{\varphi_\sigma}\right]\right\}.\end{cases}$$

关于方程在恒定磁场情况，可参见文献[6].

我们考虑 $\psi_{\sigma,\rho}$ 不依赖 σ,ρ 和 x^0，并且满足 Klien-Golden 方程，$\psi_{\sigma,\rho}$ 不依赖 $x^k(k=1,2,3)$ 时有

$$-\left(\frac{\partial^2}{\partial X^{02}}-2\frac{\mathrm{i}e}{\hbar c}A_0\frac{\partial}{\partial X^0}\right)\varphi_{\sigma,\rho}=$$

$$\frac{e}{\hbar c}\{[(H_x-\mathrm{i}\sigma H_y)-\mathrm{i}\rho(E_x-\mathrm{i}\sigma E_y)]\varphi_{-\sigma,\rho}+\sigma(H_z-\mathrm{i}\rho E_z)\varphi_{\sigma,\rho}\}.$$

$$\frac{\partial^2}{\partial X^0}\left[\left(\bar{\varphi}^+,\frac{\partial^2}{\partial X^0}\varphi\right)-\left(\varphi^+,\frac{\partial^2}{\partial X^0}\bar{\varphi}\right)\right]-\frac{\mathrm{i}e}{c\hbar}A_0\cdot\frac{\partial^2}{\partial X^0}[(\bar{\varphi}^+,\varphi)+(\varphi,\bar{\varphi})]+$$

$$\frac{e}{\hbar c}[(\bar{\varphi}^+,(H,\sigma)\varphi)-(\varphi^+,(H,\sigma)\bar{\varphi})]\pm$$

$$\frac{\mathrm{i}e}{\hbar c}[(\bar{\varphi}^+,(E,\sigma)\varphi)-(\varphi^+,(E,\sigma)\bar{\varphi})]=0,$$

其中
$$\varphi=\begin{pmatrix}\varphi_{\sigma,\rho}\\ \varphi_{\sigma,-\rho}\\ \varphi_{-\sigma,\rho}\\ \varphi_{-\sigma,-\rho}\end{pmatrix}.$$

$$\left(\frac{1}{c^2}\frac{\partial^2}{\partial t^2}+\mathrm{i}\frac{2e\varphi}{\hbar c^2}\frac{\partial}{\partial t}\right)\varphi_{\sigma,\rho}=$$

$$\frac{e}{\hbar c}\{[(H_x-\mathrm{i}\sigma H_y)-\mathrm{i}\rho(E_x-\mathrm{i}\sigma E_y)]\varphi_{-\sigma,\rho}+\sigma(H_z-\mathrm{i}\rho E_z)\varphi_{\sigma,\rho}\}.$$

设 $\varphi_\sigma\triangleq\exp\left\{\frac{r}{\hbar}+\mathrm{i}\frac{S}{\hbar}\right\}$，则

$$\frac{1}{\hbar^2}\left[\frac{\partial^2 r}{\partial t^2}+\left(\frac{\partial r}{\partial t}\right)^2-\left(\frac{\partial S}{\partial t}\right)^2-2e\varphi\frac{\partial S}{\partial t}\right]=$$

$$\frac{ce}{\hbar}\left\{\sigma H_z+\mathrm{Re}[(H_x-\mathrm{i}\sigma H_y)-\mathrm{i}\rho(E_x-\mathrm{i}\sigma E_y)]\frac{\varphi_{-\sigma,\rho}}{\varphi_{\sigma,\rho}}\right\}.$$

$$\frac{1}{\hbar^2}\left[\frac{\partial^2 S}{\partial t^2}+2\frac{\partial r}{\partial t}\frac{\partial S}{\partial t}+2e\varphi\frac{\partial r}{\partial t}\right]=$$

$$\frac{ce}{\hbar}\left\{-\sigma\rho E_x+\mathrm{Im}[(H_x-\mathrm{i}\sigma H_y)-\mathrm{i}\rho(E_x-\mathrm{i}\sigma E_y)]\frac{\varphi_{-\sigma,\rho}}{\varphi_{\sigma,\rho}}\right\}.$$

讨论方程的定态情况，有

$$\begin{cases}[(H_x+\mathrm{i}\sigma H_y)-\mathrm{i}\rho(E_x+\mathrm{i}\sigma E_y)]\varphi_{\sigma,\rho}-\sigma(H_z-\mathrm{i}\rho E_x)\varphi_{-\sigma,\rho}=0,\\ [(H_x-\mathrm{i}\sigma H_y)+\mathrm{i}\rho(E_x-\mathrm{i}\sigma E_y)]\bar{\varphi}_{\sigma,\rho}-\sigma(H_z+\mathrm{i}\rho E_x)\bar{\varphi}_{-\sigma,\rho}=0.\end{cases}$$

因为

$$\exp\left\{2\left(\frac{r_{\sigma,\rho}}{\hbar}-\frac{r_{-\sigma,\rho}}{\hbar}\right)\right\}=\frac{E_z^2+H_z^2}{(H_x^2+H_y^2)+(E_x^2+E_y^2)+2\rho\sigma(H_xE_y-H_yE_x)},$$

所以$(H_z^2+E_z^2)^2=(H_x^2+H_y^2+E_x^2+E_y^2)^2-4(H_xE_y-H_yE_x)^2$.

不难验证平面电磁场满足上述方程.

设 $\boldsymbol{E}=\frac{\mathrm{i}\omega}{c}\boldsymbol{e}_E A\mathrm{e}^{\frac{\mathrm{i}\omega}{c}\boldsymbol{e}_K\cdot\boldsymbol{r}-\mathrm{i}\omega t}$，$\boldsymbol{H}=\frac{\mathrm{i}\omega}{c}(\boldsymbol{e}_k\times\boldsymbol{e}_E)A\mathrm{e}^{\frac{\mathrm{i}\omega}{c}\boldsymbol{e}_K\cdot\boldsymbol{r}-\mathrm{i}\omega t}=\frac{\mathrm{i}\omega}{c}\boldsymbol{e}_H A\mathrm{e}^{\frac{\mathrm{i}\omega}{c}\boldsymbol{e}_K\cdot\boldsymbol{r}-\mathrm{i}\omega t}$.

代入上式有

$$(e_{H,z}^2+e_{E,z}^2)^2=(e_{H,z}^2+e_{H,y}^2+e_{E,z}^2+e_{E,y}^2)-4(e_{H,x}e_{E,y}-e_{H,y}e_{E,x})^2,$$

$$4(e_{H,x}e_{E,y}-e_{H,y}e_{E,z})^2=(e_{H,x}^2+e_{H,y}^2+e_{H,z}^2+e_{E,x}^2+e_{E,y}^2+e_{E,z}^2)\cdot$$

$$(e_{H,x}^2e_{H,y}^2-e_{H,z}^2+e_{E,x}^2+e_{E,y}^2-e_{E,z}^2)=2(2-2e_{H,z}^2-2e_{E,z}^2).$$

因为　$\boldsymbol{e}_k\times\boldsymbol{e}_E=\boldsymbol{e}_H$，所以 $\boldsymbol{e}_H\times\boldsymbol{e}_E=-\boldsymbol{e}_k$.

$$e_{k,z}^2=1-e_{H,z}^2-e_{E,z}^2,\ e_{k,z}^2+e_{H,z}^2+e_{E,z}^2=1.$$

此式成立，因为 $\boldsymbol{e}_E$，$\boldsymbol{e}_H$ 是相互垂直单位向量.

参考文献

[1] 李占柄.北京师范大学学报(自然科学版)，1986，(4)：19.

[2] Nelson E. *Phys. Rev.*，1966，150：1 079.

[3] De Angelis G F，Jona-Lasinio G. *J. Phys.*，*A.*，1982，15：2 053.

[4] Jona-Lasinio G，Martinelli F，Scoppola E. *Lett. Nuovo Cimento*，1982，34.

[5] De Angelis G F，Jona-Lasinio G，Sirugue M. *J. Phys. A.*，1983，16：2 433.

[6] Jona-Lasinio G. *Schrödinger Operators. Lecture Notes in Math.*，1984，230：1159.

Abstract　A model of stochastic mechanics for a relativistic or non-relativistic quantum particle in electromagnetic field is given. The equation for the spin wave function $X_{\sigma,\rho}$ is found.

Keywords　electromagnetic field; spin; particle; model of stochastic mechanics

北京师范大学学报(自然科学版)
1988,(3):36-40

相对论随机力学的能量守恒定律①

The Law of Conservation of Energy in Relativistic Stochastic Mechanics

摘要 给出了带自旋与不带自旋的相对论随机力学的能量守恒定律,同时导出波函数满足的矩阵方程.

关键词 自旋;相对论随机力学;随机力学

1979 年 Nelson 在柏林举行的 Einstein 会议上[2]首次提出了随机力学的能量守恒定律.毫无疑问,无论从理论上还是从实践上它都给随机力学的发展带来了很大推动.他指出若 $\mathscr{X}_t \triangleq (X_t^1, X_t^2, X_t^3)$满足

$$\begin{cases} d^+ \mathscr{X}_t = \mathscr{V}^+ (\mathscr{X}_t) dt + \sqrt{\dfrac{\hbar}{2m}} d\mathscr{W}^+, \\ d^- \mathscr{X}_t = \mathscr{V}^- (\mathscr{X}_t) dt + \sqrt{\dfrac{\hbar}{2m}} d\mathscr{W}^-, \end{cases}$$

并且
$$\frac{1}{2}(\mathscr{V}^+ \cdot \mathscr{V}^- + \mathscr{V}^- \cdot \mathscr{V}^+) = -\nabla \varphi(\mathscr{X}_t),$$

则能量 $\mathscr{E} = E\left\{\frac{1}{2}m[\mathscr{U}^2 + \mathscr{V}^2] + \varphi(\mathscr{X}_t)\right\}$不依赖 t,这就是随机力学的能量守恒定律.除此之外他还得到一些其他的结果.至于相对论随机力学的能量守恒定律已经在[3]中略有涉及.本文首先研究带有$\frac{1}{2}$自旋的相对论随机力学的能量守恒定律,并且由此出发得到波函数满足的矩阵方程,从而导出一些方程.

① 本文 1988 年 1 月 10 日收到.
国家自然科学基金资助项目.

§1.　预备知识

研究随机过程$(\mathscr{X}_\tau,\sigma_\tau,\rho_\tau)$，$\mathscr{X}_\tau\triangleq(X_\tau^0,X_\tau^1,X_\tau^2,X_\tau^3)$是沿曲线 C 所决定固有时 τ 而变化的 4 维 Markov 过程. 利用分离变量法($P\{\mathscr{X},\sigma,\rho;\tau\}=P\left\{\mathscr{X};\frac{\tau}{\sigma},\rho\right\}\cdot P\{\sigma,\rho;\tau\}$)，由 Master 方程可以得到

$$\frac{\partial P\left\{\mathscr{X};\frac{\tau}{\sigma},\rho\right\}}{\partial\tau}=\int\left\{q^{\sigma,\rho}\left(\frac{\mathscr{Y}}{\mathscr{X}}\right)P\left\{\mathscr{X};\frac{\tau}{\sigma},\rho\right\}-q^{\sigma,\rho}\left(\frac{\mathscr{X}}{\mathscr{Y}}\right)\cdot P\left\{\mathscr{Y};\frac{\tau}{\sigma},\rho\right\}\right\}\mathrm{d}\mathscr{X},\tag{1.1}$$

$$\frac{\partial P\{\sigma,\rho;\tau\}}{\partial\tau}=\left[q^{\mathscr{X}}\left(\sigma,-\frac{\rho}{\sigma},\rho\right)P\{-\sigma,\rho;\tau\}-q^{\mathscr{X}}\left(-\sigma,\frac{\rho}{\sigma},\rho\right)P\{-\sigma,\rho;\tau\}\right]+$$
$$\left[q^{\mathscr{X}}\left(\sigma,\frac{\rho}{\sigma},-\rho\right)P\{\sigma,-\rho;\tau\}-q^{\mathscr{X}}\left(\sigma,-\frac{\rho}{\sigma},\rho\right)P\{\sigma,\rho;\tau\}\right].\tag{1.2}$$

这里假设了 $\mathscr{X}_\tau$ 与(σ_τ,ρ_τ)相互独立.

在一定的条件下，(1) 就是无自旋的情况. 这时就得到 Nelson 形式的 Fokker-Planck 方程[1].

$$\begin{cases}\dfrac{\partial P(\underset{\sim}{\mathscr{X}},\tau)}{\partial\tau}=-(\widetilde{\nabla},\underset{\sim}{\mathscr{V}}P),\\[2ex] 0=-(\widetilde{\nabla},\underset{\sim}{\mathscr{U}}P)+\dfrac{\hbar}{2m}(\widetilde{\nabla},\underset{\sim}{\nabla}P).\end{cases}$$

$$\begin{cases}\dfrac{\partial P(\widetilde{\mathscr{X}},\tau)}{\partial\tau}=-(\underset{\sim}{\nabla},\widetilde{\mathscr{V}}P),\\[2ex] 0=-(\underset{\sim}{\nabla},\widetilde{\mathscr{U}}P)+\dfrac{\hbar}{2m}(\underset{\sim}{\nabla},\widetilde{\nabla}P).\end{cases}$$

如果(σ_τ,ρ_τ)是处于细致平衡的情况，那么有

$$\frac{P\{-\sigma,\rho;\tau\}}{P\{\sigma,\rho;\tau\}}=\frac{q\left(-\sigma,\frac{\rho}{\sigma},\rho\right)}{q\left(\sigma,-\frac{\rho}{\sigma},\rho\right)}\triangleq C(\sigma,\rho),$$

$$\frac{P\{\sigma,-\rho;\tau\}}{P\{\sigma,\rho;\tau\}}=\frac{q\left(\sigma,-\frac{\rho}{\sigma},\rho\right)}{q\left(\sigma,\frac{\rho}{\sigma},-\rho\right)}\triangleq D(\sigma,\rho).$$

因为

$$P\{\sigma,\rho;\tau\}+P\{-\sigma,\rho;\tau\}+P\{\sigma,-\rho;\tau\}+P\{-\sigma,-\rho;\tau\}=\text{const},$$

所以

$$(1+C(\sigma,\rho))(P\{\sigma,\rho;\tau\}+P\{-\sigma,-\rho;\tau\})$$
$$=(1+D(\sigma,\rho))(P\{\sigma,\rho;\tau\}+P\{-\sigma,-\rho;\tau\})=\text{const}.$$

即
$$C(\sigma,\rho)=D(\sigma,\rho).$$

假设

$$C(\sigma,\rho)\triangleq[(T_{44}-T_{33})-\sigma\rho(T_{34}+T_{43})]/(T_{44}+T_{33}),$$

这里$(T_{ij})_{4\times4}$是 Maxwell 能量强度张量[4].

若

$$P\{\sigma,\rho;\tau\}\triangleq\varphi_{\sigma\rho}\cdot\varphi_{-\sigma\rho},$$

则

$$[(H_x+\mathrm{i}\sigma H_y)-\mathrm{i}\rho(E_x+\mathrm{i}\sigma E_y)]\varphi_{\sigma\rho}-\sigma(H_z-\mathrm{i}\rho E_z)\varphi_{-\sigma\rho}=0.$$

因而

$$\frac{e}{\hbar c}[(\bar{\varphi}^{+},(H,\sigma)\varphi)-(\varphi^{+},(H,\sigma)\bar{\varphi})]\pm$$
$$\mathrm{i}\frac{e}{\hbar c}[(\bar{\varphi}^{+},(E,\sigma)\varphi)-(\varphi^{+},(E,\sigma)\bar{\varphi})]=0,$$

其中

$$\varphi=\begin{pmatrix}\varphi_{\sigma,\rho}\\ \varphi_{-\sigma,\rho}\end{pmatrix}\text{或}\varphi=\begin{pmatrix}\varphi_{\sigma,-\rho}\\ \varphi_{-\sigma,-\rho}\end{pmatrix}.$$

若
$$\psi(\mathscr{X},\sigma,\rho;\tau)=\psi(\mathscr{X};\tau)\cdot\varphi_{\sigma\rho};$$

则

$$\frac{e}{\hbar c}[(\bar{\psi}^{+},(H,\sigma)\psi)-(\psi^{+},(H,\sigma)\bar{\psi})]\pm$$
$$\mathrm{i}\frac{e}{\hbar c}[(\bar{\psi}^{+},(E,\sigma)\psi)-(\psi^{+},(E,\sigma)\psi)]=0.$$

其中

$$\psi\triangleq\begin{pmatrix}\psi\varphi_{\sigma,\rho}\\ \psi\varphi_{-\sigma,\rho}\end{pmatrix}\triangleq\begin{pmatrix}\psi_1\\ \psi_2\end{pmatrix}\text{或}\psi\triangleq\begin{pmatrix}\psi\varphi_{\sigma,-\rho}\\ \psi\varphi_{-\sigma,-\rho}\end{pmatrix}\triangleq\begin{pmatrix}\psi_3\\ \psi_4\end{pmatrix},$$

即

$$\sum_{i=0}^{3}\left(\frac{\partial}{\partial X^0}-\frac{\mathrm{ie}}{\hbar c}A_0\right)\left(\frac{\partial}{\partial X^k}-\frac{\mathrm{ie}}{\hbar c}A_k\right)(\mathrm{i}\sigma_k)\pm\left\{\left[\left(\frac{\partial}{\partial X^1}-\frac{\mathrm{ie}}{\hbar c}A_1\right)\left(\frac{\partial}{\partial X^2}-\frac{\mathrm{ie}}{\hbar c}A_2\right)-\right.\right.$$
$$\left.\left.\left(\frac{\partial}{\partial X^2}-\frac{\mathrm{ie}}{\hbar c}A_2\right)\left(\frac{\partial}{\partial X^1}-\frac{\mathrm{ie}}{\hbar c}A_1\right)\right]\cdot(\mathrm{i}\sigma_1)+\cdots\right\}\psi=0. \tag{1.3}$$

这时 Nelson 形式的 Fokker-Planck 方程有将 P 换成(ψ^{+},ψ)的形式.

§ 2.　相对论随机力学的能量守恒定律

在上述的条件假设下，我们引进如下形式的能量守恒定律

$$\delta\left\{\frac{m}{2}E\left[\sum_{t=0}^{3}(V_i^2+U_i^2)\right]-\frac{\hbar^2}{4m}\int_{\mathscr{V}}\sum_{t=0}^{3}\frac{\partial^2 P}{\partial(X^i)^l}\mathrm{d}\boldsymbol{x}\right\}=0,$$

或

$$\delta\left\{\frac{m}{2}E\left[\sum_{i=0}^{3}(V_i^2+U_i^2)\right]-\frac{\hbar^2}{4m}\int_{\mathscr{L}}\nabla_n P\,\mathrm{d}S\right\}=0.$$

其中 $\mathscr{V}$ 表示时空区域，$\mathscr{L}$ 表示该时空区域的界面，∇_n 表示沿界面垂直方向概率的梯度或者是沿界面垂直方向的概率流入，也可以改写成沿界面垂直方向平均熵的梯度或者是沿界面垂直方向平均熵流入.

根据变分原理可以得到

$$\frac{1}{2}m\sum_{t=0}^{3}(V_i^2+U_i^2)-\frac{\hbar}{2}\sum_{i=0}^{3}\frac{\partial^2}{\partial(X^i)^l}\left(\frac{\hbar^2}{2m}\ln P\right)=-\frac{1}{2}mc^2,\quad(2.1)$$

$$V_i=\frac{1}{m}\left(\frac{\partial S}{\partial X^i}-\frac{e}{c}A_i\right)^{[1,3]},$$

$$U_i=\frac{\hbar}{2m}\frac{\partial}{\partial X^i}\ln P,\quad R=\frac{\hbar}{2}\ln P.$$

所以

$$\frac{m}{\hbar}\left[\sum_{i=0}^{3}\frac{\partial V_i}{\partial X^i}+\frac{2}{\hbar}\sum_{i=0}^{3}\left(\frac{\partial R}{\partial X^i}V_i\right)\right]=0.\quad(2.2)$$

(2.2) 乘 i 与(2.1) 相加，经过整理可以得到

$$\sum_{i=0}^{3}\left[\left(\frac{\partial^2(R/\hbar)}{\partial(X^i)^2}+\mathrm{i}\frac{\partial^2(S/\hbar)}{\partial(X^i)^2}\right)+\left(\frac{\partial^2(R/\hbar)}{\partial X^i}+\mathrm{i}\frac{\partial(S/\hbar)}{\partial X^i}\right)^2-\right.$$

$$\left.2\mathrm{i}\frac{e}{\hbar c}A_i\left(\frac{\partial^2(R/\hbar)}{\partial X^i}+\mathrm{i}\frac{\partial(S/\hbar)}{\partial X^i}\right)-\mathrm{i}\frac{e}{\hbar c}\frac{\partial A_i}{\partial X^i}+\left(\frac{\mathrm{ie}}{\hbar c}\right)^2A_i^2\right]=\frac{m^2c^2}{\hbar^2}.$$

设 $\psi=\mathrm{e}^{\frac{R}{\hbar}+\mathrm{i}\frac{c}{\hbar}}$，则

$$\sum_{i=0}^{3}\left(\frac{\partial}{\partial X^i}-\frac{\mathrm{ie}}{\hbar c}A_i\right)^2\sigma_0\psi=\frac{m^2c^2}{\hbar^2}\sigma_0\psi.$$

与(1.3) 相加得到矩阵方程

$$\left(\nabla-\frac{\mathrm{ie}}{\underset{\sim}{\hbar c}}A\cdot\nabla-\frac{\widetilde{\mathrm{ie}}}{\hbar c}A\right)\psi=\left(\frac{mc}{\hbar}\right)^2\psi,\left(\nabla-\frac{\widetilde{\mathrm{ie}}}{\hbar c}A\cdot\nabla-\frac{\mathrm{ie}}{\underset{\sim}{\hbar c}}A\right)\psi=\left(\frac{mc}{\hbar}\right)^2\psi.$$

当 $\left(\frac{\partial}{\partial X^0}-\frac{\mathrm{ie}}{\hbar c}A_0\right)$ 与 $\left(\frac{\partial}{\partial X^i}-\frac{\mathrm{ie}}{\hbar c}A_k\right)(k=1,2,3)$ 可交换时有 Dirac 方程；

当$\left(\frac{\partial}{\partial X^i}-\frac{ie}{\hbar c}A_i\right)$与$\left(\frac{\partial}{\partial X^i}-\frac{ie}{\hbar c}A_j\right)(i\neq j=0,1,2,3)$可交换时有 Klien-Gorden 方程.

§ 3. 随机力学的能量守恒定律

在 § 1 所述假设条件下，我们考虑非相对论形式的能量守恒定律

$$\delta\left\{\frac{m}{2}E\left[\sum_{t=1}^{3}(V_i^2+U_i^2)\right]-\frac{\hbar^2}{4m}\int_{\gamma}\sum_{t=1}^{3}\frac{\partial^2 P}{\partial(X^i)^2}\mathrm{d}\boldsymbol{x}\right\}=0.$$

经过变分原理可以得到

$$\frac{m}{2}\sum_{t=1}^{3}(V_i^2+U_i^2)-\frac{\hbar}{2}\sum_{i=1}^{3}\frac{\partial^2}{\partial(X^i)^2}\left(\frac{\hbar}{2m}\ln P\right)=\mathscr{E}=-\left(\frac{\partial S}{\partial t}+\mathrm{e}\varphi\right).\tag{3.1}$$

其中 S 是世界标量.

因为

$$\frac{\partial R}{\partial t}=-\frac{\hbar}{2m}\left[\sum_{t=1}^{3}\frac{\partial V_i}{\partial X^i}+\sum_{t=1}^{3}\frac{\partial}{\partial X^i}\left(\frac{2}{\hbar R}\right)\cdot V_i\right]^{[3]},$$

所以，经过整理可以得到

$$\left(\frac{\partial}{\partial X^0}-\frac{ie}{c\hbar}A_0\right)\sigma_0\psi=\frac{\hbar}{2mc}\sum_{i=1}^{3}\left(\frac{\partial}{\partial X^i}-\frac{ie}{c\hbar}A_i\right)^2\sigma_0\psi.\tag{3.2}$$

根据 § 1 中所述假设条件，

$$\sigma H_x\varphi_\sigma+(H_x-\mathrm{i}\sigma H_y)\varphi_{-\sigma}=0^{[6]}.$$

有

$$\frac{e}{2mc^2}\{(\bar{\psi}^+,(H,\sigma)\psi)-(\psi^+,(H,\sigma)\bar{\psi})\}=0.$$

即

$$\left\{\left[\left(\frac{\partial}{\partial X^1}-\frac{ie}{\hbar c}A_1\right)\left(\frac{\partial}{\partial X^2}-\frac{ie}{\hbar c}A_2\right)-\left(\frac{\partial}{\partial X^2}-\frac{ie}{\hbar c}A_2\right)\cdot\left(\frac{\partial}{\partial X^1}-\frac{ie}{\hbar c}A_1\right)\right](\mathrm{i}\sigma_1)+\cdots\right\}\psi=0.\tag{3.3}$$

(3.2) 与(3.3) 相加得到矩阵方程即 Pauli 方程

$$\left(\frac{\partial}{\partial X^0}-\frac{ie}{c\hbar}A_0\right)\psi=\frac{\hbar}{2mc}\left(\underbrace{\nabla-\frac{ie}{c\hbar}A}_{\circ}\cdot\overbrace{\nabla-\frac{ie}{c\hbar}A}^{\circ}\right)\psi.$$

当$\left(\frac{\partial}{\partial X^i}-\frac{ie}{c\hbar}A_i\right)$与$\left(\frac{\partial}{\partial X^j}-\frac{ie}{c\hbar}A_j\right)$ $(i\neq j=1,2,3)$ 可交换时有 Schödinger 方程.

总之,我们研究的是在 §1 中所假设的前提下的随机过程(X_τ,σ_τ,ρ_τ),当然一般带自旋波函数所满足的方程是非常复杂的问题,也是从随机力学角度值得去深入探讨的课题.

参考文献

[1] Nelson E. Phys Rev,1966,15:1 079.

[2] Nelson E. Connection between Brownian Motion and Quantum Mechanics. Talk in Einstein Symposium,Berlin,1979.

[3] 李占柄. 北京师范大学学报(自然科学版),1986(4):19.

[4] 李占柄. 北京师范大学学报(自然科学版),1987(3):12.

[5] de Angelis G F,Jona-Lasinio G. J Phys,1982,A15:2 053;1983,A16:2 433.

[6] Jona-Lasinio G. Schrödinger operators. Lecture Notes in Math,1984,230:1 159.

Abstract The formula of the conservation of energy is given. From this the equation of the wavefunction is founded.

Keywords spin; stochastic mechanics; relativistic stochastic mechanics

三、概率与流体力学

Ⅲ. Probability with Fluid Mechanics

Ⅵ International Vilnius Conference on Probability Theory and Mathematical Statistics. 1993,1:229-230.

具有随机强相关初始条件的多维 Burger 方程解的非 Gaussian 极限分布[①]

Non-Gaussian Limit Distribution of the Solutions of Multi-dimensional Burgers Equation with Strongly Dependent Random Initial Condition

In this paper we present the asymptotic distributions of solutions of initial-value problems for n-dimentional Burgers equation when the initial condition r-degree shi-square random field with a long-range dependence. Problems involving the random solutions of Burgers equation have been studied by Rosenblatt (1987), Bulinski and Rolchanov (1991), Giraitis, Molchanov and Surgailis (1981), Leonenko and Orsinger (1992), Leonenko, Orsinger and Rybasov (1992) and others.

We consider the n-dimensional Burgers equation of the form

$$\frac{\partial \boldsymbol{u}}{\partial t} + (\boldsymbol{u}, \boldsymbol{\nabla})\boldsymbol{u} = \mu\Delta\boldsymbol{u}, \ \mu > 0 \tag{1}$$

subject to the initial condition

$$\boldsymbol{u}(\boldsymbol{x},0)=\boldsymbol{u}_0(\boldsymbol{x})=\boldsymbol{\nabla} v(\boldsymbol{x}), \tag{2}$$

where $\boldsymbol{u}=\boldsymbol{u}(\boldsymbol{x},t), \boldsymbol{x}\in \mathbf{R}^n, n\geqslant 1$ is a vector field and $v=v(\boldsymbol{x}), \boldsymbol{x}\in \mathbf{R}^n$ is a scalar field, μ is a viscosity coefficient, $\boldsymbol{\nabla}$ is the gradient and Δ in the Laplassian.

We assume that $v(\boldsymbol{x}) = \xi(\boldsymbol{x})$ is a random field, satisfying the following condition:

---

① 本文与 Leonenko N N 和 Rybasov K V 合作.

(A) $$\xi(x) = \frac{1}{2}\sum_{i=1}^{r}\eta_1^2(x), x \in \mathbf{R}^n,$$

where $\boldsymbol{\eta}_1(x)$, $\boldsymbol{\eta}_2(x)$, $\cdots$, $\boldsymbol{\eta}_r(x)$ are independent copies of real, measurable, mean-square differentiable homogeneous isotropic Gaussian field $\eta(\boldsymbol{x})$, $\boldsymbol{x}\in\mathbf{R}^n$ with $E\eta(\boldsymbol{x})=0$, $E\boldsymbol{\eta}^2(x)=1$ and correlation function

$$\mathrm{B}(|\boldsymbol{x}|)=\mathrm{E}\eta(\mathbf{0})\eta(\boldsymbol{x})=\frac{L(|\boldsymbol{x}|)}{|\boldsymbol{x}|^{\alpha}},\ 0<\alpha<\frac{n}{2},\ \mathrm{L}(t), t>0$$

is a slowly-varying function for large values of t, bounded on each finite interval.

(B) It in exist a spectral density of a field η and $f=f(\boldsymbol{\lambda})=f(|\lambda|)$, $\lambda\in\mathbf{R}^n$ is supposed to be decreasing for $|\boldsymbol{\lambda}|\geqslant\lambda_0>0$.

Theorem Let $\boldsymbol{u}=\boldsymbol{u}(\boldsymbol{x},t)$, $\boldsymbol{x}\in\mathbf{R}^n$, $t>0$ be the solution of the Cauchy problem (1)(2) with initial condition, satisfying the assumption (A)(B). The finite-dimensional distributions of the random fields

$$\boldsymbol{x}_t(\boldsymbol{a}) = L^{-1}(\sqrt{t})t^{\frac{1+\alpha}{2}}\boldsymbol{u}(\boldsymbol{a}\sqrt{t},t),\quad \boldsymbol{a}\in\mathbf{R}^n,\quad t>0$$

converge weakly as $t\to+\infty$ to the finite-dimentional distributions of the field $\boldsymbol{X}(\boldsymbol{a})$, $\boldsymbol{a}\in\mathbf{R}^n$. Which we present in the following form

$$\boldsymbol{x}(\boldsymbol{a}) = \frac{\mu\alpha}{|a(1)|(1+2\mu)c_1(n,\alpha)}\sum_{i=1}^{r}\boldsymbol{Y}_i(\boldsymbol{a}),\quad \boldsymbol{a}\in\mathbf{R}^n,$$

where $\boldsymbol{Y}_1(\boldsymbol{a}), \boldsymbol{Y}_2(\boldsymbol{a}), \cdots, \boldsymbol{Y}_r(\boldsymbol{a})$ are independent copies of a field

$$\boldsymbol{Y}(\boldsymbol{a}) = -\int_{\mathbf{R}^{2n}}\frac{\exp(\mathrm{i}\langle a,\boldsymbol{\lambda}_1+\boldsymbol{\lambda}_2\rangle-\mu|\boldsymbol{\lambda}_1+\boldsymbol{\lambda}_2|^2)}{|\boldsymbol{\lambda}_1|^{\frac{n-\alpha}{2}}|\boldsymbol{\lambda}_2|^{\frac{n-\alpha}{2}}}\frac{(\boldsymbol{\lambda}_1+\boldsymbol{\lambda}_2)}{\boldsymbol{\lambda}}w(\mathrm{d}\boldsymbol{\lambda}_1)w(\mathrm{d}\boldsymbol{\lambda}_2),$$

$|s(1)|=\dfrac{2\pi^{\frac{n}{2}}}{n\Gamma\left(\frac{n}{2}\right)}$ — is the square of unit sphere in $\mathbf{R}^n$, $c_1(n,\alpha)=$ $\dfrac{2^{\alpha}\Gamma\left(1+\frac{\alpha}{2}\right)\Gamma\left(\frac{n}{2}\right)}{\Gamma\left(\frac{n-\alpha}{2}\right)}$, and simbol $\int\cdots$ denotes a multiple stochastic integral with respect to the complex Gaussian white noise $W(\cdot)$ (integration on hyperplanes $\lambda_i=\pm\lambda_j, i,j=1,2,\cdots,n$ is excluded).

Our proof is based on the expansion of a solution $\boldsymbol{u}(\boldsymbol{a},\sqrt{t},t)$ involving the Laguerre polynomials.

References

[1] Bulinsky A V and Molchanov S A. Asymptotic Gaussian behavior of the solutions of Burgers equation with random initial data. Teorija Verojatn. i Prim. 1991,36(2):217-235 (in Russian).

[2] Rosenblatt M. Scale renormalization and random solutions of the Burgers equation. J. Appl. Prob. ,1987,24:328-338.

[3] Giraitis L, Molchanov S A and Surgailis D. Long memory shot noises and limit theorems with application to Burgers equations. Institute of Math. and Inform. ,Lithusnia. -Preprint,1991:24.

[4] Leonenko N N and Orsinger E. Limit theorems for solution of Burgers equation with Gaussian and non-Gausaian initial conditions. Preprint N 1 University of Rome "Lapienza",1991:21.

[5] Leonenko N N, Orsinger E, Rybasov K V. Limit theorems for random solutions of multidimensional Burgers equation. Ill-Posed Problems in Natural Sciences,1992:VSP/TVP (to appear).

Random Operator and Stochastic Equations 1994,2(1):79-86.

具有随机强相关初始条件 Burger 方程解的非 Gaussian 极限分布①

Non-Gaussian Limit Distributions of the Solutions of Burgers Equation with Strongly Dependent Random Initial Conditions

Abstract We present the asymptotic distribution of solution of initial-value problems for Burgers equation, When the initial condition is a stationary chi-square process with long-range dependence.

§ 1. Introduction

Among the non-linear differential equations of mathematical physics, the Burgers equation presents many points of interest (see, for example, Whitham [1]). Rosenblatt [2] first considered the Burgers equation with random initial condition. Many people recently investigated the properties of the solutions of Burgers equation for different types of random initial conditions, with weak and strong dependence. In particular, Bulinsky and Molchanov [3]. Ciraitis, Molchanov and Surgailis [4], Sinal[5], Leonenko and Orsingher [6] studied solutions of Burgers equation, when the initial condition is either a shot noise process or one-degree chi-square process.

Papers devoted to the analysis of processes and fields with long-range dependence have been published by many authors, including

① Received for ROSE 7 April, 1993.

本文与 Leonenko N N 合作.

Dobrushin and Major [7], Taqqu [8], Berman [9], Ivanov and Leonenko [11], Leonenko and Olenko [10].

In this paper the result of Leonenko and Orsingher [6] is generalized to the r-degree stationary chi-square proceeses with long-range dependence ($r>1$).

§ 2. Main Result

We consider theorem dimensional Burgers equation in the form:

$$\frac{\partial u}{\partial t}+u\frac{\partial u}{\partial x}=\mu\frac{\partial^2 u}{\partial x^2},\quad x\in\mathbf{R}^1,\ t>0,\ \mu>0 \tag{2.1}$$

subject to the initial condition

$$u(x,0)=u_0(x)=\frac{\mathrm{d}u(x)}{\mathrm{d}x}, \tag{2.2}$$

where $u=u(x,t), x\in\mathbf{R}^1, t>0$.

Let $(\Omega,\mathscr{F},P)$ be a complete probability space.

We assume that $v(x)=\xi(x)$ is a random process, satisfying the following condition:

A.

$$\xi(\omega,x)=\xi(x)=\frac{1}{2}\sum_{i=1}^{r}\eta_i^2(x),\ z\in\mathbf{R}^1,\ \omega\in\Omega,$$

where $\eta_1(x), \eta_2(x), \cdots, \eta_r(x)$ are independent copica of a real, measurable, mean-square differentiable, stationary Gausian propress $\eta(\omega,x)=\eta(x), x\in\mathbf{R}^1, \omega\in\Omega$ with $E\eta(x)=0, E\eta^2(x)=1$ and the correlation function:

$$B(x)=B(|x|)=E\eta(0)\eta(x)=\frac{L(|x|)}{|x|^{\alpha}},\ 0<\alpha<\frac{1}{2},$$

where $L(t), t>0$ is a slowly-varying function for large values of t which is bounded on each finite interval.

The correlation function B of the random process $\eta(x), x\in\mathbf{R}^1$ will be written in the form:

$$B(x)=\int_{-\infty}^{+\infty}\cos\lambda x F(\mathrm{d}\lambda)=\int_0^{+\infty}\cos\lambda x\,\mathrm{d}G(\lambda),$$

where $F(\cdot)$ is the spectral measure of the process η and

$$G(\lambda)=F((-\lambda,\lambda)).$$

B. There exists a spectral density f such that f is decreasing for $\lambda \geqslant \lambda_0 > 0$ and

$$B(|x|) = 2\int_0^{+\infty} \cos \lambda x f(\lambda)\mathrm{d}\lambda.$$

which is decreasing for $\lambda \geqslant \lambda_u$ for some $\lambda_0 > 0$.

Using a Tauberian theorem (see for example [10]) from A and B are have

$$f(\lambda) = f(|\lambda|) \sim \alpha |\lambda|^{\alpha-1} \frac{L(|\lambda|^{-1})}{2c_1(\alpha)}, \text{ as } \lambda \to +0. \tag{2.3}$$

where

$$c_1(\alpha) = \Gamma\left(1+\frac{\alpha}{2}\right)\frac{2^\alpha\sqrt{\pi}}{\Gamma\left(\frac{1-\alpha}{2}\right)} = \Gamma(1+\alpha)\cos\frac{\alpha\pi}{2}.$$

We shall also use the well-known fact that the process η can be represented in the following way:

$$\eta(x) = \int_{-\infty}^{+\infty} \mathrm{e}^{\mathrm{i}\lambda x}\sqrt{f(\lambda)}W(\mathrm{d}\lambda), \tag{2.4}$$

where $W(\cdot)$ is a complex Gaussian white noise.

The solution of the problem (2.1)(2.2) can be written in the following way (see for example [3,4,6])

$$u(x,t) = \frac{I(x,t)}{J(x,t)} = \frac{\int_{-\infty}^{+\infty} t^{-1}(x-y)g(x-y,t)G(\xi(y))\mathrm{d}y}{\int_{-\infty}^{+\infty} g(x-y,t)G(\xi(y))\mathrm{d}y}, \tag{2.5}$$

where $G(u)=\exp\left(-\frac{u}{2\mu}\right)$, $u\in\mathbf{R}^1$, and

$$g(x,t) = \frac{1}{\sqrt{4\pi\mu t}}\exp\left\{-\frac{x^2}{4\mu t}\right\}, \; x\in\mathbf{R}^1, \; t>0 \tag{2.6}$$

The main result of this paper describes the limiting behavior of the process $u=v(a\sqrt{t},t), a\in\mathbf{R}^1$ when $t\to+\infty$ and is presented in the next theorem.

Theorem 1 Let $u=u(x,t), x\in\mathbf{R}^1, t<0$ be the solution of the Cauchy problem (2.1)(2.2) with random initial condition, satisfying the assumptions A and B.

Then the finite-dimensional distributions of the random processes

$$X_t(a) = L^{-1}(\sqrt{t})t^{\frac{1+\alpha}{2}}u(a\sqrt{t},t),\ a \in \mathbf{R}^1,\ t > 0,\ 0 < \alpha < \frac{1}{2}$$

converge weakly as $t \to +\infty$ to the finite-dimensional distributions of the process $X(a)$, $a \in \mathbf{R}^1$, defined by:

$$X(\alpha) = \frac{\mu\alpha}{(1+2\mu)2c_1(\alpha)}\sum_{i=1}^{r} Y_i(\alpha), \alpha \in \mathbf{R}^1, \tag{2.7}$$

where $Y_1(a), Y_2(a), \cdots, Y_r(a), a \in \mathbf{R}^1$ are independent copies of the process:

$$Y(a) = -\int_{\mathbf{R}^2}' \mathrm{i}^{-1}\exp(\mathrm{i}a(\lambda_1 - \lambda_2) - \mu(\lambda_1 + \lambda_2)^2) \times$$

$$(\lambda_1 + \lambda_2)|\lambda|^{\frac{a-1}{2}}|\lambda_2|^{\frac{a-1}{2}}W(\mathrm{d}\lambda_1)W(\mathrm{d}\lambda_2) \tag{2.8}$$

where the symbol $\int_{\mathbf{R}^2}' \cdots$ denotes the double stochastic integral with respect to the complex Gaussian white noise W (the integration on hyperplanes $\lambda_i = \pm\lambda_j$, $i, j = 1, 2$ being excluded).

Note that the process appearing in the theorem is non-Gaussian.

In the proof of the theorem we need the, so-called, Slutzky's lemma which we recall for the sake of completness.

In the sequel we shall use the notations $\xrightarrow{F}$ and $\xrightarrow{D}$ to denote the convergence in probability and in distribution, respectively.

Lemma(Slutzky) If $\{X_t, t > 0\}$ and $\{Y_t, t > 0\}$ are families of random variables such that $X_t \xrightarrow{D} X$ and $Y_t \xrightarrow{D} c$, where c is a real nonzero constant, then

$$X_t + Y_t \xrightarrow{D} X + c,\ X_tY_t \xrightarrow{D} cX,\ \frac{X_t}{Y_t} \xrightarrow{D} \frac{X_t}{c}$$

as $t \to +\infty$.

Proof of theorem 1 We consider the standard Gamma density

$$p(u) = p_\beta(u) = \frac{u^{\beta-1}\mathrm{e}^{-u}}{\Gamma(\beta)},\ u > 0,\ \beta > 0. \tag{2.9}$$

Let $L_k^\beta(u)$ be the generalized Lagguerre polynomial of index β for $k \geqslant 0$ [12] and put

$$e_k(u) = e_k^{(\beta)}(u) = L_k^{(\beta-1)}(u)\left\{\frac{k!\Gamma(\beta)}{\Gamma(\beta+k)}\right\}^{\frac{1}{2}}, \quad (2.10)$$

The functions $\{e_k^{(\beta)}(u)\}$ are orthonormal on $u>0$ with respect to the weight function $\mu_\beta(u)$, defined in (9).

Let

$$I_v(z) = \left(\frac{z}{2}\right)^\nu \int_{-1}^{1} (1-t^2)^{\frac{\nu-1}{2}} \mathrm{e}^{zt}\,\mathrm{d}t$$

be the modified Bessel function of order ν [12] and define

$$p_\beta(u,w,\gamma) = \left(\frac{uw}{\gamma}\right)^{\frac{\beta-1}{2}} \exp\left\{-\frac{u+w}{1-\gamma}\right\} I_{\beta-1}\left(\frac{2\sqrt{uw\gamma}}{1-\gamma}\right) \times [\Gamma(\beta)(1-\gamma)]^{-1} \quad (2.11)$$

for $u>0$, $w>0$ and $0 \leqslant \gamma < 1$.

The expansion of the function (11) is

$$p_\beta(u,w,\gamma) = p_\beta(u)p_\beta(w)\left[1+\sum_{k=0}^{+\infty} \gamma^k c_k^{(\beta)}(u)\mathrm{e}_k^{(\beta)}(w)\right], \quad (2.12)$$

The diagonal expansion (2.12) of the bivariate density (2.11) was introduced by Myller-Lobedeff in 1907 (see, for example, [12][13][14]).

The joint characteristic function, corresponding to the desity (2.11) is

$$\varphi_\beta(t,s,\gamma) = [1-it-is-ts(1-\gamma)]^{-\beta}. \quad (2.13)$$

The characteristic function (2.13) was introduced by Wicksell [15].

Let $(X_1,Y_1),(X_2,Y_2),\cdots,(X_r,Y_r)$ be independent random vectors with a common standard normal bivariate distribution with correlation coefficient ρ. Then it can be shown, by elementary calculation, that the vector $\frac{1}{2}(X_1^2,Y_1^2)$ has the characteristic function (2.13) with $\gamma=\rho^2$ and $\beta=\frac{1}{2}$. Consequently, the function (2.13) is the characteristic function of $2^{-1}(X_1^2+X_2^2+\cdots+X_r^2, Y_1^2+Y_2^2+\cdots+Y_r^2)$ with $\beta=\frac{r}{2}$.

Assume that the stationary random process $\xi(x), x\in\mathbf{R}^1$ has the bivariate density, defined by

$$p(u,w) = \frac{\partial^2}{\partial u\partial w}P(\xi(0)<u,\ \xi(x)<w) = p_\beta(u,w,\gamma), \quad (2.14)$$

where $p_\beta(u,w,\gamma)$ is given by (2.11)(2.12). Then $\xi(x), x\in\mathbf{R}^1$ may he realized for $\beta=\frac{r}{2}$, as

$$\xi(x) = 2^{-1}(\eta_1^2(x)+\eta_2^2(x)+\cdots+\eta_r^2(x))$$

where $\eta_1(x), \eta_2(x), \cdots, \eta_r(x)$ are independent copies of a standard stationary Gaussian process with correlation function $B(|x|)$ and $\gamma=\gamma(|x|)=B^2(|x|)$ (see condition A). The expansion (2.12) implies that:

$$\int_{\mathbf{R}^2} p_\beta(u,w,\gamma)e_m^{(\beta)}(u)e_k^{(\beta)}(w)\mathrm{d}u\mathrm{d}w = \delta_m^k\gamma^m \tag{2.15}$$

where δ_m^k is the Kroncker symbol. Then under assumption A the process $\xi(x)$, $x\in\mathbf{R}^1$ has a marginal density given by (2.9) with $\beta=\frac{r}{2}$ and the bivariate marginal density given by (2.14) (see also, (2.11)(2.12)) with $\beta=\frac{r}{2}$, $\gamma=\gamma(|x|)=B^2(|x|)$, $x\in\mathbf{R}^1$. In view of (2.15) we obtain

$$Ee_m^{(\beta)}(\xi(x)) = 0,\ m\geqslant 1,$$

$$Ee_m^{(\beta)}(\xi(x))e_k^{(\beta)}(\xi(y)) = \delta_m^k\gamma^m(|x-y|) = \delta_m^k B^{2m}(|x-y|), k,m\geqslant 1 \tag{2.16}$$

We split up $I(a\sqrt{t},t)$ (sec (2.5)) in the following way

$$I(a\sqrt{t},t) = \int_{-\infty}^{+\infty}\frac{a\sqrt{t}-y}{t}\exp\left\{-\frac{(a\sqrt{t}-y)^2}{4\mu t}\right\}(4\pi\mu t)^{-\frac{1}{2}}\exp\left\{\frac{-\xi(y)}{2p}\right\}\mathrm{d}y$$
$$= I_1(t)+I_2(t), \tag{2.17}$$

where

$$I_1(t) = \int_{-1}^{t}\frac{a\sqrt{t}-y}{t}g(a\sqrt{t}-y,t)\exp\left\{\frac{-\xi(y)}{2\mu}\right\}\mathrm{d}y,$$

and

$$I_2(t) = \int_{\{y:|y|>1\}}\frac{a\sqrt{t}-y}{t}g(a\sqrt{t}-y,t)\exp\left\{\frac{-\xi(y)}{2\mu}\right\}\mathrm{d}y.$$

Our proof is based on the expansion, involving the Lagguerre polynomials which constitute a complete orthonormal system in the Hilbert space $L_2(\mathbf{R}^1, p(u)\mathrm{d}u)$, where $p(u)=p_\beta(u)$ is given by (2.9) and $e_k(u)-e_k^{(\beta)}(u)$ is given by (2. 10) with $\beta=\frac{r}{2}$. It is known that

$$e_0(u)\equiv 1,\quad e_1(u)=\left(\frac{r}{2}-u\right)\sqrt{\frac{2}{r}}. \tag{2.18}$$

If $G(u)$, $u\in\mathbf{R}^1$ is a function such that $EG^2(\xi(0))<+\infty$ then we have the following expansion

$$G(u)=\sum_{k=0}^{+\infty}C_k e_k(u), \tag{2.19}$$

in the Hilbert space $L_2(\mathbf{R}^1, p(u)\mathrm{d}u)$, where

$$G_k=\int_0^{+\infty}G(u)e_k(u)\mu(u)\mathrm{d}u,\quad k\in\mathbf{N}. \tag{2.20}$$

In particular, from (2. 18) (2. 20) it follows that the first two coefficients of Laguerre's expansion of the function $G(u)=\exp\left\{-\frac{u}{2\mu}\right\}$ are given by

$$C_u=EG(\xi(x))=\left(1+\frac{1}{2\mu}\right)^{-\frac{r}{2}}, \tag{2.21}$$

$$C_1=\int_0^{+\infty}\exp\left\{-\frac{u}{2\mu}\right\}e_1(u)p(u)\mathrm{d}u=\frac{1}{2\mu}\left(1+\frac{1}{2\mu}\right)^{-(\frac{r}{2}+1)}\sqrt{\frac{r}{2}}. \tag{2.22}$$

This implies the following expansions in the Hilbert space $L_2(\Omega)$:

$$\exp\left\{-\frac{\xi(x)}{2\mu}\right\}=\sum_{k=0}^{+\infty}C_k e_k\{\xi(x)\}$$

and

$$I_1(t)=\sum_{k=n}^{+\infty}C_k\eta_k(a,t),$$

where

$$\eta_k(a,t)=\int_{-t}^{t}\frac{a\sqrt{t}-y}{t}\exp\left\{\frac{(a\sqrt{t}-y)^2}{4\mu t}\right\}(4\pi\mu t)^{-1}e_k(\xi(y))\mathrm{d}y.$$

We note that, in view of (2. 16), we have

$$EI_1(t)=0,\quad \operatorname{Var} I_1(t)=\sum_{k=1}^{+\infty}C_k^2\operatorname{Var}\eta_k(a,t),$$

$$E\eta_m(a,t)\eta_k(b,t)=\psi_m(a,b,t)\delta_m^k,\quad m\geqslant 1,\ k\geqslant 1,$$

where

$$\psi_m(a,b,t)=\int_{-t}^{t}\int_{-t}^{t}\frac{a\sqrt{t}-y_1}{t}\,\frac{b\sqrt{t}-y_2}{t}g(a\sqrt{t}-y_1 t)\times$$

$$g(b\sqrt{t}-y_3,t)B^{2m}(|y_1-y_2|)\mathrm{d}y_1\mathrm{d}y_2.$$

The integral $\psi_m(a,b,t)$ can be analyzed after transformation:

$$\frac{m_1^2}{2}=\frac{(a\sqrt{t}-y_1)^2}{4\mu t},\quad \frac{w_3^2}{2}=\frac{(b\sqrt{t}-y_2)^2}{4\mu t}.$$

We have

$$\psi_m(a,b,t)=\frac{2\mu}{t}\iint_{\substack{w_1\in s(a,t)\\ w_2\in s(b,t)}} w_1w_2\varphi(w_1)\varphi(w_2)B^{2m}\times$$

$$(\left|\sqrt{t}(a-b)-(w_1-w_2)\sqrt{2\mu t}\right|)\mathrm{d}w_1\mathrm{d}w_2, \tag{2.23}$$

where

$$S(a,t)=\left\{w:\frac{a}{\sqrt{2\mu}}-\sqrt{\frac{t}{2\mu}}\leqslant w\leqslant\frac{a}{\sqrt{2\mu}}\leqslant\frac{a}{\sqrt{2\mu}}+\sqrt{\frac{t}{2\mu}}\right\}$$

and $\varphi(w)=(2\pi)^{-\frac{1}{2}}\exp\left\{-\frac{w^2}{2}\right\}$. Keeping in mind the properties of slowly varying functions we conclude from (2.23) and condition A as $0<2m\alpha<1$ and and $t\to+\infty$ that

$$\varphi(a,b,t)=\frac{2\mu}{(\sqrt{2\mu})^{2m\alpha}}\frac{L^{3m}(\sqrt{2\mu t})}{t^{l+m\alpha}}S_m^t(a,b)(1+o(1)),$$

where

$$S_m^a(a,b)=\int_{-\infty}^{+\infty}\int_{-\infty}^{+\infty}w_1w_2\varphi(w_1)\varphi(w_2)\left|\frac{a-b}{\sqrt{2\mu}}-(w_1-w_2)\right|^{-2m\alpha}\mathrm{d}w_1\mathrm{d}w_2,$$

$$0<2m\,\alpha<1.$$

We now focus our attention on $I_1(t)$, which we write in the following way:

$$I_1(t)=c_1\eta_1(\alpha,t)+R_t,$$

where

$$R_t=\sum_{k=2}^{+\infty}C_k\eta_k(\alpha,t).$$

It is known (see [6]) that, under the conditions A and B, the finite dimensional distributions of the random process:

$$L^{-1}(\sqrt{t})t^{\frac{1+\alpha}{2}}\int_{-1}^{t}\frac{\alpha\sqrt{t}-y}{t}g(a\sqrt{t}-y_1t)(1-\eta^2(y))\mathrm{d}y,\ a\in\mathbf{R}^1,$$

converge weakly as $t\to+\infty$ toward the finite-dimensional distributions of the process $\left[\frac{\mu\alpha}{c_1(a)}\right]Y(a)$, $a\in\mathbf{R}^1$.

In view of (2.18) it is clear that finite-dimensional distributions of random process

$$\frac{C_1\eta_1(a,t)}{\sqrt{C_1^2\mathrm{Var}\ \eta_1(a,t)}}=\int_{-1}^{1}e_1(\xi(y))\ \frac{a\sqrt{t}-y}{t}g(a\sqrt{t}-y_1t)\mathrm{d}y\times$$

$$[(S_1^*(a,a))^{\frac{1}{2}}L(\sqrt{t})t^{-\frac{1+\alpha}{2}}(2\mu)^{\frac{1-\alpha}{2}}]^{-1}$$

$$=L^{-1}(\sqrt{t})t^{\frac{1+\alpha}{2}}(2\mu)^{\frac{\alpha-1}{2}}2^{-1}(S_1^*(a,a))^{-\frac{1}{2}}\times$$

$$\sum_{\xi=1}^{r}\int_{-t}^{t}\frac{a\sqrt{t}-y}{t}g(a\sqrt{t}-y,t)(1-\eta_\xi^2(y))\mathrm{d}y,a\in\mathbf{R}^1$$

converge weakly as $t\to+\infty$ to the finite-dimensional distributions of the random process

$$(2\mu)^{\frac{\alpha-1}{2}}(S_1^*(a,a))^{-\frac{1}{2}}\ \frac{\mu a}{2c_1(a)}\sum_{i=1}^{r}Y_i(a),\ a\in\mathbf{R}^1$$

where $Y_1(a),Y_2(a),\cdots,Y_r(a)$, $a\in\mathbf{R}^1$ are independent copies of the process $Y(a)$, $a\in\mathbf{R}^1$, given by (8).

Using the same reasoning as in the proof of theorem 3.1 in [6] we can prove that:

$$\frac{R_r}{\sqrt{C_1^2\mathrm{Var}\ \eta_1(a,t)}}\xrightarrow{p}0,\qquad \frac{I_2(t)}{\sqrt{C_1^2\mathrm{Var}\ \eta_1(a,t)}}\xrightarrow{p}0,$$

as $t\to+\infty$ and thus, by Slutzky's lemma, the finite-dimensional distributions of random processes

$$L^{-1}(\sqrt{t})t^{\frac{1+\alpha}{2}}I(a\sqrt{t},t),\ a\in\mathbf{R}^1$$

converge weakly as $t\to+\infty$ to the finite-dimensional distributions of a random process

$$(2r)^{-\frac{1}{2}}C_1\ \frac{\mu a}{c_1(a)}\sum_{i=1}^{r}Y_i(a),\ a\in\mathbf{R}^1$$

In a similar way we can show that

$$I(a\sqrt{t},t)\xrightarrow{p}EI(a\sqrt{t},t)=C_0=\int_{-\infty}^{+\infty}g(a\sqrt{t}-y,y)E\exp\left\{-\frac{\xi(y)}{2\mu}\right\}\mathrm{d}y,$$

as $t\to+\infty$. Applying (2.21) (2.22), Slutsky's lemma (in a multidimensional version) and Cramer-Wold Sapogov's arguments, we can conclude the proof of the Theorem 1.

References

[1] Whitham G B. *Linear and nonlinear waves*. Wiley, New York, 1974.

[2] Rosenblatt M. Scale renormalization and random solutions of the Burgers equation. *J. Appl. Prob.*, 1987, 24: 328-338.

[3] Bulinsky A V and Molchanov S A. Asymptotic Gaussian behavior of the solution of Burgers equation with random initial data. *Toorija Verojatn. i Prim.* 1991, 36: 317-235.

[4] Giraitis L, Molchanov S A and Surgailis D. Long memory shot noises and limit theorems with application to Burgers equations. New direction in time series analysis part 2 IMA volumes Math. Appl., 1993, 46: 1 003-1 010.

[5] Sinal Ya G. Two results concerning asymptotic behavior of solution of the Burgers equation with force. *Journal of Statistical Physics*, 1991, 64: 1-12.

[6] Leonenko N N and Orsingher. Limit theorems for solutions of Burgers equations with Gaussian and non-Gaussian initial conditions. Theory Prob. Appl., 1995, 40: 387-403.

[7] Dobrushin R L and Major P. Non-central limit theorems for nonlinear functionals of Gaussian fields. *Z. Wahrech. verw. Gebiete*, 1979, 60: 1-28.

[8] Taqqu M S. Convergence of integrated processes of arbitrary Hermite rank. *Z. Wahrech. verw. Gebiete*, 1979, 50: 55-83.

[9] Berman S M. Sojourns of vector Gaussian processes inside and outside sphere. *Z. Wohresch. verw. Gebiete*, 1984, 66: 529-542.

[10] Leonenko N N and Olenko A Ya. Tauberian and Abclian theorems for correlation functions of homogeneous isotropic random fields. *Ukrain, Math. J.*, 1991, 43: 1 652-1 664.

[11] Ivañov A V and Leonenko N N. *Statistial Analysis of Random Fields*. Kluwer Academic Publishers, Dordreht, 1980.

[12] Bateman B and Erdely A. *Higher Transcendental Functions*, vol. 2. McGraw-Hill, New York, 1953.

[13] Sarmanov O V. The maximum correlation coefficient (symmetric case). *Dokl. Akad. Nank SSSR*, 1958, 120: 715-718. (in Russian)

[14] Lancaster H O. The structure of bivariate distributions. *Ann. Math. Statist*, 1958, 29: 719-736. Correction, ibib, 1964, 35: 1 368.

[15] Wicksell S D. On correlation functions of type Ⅲ. *Bimotrika*, 1933, 25: 121-133.

Report of Science Academies of Ukraine. 1994, (5):26—28.

关于多维 Burger 方程解收敛到的非 Gaussian 极限分布①

On the Convergence of the Solutions of Multidimensional Burgers Equation to Non-Gaussian Distributions

In the papers [1,2] studied Burger's equation with random initial data where initial data was Gaussian homogeneous field or type of field was fractional effect and critical distributions of solutions of Burgers equation was Gaussian.

In the papers [3,4] founded the Non-Gaussian random distributions of solutions of problem Cauchy for the Burger's equation when the initial data was Gaussian homogeneous isotropic random field and a chi-square field of degree 1 with weakly decreasing correlation. Next result is also based on the [4], equation is same and the initial data was Gaussian homogeneous isotropic random field and a chi-square field of degree k with weakly decreasing correlation. Founded the critical distributions of solutions of Burgers equation was non-Gaussian and given it in form of sums of certain multiple-dimensional stochastic integrals.

Consider the Cauchy problem of the n-dimensional Burge's equation of the form

$$\frac{\partial \boldsymbol{u}}{\partial t} + (\boldsymbol{u}, \boldsymbol{\nabla})\boldsymbol{u} = \mu\Delta\boldsymbol{u},$$

$$\boldsymbol{u}(\boldsymbol{x},0) = \boldsymbol{u}_0(\boldsymbol{x}) = \boldsymbol{\nabla}v(\boldsymbol{x}), \tag{1}$$

① 本文与 Leonenko N N 和 Rybasov K V 合作.

where $\boldsymbol{u}=\boldsymbol{u}(\boldsymbol{x},t)$-vector field, $\boldsymbol{x}\in\mathbf{R}^n$, $t>0$, $v(\boldsymbol{x})$, $\boldsymbol{x}>0$-scalar field, $\mu>0$-viscosity coefficient, $\boldsymbol{\nabla}$-gradient, Δ-Laplassian.

Given a complete probability space (Ω, F, P) and satisfying the following condition:

A. Assume that

$$\nu(\boldsymbol{x}) = \xi = (\omega,\boldsymbol{x}) = \frac{1}{2}\sum_{i=1}^{k}\eta_i^2(\omega,\boldsymbol{x}), \quad \boldsymbol{x}\in\mathbf{R}^n, \omega\in\Omega.$$

where $\eta_1(\omega,\boldsymbol{x}),\eta_2(\omega,\boldsymbol{x}),\cdots,\eta_k(\omega,\boldsymbol{x})$-independent copies of a measurable real mean-square differentiable homogeneous isotropic Gaussian random field $\eta_1(\omega,\boldsymbol{x})=\eta_1(\boldsymbol{x})$, $x\in\mathbf{R}^n$, $\omega\in\Omega$ and $\mathrm{M}\eta(\boldsymbol{x})=0$, $\mathrm{D}\eta(\boldsymbol{x})=1$, such that the correlation function $\mathrm{B}(|\boldsymbol{x}|)=\mathrm{M}\eta(\mathbf{0})\eta(\boldsymbol{x})\to 0$ monotonically, as $|\boldsymbol{x}|\to+\infty$, moreover, $\mathrm{B}(|x|)=\dfrac{\mathrm{L}(|\boldsymbol{x}|)}{|\boldsymbol{x}|^{\alpha}}$, $0<\alpha<\dfrac{n}{2}$, as $|\boldsymbol{x}|\to+\infty$, where $\mathrm{L}(t)$, $t>0$ is a function slowly vary at infinity and bounded in every finite interval.

Note that in the nature physics consider there is a problem about the critical distributions of solutions of problem (1) $\boldsymbol{u}(\boldsymbol{x},t)$, where

$$\boldsymbol{x}=\boldsymbol{a}^2\sqrt{t},\ a\in\mathbf{R}^n,\ \text{as } t\to+\infty.$$

B. Assume that the field $\eta(\boldsymbol{x})$, $\boldsymbol{x}\in\mathbf{R}^n$ satisfies condition A. and has Spectral density $\mathrm{f}(|\boldsymbol{\lambda}|)$, $\lambda\in\mathbf{R}^n$, which monotonically approaches 0, as $|\boldsymbol{\lambda}|\to+\infty$.

Under condition B. assume that the field has spectral density

$$\eta(\boldsymbol{x}) = \int_{\mathbf{R}^n}\exp\{\mathrm{i}\langle\boldsymbol{\lambda},\boldsymbol{x}\rangle\}\sqrt{f(|\boldsymbol{\lambda}|)}\,\mathrm{W}(\mathrm{d}\boldsymbol{\lambda}),$$

where $\mathrm{W}(\cdot)$-complex Gaussian white noise in the space $\mathbf{R}^n$.

Assume

$$c_1(n,\alpha) = 2^{\alpha}\Gamma\left(1+\frac{\alpha}{2}\right)\frac{\Gamma\left(\frac{n}{2}\right)}{\Gamma\left(\frac{n-\alpha}{2}\right)},\ c_2(n) = \frac{2\pi^{\frac{n}{2}}}{n\Gamma\left(\frac{n}{2}\right)}.$$

In this paper the main result is following:

Theorem: Let $\boldsymbol{u}(\boldsymbol{x}, t)$, $t>0$ be the solution of the Cauchy problem (1) with random initial condition satisfying the assumptions A, B, then the finite-dimensional distributions of the random field

$$\boldsymbol{X}(\boldsymbol{\alpha}) = L^{-1}(\sqrt{t})t^{\frac{1+\alpha}{2}}\boldsymbol{u}(\boldsymbol{a}\sqrt{t},t),\quad \boldsymbol{a}\in\mathbf{R}^n,\ 0<\alpha<\frac{n}{2}$$

converges weakly as $t \to +\infty$ to the finite-dimensional distributions of the random field defined by

$$\boldsymbol{X}(\boldsymbol{a}) = \frac{\mu\alpha}{(1+\mu\alpha)c_1(n,\alpha)c_2(n)}\sum_{i=1}^{k}\boldsymbol{Y}_l(\boldsymbol{a}),\ \boldsymbol{a} \in \mathbf{R}^n$$

where $\boldsymbol{Y}_1(\boldsymbol{a}), \boldsymbol{Y}_2(\boldsymbol{a}), \cdots, \boldsymbol{Y}_k(\boldsymbol{a})$ are independent copies of the random field and

$$\boldsymbol{Y}(\boldsymbol{a}) = -\int_{\mathbf{R}^{2n}}' \frac{\exp\{i(\boldsymbol{a},\boldsymbol{\lambda}_1+\boldsymbol{\lambda}_2)-\mu|\boldsymbol{\lambda}_1+\boldsymbol{\lambda}_2|^2\}}{i}\frac{(\boldsymbol{\lambda}_1+\boldsymbol{\lambda}_2)W(\mathrm{d}\boldsymbol{\lambda}_1)W(\mathrm{d}\boldsymbol{\lambda}_2)}{|\boldsymbol{\lambda}_1|^{\frac{n-\alpha}{2}}|\boldsymbol{\lambda}_2|^{\frac{n-\alpha}{2}}}.$$

where $\int'\ldots$ denotes the multiple stochastic integrals with respect to the complex Gaussian white noise in the space $\mathbf{R}^n$ (the integration on hyper planes $\boldsymbol{\lambda}_i = \pm\boldsymbol{\lambda}_j$, $i \neq j$, $i,j=1,2$ being excluded).

Note that the field appearing in the theorem is non-Gaussian.

Remark that the theorem is based on the idea of the papers [3,4], where the solution of problem (1), $\boldsymbol{u}(\boldsymbol{a}\sqrt{t}, t)$, $\boldsymbol{a} \in \mathbf{R}^n$.

Is non-linear functional of the random field $\eta(\boldsymbol{x})$, it admits the expansion with respect to the Laguerre polynomials. Now as in the papers [3,4] we admits the expansion with respect to the Chebyshev-Shimizu polynomials.

References

[1] Bulinsky A V and Molchanov S A. Asymptotic Gaussian behavior of the solutions of Burgers equation with initial data. Teorija Verojatn. i Prim. 1991,36(2):217-235.

[2] Giraitis L, Molchanov S A and Surgailis D. Long Memory about Short Noises and Limit Theorems with Application to Burgers Equations. New Direction in Time Series Analysis Part 2 IMA Volumes Math. Appl., 1993, 46:1 003-1 010.

[3] Leonenko N N and Orsingher E. Limit theorems for solutions of Burger's equation with Gaussian and non-Gaussian initial conditions. Theory Prob. Appl. 1995,40:387-403.

[4] Leonenko N N, Orsingher E and Rybasov K V. Multidimensional Burger's equation with random initial dates. Evolution and Stochastic Systems in Physics and Biology, TVP/VSP, Moscow/Utrecht,1992: 289-310.

Ukraïn. Mat. Zh. ,1995,(47)3:330-336. translation in Ukrainian Math. J. ,1995,47(3):385-392.

具有随机初始数据的多维 Burger 方程解的非 Gaussian 极限分布①

Non-Gaussian Limit Distributions of the Solutions of Multidimensional Burgers Equation with Random Initial Data

Abstract Limit distributions of solutions of the multidimensional Burgers equation are found in the case where an initial condition is a random field of type χ^2 of degree k with a long-range dependence.

§ 1. Introduction

Among nonlinear differential equations, the Burgers equation finds many applications in mathematical physics(see, e. g. , [1]). Rosenblatt [2] was the first who investigated this equation with random initial data. Over the last few years, many mathematicians have been solving this problem with initial data with strong and weak dependence. In particular, the solutions of the Burgers equation were studied in [3,4] in the case where the initial condition is a random process or a field of the shot-noise type. A random χ^2-process of degree 1 as the initial condition was considered in [5]. In [6], the initial condition was a Gaussian homogeneous isotropic random field and a χ^2-field with weakly decreasing correlation.

① 本文与 Leonenko N N 和 Rybasov KV 合作.

In the present paper, the results of [6] for the χ^2-field of degree $k(k\geqslant 1)$ are extended to the many-dimensional case.

The present paper is also based on the results of [7～11] concerning the processes and fields with weakly decreasing correlation.

§ 2.　Principal Results

Consider the Cauchy problem for the n-dimensional Burgers equation

$$\begin{cases}\dfrac{\partial \boldsymbol{u}}{\partial t} = (\boldsymbol{u},\nabla)\boldsymbol{u} = \mu\Delta\boldsymbol{u},\\ \boldsymbol{u}(\boldsymbol{x},0) = \boldsymbol{u}_0(\boldsymbol{x}) = \nabla\upsilon(\boldsymbol{x}),\end{cases} \tag{2.1}$$

where $\boldsymbol{u}=\boldsymbol{u}(\boldsymbol{x},t)$ $\boldsymbol{x}\in\mathbf{R}^n, t>0$, is a vector field, $\nu(\boldsymbol{x}), \boldsymbol{x}\in\mathbf{R}^n$, is a scalar field, ∇ denotes the gradient, and Δ denotes the Laplacian.

The solution of the Cauchy problem (2.1) in the class of potential fields can be represented as follows [12,1]:

$$\boldsymbol{u}(\boldsymbol{x},t) = \frac{\displaystyle\int_{\mathbf{R}^n}\frac{\boldsymbol{x}-\boldsymbol{y}}{t}g((\boldsymbol{x}-\boldsymbol{y}),t)\exp\left\{-\frac{\nu(\boldsymbol{y})}{2\mu}\right\}\mathrm{d}\boldsymbol{y}}{\displaystyle\int_{\mathbf{R}^n}g(\boldsymbol{x}-\boldsymbol{y},t)\exp\left\{-\frac{\nu(\boldsymbol{y})}{2\mu}\right\}\mathrm{d}\boldsymbol{y}} = \frac{\boldsymbol{I}(\boldsymbol{x},t)}{J(\boldsymbol{x},t)}, \tag{2.2}$$

where

$$g(\boldsymbol{x},t) = (4\pi\mu t)^{-n/2}\exp\left\{-\frac{|\boldsymbol{x}|^2}{4\mu t}\right\},\ \boldsymbol{x}\in\mathbf{R}^n,\ t>0.$$

In what follows, $(\Omega,\mathscr{F},P)$ is a complete probability space, $\varphi_n(\boldsymbol{w}) = (2\pi)^{-\frac{n}{2}}\exp\left\{-\frac{|\boldsymbol{w}|^2}{2}\right\}, \boldsymbol{w}\in\mathbf{R}^n$, is the n-dimensional Gaussian density.

(A) Assume that

$$\nu(\boldsymbol{x}) = \xi(\boldsymbol{x}) = \frac{1}{2}\sum_{i=0}^{k}\eta_i^2(\boldsymbol{x}),\ \boldsymbol{x}\in\mathbf{R}^n,$$

where $\eta_1(\boldsymbol{x}), \eta_2(\boldsymbol{x}), \cdots, \eta_k(\boldsymbol{x})$ are independent copies of a measurable real mean-square differentiable homogeneous isotropic Gaussian random field $\eta(\omega,\boldsymbol{x})=\eta(\boldsymbol{x})$, $\boldsymbol{x}\in\mathbf{R}^n$, $\omega\in\Omega$, with $M\eta(\boldsymbol{x})=0, M\eta^2(\boldsymbol{x})=1$ such that the correlation function $B(|\boldsymbol{x}|)=M\eta(\boldsymbol{0})\eta(\boldsymbol{x})$ monotonically approaches zero as $|\boldsymbol{x}|\to+\infty$, and moreover, $B(|\boldsymbol{x}|)=\dfrac{L(|\boldsymbol{x}|)}{|\boldsymbol{x}|^\alpha}$,

$0<\alpha<\frac{n}{2}$, as $|\boldsymbol{x}|\to+\infty$, where $L(t)$, $t\in(0,+\infty)$, is a function slowly varying at infinity and bounded in every finite interval.

Subject to condition (A), we consider the weak convergence as $t\to+\infty$ of normalized finite-dimensional distributions of the random fields

$$\boldsymbol{u}(\boldsymbol{a}\sqrt{t},t)=\frac{\boldsymbol{I}(\boldsymbol{a}\sqrt{t},t)}{J(\boldsymbol{a}\sqrt{t},t)}, \tag{2.3}$$

where $\boldsymbol{a}=(a_1,a_2,\cdots,a_n)\in\mathbf{R}^n$. The substitution $\boldsymbol{x}=\boldsymbol{a}\sqrt{t}$ is natural for physical reasons.

Under condition (A), the correlation function $B(\boldsymbol{x})$, $\boldsymbol{x}\in\mathbf{R}^n$, of the field $\eta(\boldsymbol{x})$, $\boldsymbol{x}\in\mathbf{R}^n$, admits a spectral expansion

$$B(|\boldsymbol{x}|)=\int_{\mathbf{R}^n}\cos(\boldsymbol{\lambda},\boldsymbol{x})F(\mathrm{d}\boldsymbol{\lambda})=2^{\frac{n-2}{2}}\Gamma\left(\frac{n}{2}\right)\int_0^{+\infty}\frac{J_{\frac{n-2}{2}}(ur)}{(ur)^{\frac{n-2}{2}}}\mathrm{d}G(u),$$

where $r=(|\boldsymbol{x}|)$, $\mathrm{F}(\cdot)$ is the spectral measure of the field $\eta(\boldsymbol{x})$, $J_q(z)$ is the first-order Bessel function of degree q, and

$$G(u)=\int_{\{\boldsymbol{\lambda}|\,|\boldsymbol{\lambda}|<u\}}F(\mathrm{d}\boldsymbol{\lambda}),u\in[0,+\infty),$$

is a bounded nondecreasing function.

(B) Assume that the field $\eta(\boldsymbol{x})$, $\boldsymbol{x}\in\mathbf{R}^n$, satisfies condition (A) and has spectral density $f(|\boldsymbol{\lambda}|)$, $\boldsymbol{\lambda}\in\mathbf{R}^n$, which monotonically approaches zero for $|\lambda|\geqslant 0$ as $|\boldsymbol{\lambda}|\to+\infty$. By using the Tanberiantype theorem from [13] (its proof for a weakly varying function L is given in [12]), we obtain under the condition (B) that

$$B(|\boldsymbol{x}|)=\int_{\mathbf{R}^n}\cos(\boldsymbol{\lambda},\boldsymbol{x})f(\boldsymbol{\lambda})\mathrm{d}\boldsymbol{\lambda},\ G'(u)=|s(1)|u^{n-1}f(u),\ u\geqslant 0,$$

where $|s(1)|=2\pi^{\frac{n}{2}}/n\Gamma\left(\frac{n}{2}\right)$ is the area of the unit sphere in $\mathbf{R}^n$, with the asymptotic relation for $G(u)$ being differentiable for $u\to 0$.

Thus, under conditions (A) and (B), as $|\boldsymbol{\lambda}|>0+$, the Tauberian theorem yields

$$f(|\boldsymbol{\lambda}|)\sim\alpha L\left(\frac{1}{|\boldsymbol{\lambda}|}\right)\frac{|\boldsymbol{\lambda}|^{\alpha-n}}{c_1(n,\alpha)|s(1)|}, \tag{2.4}$$

where

$$c_1(n,\alpha) = 2^\alpha \frac{\Gamma\left(1+\frac{\alpha}{2}\right)\Gamma\left(\frac{n}{2}\right)}{\Gamma\left(\frac{n-\alpha}{2}\right)}.$$

Under condition (B), the field admits the spectral representation

$$\eta(\boldsymbol{x}) = \int_{\mathbf{R}^n} \exp\{\mathrm{i}(\boldsymbol{\lambda},\boldsymbol{x})\}(f(|\boldsymbol{\lambda}|))^{\frac{1}{2}} W(\mathrm{d}\boldsymbol{\lambda}), \tag{2.5}$$

where $W(\cdot)$ is a complex Gaussian white noise in $\mathbf{R}^n$ (for more details, see [8]).

Theorem 1 *If $u(x,t)$, $x\in\mathbf{R}^n$, $t>0$, is a solution of the Cauchy problem* (1) *in the class of potential fields, and conditions* (A) *and* (B) *are satisfied, then the finite-dimensional distributions of the random fields*

$$\boldsymbol{X}_t(\boldsymbol{a}) = L^{-1}(\sqrt{t})t^{\frac{1+\alpha}{2}}\boldsymbol{u}(\boldsymbol{a}\sqrt{t},t),\ \boldsymbol{a}\in\mathbf{R}^n,\ 0<\alpha<\frac{n}{2},$$

weakly converge as $t\to+\infty$ to finite-dimensional distributions of the field $\boldsymbol{X}(\boldsymbol{a})$, $\boldsymbol{a}\in\mathbf{R}^n$, which can be represented as

$$\boldsymbol{X}(\boldsymbol{a}) = \frac{\mu\alpha}{(1+2\mu)c_1(n,\alpha)|s(1)|}\sum_{i=0}^{k}\boldsymbol{Y}_i(\boldsymbol{a}),\ \boldsymbol{a}\in\mathbf{R}^n, \tag{2.6}$$

where $\boldsymbol{Y}_1(\boldsymbol{a}),\boldsymbol{Y}_2(\boldsymbol{a}),\cdots,\boldsymbol{Y}_k(\boldsymbol{a})$, $\boldsymbol{a}\in\mathbf{R}^n$, are independent copies of the field

$$\boldsymbol{Y}(\boldsymbol{a}) = -\int'_{\mathbf{R}^{2n}} \frac{\exp\{i(\boldsymbol{a},\boldsymbol{\lambda}_1+\boldsymbol{\lambda}_2)-\mu|\boldsymbol{\lambda}_1+\boldsymbol{\lambda}_2|^2\}}{i}\frac{(\boldsymbol{\lambda}_1+\boldsymbol{\lambda}_2)W(\mathrm{d}\boldsymbol{\lambda}_1)W(\mathrm{d}\boldsymbol{\lambda}_2)}{|\boldsymbol{\lambda}_1|^{\frac{n-\alpha}{2}}|\boldsymbol{\lambda}_2|^{\frac{n-\alpha}{2}}}. \tag{2.7}$$

The symbol $\int'\cdots$ denotes the multiple stochastic integral with respect to the complex Gaussian white noise in $\mathbf{R}^n$ (integration over the hyperplanes $\boldsymbol{\lambda}_i=\pm\boldsymbol{\lambda}_j$, $i,j=1,2$, $i\neq j$, is eliminated).

One can find details of the theory of multiple stochastic integrals in [7,9,11].

Note that the field $\boldsymbol{Z}(\boldsymbol{a})$ is not Gaussian.

To prove Theorem 1, we need a many-dimensional version of the Slutskii lemma.

In what follows, $\xrightarrow{D}$ denotes weak convergence of random vectors and $\xrightarrow{P}$ denotes convergence in probability.

Lemma 1 *Let* $\{\boldsymbol{u}_t\}$ *and* $\{\boldsymbol{v}_t\}$ *be families of random vectors from* $\mathbf{R}^n$ *and let* $\{w_t\}$ *be a family of random variables. Assume that* $\boldsymbol{u}_t$ *converges to* $\boldsymbol{u}$ *as* $t\to+\infty$ *in distribution,* $\boldsymbol{v}_t$ *converges to* $\boldsymbol{c}=(c_1,c_2,\cdots,c_n)$, *where* $c_i=$ *const,* $i=1,2,\cdots,n$, *in probability, and* w_t *converges to* $d=$ *const in probability. Then* $\boldsymbol{u}_t+\boldsymbol{v}_t\xrightarrow{D}\boldsymbol{u}+\boldsymbol{c}$ *and* $w_t\boldsymbol{u}_t\xrightarrow{D}d\boldsymbol{u}$ *as* $t\to+\infty$. *Furthermore, if* $d\neq0$, *then* $\dfrac{\boldsymbol{u}_t}{w_t}\xrightarrow{D}\dfrac{\boldsymbol{u}}{d}$.

The proof of Lemma 1 is standard and thus omitted.

§ 3. Proof of Theorem 1

Consider the standard density of gamma-distribution

$$p(u)=p_\beta(u)=u^{\beta-1}\frac{\mathrm{e}^{-u}}{\Gamma(\beta)},\ u>0,\ \beta>0. \tag{3.1}$$

Let $L_j^{(\beta)}(u)$ be generalized Laguerre polynomials of index β, $j\geqslant0$ [15], and

$$e_j(u)=e_j^{(\beta)}(u)=L_j^{(\beta-1)}(u)\left(\frac{j!\,\Gamma(\beta)}{\Gamma(\beta+j)}\right)^{\frac{1}{2}}. \tag{3.2}$$

The family of functions $\{e_j^{(\beta)}(u)\}_{j\geqslant0}$ forms an orthonormal system if $u>0$ with weight function $p_\beta(u)$ defined by (3.1).

Let

$$I_V(z)=\left(\frac{z}{2}\right)^v\int_{-1}^{1}(1-t^2)^{\frac{v-1}{2}}\mathrm{e}^{zt}\,\mathrm{d}t$$

be the modified Bessel function of degree v[10]. We define

$$p_\beta(u,w;\gamma)=\left(\frac{uw}{\gamma}\right)^{\frac{\beta-1}{2}}\exp\left\{-\frac{u+w}{1-\gamma}\right\}\frac{I_{\beta-1}\left(\dfrac{2\sqrt{uw\gamma}}{1-\gamma}\right)}{\Gamma(\beta)(1-\gamma)} \tag{3.3}$$

for $u>0$, $w>0$ and $0\leqslant\gamma<1$.

Function (3.3) admits the expansion

$$p_\beta(u,w;\gamma)=p_\beta(u)p_\beta(w)\left[1+\sum_{j=0}^{+\infty}\gamma^j e_j^{(\beta)}(u)e_j^{(\beta)}(w)\right]. \tag{3.4}$$

The diagonal expansion (3.4) of the two-dimensional density (3.3) was introduced by Miller and Lebedeva in 1907 (see, e.g., [15～17]).

The joint characteristic function associated with the density function (3.3) is

$$\Psi_\beta(t,s;\gamma) = [1 - it - is - ts(1-\gamma)]^{-\beta}. \qquad (3.5)$$

This characteristic function was introduced in [1,18].

Assume that $(X_1, Y_1), (X_2, Y_2), \cdots, (X_k, Y_k)$ are independent random vectors that have a standard joint normal two-dimensional distribution with correlation coefficient ρ. Then it is easy to show that the vector $\frac{1}{2}(X_1^2, Y_1^2)$ has the characteristic function (3.5) with $\gamma=\rho^2$ and $\beta=\frac{1}{2}$, and function (3.5) is the characteristic function for the vector $\frac{1}{2}(X_1^2+X_2^2+\cdots+X_k^2, Y_1^2+Y_2^2+\cdots+Y_1^2)$.

Assume that homogeneous isotropic field $\xi(\boldsymbol{x})$, $\boldsymbol{x}\in\mathbf{R}^n$, has two-dimensional density given by

$$p(u,w) = \frac{\partial^2}{\partial u\partial w}P\{\xi(\mathbf{0}) < u, \xi(\boldsymbol{x}) < w\} = p_\beta(u,w;\gamma), \quad (3.6)$$

where $p_\beta(u,w;\gamma)$ is specified by (3.3) and (3.5). Then $\xi(\boldsymbol{x})$, $\boldsymbol{x}\in\mathbf{R}^n$, can be represented for $\beta=\frac{k}{2}$ as $\xi(\boldsymbol{x})=\frac{1}{2}(\eta_1^2+\eta_2^2+\cdots+\eta_k^2)$, where η_1^2, $\eta_2^2,\cdots,\eta_k^2$ are independent copies of the standard homogeneous Gaussian random field with correlation function $B(|\boldsymbol{x}|)$ and $\gamma=\gamma(|\boldsymbol{x}|)=B^2(|\boldsymbol{x}|)$; see condition (A). Expansion (11) implies that

$$\int_{\mathbf{R}^n} p_\beta(u.\,w;\gamma)e_i^{(\beta)}(u)e_j^{(\beta)}(w)\mathrm{d}u\mathrm{d}w = \delta_j^i\gamma^m, \qquad (3.7)$$

where δ_j^i is the Kronecker symbol.

Further, it follows from condition (A) that the field $\xi(\boldsymbol{x})$ has the martingale density (3.1) with $\beta=\frac{k}{2}$ and the two-dimensional density defined by (3.6) [16,5] with $\beta=\frac{k}{2}$, $\gamma=\gamma(|\boldsymbol{x}|)=B^2(|\boldsymbol{x}|)$, $\boldsymbol{x}\in\mathbf{R}^n$.

By using (3.7), we obtain

$$Me_j^{(\beta)}(\xi(\boldsymbol{x})) = 0, \quad j \geqslant 1,$$

$$Me_j^{(\beta)}(\xi(\boldsymbol{x}))e_i^{(\beta)}(\xi(\boldsymbol{x})) = \delta_j^i \gamma^m(|\boldsymbol{x}-\boldsymbol{y}|) = \delta_j^i B^{2m}(|\boldsymbol{x}-\boldsymbol{y}|), i, j \geqslant 1. \tag{3.8}$$

We represent $\boldsymbol{I}(\boldsymbol{a}\sqrt{t}, t)$ in (2.3) as a sum

$$\boldsymbol{I}(\boldsymbol{a}\sqrt{t}, t) = \boldsymbol{I}_1 + \boldsymbol{I}_2$$

$$= \int_{\mathbf{D}_t} \frac{\boldsymbol{a}\sqrt{t}-\boldsymbol{y}}{t} \frac{\exp\left\{-\frac{|\boldsymbol{a}\sqrt{t}-\boldsymbol{y}|^2}{4\mu t}\right\}}{(4\pi\mu t)^{\frac{n}{2}}} \exp\left\{-\frac{\xi(\boldsymbol{y})}{2\mu}\right\} \mathrm{d}\boldsymbol{y} +$$

$$\int_{\mathbf{R}^n \backslash \mathbf{D}_t} \frac{\boldsymbol{a}\sqrt{t}-\boldsymbol{y}}{t} \frac{\exp\left\{-\frac{|\boldsymbol{a}|t|-\boldsymbol{y}|^2}{4\mu t}\right\}}{(4\pi\mu t)^{\frac{n}{2}}} \exp\left\{-\frac{\xi(\boldsymbol{y})}{2\mu}\right\} \mathrm{d}\boldsymbol{y},$$

where $\mathbf{D}_t = \{\boldsymbol{x} \in \mathbf{R}^n : |\boldsymbol{x}| \leqslant t\}$.

The proof is based on the expansion of a function from the Hilbert space $L_2(\mathbf{R}^1, p(u)\mathrm{d}u)$ where $p(u) = p_\beta(u)$ in (3.1), with respect to the Laguerre polynomials $e_j(u) = e_j^{(\beta)}(u)$, $\beta = \frac{k}{2}$ [see (3.2)]. In particular,

$$e_0(u) = 1, \quad e_1(u) = \left(\frac{k}{2} - u\right)\sqrt{\frac{2}{k}}. \tag{3.9}$$

If $G(u)$, $u \in \mathbf{R}^1$, is a function such that $MG^2(\xi(\mathbf{0})) < +\infty$, then one can obtain the following expansion in the Hilbert space $L_2(\mathbf{R}^1, p(u)\mathrm{d}u)$:

$$G(u) = \sum_{i=0}^{+\infty} C_i e_i(u),$$

$$C_i = \int_0^{+\infty} G(u) e_i(u) p(u) \mathrm{d}u, \quad i \in \mathbf{N}. \tag{3.10}$$

It follows from relations (3.9) and (3.10) that the first two coefficients in the expansion of $G(u) = \exp\left\{-\frac{u}{2\mu}\right\}$ with respect to the Laguerre polynomials have the form

$$C_0 = MG(\xi(\boldsymbol{x})) = \left(1 + \frac{1}{2\mu}\right)^{-\frac{k}{2}} \tag{3.11}$$

and

$$C_1 = \int_0^{+\infty} \exp\left(-\frac{u}{2\mu}\right) e_1(u) p(u) \mathrm{d}u = \frac{\sqrt{\frac{k}{2}}}{2\mu}\left(1 + \frac{1}{2\mu}\right)^{-\frac{k}{2}+1}. \tag{3.12}$$

Hence, we can obtain the following expansion in the Hilbert space $L_2(\Omega)$:

$$\exp\left(-\frac{\xi(\boldsymbol{x})}{2\mu}\right)=\sum_{i=0}^{+\infty}C_i e_i(\xi(\boldsymbol{x}))$$

and

$$\boldsymbol{I}_1(t)=\sum_{i=0}^{+\infty}C_i\boldsymbol{\eta}_i(\boldsymbol{a},t)$$

where

$$\eta_i(\boldsymbol{a},t)=\int_{\mathbf{D}^t}\frac{\boldsymbol{a}\sqrt{t}-\boldsymbol{y}}{t}\frac{\exp\left\{-\frac{|\boldsymbol{a}\sqrt{t}-\boldsymbol{y}|^2}{4\mu t}\right\}}{(4\pi\mu t)^{\frac{n}{2}}}e_i(\xi(\boldsymbol{y}))\mathrm{d}\boldsymbol{y}.$$

Note that, by virtue of (3.8), the correlation matrix of the vector $\boldsymbol{I}_1(t)$ can be written as

$$D\boldsymbol{I}_1(t)=\boldsymbol{\Sigma}=\sum_{m=0}^{+\infty}C_m^2\boldsymbol{\Sigma}_m,$$

where $\boldsymbol{\Sigma}_m=(\sigma_{m,i,j}^2(t))_{1\leqslant t,j\leqslant n}$ and

$$\sigma_{m,i,j}^2(t)=\int_{\mathbf{D}_t}\int_{\mathbf{D}_t}\frac{a_i\sqrt{t}-y_{1i}}{t}\frac{a_j\sqrt{t}-y_{2j}}{t}g(\boldsymbol{a}\sqrt{t}-\boldsymbol{y}_1,t)g(\boldsymbol{a}\sqrt{t}-\boldsymbol{y}_2,t)B^{2m}(|\boldsymbol{y}_1-\boldsymbol{y}_2|)\mathrm{d}\boldsymbol{y}_1\mathrm{d}\boldsymbol{y}_2.$$

The change of variables $\frac{\boldsymbol{y}_i-\boldsymbol{a}\sqrt{t}}{\sqrt{2\mu t}}=\boldsymbol{w}_i$, $i=1,2$, yields

$$\sigma_{m,i,j}^2(t)=\int_{\mathbf{D}_t}\int_{\mathbf{D}_t}\frac{2\mu}{t}w_{1i}w_{2j}\varphi_n(\boldsymbol{w}_1)\varphi_n(\boldsymbol{w}_2)B^{2m}(\sqrt{2\mu t}|\boldsymbol{w}_1-\boldsymbol{w}_2|)\mathrm{d}\boldsymbol{w}_1\mathrm{d}\boldsymbol{w}_2,$$

where $\mathbf{D}_t=\left\{\boldsymbol{x}\in\mathbf{R}^n:\left|\boldsymbol{x}+\frac{\boldsymbol{a}}{\sqrt{2\mu}}\right|\leqslant\sqrt{\frac{t}{2\mu}}\right\}$.

Condition (A) for $0<\alpha<\frac{n}{m}$ and $t\to+\infty$ implies

$$\begin{aligned}\sigma_{m,i,j}^2(t)&\sim\frac{L^{2m}(\sqrt{t})}{t^{1+m\alpha}}(2\mu)^{1-m\alpha}\int_{\mathbf{R}^n}\int_{\mathbf{R}^n}\frac{w_{1i}w_{2j}\varphi_n(\boldsymbol{w}_1)\varphi_n(\boldsymbol{w}_2)}{|\boldsymbol{w}_1-\boldsymbol{w}_2|^{2m\alpha}}\mathrm{d}\boldsymbol{w}_1\mathrm{d}\boldsymbol{w}_2\\&=L(m,\alpha,t)(2\mu)^{1-m\alpha}c_2(m,\alpha),\end{aligned}$$

where $L(m,\alpha,t)=L^{2m}(\sqrt{t})t^{-1-m\alpha}$ and

$$c_2(m,\alpha)=\int_{\mathbf{R}^n}\int_{\mathbf{R}^n}\frac{w_{1i}w_{2j}\varphi_n(\boldsymbol{w}_1)\varphi_n(\boldsymbol{w}_2)}{|\boldsymbol{w}_1-\boldsymbol{w}_2|^{2m\alpha}}\mathrm{d}\boldsymbol{w}_1\mathrm{d}\boldsymbol{w}_2.$$

Clearly,

$$\lim_{t\to+\infty} M\boldsymbol{I}_1(t) = M\boldsymbol{I}(\boldsymbol{a}\sqrt{t},t) = \boldsymbol{0}, \quad \lim_{t\to+\infty} C_0\boldsymbol{\eta}_0(\boldsymbol{a},t) = 0.$$

Therefore,

$$\boldsymbol{I}_1(t) = C_1\boldsymbol{\eta}_1(\boldsymbol{a},t) + \boldsymbol{R}(t), \quad \boldsymbol{R}(t) = \sum_{k=2}^{+\infty}\frac{C_k}{k!}\boldsymbol{\eta}_k(\boldsymbol{a},t).$$

Then

$$\frac{\boldsymbol{I}_1(t)}{C_1\sqrt{L(1,\alpha,t)}} = \frac{\boldsymbol{\eta}_1(\boldsymbol{a},t)}{\sqrt{L(1,\alpha,t)}} + \frac{\boldsymbol{R}(t)}{C_1\sqrt{L(1,\alpha,t)}}.$$

By using the same scheme of proof as for Theorem 1 in [6], we can show that

$$\frac{\boldsymbol{R}(t)}{C_1\sqrt{L(1,\alpha,t)}} \xrightarrow{P} \boldsymbol{0}, \quad \frac{\boldsymbol{I}_2(t)}{C_1\sqrt{L(1,\alpha,t)}} \xrightarrow{P} \boldsymbol{0}$$

as $t\to+\infty$ and $J(\boldsymbol{a}\sqrt{t},t)\xrightarrow{P} MJ(\boldsymbol{a}\sqrt{t},t) = C_0$. By using the Slutskii lemma, we establish that, as $t\to+\infty$,

$$L^{-1}(\sqrt{t})t^{\frac{1+\alpha}{2}}\boldsymbol{u}(\boldsymbol{a}\sqrt{t},t) \xrightarrow{D} L^{-1}(\sqrt{t})t^{\frac{1+\alpha}{2}}\frac{C_1}{C_0}\boldsymbol{\eta}_1(\boldsymbol{a},t)$$

$$= L^{-1}(\sqrt{t})t^{\frac{1+\alpha}{2}}\frac{C_1}{C_0}\int_{\mathbf{D}_t}\frac{\boldsymbol{a}\sqrt{t}-\boldsymbol{y}}{t}g(\boldsymbol{a}\sqrt{t}-\boldsymbol{y},t)e_1(\xi(\boldsymbol{y}))\mathrm{d}\boldsymbol{y}$$

$$= L^{-1}(\sqrt{t})t^{\frac{1+\alpha}{2}}\frac{C_1}{C_0}\frac{1}{\sqrt{2k}}\sum_{i=1}^{k}\int_{\mathbf{D}_t}\frac{\boldsymbol{a}\sqrt{t}-\boldsymbol{y}}{t}g(\boldsymbol{a}\sqrt{t}-\boldsymbol{y},t)(1-\eta_k^2(\boldsymbol{y}))\mathrm{d}\boldsymbol{y}$$

$$= \frac{C_1}{C_0}\frac{1}{2k}\sum_{i=1}^{k}\left[-\frac{t^{\frac{1+\alpha}{2}}}{L(\sqrt{t})}\int_{\mathbf{D}t}\frac{\boldsymbol{a}\sqrt{t}-\boldsymbol{y}}{t}g(\boldsymbol{a}\sqrt{t}-\boldsymbol{y},t)(\eta_i^2(\boldsymbol{y})-1)\mathrm{d}\boldsymbol{y}\right].$$

It was proved in [6] that, under conditions (A) and (B), the finite-dimensional distributions of the random field

$$-\frac{t^{\frac{1+\alpha}{2}}}{L(\sqrt{t})}\int_{\mathbf{D}_t}\frac{\boldsymbol{a}\sqrt{t}-\boldsymbol{y}}{t}g(\boldsymbol{a}\sqrt{t}-\boldsymbol{y},t)(\eta_i^2(\boldsymbol{y})-1)\mathrm{d}\boldsymbol{y}$$

converge weakly as $t\to+\infty$ to the finite-dimensional distributions of the field

$$\frac{2\mu\alpha}{C_1(n,\alpha)\,|S(1)|}\mathbf{Y}(\boldsymbol{a}), \ \boldsymbol{a}\in\mathbf{R}^n.$$

By using (3.11)(3.12), and the Cramer-Wold device, we complete the proof of Theorem 2.

References

[1] Whitham J. *Linear and Nonlinear Waves* [Russian translation]. Mir, Moscow, 1977.

[2] Rosenblatt M. Remark on the Burgers equation. *J. Math. Phys.*, 1968, 9: 1 129-1 136.

[3] Bulinskii A V and Molchanov S A. Asymptotic Gaussian property of a solution of the Burgers equation with random initial data. *Teor. Veroyatn. Primen.*, 1991, 36(3): 217-235.

[4] Giraitis L, Molchanow S A and Surgailis D., Long memory shot noises and limit theorems with applications to Burger's equations. New direction in time series analysis. Pt. Ⅱ. *IMA Volumes Math. Appl.*, 1993, 46: 153-171.

[5] Leonenko N N and Orsingher E. *Limit Theorems for Solutions of Burgers Equation with Gaussian and Non-Gaussian Initial Conditions*. Preprint No. 91. 1, University of Rome, Rome, 1991.

[6] Leonenko N N, Orsingher E, and Rybasov K V. Limit distributions of solutions of the many-dimensional Burgers equation with random initial data. Ⅰ, Ⅱ. *Ukr. Mat. Zh.* 1994, 46, (7): 870-877; (8): 1 003-1 010.

[7] Dobrushin R L and Major P. Non-central limit theorems for nonlinear functionals of Gaussian fields, *Z. Wahrscheinlichkeitstheor. Verw. Geb.*, 1979, 50: 1-28.

[8] Ivanov A V and Leonenko N N. *Statistical Analysis of Random Fields*. Kluwer AP, Dordrecht, 1989.

[9] Major P. Multiple Wiener-Itô integrals. *Lect. Notes Math.*, 1981, 849.

[10] Sinai Ya G. Two results concerning the asymptotic behaviour of solutions of the Burgers equations with force. *J. Statist. Phys.*, 1991, 64: 1-12.

[11] Taqqu M S. Convergence of integrated processes of arbitrary Hermite rank. *Z. Wahrscheinlichkeitstheor, Verw, Geb.*, 1979, 50, (1): 55-83.

[12] Gurbatov S N, Malakhov A N and Saichev A I. *Nonlinear Random Waves in Dispersion-Free Media* [in Russian]. Nanka, Moscow, 1990.

[13] Leonenko N N and Otenko A Ya. Tauberian and Abelian theorems for the correlation function of a homogeneous isotropic random field. *Ukr. Mat. Zh.*, 1991, 43(12): 1 652-1 664.

[14] Olenko A Ya. *Several Aspects of the Correlation and Spectral Random Field Theory* [in Russian]. Author's Abstract of the Candidate Degree

Thesis (Physics and Mathematics), Kiev, 1991.

[15] Bateman H and Erdelyi A. *Higher Transcendental Functions*, Vol. 2. McGraw-Hill, New York, 1953.

[16] Berman S M. High level sojourns for strongly dependent Gaussian processes. *Z. Wahrscheinlichkeitstheor. Verw. Geb.*, 1979, 50: 223-236.

[17] Lancaster H O. The structure of bivariate distributions. *Ann. Math. Statist.*, 1958, 29: 719-736. Correction, *Ann. Math. Statist.*, 1964, 35: 1 988.

[18] Wicksell S D. On correlation functions of type Ⅲ. *Biometrika*, 1933, 25: 121-133.

李占柄文集

四、概率与超过程

Ⅳ.

Probability and Super-Processes

北京师范大学学报(自然科学版)
1963,(2):15-20

关于概率 P_1 和概率 P_2 相互绝对连续和相互奇异充要条件的一个注记

Remark on Necessary and Sufficient Condition for Singularity One Probability P_2 Concerning to Another P_1

本文是研究一般的概率 P_1 和概率 P_2 相互绝对连续和相互奇异的充要条件,主要是利用泛函 $T[\Phi(f_n)]p_1$ 或是 $T[\Phi(g_n)]p_2$ 的渐近性质及 Φ 的存在形式来判断奇异和绝对连续,这里综合和推广了[1][2] 中的某些结果.

设 $\{u^n\}_{n=1}^{+\infty}$ 为一系列的 σ 代数,并且 $u^n \subseteq u^{n+1}$,u 为 $\bigcup\limits_{n=1}^{+\infty} u^n$ 上的最小 σ 代数,设 P_1 和 P_2 为可测空间(Ω,u) 上的概率,并且在可测空间(Ω,u^n) 上与其对应的概率为 P_1^n 和 P_2^n,如果 P_2 对 P_1 绝对连续,那么用 $f(\omega)$ 来表示$\dfrac{P_2(\mathrm{d}\omega)}{P_1(\mathrm{d}\omega)}$;如果 P_1 对 P_2 绝对连续,那么用 $g(\omega)$ 来表示$\dfrac{P_1(\mathrm{d}\omega)}{P_2(\mathrm{d}\omega)}$,并且在可测空间$(\Omega,u^n)$ 上与其对应的为 $f_n(\omega)$ 和 $g_n(\omega)$.

引理 1 可测空间(Ω,u) 上,P_2 对 P_1 绝对连续的充要条件是 P_2 对 P_1 在代数 $\bigcup\limits_{n=1}^{+\infty} u^n$ 上一致连续(即对任何 $\varepsilon > 0$,有一 $\delta > 0$ 存在,使得当 $P_1(A) < \delta$,$A \in \bigcup\limits_{n=1}^{+\infty} u^n$ 时,$P_2(A) < \varepsilon$).

证 必要性 如果 P_2 不对 P_1 在代数 $\bigcup\limits_{n=1}^{+\infty} u^n$ 上一致连续,那么存在 $\varepsilon > 0$ 和集合 $A_k \in u^n k$,使得 $P_1(A_k) < \dfrac{1}{2^n}$,而 $P_2(A_k) > \varepsilon$ 取集合 $A =$

$\lim\limits_{k\to+\infty}\sup A_k$，则显然 $A\in u$，而有 $P_1(A)=0$ 且 $P_2(A)>\varepsilon$ 因而矛盾.

充分性　如果 P_2 对 P_1 不绝对连续，那么存在 A 使得 $P_1(A)=0$，而 $P_2(A)>0$，因此存在一系列集合 $A_K\in u_k^n$ 和 $\varepsilon>0$ 使得 $P_2(A_K)\geqslant\varepsilon$，而 $P_1(A_K)\to 0$. 这是因为对集合 $A\in u$ 和任意 $\delta>0$，可以找到集合 $A_K\in u_k^n$ 满足条件；$P_1(A\Delta A_K)\leqslant\delta$ 和 $P_2(A\Delta A_K)\leqslant\delta$(可参阅[3])

适当选择 $\delta>0$，可以推出 P_2 对 P_1 在代数 $\bigcup\limits_{n=1}^{+\infty}u^n$ 上不一致连续，因而矛盾.

引理2　设 P_2^n 对 P_1^n 绝对连续($n\in\mathbf{N}^*$)在可测空间(Ω,u)上，P_2 对 P_1 绝对连续的充要条件是存在可测函数 $\Phi(X)(X\geqslant 0)$，$\Phi(X)\nearrow+\infty$ 当 $X_0\leqslant X\to+\infty$，并且有

$$\sup_n\int_\Omega f_n(\omega)\,|\Phi(f_n)|\,P_1(\mathrm{d}\omega)=A<+\infty.$$

证　充分性　对任意 $\varepsilon>0$,可以找到 $X>X_0$，使得

$$0<\frac{A}{\Phi(X)}<\frac{\varepsilon}{2}.$$

对任意集合 $E\in\bigcup\limits_{n=1}^{+\infty}u^n$ 可以找到M，使得 $E\in u^m$，当 $m\geqslant M$ 时，

令
$$E_1=E\cap\{f_m>X\},\quad E_2=E\cap\{f_n\leqslant X\},$$

则
$$P_2(E)\leqslant\int_E f_mP_1(\mathrm{d}\omega)=\int_{E_1}f_mP_1(\mathrm{d}\omega)=\int_{E_2}f_mP_1(\mathrm{d}\omega)\leqslant$$
$$\frac{1}{\Phi(X)}\int_{E_1}f_m\,|\Phi(f_m)|\,P_1(\mathrm{d}\omega)+\int_{E_2}f_mP_1(\mathrm{d}\omega)\leqslant$$
$$\frac{A}{\Phi(X)}+XP_1(E)=\frac{\varepsilon}{2}+XP_1(E).$$

当
$$P_1(E)\leqslant\frac{\varepsilon}{2X}=\delta\text{ 时，则 }P_2(E)\leqslant\varepsilon.$$

因此，P_2 对 P_1 在代数 $\bigcup\limits_{n=1}^{+\infty}u^n$ 上一致连续，利用引理1，充分性得证.

必要性　令$\{\varepsilon_K\}_{K=1}^{+\infty}$ 为一实数系列，且满足 $\varepsilon_K>0$ 和 $\sum\limits_{K=1}^{+\infty}\varepsilon_K<+\infty$，由于 P_2 对 P_1 绝对连续，利用引理1，因此，P_2 对 P_1 在代数 $\bigcup\limits_{n=1}^{+\infty}u^n$ 上一致连续，即对任意的 $\varepsilon_K^2>0$，存在 $\delta_K>0$，使得当 $E\in\bigcup\limits_{n=1}^{+\infty}u^n$，$P_1(E)<\delta_K$ 时，则 $P_2(E)<\varepsilon_A^2$，同时，对 $\delta_K>0$ 可以找到 X_K 满足条件$\frac{1}{X_K}<\delta_K$.

令 $E_m^K = \{f_m > X_K\}$，显然，$E_m^K \in \bigcup_{n=1}^{+\infty} u^n$，

$$P_1(E_m^K) \leqslant \int_{E_m^K} \frac{f_m(\omega)}{X_K} P_1(\mathrm{d}\omega) \leqslant \frac{1}{X_K} < \delta_K, \quad (m \in \mathbf{N}^*).$$

因此 $P_2(E_m^K) \leqslant \varepsilon_K^2 \quad (m \in \mathbf{N}^*)$.

令
$$\Phi(X) = \begin{cases} \dfrac{1}{\varepsilon_K}, & X_K \leqslant X < X_{K+1}, \quad (K \in \mathbf{N}^*) \\ 0, & 0 \leqslant X < X_1, \end{cases}$$

则
$$\int_{\Omega} f_n |\varphi(f_n)| P_1(\mathrm{d}\omega) = \int_{\Omega \backslash E_n^1} + \sum_{K=1}^{+\infty} \int_{E_n^K \backslash E_n^{K+1}} \leqslant \sum_{K=1}^{+\infty} \frac{1}{\varepsilon_K} \int_{E_n^K} f_n P_1(\mathrm{d}\omega)$$
$$= \sum_{K=1}^{+\infty} \varepsilon_K < +\infty. \quad (n \in \mathbf{N}^*)$$

必要性得证.

引理 2′ 设 P_2^n 对 P_1^n 绝对连续($n \in \mathbf{N}^*$)，则在可测空间(Ω, u)上，P_2 对 P_1 绝对连续的充要条件是存在可测函数 $\Phi(X)(X \geqslant 0)$，$\dfrac{1}{X^{\frac{1}{2}}}\Phi(X) \nearrow +\infty$，当 $X_0 \leqslant X \to +\infty$，并且有

$$\sup_n T[\Phi(f_n)]_{p_1} = \sup_n \int_{\Omega} f_n^{\frac{1}{2}} |\Phi(f_n)| P_1(\mathrm{d}\omega) = A < +\infty.$$

证 因为 f_n 几乎处处对 P_1 是有限，所以

$$\int_{\Omega} f_n |\hat{\Phi}(f_n)| P_1(\mathrm{d}\omega) = \int_{\Omega} f_n^{\frac{1}{2}} |\Phi(f_n)| P_1(\mathrm{d}\omega),$$

这里
$$\hat{\Phi}(X) = \begin{cases} \dfrac{1}{X^{\frac{1}{2}}}\Phi(X), & X \neq 0, \\ 0, & X = 0. \end{cases}$$

显然 $\hat{\Phi}(X)$ 满足引理之条件，结论得证.

定理 1 设 P_2^n 和 P_1^n 相互绝对连续($n \in \mathbf{N}^*$)，则在可测空间(Ω, u)上，P_2 和 P_1 相互绝对连续的充要条件是存在可测函数 $\Phi(X)(X \geqslant 0)$，$\dfrac{1}{X^{\frac{1}{2}}}\Phi(X) \nearrow +\infty$ 当 $X_1 \leqslant X \to +\infty$ 和 $X^{\frac{1}{2}}\Phi(X) \nearrow +\infty$ 当 $X_2 > X \to 0$，并且有

$$\sup_n T[\Phi(f_n)]_{p_1} = \sup_n \int_{\Omega} f_n^{\frac{1}{2}} |\varphi(f_n)| P_1(\mathrm{d}\omega) = A < +\infty.$$

证 **充分性** 根据引理 2′ 得到 P_2 对 P_1 绝对连续，另一方面，令

$$\hat{\hat{\Phi}}(X)=\frac{1}{X^{\frac{1}{2}}}\Phi\left(\frac{1}{X}\right),\quad X\neq+\infty$$

则 $\int_{\Omega}g_n\left|\hat{\hat{\Phi}}(g_n)\right|P_2(\mathrm{d}\omega)=\int_{\Omega}\frac{1}{g_n^{\frac{1}{2}}}\left|\Phi\left(\frac{1}{g_n}\right)\right|P_1(\mathrm{d}\omega)=\int_{\Omega}f_n^{\frac{1}{2}}\left|\Phi(f_n)\right|P_1(\mathrm{d}\omega).$

根据引理 2. 得到 P_1 对 P_2 绝对连续，因而充分性得证.

必要性　根据引理 2′ 知道，P_2 和 P_1 相互绝对连续，则存在 $\Phi_i(X)(X\geqslant 0)$，$\frac{1}{X^{\frac{1}{2}}}\Phi_i(X)\nearrow+\infty$ 当 $X_i<X\to+\infty$，$i\in\mathbf{N}^*$，

并且有
$$\sup_n\int_{\Omega}f_n^{\frac{1}{2}}\left|\Phi_1(f_n)\right|P_1(\mathrm{d}\omega)=A_1<+\infty \text{ 及}$$
$$\sup_n\int_{\Omega}g_n^{\frac{1}{2}}\left|\Phi_2(f_n)\right|P_2(\mathrm{d}\omega)=A_2<+\infty.$$

令
$$X_1>\frac{1}{X_2},$$
$$\Phi(X)=\begin{cases}\Phi_1(X), & X\geqslant X_1,\\ 0, & \frac{1}{X_2}\leqslant X<X_1,\\ \Phi_2\left(\frac{1}{X}\right), & X<\frac{1}{X_2},\end{cases}$$

则 Φ 为满足定理条件之函数.

推论　（可参阅[1]）如果 P_2^n 对 P_1^n 绝对连续（$n\in\mathbf{N}^*$）且
$$\sup_n H\left(\frac{P_2^n}{P_1^n}\right)=\sup_n\int_{\Omega}\lg f_uP_2(\mathrm{d}\omega)<+\infty,$$
那么 P_2 对 P_1 绝对连续.

证　根据 $H(P_2^n/P_1^n)$ 负值部分有限性容易验证.
$$\sup_n\int_{\Omega}\lg f_nP_2(\mathrm{d}\omega)<+\infty \text{ 与} \sup_n\int_{\Omega}f_n\left|\lg f_n\right|P_1(\mathrm{d}\omega)<+\infty$$
等价，利用引理 2，因而得证.

下面的例子说明，推论的逆命题不真，也说明引理 2 的优越性

设
$$\Omega=[0,1],\quad u=u^n(n\in\mathbf{N}^*)$$
$P_2(A)$ 勒贝格测度，
$$P_1(A)=C\int_A \mathrm{e}^{-X^{-\alpha}}\mathrm{d}x,\quad \alpha>0,$$
$$C=\left(\int_0^1\mathrm{e}^{-X^{-\alpha}}\mathrm{d}x\right)^{-1},$$

$$f(\omega)=\frac{P_2(\mathrm{d}\omega)}{P_1(\mathrm{d}\omega)}=C^{-1}\mathrm{e}^{-X^{-\alpha}}g(\omega)=\frac{P_1(\mathrm{d}\omega)}{P_2(\mathrm{d}\omega)}=C\mathrm{e}^{-X^{-\alpha}}.$$

令 $$\Phi_1=\ln Cf,$$

则 $$\int_\Omega f\,|\ln Cf\,|P_1(\mathrm{d}\omega)=\int_0^1|\ln \mathrm{e}^{-X^{-\alpha}}|\,\mathrm{d}x=\int_0^1 X^{-\alpha}\mathrm{d}x,$$

显然，当 $1>\alpha>0$ 时收敛，根据引理 2 得到 P_2 对 P_1 绝对连续，当 $\alpha\geqslant 1$ 是发散，这时 $\sup H\left(\frac{P_2^n}{P_1}\right)=+\infty$.

如果令 $\Phi_2=\ln\ln Cf$，

那么 $\int_\Omega f\,|\ln\ln Cf\,|P_1(\mathrm{d}\omega)=\int_0^1\ln X^{-\alpha}\mathrm{d}x=\alpha\int_0^1\ln X^{-1}\mathrm{d}x$，$\alpha>0$ 收敛，因此根据引理 2 得到 P_2 对 P_1 是绝对连续.

引理 3 设 P_2^n 对 P_1^n 相互绝对连续($n\in\mathbf{N}^*$)，则在可测空间(Ω,U)上，P_2 对 P_1 相互奇异的充要条件是对任意 $X_0>0$，有 $P_2(f_n>X_0)\to 0$ 或是

$$P_1(g_n>X_0)\to 1,\quad 当\ n\to+\infty,$$

证 可参阅[4]

定理 2 设 P_2^n 对 P_1^n 相互绝对连续($n\in\mathbf{N}^*$)，则在可测空间(Ω,u)上，P_2 和 P_1 相互奇异的充要条件是存在可测函数 $\Phi(X)(X\geqslant 0)$ 及 X_0 使得

$\frac{1}{X^{\frac{1}{2}}}\Phi(X)\geqslant C_1>0$，当 $X\leqslant X_0$；$X^{\frac{1}{2}}\Phi(X)\geqslant C_2>0$，当 $X>X_0$，并且有

$$\inf_n T[\Phi(f_n)]p_1=\inf_n\int_\Omega f_n^{\frac{1}{2}}\,|\Phi(f_n)|\,P_1(\mathrm{d}\omega)=0.$$

证 **充分性** 不失一般性，不妨假设 $T[\Phi(f_n)]P_1$ 是递降系列.

令 $$A_n=\{f_n\leqslant X_0\}，当\ n\geqslant N\ 时$$

$$P_2(A_n)=\int_{A_n}f_nP_1(\mathrm{d}\omega)\leqslant\frac{1}{C_1}\int_{A_n}f_n^{\frac{1}{2}}\Phi(f_n)P_1(\mathrm{d}\omega)\leqslant\frac{1}{C_1}\int_\Omega f_n^{\frac{1}{2}}\,|\Phi(f_n)|\,P_1(\mathrm{d}\omega)<\varepsilon,$$

而 $$P_1(\bar{A}_n)=\int_{A_n}P_1(\mathrm{d}\omega)\leqslant\frac{1}{C_2}\int_{A_n}f_n^{\frac{1}{2}}\Phi(f_n)P_1(\mathrm{d}\omega)\leqslant\frac{1}{C_2}\int_\Omega f_n^{\frac{1}{2}}\,|\Phi(f_n)|\,P_1(\mathrm{d}\omega)<\varepsilon,$$

即对任意 $\varepsilon>0$，可以找到 A_n 使得 $P_1(A_n)<\varepsilon$，而 $P_2(A_n)\geqslant 1-\varepsilon$，因而 P_2 和 P_1 相互奇异，充分性得证.

必要性　令　$$\Phi(X)=\begin{cases}X^{\frac{1}{2}}, & X\leqslant X_0,\\ X^{-\frac{1}{2}}, & X>X_0.\end{cases}$$

显然,Φ 为所求之函数，事实上

$$\int_\Omega f_n^{\frac{1}{2}}\,|\Phi(f_n)|\,P_1(\mathrm{d}\omega)=\int_{A_n}f_nP_1(\mathrm{d}\omega)+\int_{\overline{A}_n}P_1(\mathrm{d}\omega)=P_2(A_n)+P_1(\overline{A}_n),$$

根据引理 3 对任意 $\varepsilon>0$，可以找到 N，当 $n\geqslant N$ 时

$$P_1(f_n>X_0)<\frac{\varepsilon}{2}\text{ 及 }P_2(f_n\leqslant X_n)<\frac{\varepsilon}{2}.$$

因而必要性得证.

最后,考查一下上面所得到的一般结果与[2]中的基本结果的关系，也许是有兴趣的，在下面的论证过程中，由于某些步骤的类似，因此可以参阅原文.

推论(可参阅[2])　设 $\Omega=\prod\limits_{K=1}^{+\infty}\Omega_K$，$u^n=u_1\times u_2\times\cdots\times u_n\times\prod\limits_{K=n+1}^{+\infty}\Omega_K$，$u=\prod\limits_{K=1}^{+\infty}u_K$ 为 $\bigcup\limits_{n=1}^{+\infty}u^n$ 上的最小 σ 代数,且 P_{2K} 和 P_{1K} 相互绝对连续，用 $f^K(\omega)$ 来表示$\dfrac{P_{2K}(\mathrm{d}\omega)}{P_{1K}(\mathrm{d}\omega)}$,用 $g^K(\Omega)$ 来表示$\dfrac{P_{1K}(\mathrm{d}\omega)}{P_{2K}(\mathrm{d}\omega)}$，$P_2^n=\prod\limits_{n=1}^{+\infty}P_{2K}$，$P_1^n=\prod\limits_{n=1}^{+\infty}P_{1K}$，则概率 $P_2=\prod\limits_{n=1}^{+\infty}P_{2K}$ 和概率 $P_1=\prod\limits_{n-1}^{+\infty}P_{1K}$ 相互绝对连续的充要条件，相互奇异的充要条件分别是

$$\prod_{n=1}^{+\infty}\rho(P_{2K},P_{1K})>0;\ \prod_{n=1}^{+\infty}\rho(P_{2K},P_{1K})=0,$$

这里
$$\rho(P_{2K},P_{1K})=\int_\Omega(f^K)^{\frac{1}{2}}P_{1K}(\mathrm{d}\omega).$$

证　如果$\prod\limits_{K=1}^{+\infty}\rho(P_{2K},P_{1K})=0$，令 $\Phi(X)\equiv 1$，由于 $f_n=\prod\limits_{K=1}^{+\infty}f^K$，根据定理 2 则得 P_2 和 P_1 相互奇异.

设
$$\hat{P}_{2K}(A_K)=\int_{A_K}\frac{(f^K)^{\frac{1}{2}}}{C_K}P_{1K}(\mathrm{d}\omega),\ A_K\in u_K$$

$$C_K=\int_\Omega(f^K)^{\frac{1}{2}}P_{1K}(\mathrm{d}\omega),$$

$$\hat{f}^K=\frac{\hat{P}_{2K}(\mathrm{d}\omega)}{P_{1K}(\mathrm{d}\omega)}=\frac{(f^K)^{\frac{1}{2}}}{C_K},\quad \hat{P}_2^n=\prod_{K=1}^{+\infty}\hat{P}_{2K},\quad \hat{P}_2=\prod_{K=1}^{+\infty}\hat{P}_{2K}.$$

如果 $\prod_{K=1}^{+\infty}\rho(P_{2K},P_{1K})=C>0$，那么 P_2 对 P_1 绝对连续等价于 $\hat{P}_2$ 对 P_1 绝对连续，且几乎处处对 P_1 来说有 $f=C^2\hat{f}^2$.

事实上，如果 P_2 对 P_1 绝对连续，根据引理 1 知 P_2 对 P_1 在代数 $\bigcup_{n=1}^{+\infty}u^n$ 上一致连续，利用柯西不等式以及条件知 $\hat{P}_2$ 对 P_1 在代数 $\bigcup_{n=1}^{+\infty}u^n$ 上一致连续，根据引理 2，那么 $\hat{P}_2$ 对 P_1 绝对连续.

反之，如果 $\hat{P}_2$ 对 P_1 绝对连续，用 $\hat{f}$ 来表示$\dfrac{\hat{P}_2(\mathrm{d}\omega)}{P_1(\mathrm{d}\omega)}$，那么有$\prod_{K=1}^{n}\hat{f}^K=\prod_{K=1}^{n}\dfrac{(f^K)^{\frac{1}{2}}}{C_K}$ 几乎处处对 $\hat{P}_1$ 来说收敛于 $\hat{f}$(可参阅[5])，根据条件因而有 $\prod_{K=1}^{n}(f^K)^{\frac{1}{2}}$ 几乎处处对 P_1 来说收敛于 $C\hat{f}$，利用等式

$$\int_\Omega |(f_n)^{\frac{1}{2}}-(\hat{f}_m)^{\frac{1}{2}}|P_1(\mathrm{d}\omega)=2\left[1-\prod_{K=n+1}^{m}\rho(P_{2K},P_{1K})\right],$$

(可参阅[2])即知

$$\int_\Omega |(f_n)^{\frac{1}{2}}-C\hat{f}|^2P_1(\mathrm{d}w)=2\left[1-\prod_{K=n+1}^{m}\rho(P_{2K},P_{1K})\right]$$

及

$$\int_\Omega C^2\hat{f}^2P_1(\mathrm{d}\omega)<+\infty,$$

因而

$$\int_\Omega |f_n-C^2\hat{f}^2|P_1(\mathrm{d}\omega)\to 0\text{，当 } n\to+\infty.$$

对任意集合 $A\in\bigcup_{n=1}^{+\infty}u^n$ 可以找到 N 使得 $n\geqslant N$，$A\in u^n$，因此

$$\int_A C^2\hat{f}^2P_1(\mathrm{d}\omega)=\int_A f_nP_1(\mathrm{d}\omega)+\int_A(C^2\hat{f}^2-f_n)P_1(\mathrm{d}\omega)$$

对所有的 $n\geqslant N$，所以当 $n\to+\infty$ 时，即得

$$P_2(A)=\int_A C^2\hat{f}^2P_1(\mathrm{d}\omega),$$

利用测度扩张定理,显然得到 P_2 对 P_1 绝对连续.

令 $\Phi(X)=X$,则根据引理 2，知 $\hat{P}_2$ 对 P_1 绝对连续，根据等价性得出 P_2 对 P_1 绝对连续.

由于 $\rho(P_{2K},P_{1K})=\rho(P_{1K},P_{2K})$，同理可证，$P_1$ 对 P_2 绝对连续即相互绝对连续.

注　定理 1 和定理 2 分别可以叙述如下形式：

定理 1′　设 P_2^n 和 P_1^n 相互绝对连续，则在可测空间(Ω,u)上，P_2 和 P_1 相互绝对连续的充要条件是存在可测函数系列$\{\Phi_n\}_{n=1}^{+\infty}(x\geqslant 0)$，

$$\frac{1}{x^{\frac{1}{2}}}\Phi_n(x)\nearrow+\infty,\ 当\ x_1^n\leqslant x\to+\infty;$$

和
$$x^{\frac{1}{2}}\Phi_n(x)\nearrow+\infty,\ 当\ x_2^n\geqslant x\to 0,$$

同时$\sup\limits_n x_1^n=x_1<+\infty$，$\inf x_2^n=x_2>0$，当 $x\geqslant x'_1$，$x\leqslant x'_2$时，极限趋于无穷大是一致地对 n，并且有

$$\sup_n\int_\Omega f_n^{\frac{1}{2}}\,|\Phi_n(f_n)|\,P_1(\mathrm{d}\omega)=A<+\infty.$$

证　**必要性**显然，**充分性**可将定理1中相对应地Φ用Φ_n代替，x_1 和 x_2 分别用 x'_1和 x'_2代替.

定理 2′　设 P_2^n 对 P_1^n 相互绝对连续，则在可测空间(Ω,u)上，P_2 和 P_1 相互奇异的充要条件是存在可测函数系列$\{\Phi_n\}_{n=1}^{+\infty}(x\geqslant 0)$及 x_n 使得 $\frac{1}{x^{\frac{1}{2}}}\Phi_n(x)\geqslant C_{1n}>0$，当 $x\leqslant x_n$；$x^{\frac{1}{2}}\Phi_n(x)\geqslant C_{2n}>0$，当 $x>x_n$，同时

$$\inf_n C_{1n}=C'_1>0,\quad \inf_n C_{2n}=C'_2>0$$

并且有
$$\inf_n\int_\Omega f_n^{\frac{1}{2}}\,|\Phi_n(f_n)|\,P_1(\mathrm{d}\omega)=0.$$

证　**必要性**显然，

充分性可将定理中相对应地 Φ 用 Φ_n 代替，x_o 用 x_n 代替，C_1 和 C_2 分别用 C'_1和 C'_2代替.

参考文献

[1] Розанов Ю А. о плотности одной гауссовской мерн относительно другой. Т. В. и её Применения 1962,7(1).

[2] Kakutani S. On equivalence of infinite product measures. *Ann of Math.*, 1948.

北京师范大学学报(自然科学版)
1997,33(2):158-162

带移民分支粒子系统的结构[①]

The Structures of the Branching Particle Systems with Immigration

首先给出本文所需要的一些记号. E:Lusin 拓扑空间;$M(E)$:E 上有限 Borel 测度全体,赋予弱收敛的拓扑; $M_1(E)$:E 上有限取整数值 Borel 测度全体;$M_0(E)$:E 上 Borel 概率全体;δ_x: 集中于 x 的单位测度;$B(E)(B(E)^+)$:E 上(非负)有界 Borel 函数全体;$\xi \triangleq (\xi_t, t \in R'_+; P_x)$ 是 E^- 值 Borel 右过程. $\forall_\mu \in M(E), f \in B(E)$,记 $\mu(f) \triangleq \int_E f \mathrm{d}\mu$.

§1. 分支粒子系统及其对应的伴随带移民分支粒子系统

超过程的构造方法之一,就是分支粒子系统的密度逼近,而[1]中给出了测度值分支过程(超过程)伴随带移民的刻画问题,因此研究分支粒子系统,特别是带移民分支粒子系统的刻画问题,不仅具有理论意义,而且更具有实际意义.值得指出的是,它和测度值分支过程(超过程)的一个本质差别,就是它并不具有测度值分支过程意义下的无穷可分性.

§1.1 分支粒子系统的定义

称 $M_1(E)$-值马氏过程 $X \triangleq \{X_t, t \in \mathbf{R}'_+; Q_\mu\}$ 是分支粒子系统,如果 $\forall_t \geq 0, f \in B(E)^+$,设 $U_t f(x) \triangleq -\lg Q_{\delta_x} \mathrm{e}^{-X_t(f)}$,则 $\forall \mu \in M_1(E)$ 有

$$Q_\mu \exp\{-X_t(t)\} = \exp\{-\mu(U_t f)\}.$$

---

① 国家自然科学基金资助项目(19671011).

收稿日期:1996-10-15.

本文与向开南合作.

不难看出，$\forall s,t\geqslant 0, U_tU_s=U_{t+s}$，称$\{U_t,t\in\mathbf{R}'_+\}$为$X$的累积生成半群.

§1.2　伴随卷积半群及伴随带移民分支粒子系统

X为分支粒子系统，$\{Q_t,t\in\mathbf{R}'_+\}$为它的转移半群. 称$M_1(E)$上的概率族$\{\mathscr{T}_t,t\in\mathbf{R}'_+\}$是$X$的伴随卷积半群，如果$\forall s,t\geqslant 0$，

$$\mathscr{T}_{s+t}=(\mathscr{T}_tQ_s)*\mathscr{T}_s. \tag{1.1}$$

称转移半群为$\{Q_t^{\mathscr{T}},t\in\mathbf{R}'_+\}$的$M_1(E)$-值马氏过程$Y\triangleq\{Y_t,t\in\mathbf{R}'_+\}$；$Q_\mu^{\mathscr{T}}$是$X$伴随带移民分支粒子系统，如果存在$X$的伴随卷积半群$\{\mathscr{T}_t,t\in\mathbf{R}'_+\}$，使$\forall t\geqslant 0,\mu\in M_1(E)$，有

$$Q_t^{\mathscr{T}}(\mu,\mathrm{d}\nu)=(Q_t(\mu,\cdot))*\mathscr{T}_t(\mathrm{d}\nu). \tag{1.2}$$

§1.3　(ξ,γ,F)-分支粒子系统

称(ξ,γ,f)-分支粒子系统，如果是如下描述的随机演化的粒子系统.

(i) 粒子彼此之间独立地按照ξ的样本模型运动.

(ii) 粒子从r时刻起按照$(\xi_s)_{s\geqslant r}$开始运动，$t(\geqslant r)$时刻活着的概率为$\mathrm{e}^{-\rho(r,t)}$，其中$\rho(r,t)\triangleq\int_r^t\gamma(\xi_s)\mathrm{d}s,\gamma\in B(E)^+$.

(iii) $F(x,\mathrm{d}\pi,\mathrm{d}g)$是从$E$到$G\times M_0(E)$的概率核，满足

$$\sup_{x\in E}\int_G\int_{M_0(E)}g(I^-)F(x,\mathrm{d}\pi,\mathrm{d}g)<+\infty,$$

其中G是$\mathbf{Z}_+$上概率生成函数全体，在$[0,1]$上赋予一致收敛的拓扑. 粒子在点$x\in E$处死亡时，产生的后代个数以及每个后代的分布，分别由一个G-值和一个$M_0(E)$-值随机变量描述，这两个随机变量的联合分布为$F(x,\mathrm{d}\pi,\mathrm{d}g)$.

此外，还假定不同粒子的生命时及粒子的分支情况和所产生的后代分布是相互独立的.

若以$X_t(B)$表示在t时刻在Borel集B中活着的粒子数，则$\{X_t,t>0\}$是分支粒子系统，且下式成立：

$$\mathrm{e}^{-U_tf(x)}=P_x\mathrm{e}^{-\rho(0,t)}\mathrm{e}^{-f(\xi_t)}+P_x\left\{\int_0^t\mathrm{e}^{-\rho(0,s)}\gamma(\xi_s)\int_G\int_{M_0(E)}g(\pi(\mathrm{e}^{-U_{t-s}f}))F(\xi_s,\mathrm{d}\pi,\mathrm{d}g)\mathrm{d}s\right\}. \tag{1.3}$$

等价

$$\mathrm{e}^{-U_tf(x)}-P_x\mathrm{e}^{-f(\xi_t)}+\int_0^tP_x\gamma(\xi_s)\mathrm{e}^{-U_{t-s}f(\xi_s)}\mathrm{d}s=\int_0^tP_x\left\{\gamma(\xi_s)\int_G\int_{M_0(E)}g(\pi(\mathrm{e}^{-U_{t-s}f}))F(\xi_s,\mathrm{d}\pi,\mathrm{d}g)\mathrm{d}s\right\}. \tag{1.4}$$

§2. 分支粒子系统伴随卷积半群的刻画

定义 1 称 $M_1(E)$ 上的概率 P 为无穷可分的，如果对 $\forall n \in \mathbf{N}$，存在 $M_1(E)$ 上的概率 P_n，使得 $P = P_n * P_n * \cdots * P_n$（$n-1$ 重卷积）.

定理 1 设 $f \in B(E)^+$，$U_t f$ 满足

(A) $\forall t \geqslant 0$ $U_s f$ 在 $[0,t] \times E$ 的限制属于 $B([0,t] \times E)^+$；

(B) $\forall f = \text{const} > 0, \lim\limits_{t \downarrow 0} U_t f = f$. 则 $M_1(E)$ 上的概率族 $\{\mathcal{T}_t, t \in \mathbf{R}'_+\}$ 是 X 的伴随卷积半群当且仅当存在 X 的无穷可分概率进入律 $K \triangleq \{K_s, s > 0\}$，使得 $\forall t > 0, f \in B^+(E)$，

$$\lg \int_{M_1(E)} e^{-\nu(f)} \mathcal{T}(d\nu) = \int_0^t \left[\lg \int_{M_1(E)} e^{-\nu(f)} K_s(d\nu) \right] ds \tag{2.1}$$

成立.

由于 E 是 Lusin 空间（与某紧度量空间的某 Borel 集拓扑同胚），不妨设 E 为度量空间. 因此若 E 中可测下降子集列 $\{V_n\}_{n=1,2}$ 且 diameter $V_n \downarrow 0$，若 $\forall \mu \in M(E), \mu(V_n) \downarrow \delta > 0$，则 μ 具有原子.

引理 1 $\forall \mu \in M_1(E)$，则 μ 被有限个原子所支撑.

引理 2 $M_1(E)$ 是 $M(E)$ 中的闭子集.

引理 3 若 $\{P_n\}_{n \in \mathbf{N}^*}$ 是 $M_1(E)$ 上的无穷可分概率序列，P 是 $M(E)$ 上的概率，若 $\forall f \in B(E)^+$，$\lim\limits_{n \to +\infty} \int_{M_1(E)} e^{-\nu(f)} P_n(d\nu) = \int_{M(E)} e^{-\nu(f)} P(d\nu)$，则 P 是 $M_1(E)$ 上的无穷可分概率.

引理 4 若 Z 是 $M(E)$-值随机变量，且 $EZ < +\infty$，则 Z 是 $M_1(E)$-值无穷可分随机变量当且仅当存在 $M(E) \backslash \{0\}$ 上的 σ 有限测度 L，$\int \nu(E) L(d\nu) < +\infty$，$L$ 被 $M_1(E)$ 所支撑，使

$$E e^{-Z(f)} = \exp\{-\int (1 - e^{-\nu(f)}) L(d\nu)\}, \forall f \in B(E)^+.$$

定理 1 的证明 **充分性**显然. 下证**必要性**. 设

$$N_t(f) = -\lg \int_{M_1(E)} e^{-\nu(f)} \mathcal{T}_t(d\nu), t \geqslant 0, f \in B(E)^+, \tag{2.2}$$

则(2.2)式等价于

$$N_{t+r}(f) = N_t(f) + N_r(U_t f), r, t \geqslant 0, f \in B(E)^+. \tag{2.3}$$

1) 显然 $N_t(f)$ 关于 t 是上升的. 利用数学归纳法易证：$\forall l \geqslant 0$，设

$g \triangleq g(l,f)$ 满足 $g>0, U_t f \leqslant g, 0 \leqslant t \leqslant l$，则对

$$\forall\, 0 \leqslant c_1 < d_1 < \cdots < c_n < d_n \leqslant l,$$

$$\sum_{i=1}^{n} [N_{d_i}(f) - N_{c_i}(f)] \leqslant N_{\sigma_n}(g), \tag{2.4}$$

其中 $\sigma_n \triangleq \sum_{i=1}^{n} (d_i - c_i)$.

由(2.3)式易证 $\forall c \geqslant 0, N_t(c) \to 0 (t \downarrow 0)$，因此 $N_t(f)$ 关于 t 绝对连续.

为了避免烦琐，不失一般性，假设 E 是紧度量空间. 因此可选 E 上的正有界连续函数类的一个可数稠子集 $D(E)^+$（依上确界范数），使 **N** 含于 $D(E)^+$.

由于 $N_t(f)$ 关于 t 绝对连续，设 $N_t(f) = \int_0^t I_s(f) \mathrm{d}s$，则存在 Lebesgue 零测集 $\widetilde{N}$，使得

$$I_s(f) = \lim_{t \downarrow 0} r^{-1} [N_{s+r}(f) - N_s(f)], \tag{2.5}$$

对 $\forall s \geqslant 0, s \,\overline{\in}\, \widetilde{N}, f \in D(E)^+$ 存在且有限. 由(2.2)(2.3)式易知：

$$I_s(f) = \lim_{r \downarrow 0} \int_{M_1(E)} (1 - \mathrm{e}^{-\nu(f)}) H_s^{(\nu)}(\mathrm{d}\nu) \quad 对\ \forall s \geqslant 0, s \in \widetilde{N}, f \in D(E)^+, \tag{2.6}$$

其中 $H_s^{(r)}(\mathrm{d}\nu) = \int_{M_1(E)} \gamma^{-1} \mathscr{T}_r(\mathrm{d}\mu) Q_s(\mu, \mathrm{d}\nu)$.

根据(2.3)式知 $\forall t, r \geqslant 0, f \in D(E)^+, \int_0^r I_{t+s}(f) \mathrm{d}s = \int_0^r I_s(U_t f) \mathrm{d}s$. 由 Fubini 定理知存在$[0, +\infty)$ 上的 Lebesgue 零测集 $\widetilde{N}_1 (\widetilde{N} \subset \widetilde{N}_1)$，$\widetilde{N}_2(s)$ 使得对 $\forall s \,\overline{\in}\, \widetilde{N}_1, t \in \widetilde{N}_2(s)$，成立

$$I_{t+s}(f) = I_s(U_t f), f \in D(E)^+. \tag{2.7}$$

由于 $D(E)^+$ 的选择，概率测度 Laplace 变换的性质得 $\forall f \in D(E)^+$，(2.7)式成立.

2) 给出 I_t 的修正. 选取 $0 < s_n \,\overline{\in}\, \widetilde{N}_1, s_n \downarrow 0, s_n - s_{n+k} \,\overline{\in}\, N_2(s_n), k \in \mathbf{N}^*$，设

$$\widetilde{I}_t(f) = I_{s_n}(U_{t-s_n} f), s_n \leqslant t, f \in B(E)^+, \tag{2.8}$$

则可证 $\widetilde{I}_t(f)$ 与 n 选择无关，且 $(\widetilde{I})_{t>0}$ 满足(2.7)式；同时根据(2.6)式、引理 3，及(2.7)式易知：$\mathrm{e}^{-\widetilde{I}_t(f)}$ 是 $M_1(E)$ 上某无穷可分概率 K_t 的 Laplace 变换. 易验证$(K_t)_{t>0}$ 是使(2.1)式成立的$(Q_t)_{t\geqslant 0}$ 的进入律.

§ 3. 分支粒子系统的进入律与底过程进入律之间的关系

设 X 是 (ξ,γ,F)-分支粒子系统，$\forall \mu\in M(E)$，以 $\sigma(\mu)$ 表示强度为 μ 的 E 上的 Poisson 随机测度. 设 $Q(\mu)$ 表示 $\{X_t,t\geqslant 0\}$ 在 $X_0=\sigma(\mu)$ 时的分布，则 $Q(\mu)\mathrm{e}^{-X_t(f)}=\mathrm{e}^{-\mu(V_tf)}$，其中 $V_t(f)=1-\mathrm{e}^{-U_tf}$，$\forall t\geqslant 0, f\in B(E)^+$，由(1.4)式知：

$$V_tf(x)-P_x[1-\mathrm{e}^{-f(\xi_t)}]+\int_0^t P_x\{\gamma(\xi_s)V_{t-s}(\xi_s)\}\mathrm{d}s=$$

$$\int_0^t P_x\left\{\gamma(\xi_s)\int_G\int_{M_0(E)}[1-g(1-\pi(V_{t-s}f))]F(\xi_s,\mathrm{d}\pi,\mathrm{d}g)\right\}\mathrm{d}s.$$

§ 3.1 底过程进入律的提升

对 E 上的一般有界核半群 $(\pi_t)_{t\geqslant 0}$，以 $K(\pi)$ 表示满足如下条件的进入律全体；$\forall t>0$，

$$\int_0^t K_s(E)\mathrm{d}s<+\infty. \tag{3.1}$$

对 X，以 $K'(Q)$ 表示满足如下条件的无穷可分概率进入律全体，$\forall t>0$，

$$\int_0^t\int_{M_1(E)} V(E)K_s(\mathrm{d}V)\mathrm{d}s<+\infty. \tag{3.2}$$

$\forall K\in K(p)$，设 $S_t(K,f)\triangleq K_t(1-\mathrm{e}^{-f})-\int_0^t K_s(\gamma\cdot V_{t-s}f)\mathrm{d}s+\int_0^t K_s\{\gamma(\cdot)\iint[1-g(1-\pi(V_{t-s}f))]\cdot F(\cdot,\mathrm{d}\pi,\mathrm{d}g)\}\mathrm{d}s$.

$\forall t>0, f\in B(E)^+$，设 $U'_tf=\left.\dfrac{\mathrm{d}U_t(\theta f)}{\mathrm{d}\theta}\right|_{\theta=0^+}$，$V'_tf=\left.\dfrac{\mathrm{d}V_t(\theta f)}{\mathrm{d}\theta}\right|_{\theta=0^-}$，则 $U'_tf=V'_tf$.

不妨假设 U'_tf 满足如下条件：$\forall l>0$，$U'_tI(x)$ 在 $[0,l]\times E$ 上有界.

$\forall K\in K'(Q)$，则 $\forall t>0$，由引理 4 知，存在 $M_1(E)\backslash\{0\}$ 上的有限测度 L_t，使得

$$\int_{M_1(E)}\mathrm{e}^{-V(f)}K_t(\mathrm{d}V)=\exp\left\{-\int(1-\mathrm{e}^{-V(f)})L_t(\mathrm{d}V)\right\}.$$

因此 K_t 是以下意义的 E 上的 Poisson cluster 随机测度的概率分布. 该 Poisson cluster 随机测度具有强度 L_t 及 cluster 分布 $\delta_\mu(\mu\in M_1(E)\backslash\{0\})$. 称 K 是 Poisson cluster 概率进入律.

定理 2　$\forall K \in K(P)$,设

$$\int_{M_1(E)} \mathrm{e}^{-\nu(f)} K_t(\mathrm{d}V) = \mathrm{e}^{-S_t(K,f)}, \tag{3.3}$$

$\forall t > 0, f \in B(E)^+$ 则 $K = (K_t)_{t>0} \in E'(Q)$,$K$ 是 Poisson cluster 概率进入律.

证　显然有

$$\lim_{r\downarrow 0} K_r(V_{t-r}f) = S_t(K,f), \lim_{r\downarrow 0} Q_{K_r} \mathrm{e}^{-X_{t-r}(f)} = \lim_{r\downarrow 0} \mathrm{e}^{-K_r(V_{t-s}f)} = \mathrm{e}^{-S_t(K,f)}.$$

根据引理 3 知(3.3)式定义了唯一的一个 $M_1(E)$ 上的无穷可分概率族 $K = (K_t)_{t>0}$. 下面证 $K \in K'(Q)$,而根据前面所述 K 是 Poisson cluster 概率进入律.

事实上,由(3.3)式知 $\int V(E)K_t(\mathrm{d}V) = \left.\dfrac{\mathrm{d}S_t(K,\theta f)}{\mathrm{d}\theta}\right|_{\theta=0^+}$,再结合(3.1)式及假设,可知(3.2)式成立.

$\forall t, r > 0, f \in B(E)^+$,容易验证 $S_t(K,U_rf) = S_{t+r}(K,f)$. 由此可得

$$\int \mathrm{e}^{-V(f)} K_tQ_r(\mathrm{d}V) = \int_{M_1(E)} \mathrm{e}^{-V(f)} K_{t+r}(\mathrm{d}V).$$

有 $K_{t+r} = K_tQ_r$,K 是 Q 的进入律.

§3.2　分支粒子系统的进入律与底过程进入律之间的关系

首先定义 E 上的核 $(\Pi_t)_{t\geqslant 0}$.

$$\Pi_tf(x) = U'_tf(x) = P_xf(\xi_t) - \int_0^t P_x\{\gamma(\xi_s)U'_{t-s}f(\xi_s)\}\mathrm{d}s +$$

$$\int_0^t P_x\{\gamma(\xi_s)\iint \Pi(U'_{t-s}f)g'(I^-)F(\xi_s,\mathrm{d}s,\mathrm{d}g)\}\mathrm{d}s,$$

则根据 U_tf 的定义及 X 的马氏性知 $(\Pi_t)_{t\geqslant 0}$ 是一个半群,且

$$\int_{M_1(E)} \nu(f)Q_t(\mu,\mathrm{d}\nu) = \mu(\Pi_tf).$$

引理 5　$K \in K(P)$ 与 $\eta \in K(\Pi)$ 按如下方式存在一一对应:

$$\eta_t(f) = \lim_{r\downarrow 0} K_r(\Pi_{t-r}f), \forall t > 0, f \in B(E)^+,$$

$$K_t(f) = \lim_{r\downarrow 0} \eta_r(P_{t-r}f), \forall t > 0, f \in B(E)^+.$$

此外,若 K,η 满足上两式,则

$\eta_t(f) = K_t(f) -$

$$\int_0^t \mathrm{d}s\int_E [\gamma(x)\Pi_{t-s}f(x) - \gamma(x)\iint \Pi(\Pi_{t-s}f)g'(I^-)F(x,\mathrm{d}\pi,\mathrm{d}g)]K_s(\mathrm{d}x).$$

(见[2])

根据上式，不难验证$\lim_{r\downarrow 0}\eta_r(V_{t-r}f)=S_t(K,f),\forall t>0,f\in B(E)^+$.

定理 3 以 $\overline{K}'(Q)$ 表示 $K'(Q)$ 中满足如下条件的进入律 K 的全体，

$$\exp\left\{-\lim_{r\downarrow 0}\int_{M_1(E)}V(V_{t-r}f)K_r(\mathrm{d}V)\right\}=\int_{M_1(E)}\mathrm{e}^{-V(f)}K_t(\mathrm{d}V),$$

$$\forall t>0,f\in B(E)^+,$$

则在 $K'(Q)$ 与 $K(P)$ 之间存在如下对应关系：

a) $l:K(P)\to\overline{K}'(Q),K\in K'(Q);k\in K(P),k\to lk=K,$

$$\int\mathrm{e}^{-V(f)}K_t(\mathrm{d}V)=\mathrm{e}^{-S_t(K,f)}.$$

$$\mathscr{I}:K'(Q)\to K(P),K\to\mathscr{T}K=k,K_t(f)=\lim_{r\downarrow 0}\int V(P_{t-s}f)K_t(\mathrm{d}V).$$

$$\int_{M_1(E)}\mathrm{e}^{-V(f)}(l\mathscr{T}K)_t(\mathrm{d}V)$$

$$=\exp\left\{-\lim_{r\downarrow 0}\int_{M_1(E)}V(V_{t-s}f)K_r(\mathrm{d}V),\forall t>0,f\in E(B)^+\right\}.$$

值得注意在 $K'(Q)$ 中一般不成立 $l\mathscr{T}K=K$.

b) $\forall k\in K(P),\mathscr{I}lk=k;\forall K\in\overline{K}'(Q),l\mathscr{I}K=K$. 证明从略.

参考文献

[1] Dawson D A. Infinite divisible random measures and superprocesses. Turkey: Silivivi, 1990.

[2] Li Zenghu. Immigration structures associated with Dawson-Watanabe superprocesses. Stochastic Processes and Their Applications, 1996, 62: 73.

Abstract Two results are given. One is that every associated convolution semigroup can be determined by an infinitely divisible probability entrance law of the branching particle systems; the other is that there exists an one-to-one correspondence between a subset of Poisson cluster probability entrance laws of the branching particle systems and entrance laws of the underlying process.

Keywords branching particle system; associated convolution semigroup; entrance law

中国科学
2006,36A(1):84-107

交互作用流的超过程①

Super-Processes Arising from Interactive Flows

§1.　引言

超过程研究的成功主要是由于独立性假设[1~3]. 从“粒子图像”的角度来看,超过程的粒子的运动和分支是相互独立的,如果在运动和分支中引入相互作用,情形会大不相同,问题就变得更加困难[4~6].

设 E 是一个拓扑空间,$B(E)$ 和 $C_b(E)$ 分别表示 E 上的有界 Borel 可测函数空间和有界连续函数空间,令 $M(E)$ 表示 E 上的所有有限测度的全体,$M(E)$ 上的拓扑规定为弱收敛拓扑.

对于任意的 $f\in B(E)$ 和 $\mu\in M(E)$,积分 $\int f\mathrm{d}\mu$ 记作 $\langle f,\mu\rangle$ 或 $\mu(f)$. 对于固定的正整数 m,$f\in B(E^m)$ 和 $\mu\in M(E)$,如果把积分 $\langle f,\mu^m\rangle$ 看成是 $M(E)$ 上的函数,那么 $\langle f,\mu^m\rangle$ 记作 $F_{m,f}(\mu)$;如果把 μ 看成参数,那么 $\langle f,\mu^m\rangle$ 记作 $F_\mu(m,f)$.

对于 $M(\mathbf{R}^d)$ 上的有界函数 $F(\cdot)$. 如果极限

$$\lim_{h\to 0+}\frac{1}{h}[F(\mu+h\delta_x)-F(\mu)]\quad (x\in E)$$

存在,那么将该极限记作 $\frac{\delta F(\mu)}{\delta\mu(x)}$. 同理,在上式中以 $\frac{\delta F(\mu)}{\delta\mu(x)}$ 代替 F. 所定义

① 收稿日期:2004-07-19;接收日期:2005-01-04.
本文与阎国军合作.

的极限记作$\frac{\delta^2 F(\mu)}{\delta\mu(x)\delta\mu(y)}$.

设 m 是一固定的正整数,$C_b^2((\mathbf{R}^d)^m)$ 表示$(\mathbf{R}^d)^m$ 上二阶可微且各阶偏导数都有界的函数的集合. $C_b^2((\mathbf{R}^d)^m)$ 上的算子 G^m 定义如下:

$$
\begin{aligned}
& G^m f(x_1,x_2,\cdots,x_m) \\
&= \frac{1}{2}\sum_{i,j=1,i\neq j}^{m}\sum_{p,q=1}^{d} a^{p,q}(x_i,x_j)\frac{\partial^2 f}{\partial x_i^p \partial x_j^q}(x_1,x_2,\cdots,x_m) + \\
&\quad \frac{1}{2}\sum_{i=1}^{m}\sum_{p,q=1}^{d} c^{p,q}(x_i)\frac{\partial^2 f}{\partial x_i^p \partial x_j^q}(x_1,x_2,\cdots,x_m) + \\
&\quad \sum_{i=1}^{m}\sum_{p=1}^{d} b^p(x_i)\frac{\partial f}{\partial x_i^p}(x_1,x_2,\cdots,x_m), \forall f \in C_b^2((\mathbf{R}^d)^m), \qquad (1.1)
\end{aligned}
$$

这里$(x_1,x_2,\cdots,x_m)$是$(\mathbf{R}^d)^m$ 中的一个点,其坐标为

$$x_i = (x_i^1,x_i^2,\cdots,x_i^d) \in \mathbf{R}^d, \quad i = 1,2,\cdots,m.$$

假定

(i) $b^p(\cdot)(1\leqslant p\leqslant d)$ 是 $\mathbf{R}^d$ 上的有界 Borel 可测函数;

(ii) $a^{p,q}(\cdot,\cdot)(1\leqslant p,q\leqslant d)$ 是$(\mathbf{R}^d)^2$ 上对称、有界的 Borel 可测函数;

(iii) 对于任意的 $x\in\mathbf{R}^d$,$(c^{p,q}(x))_{1\leqslant p,q\leqslant d}$ 是 $d\times d$ 非负定对称矩阵,并且每个 $c^{p,q}(\cdot)$ 都是 $\mathbf{R}^d$ 上的有界 Borel 可测函数;

(iv) 鞅问题$(G^m,C_b^2((\mathbf{R}^d)^m))$是适定的,它对应于$(\mathbf{R}^d)^m$ 上的一个 Feller 过程,其转移半群记作$\{P_t^m\}_{t\geqslant 0}$.

因为 G^m 具有可交换性,所以 G^m 所对应的 Feller 过程可以看成是具有交互作用的粒子系统或测度值过程,$a^{p,q}(\cdot,\cdot)$ 刻画了粒子间的相互作用.

令

$$
\begin{aligned}
AF(\mu) &= \int_{\mathbf{R}^d}\left[\frac{1}{2}\sum_{p,q=1}^{d} c^{p,q}(x)\frac{\partial^2}{\partial x^p \partial x^q} + \sum_{p=1}^{d} b^p(x)\frac{\partial}{\partial x^p}\right]\frac{\delta F(\mu)}{\delta\mu(x)}\mu(\mathrm{d}x) + \\
&\quad \frac{1}{2}\int_{(\mathbf{R}^d)^2}\sum_{p,q=1}^{d} a^{p,q}(x,y)\frac{\partial^2}{\partial x^p \partial y^q}\frac{\delta^2 F(\mu)}{\delta\mu(x)\delta\mu(y)}\mu(\mathrm{d}x)\mu(\mathrm{d}y). \qquad (1.2)
\end{aligned}
$$

对于任意给定的 $\beta\in B(\mathbf{R}^d)$ 以及非负函数 $\sigma(\cdot)\in B(\mathbf{R}^d)$,可以定义一个算子

$$BF(\mu) = \int_{\mathbf{R}^d}\beta(x)\frac{\delta F(\mu)}{\delta\mu(x)}\mu(\mathrm{d}x) + \frac{1}{2}\int_{\mathbf{R}^d}\sigma(x)\frac{\delta^2 F(\mu)}{\delta\mu(x)^2}\mu(\mathrm{d}x), \qquad (1.3)$$

令

$$L = A + B, D(L) = \mathrm{span}\{F_{m,f}(\mu) = \langle f, \mu^m \rangle; m \in \mathbf{N}, f \in C_b^2((\mathbf{R}^d)^m)\}.$$

定理 1.1　如果 $a^{p,q}$，b^p 以及 $c^{p,q}$ 都是连续函数，或者对于任意的 $1 \leqslant p, q \leqslant d, x \in \mathbf{R}^d, c^{p,q}(x) = a^{p,q}(x,x)$，那么对任意的 $\mu \in M(\mathbf{R}^d)$，存在 $\Omega := C([0,+\infty), M(\mathbf{R}^d))$ 上的概率测度 P_μ. 使得 $(\Omega, G, \{G_t\}, \{w_t\}, P_\mu; \mu \in M(\mathbf{R}^d))$ 是生成元为 $(D(L), L)$ 的测度值过程，这里 w_t 是 Ω 上的坐标过程，G 是 Ω 上的 Borel 代数，$\{G_t\}$ 是 $\{w_t\}$ 生成的滤子.

定义　生成元为 $(D(L), L)$ 的测度值 Markov 过程称为参数为 $(a^{p,q}, c^{p,q}, b^p, \beta, \sigma)$ 的交互作用流的超过程 (superprocess arising from interactive flows, SAISF)，$\sigma(\cdot)$ 称为分支密度，$a^{p,q}(\cdot, \cdot)$ 称为交互作用参数.

在文献[7]中，Dawson 等提出具有相依运动和一般分支密度的超过程(superprocesses with dependent spatial motions and general branching densities, SDSM). 他们的 SDSM 包含了一维超 Brown 运动、具有湍流运输的分子扩散模型以及具有交互作用的扩散系统(参看文献[8～12]). 这类超过程是一维 SAISF 的特殊情形，马志明和向开南[13]提出了随机流的超过程(superprocess of stochastic flows, SSF)，这类超过程实质上是参数为 $(a^{p,q}, c^{p,q}, b^{p,q}, 0, 0)$ 并且 $c^{p,q}(x) = a^{p,q}(x,x)$ 的 SAISF，由于这时粒子的运动具有接合(coalescence)性质，即两个粒子一旦相遇便永远结合在一起运动，所以这类超过程与经典的超过程大不相同.

§ 2.　函数值对偶过程

本节将构造 SAISF 的对偶过程，为了简便，我们只考虑 $\beta(\cdot) \equiv 0$ 的情形.

设 μ 是 $\mathbf{R}^d$ 上的一个有限测度. 假定 $\{X_t(\cdot)\}$ 是 $M(\mathbf{R}^d)$ 值过程，其轨道右连左极，并且 $\{X_t(\cdot)\}$ 是鞅问题 $(D(L), L, \mu)$ 的一个解，即 $X_0 = \mu$, a. s. ，对于任意的 $F(\cdot) \in D(L)$，

$$F(X_t) - F(X_0) - \int_0^t LF(X_s)\mathrm{d}s \quad (t \geqslant 0) \tag{2.1}$$

是相对于滤子 $\{F_t^X\}$ 的局部鞅，这里 $\{F_t^X\}$ 是由 $\{X_t(\cdot)\}$ 产生的滤子.

由 Gronwall 不等式和 Dood 不等式，我们可以得到下述引理：

引理 2.1 对于任意的 $T>0$ 以及整数 m,有

$$E(\sup_{0\leqslant t\leqslant T} X_t(1)^m)<+\infty.$$

对于任意的 $f\in B((\mathbf{R}^d)^m)$. 不难验证

$$AF_{m,f}(\mu)=\langle G^m f,\mu^m\rangle,$$

这里 G^m 是(1.1)式中定义的算子. 另外,

$$BF_{m,f}(\mu)=\sum_{i,j=1,i\neq j}^{m}\langle \Phi_{i,j}f,\mu^{m-1}\rangle.$$

这里

$$\Phi_{i,j}f(x_1,x_2,\cdots,x_{m-1}):=\sigma(x_{m-1})f(x_1,x_2,\cdots,x_{m-1},\cdots,x_{m-1},\cdots,x_{m-2}) \tag{2.2}$$

[①]

是 $B((\mathbf{R}^d)^m)$ 到 $B((\mathbf{R}^d)^{m-1})$ 上的算子,因此

$$LF(\mu)=F_\mu(m,G^m f)+\sum_{i,j=1,i\neq j}^{m}F_\mu(m-1,\Phi_{i,j}f).$$

L 的对偶算子的形式应为

$$F_\mu(m,G^m f)+\sum_{i,j=1,i\neq j}^{m}F_\mu(m-1,\Phi_{i,j}f),$$

这里,$F_\mu(m,f)$ 应该看作定义在函数空间上的函数,μ 是其参数. 令 $\mathbf{B}$ 表示$\{B((\mathbf{R}^d)^m);m\in\mathbf{N}^*\}$的拓扑并,而$B((\mathbf{R}^d)^m)$上的拓扑是逐点收敛. 对偶过程构造如下:

令$\{M_t\}_{t\geqslant 0}$是独立于$\{X_t(\cdot)\}$的取正整数值的 Markov 链,其 Q- 矩阵为

$$q_{i,j}=\begin{cases}-\dfrac{i(i-1)}{2}, & j=i,\\ \dfrac{i(i-1)}{2}, & j=i-1,\\ 0, & \text{其他}.\end{cases}$$

令 $T_0=0,T_{M_0}=+\infty$,并且$\{T_k;k=1,2,\cdots,M_0\}$是$\{M_t\}_{t\geqslant 0}$的跳跃时间,令 $\Gamma_k(1\leqslant k\leqslant M_0-1)$ 为一列随机算子,关于$\{M_t\}_{t\geqslant 0}$条件独立,并且满足方程

$$P\{\Gamma_k=\Phi_{i,j}\,|\,M(T_k-)=l\}=\frac{1}{l(l-1)},\quad \forall\, 1\leqslant i\neq j\leqslant 1. \tag{2.3}$$

① 在(2.2)式的右端,x_{m-1} 位于 $f(\cdot)$ 的第 i 和第 j 个变元的位置上.

对于任意的 $Y_0 \in B((\mathbf{R}^d)^{M_0})$ 以及任意的 ω，如果 $T_k(\omega) \leqslant t < T_{k+1}(\omega)$，那么令

$$Y_t(\omega) = P_{t-T_k}^{M_{T_k}} \Gamma_k P_{T_k - T_{k-1}}^{M_{T_{k-1}}} \Gamma_{k-1} \cdots P_{T_2 - T_1}^{M_{T_2}} \Gamma_1 P_{T_1}^{M_0} Y_0. \tag{2.4}$$

显然，$\{Y_t; t \geqslant 0\}$ 是函数值 Markov 过程，并且 $\{(M_t, Y_t); t \geqslant 0\}$ 也是一个 Markov 过程.

利用全概率公式，我们可以得到

引理 2.2 对于固定的整数 m 以及函数 $f \in B((\mathbf{R}^d)^m)$，有

$$\begin{aligned} & E_{m,f}^{\sigma}\{\langle Y_t, \mu^{M_t}\rangle\} \\ & = \langle P_t^m f, \mu^m\rangle \exp\left\{-\frac{m(m-1)t}{2}\right\} + \\ & \quad \frac{1}{2}\sum_{i,j=1,i\neq j}^{m}\int_0^t E_{m-1,\Phi_{i,j}P_u^m f}^{\sigma}\left(\langle Y_{t-u}, \mu^{M_{t-u}}\rangle \exp\left\{-\frac{m(m-1)u}{2}\right\}\right)\mathrm{d}u, \end{aligned} \tag{2.5}$$

这里 $E_{m,f}^{\sigma}$ 是关于 $M_0 = m$ 和 $Y_0 = f$ 的条件期望.

由引理 2.2，不难计算出 $\{(M_t, Y_t); t \geqslant 0\}$ 的生成元 L^* 为

$$\begin{aligned} L^* F_{\mu}(m,f) &= \langle G^m f, \mu^m\rangle + \frac{1}{2}\sum_{i,j=1,i\neq j}^{m}[\langle \Phi_{i,j}f, \mu^{m-1}\rangle - \langle f, \mu^m\rangle] \\ &= F_{m,G^m f}(\mu) + \frac{1}{2}\sum_{i,j=1,i\neq j}^{m} F_{m-1,\Phi_{i,j}f}(\mu) - \frac{m(m-1)}{2}F_{m,f}(\mu) \\ &= LF_{m,f}(\mu) - \frac{m(m-1)}{2}F_{m,f}(\mu). \end{aligned} \tag{2.6}$$

下述引理是显然的：

引理 2.3 对于任意的整数 $m \geqslant 1$ 以及 $f \in B((\mathbf{R}^d)^m)$. 有

$$\begin{aligned} & E_{m,f}^{\sigma}\left(\langle Y_t, \mu^{M_t}\rangle \exp\left\{\frac{1}{2}\int_0^t M_s(M_s-1)\mathrm{d}s\right\}\right) \\ & \leqslant \|f\|(\|\sigma\|+1)^m(\mu(\mathbf{R}^d)+1)^m \exp\left\{\frac{m(m-1)}{2}t\right\}. \end{aligned} \tag{2.7}$$

定理 2.1 假定 $\{X_t(\cdot)\}_{t\geqslant 0}$ 是鞅问题 $(D(L), L, \mu)$ 的解，则对于任意的 $f \in C_b^2((\mathbf{R}^d)^m)$. 有

$$E(\langle f, X_t^m\rangle) = E_{m,f}^{\sigma}\left(\langle Y_t, \mu^{M_t}\rangle \exp\left\{\frac{1}{2}\int_0^t M_s(M_s-1)\mathrm{d}s\right\}\right).$$

由(2.6)式以及引理 2.3，利用标准的对偶性论证方法，可以证明定理 2.1，因与文献[7]中定理 2 的证明方法相似，故在此略去.

注 2.1 对于一般的 $\beta(\cdot)\in B(\mathbf{R}^d)$,令

$$\bar{P}_t^m f(x)=E_x\left(\exp\left\{\int_0^t[\beta(\xi_1(s))+\beta(\xi_2(s))+\cdots+\beta(\xi_m(s))]\mathrm{d}s\right\}f(\xi(t))\right).$$

这里$\{\xi(t)=(\xi_1(t),\xi_2(t),\cdots,\xi_m(t))\}_{t\geqslant 0}$是从 $x=(x_1,x_2,\cdots,x_m)$ 出发的 Feller 过程,其半群为$\{P_t^m\}$. 用 $\bar{P}_t^m$ 代替 P_t^m. 我们可以构造 $\beta(\cdot)\neq 0$ 时的鞅问题$(D(L),L,\mu)$ 的对偶过程.

§ 3. SAISF 的构造

为了简化证明过程,仍然只考虑 $\beta(\cdot)\equiv 0$ 的情形.

§ 3.1 由交互作用流引出的分支粒子系统

假定$\{X_t=(x_1(t),x_2(t),\cdots,x_m(t))\}$是由 G^m 确定的连续 Markov 过程,由文献[13] 中的引理 2.1,$\{X_t\}$是可交换的. 映射

$$\zeta:\bigcup_{m=1}^{+\infty}(\mathbf{R}^d)^m\rightarrow M(\mathbf{R}^d)$$

定义为

$$\zeta(x_1,x_2,\cdots,x_m):=\frac{1}{\theta}\sum_{i=1}^m\delta_{x_1}.\quad\forall(x_1,x_2,\cdots,x_m)\in(\mathbf{R}^d)^m.$$

显然$\{\zeta(X_t)\}$是一个取值于 $M(\mathbf{R}^d)$ 的 Markov 过程.

引理 3.1 $\{\zeta(X_t)\}$的生成元有如下表达式:

$$AF(\mu)+\frac{1}{2\theta}\int_{(\mathbf{R}^d)^2}\sum_{p,q}[c^{p,q}(x)-a^{p,q}(x,x)]\frac{\partial^2}{\partial x^p\partial y^q}\frac{\delta^2F(\mu)}{\delta\mu(x)\delta\mu(y)}\delta_x(\mathrm{d}y)\mu(\mathrm{d}x).\tag{3.1}$$

这里 $F(\cdot)$ 是 $M(\mathbf{R}^d)$ 上的函数,使得$\dfrac{\delta^2F(\mu)}{\delta\mu(x)\delta\mu(y)}$属于 $C_b^2(\mathbf{R}^d)$.

证 对于任意的$\Psi\in C_b^2(\mathbf{R})$以及 $f\in C_b^2(\mathbf{R}^d)$,$F(\mu):=\Psi(\langle\mu,f\rangle)$,显然,

$$\frac{\delta F(\mu)}{\delta\mu(x)}=\Psi'(\langle\mu,f\rangle)f(x).$$

$$\frac{\delta^2F(\mu)}{\delta\mu(x)\delta\mu(y)}=\Psi''(\langle\mu,f\rangle)f(x)f(y).$$

如果

$$\mu=\frac{1}{\theta}\sum_{i=1}^m\delta_{x_i},$$

那么令

$$g(x_1,x_2,\cdots,x_m):=F\left(\frac{1}{\theta}\sum_{i=1}^{m}\delta_{x_i}\right)=\Psi\left(\frac{1}{\theta}\sum_{i=1}^{m}f(x_i)\right).$$

由 $\{\zeta(X_t)\}$ 的定义以及 A_θ 的定义，有

$$\begin{aligned}A_\theta F(\mu)&=G^m g(x_1,x_2,\cdots,x_m)\\&=\frac{1}{2\theta}\sum_{i=1}^{m}\sum_{p,q=1}^{d}c^{p,q}(x_i)\Psi'\left(\frac{1}{\theta}\sum_{i=1}^{m}f(x_i)\right)f''_{pq}(x_i)+\\&\quad\frac{1}{2\theta^2}\sum_{i=1}^{m}\sum_{p,q=1}^{d}c^{p,q}(x_i)\Psi''\left(\frac{1}{\theta}\sum_{i=1}^{m}f(x_i)\right)f'_p(x_i)f'_q(x_i)+\\&\quad\frac{1}{2\theta^2}\sum_{i,j=1,i\neq j}^{m}\sum_{p,q=1}^{d}a^{p,q}(x_i,x_j)\Psi''\left(\frac{1}{\theta}\sum_{i=1}^{m}f(x_i)\right)f'_p(x_i)f'_q(x_j)+\\&\quad\frac{1}{\theta}\sum_{i=1}^{m}\sum_{p=1}^{d}b^p(x_i)\Psi'\left(\frac{1}{\theta}\sum_{i=1}^{m}f(x_i)\right)f'_p(x_i)\\&:=I_1+I_2+I_3+I_4.\end{aligned}$$

显然

$$I_1=\int_{\mathbf{R}^d}\frac{1}{2}\sum_{p,q=1}^{d}c^{p,q}(x)\frac{\partial^2}{\partial x^p\partial x^q}\frac{\delta F(\mu)}{\delta\mu(x)}\mu(\mathrm{d}x),$$

$$I_2=\frac{1}{2\theta}\int_{(\mathbf{R}^d)^2}\sum_{p,q}c^{p,q}(x)\frac{\partial^2}{\partial x^p\partial x^q}\frac{\delta^2F(\mu)}{\delta\mu(x)\delta\mu(y)}\delta_x(\mathrm{d}y)\mu(\mathrm{d}x),$$

$$\begin{aligned}I_3=&\int_{(\mathbf{R}^d)^2}\frac{1}{2}\sum_{p,q=1}^{d}a^{p,q}(x,y)\frac{\partial^2}{\partial x^p\partial y^q}\frac{\delta^2F(\mu)}{\delta\mu(x)\delta\mu(y)}\mu(\mathrm{d}x)\mu(\mathrm{d}y)-\\&\frac{1}{2\theta}\int_{(\mathbf{R}^d)^2}\sum_{p,q}a^{p,q}(x,x)\frac{\partial^2}{\partial x^p\partial y^q}\frac{\delta^2F(\mu)}{\delta\mu(x)\delta\mu(y)}\delta_x(\mathrm{d}y)\mu(\mathrm{d}x),\end{aligned}$$

$$I_4=\int_{\mathbf{R}^d}\sum_{p=1}^{d}b^p(x)\frac{\partial}{\partial x^p}\frac{\delta F(\mu)}{\delta\mu(x)}\mu(\mathrm{d}x),$$

所以有

$$\begin{aligned}&A_\theta F(\mu)=\\&AF(\mu)+\frac{1}{2\theta}\int_{(\mathbf{R}^d)^2}\sum_{p,q}[c^{p,q}(x)-a^{p,q}(x,x)]\frac{\partial^2}{\partial x^p\partial y^q}\frac{\delta^2F(\mu)}{\delta\mu(x)\delta\mu(y)}\delta_x(\mathrm{d}y)\mu(\mathrm{d}x).\end{aligned}\tag{3.2}$$

由于 span$\{\Psi(\langle\mu,f\rangle)\mid\Psi\in C_b^2(\mathbf{R}),f\in C_b^2(\mathbf{R}^d)\}$ 在 $C_b(M(\mathbf{R}^d))$ 中稠密，$\{\zeta(X_t)\}$ 的生成元具有(3.1)式中的形式. □

对于任意的 $F(\mu)=(\phi,\mu^k)$ 以及 $\phi\in C_b^2((\mathbf{R}^d)^k)$，容易看出

$$\lim_{\theta\to+\infty} A_\theta F(\mu) = \langle G^k\phi,\mu^k\rangle = AF(\mu).$$

如果对于任意的 $1\leqslant p,q\leqslant d$ 以及 $x\in\mathbf{R}^d$，有 $c^{p,q}(x)=a^{p,q}(x,x)$. 那么

$$A_\theta F(\mu) = AF(\mu).$$

下面对于粒子系统 $\{\zeta(X_t)\}$ 引入分支机制.

假定每个 $x\in\mathbf{R}^d$ 都对应于一个离散概率分布

$$p(x):=\{p_i(x),i\in\mathbf{N}\}.$$

并且每个函数 $p_i(x)$ 都是 $\mathbf{R}^d$ 上的 Borel 可测函数. $p_i(x)$ 表示单个粒子在地点 x 死亡时它有 i 个后代的概率. 我们假定后代从父辈的死亡地点开始运动，并且

$$p_1(x)=0,\quad \sum_{i=1}^{+\infty} ip_i(x)=1,\quad \sigma_p(x):=\sum_{i=1}^{+\infty}(i-1)^2 p_i\{x\}$$

是 $\mathbf{R}^d$ 上的有界函数.

令

$$M_\theta(\mathbf{R}^d):=\left\{\frac{1}{\theta}\lambda:\lambda \text{ 是 } \mathbf{R}^d \text{ 上取整数值的有限测度}\right\}.$$

由

$$\int_{M_\theta(\mathbf{R}^d)} F(\nu)\Gamma_\theta(\mu,\mathrm{d}\nu)$$

$$=\frac{1}{\theta\mu(1)}\sum_{i=1}^{\theta_\mu(1)}\sum_{j=0}^{+\infty} p_j(x_j)F\left(\mu+(j-1)\frac{1}{\theta}\delta_{x_i}\right).\ \forall F(\cdot)\in B(M(\mathbf{R}^d)).$$

可以得到 $M_\theta(\mathbf{R}^d)$ 上的一个概率测度 $\Gamma_\theta(\mu,\mathrm{d}\nu)$，这里

$$\mu=\frac{1}{\theta}\sum_{i=1}^{\theta_\mu(1)}\delta_{x_i},$$

对于固定的常数 $\gamma>0$，方程

$$B_\theta F(\mu):=\gamma\theta^2[\theta\wedge\mu(1)]\int_{M_\theta(\mathbf{R}^d)}[F(\nu)-F(\mu)]\Gamma_\theta(\mu,\mathrm{d}\nu)$$

$$(\forall F(\cdot)\in B(M_\theta(\mathbf{R}^d)))\tag{3.3}$$

定义了 $B(M_\theta(\mathbf{R}^d))$ 上的一个有界线性算子 B_θ. 令 $L_\theta=A_\theta+B_\theta$. 由文献[14]定理 7.2，知 L_θ 定义了 $B(M_\theta(\mathbf{R}^d))$ 上的一个 Feller 半群.

定义　生成元为 L_θ 的测度值 Markov 过程称为参数为(G,γ,p). 单位质量为$\dfrac{1}{\theta}$的交互作用分支粒子系统.

直观地，A_θ 是 L_θ 的扩散项，它表示粒子系统的运动；B_θ 表示 L_θ 的跳

跃项,它表示粒子系统的分支.为了使粒子系统的分支不至于太快,我们在定义 B_θ 的时候加入了因子 $\wedge\,\theta^2$.

对于任意的连续函数 $\phi_k\in C_b(\mathbf{R}^d)$, $k=1,2,\cdots,m$, 令 $F(\mu)=\prod_{k=1}^m\langle\phi_k,\mu\rangle$. 由 Taylor 公式,有

$$\begin{aligned}F(\mu+\varepsilon\delta_x)&=\prod_{k=1}^m\langle\phi_k,\mu\rangle+\varepsilon\sum_{l=1}^m\prod_{k=1,k\neq l}^m\langle\phi_k,\mu\rangle\phi_l(x)+\\&\quad\varepsilon^2\sum_{p,q=1,p\neq q}^m\prod_{k=1,k\neq p,q}^m[\langle\phi_k,\mu\rangle+\xi\phi_k(x)]\phi_p(x)\phi_q(x)\\&=\prod_{k=1}^m\langle\phi_k,\mu\rangle+\varepsilon\sum_{l=1}^m\prod_{k=1,k\neq l}^m\langle\phi_k,\mu\rangle\phi_l(x)+\\&\quad\varepsilon^2\Big[\sum_{p,q=1,p\neq q}^m\prod_{k=1,k\neq p,q}^m\langle\phi_k,\mu\rangle+\eta\Big]\varphi_p(x)\varphi_q(x),\end{aligned}$$

这里 $0<\xi<\varepsilon$,并且

$$\eta<\frac{m(m-1)}{2}[(m-2)(\max_{1\leqslant k\leqslant m}\|\phi_k\|\mu(1)+\varepsilon)^{m-3}\max_{1\leqslant k\leqslant m}\|\phi_k\|]\varepsilon,$$

因此有

$$\begin{aligned}B_\theta F(\mu)&=\gamma\theta^2[\theta\wedge\mu(1)]\int_{M_\theta(\mathbf{R}^d)}[F(\nu)-F(\mu)]\Gamma_\theta(\mu,\mathrm{d}\nu)\\&=\frac{\gamma[\theta\wedge\mu(1)]}{2\mu(1)}\sum_{\alpha,\beta=1,\alpha\neq\beta}^m\sum_{j=1}^{+\infty}\langle\Big[\prod_{k=1,k\neq\alpha,\beta}^m\langle\phi_k,\mu\rangle+\eta\Big]p_j(j-1)^2\phi_\alpha\phi_\beta,\mu\rangle.\end{aligned}\tag{3.4}$$

在(2.2)式中,我们用 $\sigma_p(\cdot)$ 代替 $\sigma(\cdot)$,这样得到的算子记作 $\Phi_{i,j}^p$. 对于任意的

$$F(\mu)=\prod_{k=1}^m\langle\phi_k,\mu\rangle,\phi_k\in C_b(\mathbf{R}^d),\ k=1,2,\cdots,m,$$

有

$$B_\theta F(\mu)=\frac{\gamma[\theta\wedge\mu(1)]}{2\mu(1)}\sum_{\alpha,\beta=1,\alpha\neq\beta}^m\langle\Phi_{\alpha,\beta}^p\phi,\mu^{m-1}\rangle+\frac{\gamma[\theta\wedge\mu(1)]}{2\mu(1)}\sum_{j=1}^{+\infty}\kappa_j\langle(j-1)^2p_j,\mu\rangle,$$

这里

$$0<\kappa_j<\frac{m(m-1)}{2}\Big[(m-2)\Big(\max_{1\leqslant k\leqslant m}\|\phi_k\|\mu(1)+\frac{j-1}{\theta}\Big)^{m-3}\max_{1\leqslant k\leqslant m}\|\phi_k\|\Big]\frac{j-1}{\theta}.$$

显然对于任意的

$$F(\mu)=\langle\phi,\mu^m\rangle,\phi\in C(\mathbf{R}^d)^m,$$

有 $B_\theta F(\mu)=$

$$\frac{\gamma[\theta\wedge\mu(1)]}{2\mu(1)}\sum_{\alpha,\beta=1,\alpha\neq\beta}^{m}\langle\Phi_{\alpha,\beta}^{p}\phi,\mu^{m-1}\rangle+\frac{\gamma[\theta\wedge\mu(1)]}{2\mu(1)}\sum_{j=1}^{+\infty}\chi_j\langle(j-1)^2p_j,\mu\rangle,\tag{3.5}$$

这里

$$0<\chi_j<\frac{m(m-1)}{2}\left[(m-2)\|\phi\|\left(\mu(1)+\frac{j-1}{\theta}\right)^{m-3}\right]\frac{j-1}{\theta}.$$

§3.2　具有正分支密度的 SAISF

本小节假定 $\sigma(\cdot)$ 是 $\mathbf{R}^d$ 上的连续函数，$\inf\limits_{x\in\hat{\mathbf{R}}^d}\sigma(x)>\delta>0$ 并且 $\sigma(+\infty):=\lim\limits_{x\to+\infty}\sigma(x)$ 存在，$\hat{\mathbf{R}}^d$ 表示 $\mathbf{R}^d$ 的单点紧化. 令 $\{\theta_k\}$ 和 $\{\gamma_k\}$ 为两列正数，$\{p_k(x);k\in\mathbf{N}^*\}$ 为 $\mathbf{R}^d$ 上的概率测度族，满足 §3.1 中的假设.

对于任意的 θ_k. 设 $\{X_t^{(k)};t\geqslant 0\}$ 是参数为 $(G;\gamma_k,p^{(k)})$. 单位质量为 $1/\theta_k$ 的分支粒子系统，其初始状态为

$$X_0^{(k)}=\mu_k\in M_{\frac{1}{\theta_k}}(\mathbf{R}^d).$$

显然，$\{X_t^{(k)};t\geqslant 0\}$ 的所有轨道是右连左极的. $\{X_t^{(k)};t\geqslant 0\}$ 在 $D([0,+\infty),M(\hat{\mathbf{R}}^d))$ 上的分布记作 $Q^{(k)}$，函数

$$\sigma_{p^{(k)}}(\cdot):=\sum_{j=1}^{+\infty}p_j^{(k)}(\cdot)(j-1)^2$$

记作 σ_k.

由于 $a^{p,q},b^p,c^{p,q}$ 是有界函数，所以对于任意的 $m\in\mathbf{N}$ 以及 $f\in C_b((\hat{\mathbf{R}}^d))$，有 $P_t^m f(+\infty)=0$. 令

$\bar{C}((\hat{\mathbf{R}}^d)^m):=$

$$\left\{\frac{1}{u}\int_0^u P_s^m f\,\mathrm{d}s;f\in C_b^2((\mathbf{R}^m)).\ \lim_{|x|\to+\infty}f(x)\text{ 存在},\ \lim_{|x|\to+\infty}G^m f(x)=0\right\}.$$

$$D(\hat{L}):=\{F(\mu)=\langle\phi,\mu^m\rangle;m\in\mathbf{N},\phi\in\bar{C}((\hat{\mathbf{R}}^d)^m)\}.$$

$$\hat{L}F_{m,f}(\mu):=AF(\mu)+BF(\mu).\ \forall F\in D(\hat{L}),$$

$$\hat{L}_\theta F_{m,f}(\mu):=A_{\theta_k}F(\mu)+B_{\theta_k}F(\mu).\ \forall F\in D(\hat{L})$$

(在(3.2)式中，用 θ_k 代替 θ 便得到这里的 A_{θ_k}；在(3.3)式中，用 γ_k 代替 γ，$p^{(k)}(\cdot)$ 代替 $p(\cdot)$ 便得到这里的 B_{θ_k}). 将 $\hat{L}_{\theta_k}$ 简记作 $\hat{L}^k$，显然 $\hat{L}^k$ 是 $\{X_t^{(k)};t\geqslant 0\}$ 的生成元，并且鞅问题 $(D(\hat{L}),\hat{L})$ 的解是唯一的.

引理 3.2　如果 $\{\langle 1,\mu_k\rangle\}$ 和 $\{\gamma_k\sigma_k\}$ 是有界的，那么 $D([0,+\infty),$

$M(\hat{R}^d)$）上的分布列 $Q^{(k)}(k\in\mathbf{N}^*)$ 是胎紧的.

证　对任意的 k，容易看出 $\{X_t^{(k)}(1);t\geqslant 0\}$ 是一个鞅，其二次变差过程为

$$\int_0^t \frac{\gamma_k[\theta_k \wedge X_s^{(k)}(1)]}{2X_s^{(k)}(1)} I_{\{X_s^{(k)}\}(1)\neq 0} X_x^{(k)}(\sigma_k)\mathrm{d}s.$$

所以

$$P(\sup_{0\leqslant t\leqslant T} X_t^{(k)} \geqslant \eta) \leqslant \frac{\mu_k(1)}{\eta}.$$

$$E(X_t^{(k)}(1)^2) \leqslant \int_0^t \gamma_k X_s^{(k)}(\sigma_k)\mathrm{d}s \leqslant \|\gamma_k\sigma_k\| \mu_k(1)t$$

对于任意的 $\eta>0$ 和 $T>0$ 都成立，故 $\{X_t^{(k)}(1)\}$ 满足文献[14]p. 142 中的紧制(compact containment) 条件，另外，对于任意的

$f\in C_0^2(\mathbf{R}^m)$，$\phi_1,\phi_2,\cdots,\phi_m\in C_\partial^2(\mathbf{R}^d)$. $F(\mu):=f(\langle\varphi_1,\mu\rangle,\langle\varphi_2,\mu\rangle,\cdots,\langle\varphi_m,\mu\rangle)$.

$$F(X_t^{(k)})-F(X_0^{(k)})-\int_0^t L^k F(X_s^{(k)})\quad (t\geqslant 0)\tag{3.6}$$

是一个鞅. 因此，由 $a^{p,q}$，$c^{p,q}$，b^p 的有界性，不等式(3.5) 以及文献[14] p. 145 的定理可知 $Q^{(k)}(k\in\mathbf{N}^*)$ 是胎紧的. □

令 $\gamma_k=\delta$，$\sigma_k(x)=\sigma(x)/\delta$，并且当 $k\to+\infty$ 时 $\theta_k\to 0$. 显然对于任意的 $x\in\mathbf{R}^d$，有 $\sigma_k(x)>1$. 令 $N=[\|\sigma_k\|_{+\infty}]+2$，并且

$$\begin{cases} p_0^{(k)}(x)=\dfrac{N(N-3)+(N-2)\sigma_k(x)+2}{2N(N-2)}, \\ p_2^{(k)}(x)=\dfrac{N-1-\sigma_k(x)}{2(N-2)}, \\ p_N^{(k)}(x)=\dfrac{\sigma_k(x)-1}{N(N-2)}, \end{cases}\tag{3.7}$$

容易验证

$$p_0^{(k)}(x)+p_2^{(k)}(x)+p_N^{(k)}(x)=1,\tag{3.8}$$

$$2p_2^{(k)}(x)+Np_N^{(k)}(x)=1,\tag{3.9}$$

$$4p_2^{(k)}(x)+N^2p_N^{(k)}(x)=\sigma_k(x)+1.\tag{3.10}$$

$D([0,+\infty),M(\hat{\mathbf{R}}^d))$ 上的坐标过程记作 $\{w_t\}$.

定理 3.1　设 γ_k，$p^{(k)}$ 和 σ_k 是上面定义的序列. 假定 $a^{p,q}$ 和 b^p 以及 $c^{p,q}$ 是连续的，或者对于任意的 $1\leqslant p,q\leqslant d$，$c^{p,q}(x)=a^{p,q}(x,x)$. 如果 μ_k $(k\in\mathbf{N}^*)$ 弱收敛于 μ，那么 $Q^{(k)}(k\in\mathbf{N}^*)$ 弱收敛某个概率测度 Q_μ，并且

在 Q_μ 下，对于任意的 $F(\cdot) \in D(\hat{L})$，

$$F(w_t) - F(w_0) - \int_0^t \hat{L}F(w_s)\mathrm{d}s, t \geqslant 0$$

是一个鞅，即在 Q_μ 下，坐标过程 $\{w_t(\cdot); t \geqslant 0\}$ 是鞅问题 $(D(\hat{L}), \hat{L}, \mu)$ 的解.

证 (i) 我们假定 $a^{p,q}(x,x) = c^{p,q}(x)$. 由引理 3.2，$Q^{(k)}(k \in \mathbf{N}^*)$ 是胎紧的. 设 $Q^{(k_n)}(n \in \mathbf{N}^*)$ 是一个弱收敛于 Q 的子序列. 令

$$K = \{t: Q(w_t \neq w_{t-}) > 0\},$$

显然 K 是 $\mathbf{R}$ 的一个至多可数子集.

对于任意的 $F(\mu) = \langle \phi, \mu^m \rangle \in D(\hat{L})$，有

$$\lim_{k\to+\infty} E(A_{\theta_k}F(X_t^{(k)})) = \lim_{k\to+\infty} E(\langle G^m\phi, X_t^{(k)} \rangle) = \lim_{k\to+\infty} E(AF(X_t^{(k)})). \tag{3.11}$$

由 $p_j^{(k)}(\cdot)$ 的定义，有

$$\frac{\gamma[\theta \wedge \mu(1)]}{2\mu(1)} \sum_{j=1}^{+\infty} \chi_j \langle (j-1)^2 p_j, \mu \rangle = \frac{\gamma[\theta \wedge \mu(1)]}{2\mu(1)} \sum_{j=1}^{N} \chi_j \langle (j-1)^2 p_j, \mu \rangle, \tag{3.12}$$

并且收敛于 0，因此

$$\lim_{k\to+\infty} E(B_{\theta_k}F(X_t^{(k)})) = \lim_{k\to+\infty} E(BF(X_t^{(k)})). \tag{3.13}$$

对于任意的 $t_1, t_2, \cdots, t_{p+1} \notin K, 0 \leqslant t_1 < t_2 \cdots < t_{p+1}$，以及 $M(\mathbf{R}^d)$ 上的有界连续函数 $H_1, H_2, \cdots, H_p$. 有

$$\begin{aligned}
&E^Q\left(\left[F(w_{t_{p+1}}) - F(w_{t_p}) - \int_{t_p}^{t_{p+1}} \hat{L}F(w_s)\mathrm{d}s\right]\prod_{i=1}^{p} H_i(w_{t_i})\right)\\
&= \lim_{k_n\to+\infty} E^{Q^{(k_n)}}\left(\left[F(w_{t_{p+1}}) - F(w_{t_p}) - \int_{t_p}^{t_{p+1}} \hat{L}F(w_s)\mathrm{d}s\right]\prod_{i=1}^{p} H_i(w_{t_i})\right)\\
&= \lim_{k_n\to+\infty} E\left(\left[F(X_{t_{p+1}}^{(k_n)}) - F(X_{t_p}^{(k_p)}) - \int_{t_p}^{t_{p+1}} \hat{L}_k F(X_s^{(k_n)})\right]\prod_{i=1}^{p} H_i(X_{t_i}^{(k_n)})\right)\\
&= 0.
\end{aligned}$$

由于 $\{w_t; t \geqslant 0\}$ 的所有轨道都是右连左极的，并且 K 是至多可数的，所以对于任意的 $t_1 < t_2 < \cdots < t_{p+1}$，有

$$E^Q\left(\left[F(w_{t_{p+1}}) - F(w_{t_p}) - \int_{t_p}^{t_{p+1}} \hat{L}F(w_s)\mathrm{d}s\right]\prod_{i=1}^{p} H_i(w_{t_i})\right) = 0.$$

从而对于任意的 $F(\cdot) \in D(\hat{L})$，在 Q 下，

$$F(w_t)-F(w_0)-\int_0^t \hat{L}F(w_s)\mathrm{d}s \quad (t\geqslant 0)$$

是一个鞅. 由于鞅问题$(D(\hat{L}),(\hat{L}))$的解的分布是唯一的,所以$Q^{(k)}(k\in \mathbf{N}^*)$的弱收敛子序列的极限都相同,这意味着$Q^{(k)}(k\in\mathbf{N}^*)$弱收敛.

(ii) 对$a^{p,q},b^p,c^{p,q}$是连续函数的情形,其证明过程与文献[7]的证明类似. □

以后我们用$\{\hat{X}_t(\cdot)\}$表示$\hat{\mathbf{R}}^d$上的测度值过程$\{w_t\}$. 采用引理 2.1 的证明方法可以证明:对于任意的$T>0$以及整数m. 有

$$E\{\max_{0\leqslant t\leqslant T}\hat{X}_t(1)^m\}<+\infty.$$

设E是一个 Polish 空间,$D([0,+\infty),E)$上的坐标过程记作$\{W_t\}_{t\geqslant 0}$. 假定A是$D(A)\subset C(E)$上的线性算子,并且对于给定的$\mu\in E$,存在$D([0,+\infty),E)$上的概率测度P_μ,使得对于任意的$F\in D(A)$,

$$M_t^F:=F(W_t)-F(W_0)-\int_0^t A(W_s)\mathrm{d}s \quad (t\geqslant 0)$$

是一个P_μ- 局部鞅. 令

$$R_A(F,G):=A(FG)-FA(G)-GA(F).\ \forall F,G\in D(A). \tag{3.14}$$

引理 3.3 假定R_A具有导数性质

$$R_A(FG,H)=FR_A(G,H)+GR_A(F,H).\ \forall F,G,H\in D(A), \tag{3.15}$$

则在P_μ下,对于任意的$F\in D(A)$. 过程M^F及$\{F(w_t)\}$的轨道几乎必然连续.

证明参见文献[4] 引理 4.2.

定理 3.2 假定ν是$\hat{\mathbf{R}}^d$上的有限测度,$\{\hat{X}_t(\cdot)\}$是鞅问题$(D(\hat{L}),\hat{L},\nu)$的解,则$\{\hat{X}_t(\cdot)\}$几乎必然具有连续轨道.

证 易知$(D(\hat{L}),\hat{L})$具有导数性质,因此定理的结论成立.

定理 3.3 假定ν是$\hat{\mathbf{R}}^d$上的有限测度,$\{\hat{X}_t(\cdot)\}$是鞅问题$(D(\hat{L}),\hat{L},\nu)$的解,则

$$Z(\phi_t):=\hat{X}_t(\phi)-\hat{X}_0(\phi)-\int_0^t \hat{X}_s(G^1\phi)\mathrm{d}s \quad (t\geqslant 0) \tag{3.16}$$

是一个鞅,其二次变差过程为

$\langle Z(\phi)\rangle_t =$

$$\int_0^t\int_{(\hat{\mathbf{R}}^d)^2}\sum_{p,q=1}^d a^{p,q}(x,y)\frac{\partial\phi}{\partial x^p}(x)\frac{\partial\phi}{\partial y_p}(y)\hat{X}_s(\mathrm{d}s)\hat{X}_s(\mathrm{d}y)\mathrm{d}s+\int_0^t\hat{X}_s(\sigma\phi^2)\mathrm{d}s. \tag{3.17}$$

证 由$\{\hat{X}_t(\cdot)\}$的定义以及定理3.2,对于给定的$\phi\in C_0(\hat{\mathbf{R}}^d)$,

$$Z(\phi)_t := \hat{X}_t(\phi)-\hat{X}_0(\phi)-\int_0^t\hat{X}_s(G^1\phi)\mathrm{d}s\quad(t\geqslant 0)$$

是一个连续鞅.由Ito公式,

$$\begin{aligned}[\hat{X}_t(\phi)]^2 &= \left[Z_t(\phi)+\hat{X}_0(\phi)+\int_0^t\hat{X}_s(G^1\phi)\mathrm{d}s\right]^2\\ &= \hat{X}_0(\phi)^2+2\int_0^t\hat{X}_s(\phi)\hat{X}_s(G^1\phi)\mathrm{d}s+\langle Z(\phi)\rangle_t+\text{鞅},\end{aligned}\tag{3.18}$$

因此

$$\hat{X}_t(\phi)^2-\hat{X}_0(\phi)^2-2\int_0^t\hat{X}_s(\phi)\hat{X}_s(G^1\phi)\mathrm{d}s-\langle Z(\phi)\rangle_t\quad(t\geqslant 0) \tag{3.19}$$

是一个鞅.

令

$$f(x_1,x_2)=\phi(x_1)\phi(x_2),$$

$$G^2f(x_1,x_2) = [G^1\phi(x_1)]\phi(x_2)+[G^1\phi(x_2)]\phi(x_1)+\sum_{p,q=1}^d a^{p,q}(x_1,x_2)\frac{\partial\phi}{\partial x_1^p}(x_1)\frac{\partial\phi}{\partial x_2^p}(x_2). \tag{3.20}$$

由$\{\hat{X}_t(\cdot)\}$的定义以及等式$BF_{2,f}(\mu)=\langle\mu,\sigma\varphi^2\rangle$,知

$$\begin{aligned}&F_{2,f}(\hat{X}_t)-F_{2,f}(\hat{X}_0)-\int_0^t\hat{L}F_{2,f}(\hat{X}_s)\mathrm{d}s\\ &= \hat{X}_t(\phi)^2-\hat{X}_0(\phi)^2-2\int_0^t\hat{X}_s(\phi)\hat{X}_s(G^1\phi)\mathrm{d}s-\\ &\quad\int_0^t\int_{(\hat{\mathbf{R}}^d)^2}\sum_{p,q=1}^d a^{p,q}(x,y)\frac{\partial\phi}{\partial x^p}(x)\frac{\partial\phi}{\partial y_q}(y)\hat{X}_s(\mathrm{d}x)\hat{X}_s(\mathrm{d}y)\mathrm{d}s-\\ &\quad\int_0^t\hat{X}_s(\sigma\phi^2)\mathrm{d}s\quad(t\geqslant 0)\end{aligned}\tag{3.21}$$

是一个鞅,从两端减(3.19)式的两端,有

$$\langle Z(\phi)\rangle_t-\int_0^t\int_{(\mathbf{R}^d)^2}\sum_{p,q=1}^d a^{p,q}(x,y)\frac{\partial\phi}{\partial x^p}(x)\frac{\partial\phi}{\partial y_q}(y)\hat{X}_s(\mathrm{d}x)\hat{X}_s(\mathrm{d}y)\mathrm{d}s-$$

$$\int_0^t \hat{X}_s(\sigma\phi^2)\mathrm{d}s \quad (t \geqslant 0)$$

是一个鞅，因此

$$\langle Z(\phi)\rangle_t =$$

$$\int_0^t \int_{(\mathbf{R}^d)^2} \sum_{p,q=1}^d a^{p,q}(x,y) \frac{\partial\phi}{\partial x^p}(x) \frac{\partial\phi}{\partial y_q}(y)\hat{X}_s(\mathrm{d}x)\hat{X}_s(\mathrm{d}y)\mathrm{d}s + \int_0^t \hat{X}_s(\sigma\phi^2)\mathrm{d}s. \tag{3.22}$$

引理 3.4 假定 ν 是 $\hat{\mathbf{R}}^d$ 上的有限测度，$\{\hat{X}_t(\cdot)\}$ 是鞅问题$(D(\hat{L}),\hat{L},\nu)$的解，则$\{\hat{X}_t(\{+\infty\})\}$是一个临界的连续状态分支过程，其分支强度为$\sigma(+\infty)$.

证 令

$$g(x) = \begin{cases} 0, & x \leqslant 1. \\ \exp\left\{-\dfrac{1}{x-1}\right\}\left[\exp\left\{-\dfrac{1}{x-1}\right\} + \exp\left\{\dfrac{1}{x-2}\right\}\right]^{-1}, & 1 < x < 2, \\ 1. & x \geqslant 2. \end{cases} \tag{3.23}$$

显然 $g(\cdot)$ 是 $C^{+\infty}(\mathbf{R})$ 的. 令

$$\varphi_k = g\left(-\frac{x}{2^k}\right) + g\left(\frac{x}{2^k}\right),$$

则当 $k \to +\infty$ 时，

$$\|\varphi'_k\| \leqslant \frac{\|g'\|}{2^k}, \quad \|\varphi''_k\| \leqslant \frac{\|g''\|}{2^{2k}}, \quad \varphi_k(\cdot) \downarrow I_{\{+\infty\}}(\cdot),$$

$\|\varphi'_k\| \cdot \|\varphi''_k\| \to 0.$

由$\{\hat{X}_t(\cdot)\}$的定义，知

$$\hat{X}_t(\varphi_k) - \nu(\phi_k) - \int_0^t \hat{X}_s(G^1\phi_k)\mathrm{d}s \quad (t \geqslant 0). \tag{3.24}$$

以及

$$\hat{X}_t(\phi_k)^2 - \nu(\phi_k)^2 - 2\int_0^t \hat{X}_s(\phi_k)\hat{X}_s(G^1\phi_k)\mathrm{d}s -$$

$$\int_0^t \int_{(\mathbf{R}^d)^2} \sum_{p,q=1}^d a^{p,q}(x,y) \frac{\partial\phi_k}{\partial x^p}(x) \frac{\partial\phi_k}{\partial y_q}(y)\hat{X}_s(\mathrm{d}x)\hat{X}_s(\mathrm{d}y)\mathrm{d}s -$$

$$\int_0^t \hat{X}_s(\sigma\phi_k^2)\mathrm{d}s \quad (t \geqslant 0) \tag{3.25}$$

是两个鞅.

对于任意的 $T > 0$ 以及 $0 \leqslant t \leqslant T$. 有

$$\left|\hat{X}_t(\phi_k)-\nu(\phi_k)-\int_0^t \hat{X}_s(G^1\phi_k)\mathrm{d}s\right| \leqslant (1+T)\max_{0\leqslant s\leqslant T}\hat{X}_s(1). \tag{3.26}$$

由控制收敛定理,对于所有的 $s<t\leqslant T$ 以及 $F\in F_s$,有

$$\begin{aligned} & E([\hat{X}_t(\{+\infty\})-\nu(\{+\infty\})]1_F) \\ =& \lim_{k\to+\infty} E\left(\left[\hat{X}_t(\phi_k)-\nu(\phi_k)-\int_0^t \hat{X}_u(G^1\phi_k)\mathrm{d}u\right]1_F\right) \\ =& \lim_{k\to+\infty} E\left(\left[\hat{X}_s(\phi_k)-\nu(\phi_k)-\int_0^s \hat{X}_u(G^1\phi_k)\mathrm{d}u\right]1_F\right) \\ =& E([\hat{X}_s(\{+\infty\})-\nu(\{+\infty\})]1_F), \end{aligned} \tag{3.27}$$

因此$\{\hat{X}_t(\{+\infty\})-\nu(\{+\infty\}),t\geqslant 0\}$是一个鞅. 类似地,可以证明

$$\hat{X}_t(\{+\infty\})^2-\nu(\{+\infty\})^2-\int_0^t \sigma(+\infty)\hat{X}_s(\{+\infty\})\mathrm{d}s \quad (t\geqslant 0) \tag{3.28}$$

是一个鞅,所以$\{X_t(\{+\infty\})\}$的二次变差过程为

$$\left\{\int_0^t \sigma(+\infty)\hat{X}_s(\{+\infty\})\mathrm{d}s, t\geqslant 0\right\}.$$

从而$\{\hat{X}_t(\{+\infty\})\}$是一个临界的连续状态分支过程. □

推论 如果 $\nu(\{+\infty\})=0$,那么

$$\hat{X}_t\{+\infty\}=0, \forall t\geqslant 0, \text{a. s.}$$

如果把 $\hat{X}_t$ 视为 $\mathbf{R}^d$ 上的测度值过程,那么$\{\hat{X}_t\}$是鞅问题$(D(L),L,\nu)$的解.

定理 3.4 假定 $c^{p,q},a^{p,q},b^p$ 满足假设(i)(ii)和(iii),$\sigma\in C_b(\mathbf{R}^d)$,使得极限$\sigma(+\infty):=\lim\limits_{x\to+\infty}\sigma(x)$存在,而且$\inf\limits_{x\in\mathbf{R}^d}\sigma(x)>0$,$C([0,+\infty),M(\mathbf{R}^d))$上的坐标过程记作$\{w_t(\cdot)\}$,则对于任意的 $\mu\in M(\mathbf{R}^d)$,存在 $C([0,+\infty),M(\mathbf{R}^d))$上的概率测度 Q_μ,使得$\{w_t(\cdot)\}$是鞅问题$(D(L),L,\mu)$的解.

§3.3 具有一般分支机制的 SAISF

本小节中假定 A 是具有固定参数 $a^{p,q},c^{p,q},b^p$ 的算子. 对于任意 $\mathbf{R}^d$ 上的非负有界可测函数 $\sigma(\cdot)$,B_σ 表示算子

$$\frac{1}{2}\int\sigma(x)\frac{\delta^2 F(\mu)}{\delta\mu(x)^2}\mu(\mathrm{d}x),$$

L_σ 表示算子 $A+B_\sigma$.

引理 3.5　对于任意的$k \in \mathbf{N}^*$,设σ_k是$\mathbf{R}^d$上的一列非负有界可测函数,$\mu_k \in M(\mathbf{R}^d)$:$\{X_t^{(k)}(\cdot)\}$是鞅问题$(D(L_{\sigma_k}),L_{\sigma_k},\mu_k)$的解,其轨道几乎必然连续. 如果$\sup\limits_k \|\sigma_k\|$有界而且$\mu_k(1)$有界,那么序列$\{X_t^{(k)}/(\cdot)\}$ $(k \in \mathbf{N}^*)$是胎紧的.

证明与引理 3.2 的证明相同.

引理 3.6　设$\mu \in M(\mathbf{R}^d)$对于任意的$k \in \mathbf{N}^*$,σ_k是$\mathbf{R}^d$上的一列非负有界可测函数,$\{X_t^{(k)}(\cdot)\}$是鞅问题$(D(L_{\sigma_k}),L_{\sigma_k},\mu)$的一组解,其轨道几乎必然连续. 如果$\sigma_k(\cdot) \downarrow \sigma(\cdot)$(或者$\sigma_k(\cdot) \uparrow \sigma(\cdot)$),那么$\{X_t^{(k)}(\cdot)\}$在$D([0,+\infty),M(\hat{\mathbf{R}}^d))$上的分布弱收敛. 令$w_t(\cdot)$表示$D([0,+\infty),M(\hat{\mathbf{R}}^d))$上的坐标过程,$Q_\sigma$表示极限分布,对于固定的$t \geqslant 0$,$w_t(\cdot)$的分布由下式唯一确定:

$$E^{Q_\sigma}(\langle f,w_t\rangle^m) = E^{\sigma}_{m,f\otimes\cdots\otimes f}\left(\langle Y_t,\mu^{M_t}\rangle \exp\left\{\frac{1}{2}\int_0^u M_s(M_s-1)\mathrm{d}s\right\}\right). \tag{3.29}$$

这里$f \in C^2(\hat{\mathbf{R}}^d)$,并且对于任意的$1 \leqslant p,q \leqslant d$,$m \in \mathbf{N}$. 有

$$\frac{\partial f}{\partial x^p}(+\infty) = \frac{\partial^2 f}{\partial x^p \partial x^q}(+\infty) = 0.$$

其中$\{(Y_u,M_u)_{u\geqslant 0}\}$是 §2 中构造的函数值过程,

$$Y_0 = f\otimes\cdots\otimes f,\ M_0 = m.$$

更进一步,

$$E((w_t(f)-\mu(f))^4) \leqslant C\cdot(\mu(1)^4+\mu(1)^2)t^2, \tag{3.30}$$

其中C是仅依赖于$\|\sigma\|$,$\|a^{p,q}\|$,$\|c^{p,q}\|$,$\|b^p\|$和f的常数.

证　由引理 3.5,$(X_t^{(k)}(\cdot))(k \in \mathbf{N}^*)$作为取值于$D([0,+\infty),M(\hat{\mathbf{R}}^d))$的过程序列是胎紧的,容易看出对于任意的满足引理中条件的f以及m,有

$$\lim_{k\to+\infty} E(\langle f,X_t^{(k)}\rangle^m) = E^{\sigma}_{m,f\otimes\cdots\otimes f}\left(\langle Y_t,\mu^{M_t}\rangle \exp\left\{\frac{1}{2}\int_0^u M_s(M_s-1)\mathrm{d}s\right\}\right). \tag{3.31}$$

这里$\{(Y_u,M_u)_{u\geqslant 0}\}$是 §2 中构造的函数值过程,$Y_0 = f\otimes\cdots\otimes f$,$M_0 = m$,故$\{X_t^{(k)}(\cdot)\}(k \in \mathbf{N}^*)$的一维分布列是收敛的. 采用同样的方法可以证明$\{X_t^{(k)}(\cdot)\}(k \in \mathbf{N}^*)$的有限维分布列也是收敛的,所以$\{X_t^{(k)}(\cdot)\}(k \in \mathbf{N}^*)$弱收敛.

集合 $\{t: Q_\sigma(w_t \neq w_{t-})\}$ 记作 K，显然 K 至多是可数的. 对于任意满足引理中条件的 $f \in C(\hat{\mathbf{R}}^d)$，$f \neq 0$ 和 $u \notin K$. 有

$$\begin{aligned}
&\lim_{a\to+\infty} E(1_{|X_u^{(k)}(f)|>a}\langle X_u^k, f\rangle^m) \\
&\leqslant \lim_{a\to+\infty} E(1_{\{\langle X_u^k,1\rangle>a/\|f\|\}}\|f\|^m\langle X_u^k,1\rangle^m) \\
&\leqslant \lim_{a\to+\infty} \frac{\|f\|}{a} E\{\|f\|^m\langle X_u^k,1\rangle^{m+1}\} \\
&\leqslant \lim_{a\to+\infty} \frac{\|f\|^{m+1}}{a}\mu(1)^{m+1}\|\sigma_k\|^{m+1}\exp\left\{\frac{m(m+1)u}{2}\right\} \\
&= 0,
\end{aligned}$$

所以

$$\begin{aligned}
E^{Q_\sigma}(w_u(f)^m) &= \lim_{a\to+\infty} E(\langle w_u f\rangle^m \vee (-a) \wedge a) \\
&= \lim_{a\to+\infty}\lim_{k\to+\infty} E(\langle (X_u^{(k)})^m, f\rangle \vee (-a) \wedge a) \\
&= \lim_{k\to+\infty}\lim_{a\to+\infty} E(\langle (X_u^{(k)})^m, f\rangle \vee (-a) \wedge a) \\
&= \lim_{n\to+\infty} E(\langle (X_u^{(k)})^m, f\rangle) \\
&= E^\sigma_{m, f\otimes\cdots\otimes f}\left(\langle Y_u, \mu^{M_u}\rangle \exp\left\{\frac{1}{2}\int_0^u M_s(M_s-1)\mathrm{d}s\right\}\right).
\end{aligned}$$

由 $\{w_t(\cdot)\}$ 的右连续性知(3.29)式对于任意的 t 都成立. 对于任意的 $t \geqslant 0$，有

$$\begin{aligned}
&E^{Q_\sigma}(|w_t(f)-\mu(f)|^4) \\
&\leqslant \liminf_{k\to+\infty} E(|X_t^{(k)}(f)-\mu(f)|^4) \\
&\leqslant \liminf_{k\to+\infty}\left[4E\left(\left|X_t^{(k)}(f)-\mu(f)-\int_0^t X_s^{(k)}(G^1 f)\right|^4\right)+4E\left(\left|\int_0^t X_t^{(k)}(G^1 f)\right|^4\right)\right].
\end{aligned}$$

由 $\{X_t^{(k)}\}$ 的定义以及 Burkholder-Davis-Gandy 不等式，得

$$\begin{aligned}
&E\left(\left|X_t^{(k)}(f)-\mu(f)-\int_0^t X_s^{(k)}(G^1 f)\right|^4\right) \\
&\leqslant C\cdot E\left(\left|\int_0^t X_t^{(k)}(\sigma_k f^2)\mathrm{d}s\right|\right)+C\cdot \\
&\quad E\left(\left|\int_0^t\int_{(\mathbf{R}^d)^2}\sum_{p,q=1}^d a^{p,q}(x,y)\frac{\partial f}{\partial x^p}(x)\frac{\partial f}{\partial y^q}(y)X_s^{(k)}(\mathrm{d}x)X_s^{(k)}(\mathrm{d}y)\mathrm{d}s\right|^2\right) \\
&\leqslant C\cdot\|\sigma_k\|^2\|f\|^4 t^2 E(\max_{0\leqslant s\leqslant t}(X_s^{(k)}(1))^2)+C\cdot\|Df\|^2 t^2 E(\max_{0\leqslant s\leqslant t}(X_s^{(k)}(1))^4) \\
&\leqslant C\cdot(\|\sigma_k\|^2\|f\|^4 t^2(\mu(1)^2+\|\sigma_k\|\mu(1)t)+\|Df\|^2 t^2(\mu(1)^4+\|\sigma_k\|t)),
\end{aligned} \tag{3.32}$$

$$E\left(\left|\int_0^t X_s^{(k)}(G^1 f)\right|^4\right)\leqslant t^4 E(\max_{0\leqslant s\leqslant t}|X_s^{(k)}(G^1 f)|^4)$$

$$\leqslant t^4\|G^1 f\|^4 E(\max_{0\leqslant s\leqslant t}(X_s^{(k)}(1))^4)$$

$$= C\cdot(\|\sigma_k\|+C)\|G^1 f\|^4 t^4, \tag{3.33}$$

所以

$$E(|w_t(f)-\mu(f)|^4)\leqslant C\cdot(\mu(1)^4+\mu(1)^2)t^2,$$

这里 C 是仅依赖于 $\|\sigma\|$，$\|a^{p,q}\|$，$\|c^{p,q}\|$，$\|b^p\|$ 和 f 的常数. □

从$\{(Y_u,M_u)\}$的定义不难看出

$$E^{Q_\sigma}\{w_t(1)^4\}\leqslant(1+\mu(1))^4(1+\|\sigma\|)^4 e^{6t}. \tag{3.34}$$

如果 $m=1$，那么 $E^{Q_\sigma}\{w_t(f)\}=\langle P_t f,\mu\rangle$. 令 $f(\cdot)\downarrow I_{\{+\infty\}}(\cdot)$，有

$$E^{Q_\sigma}\{w_t(\{+\infty\})\}=\mu(\{+\infty\})=0,$$

所以 $w_t(\cdot)\in M(\mathbf{R}^d)$，a. s.，从而可以把 $w_t(\cdot)$ 看成是 $\mathbf{R}^d$ 上的随机测度.

引理 3.7 对于任意的 $t\geqslant 0,\mu\in M(\mathbf{R}^d)$，引理 3.6 中 $w_t(\cdot)$ 在 Q_σ 下的分布记作 $Q_t^\sigma(\mu,d\eta)$，则概率测度族$\{Q_t^\sigma(\mu,d\eta);\mu\in M(\mathbf{R}^d),t\geqslant 0\}$是一个转移函数族.

证 只需要证明$\{Q_t(\mu,d\nu);t\geqslant 0,\mu\in M(\mathbf{R}^d)\}$满足 Chapman-Kolmogorov 方程. 对于任意满足引理 3.6 中条件的 $f\in C^2((\mathbf{R}^d)^m)$，有

$$\int_{M(\mathbf{R}^d)}Q_r(\mu,d\eta)\int_{M(\mathbf{R}^d)}\langle f,\nu^m\rangle Q_t(\eta,d\nu)$$

$$=\int_{M(\mathbf{R}^d)}E_{m,f}^\sigma\left(\langle Y_t,\eta^{M_t}\rangle\exp\left\{\frac{1}{2}\int_0^t M_s(M_s-1)ds\right\}\right)Q_r(\mu,d\eta)$$

$$=E_{m,f}^\sigma\left(\int_{M(\mathbf{R}^d)}\langle Y_t,\eta^{M_t}\rangle\exp\left\{\frac{1}{2}\int_0^t M_s(M_s-1)ds\right\}Q_r(\mu,d\eta)\right)$$

$$=E_{m,f}^\sigma\left(E_{M_t,Y_t}^\sigma\left(\langle Y_r,\mu_r^M\rangle\exp\left\{\frac{1}{2}\int_0^t M_s(M_s-1)ds\right\}\right)\exp\left\{\frac{1}{2}\int_0^t M_s(M_s-1)ds\right\}\right)$$

$$=E_{m,f}^\sigma\left(\langle Y_{r+t},\mu^{M_{r+t}}\rangle\exp\left(\frac{1}{2}\int_0^{r+t}M_s(M_s-1)ds\right\}\right)$$

$$=\int_{M(\mathbf{R}^d)}\langle f,\nu^m\rangle Q_{r+t}(\eta,d\nu). \tag{3.35}$$

由于$\{\langle f,\nu^m\rangle:m\in\mathbf{N},f\in C^2((\mathbf{R}^d)^m)\}$在 $B(M(\mathbf{R}^d))$ 中稠密，故

$$\int_{M(\mathbf{R}^d)}Q_r(\mu,d\eta)Q_t(\eta,d\nu)=Q_{r+t}(\eta,d\nu).$$

定理 3.5 假定 $\sigma_k(k\in\mathbf{N}^*)$ 是 $\mathbf{R}^d$ 上的一列有界可测函数，使得对于任意的 k，轨道连续的过程$\{X_t^{(k)}(\cdot)\}$是鞅问题$(D(L_{\sigma_k}),L_{\sigma_k})$的解. 若$\sigma(\cdot)$

是 $\mathbf{R}^d$ 上的有界可测函数且 $\sigma_k(\cdot)\downarrow\sigma(\cdot)$（或者 $\sigma_k(\cdot)\uparrow\sigma(\cdot)$），则对于任意的 $\nu\in M(\mathbf{R}^d)$，存在取值于 $M(\mathbf{R}^d)$ 的连续的测度值过程 $\{X_t(\cdot)\}$，使得 $\{X_t(\cdot)\}$ 是鞅问题 $(D(L_\sigma),(L_\sigma),\nu)$ 的解.

证 由于 $M(\mathbf{R}^d)$ 是 Lusin 空间，由引理 3.7 以及 Kolmogorov 相容性定理，知存在取值于 $M(\mathbf{R}^d)$ 的 Markov 过程 $\{X_t(\cdot);t\geqslant 0\}$，其转移函数为 $\{Q_t(\mu,\mathrm{d}\eta);t\geqslant 0,\mu\in M(\mathbf{R}^d)\}$，初始状态为 ν. 另外，对于任意的 $f\in C^2(\hat{\mathbf{R}}^d)$，$T>0$ 以及 $0\leqslant t<s\leqslant T$，由(3.34)式以及引理 3.6，有

$$E(|X_t(f)|^4)=\|f\|^4E\left(\int_{M(\mathbf{R}^d)}\eta(1)^4Q_t(\nu,\mathrm{d}\eta)\right)$$
$$\leqslant C\cdot\nu(1)^4\|\sigma\|^4\exp\{6t\}. \tag{3.36}$$
$$E(|X_s(f)-X(f)|^4)=E\left(\int_{M(\mathbf{R}^d)}|X_s(f)-X_t(f)|^4\right)$$
$$\leqslant C\cdot(s-t)^2E\{X_t(1)^4\}\leqslant C\cdot(s-t)^2. \tag{3.37}$$

其中 C 为常数（在不同的地方可以不相同）. 由 Kolmogorov 连续性定理，$\{X_t(f);t\geqslant 0\}$ 的轨道是几乎必然连续的，所以 $\{X_t(\cdot);t\geqslant 0\}$ 的轨道是几乎必然连续的. 由方程

$$E^\sigma_{m,f}\left(\langle Y_t,\mu^{M_t}\rangle\exp\left\{\frac{1}{2}\int_0^t M_s(M_s-1)\mathrm{d}s\right\}\right)$$
$$=\langle P^m_t f,\mu^m\rangle\exp\left\{\frac{m(m-1)t}{2}\right\}+$$
$$\frac{1}{2}\sum_{i,j=1,i\neq j}\int_0^t E^\sigma_{m-1,\Phi_{i,j}P^m_u f}\left(\langle Y_{t-u},\mu^{M_{t-u}}\exp\left\{\frac{1}{2}\int_0^{t-u}M_s(M_s-1)\mathrm{d}s\right\}\rangle\right)\mathrm{d}u,$$

可以证明 $\{X_t(\cdot);t\geqslant 0\}$ 的生成元为 $(D(L_\sigma),(L_\sigma))$. □

定理 3.6 对于 $\mathbf{R}^d$ 上任意的 Borel 可测函数 $\sigma(\cdot)$ 以及 $\mu\in M(\mathbf{R}^d)$，存在 $\mathbf{R}^d$ 上的连续的测度值过程 $\{X_t(\cdot)\}$，使得 $\{X_t(\cdot)\}$ 是鞅问题 $(D(L_\sigma),(L_\sigma),\mu)$ 的解.

证 令 S 表示集合 $\{\sigma(\cdot);\sigma(\cdot)\in B(\mathbf{R}^d)^+$，并且 $\sigma(\cdot)$ 满足定理 3.6 中的结论$\}$. 由定理 3.4，它包含所有在无穷远处有极限的连续函数. 由定理 3.5，它是一个单调类，所以 S 包含 $\mathbf{R}^d$ 的所有的有界可测函数. □

注 3.1 对于一般的 $\beta(\cdot)\in B(\mathbf{R}^d)$，令

$$\bar{P}^m_t f(x)=E_x\left(\exp\left\{\int_0^t[\beta(\xi_1(s))+\beta(\xi_2(s))+\cdots+\beta(\xi_m(s))]\mathrm{d}s\right\}f(\xi(t))\right),$$

这里$\{\xi(t)=(\xi_1(t),\xi_2(t),\cdots,\xi_m(t))\}_{t\geqslant 0}$是从$x=(x_1,x_2,\cdots,x_m)$出发的Feller过程,其转移半群为$\{P_t^m\}$.用$\bar{P}_t^m$代替$P_t^m$.重复上面的证明过程我们得到参数为$(a^{p,q},c^{p,q},b^p,\beta,\sigma)$的SAISF.

结合定理2.1与3.6.可以得定理1.1.

定理3.7 $\{X_t(\cdot)\}_{t\geqslant 0}$.是鞅问题$(D(L),L)$的解,当且仅当

$$\begin{cases}\forall\phi\in C_b^2(\mathbf{R}^d),Z(\phi)_t:=X_t(\phi)-X_0(\phi)-\int_0^t X_s(G^1\phi)\mathrm{d}s(t\geqslant 0)\text{ 是}\\ \text{相对于滤子 }F^X\text{ 的鞅},Z_0(\phi)=0,\text{它的二次变差过程为}\\ \langle Z(\phi)\rangle_t=\int_0^t X_s(\sigma\phi^2)\mathrm{d}s+\\ \qquad\int_0^t\int_{(\mathbf{R}^d)^2}\sum_{p,q=1}^d a^{p,q}(x,y)\dfrac{\partial\phi}{\partial x^p}(x)\dfrac{\partial\phi}{\partial y^q}(y)X_s(\mathrm{d}x)X_s(\mathrm{d}y)\mathrm{d}s\end{cases}\tag{3.38}$$

证 **必要性**与定理3.3的证明相同,仅证**充分性**.假定$\{X_t(\cdot)\}_{t\geqslant 0}$是鞅问题(3.38)的解.对于任意的$\phi_1,\phi_2,\cdots,\phi_m\in C_b^2(\mathbf{R}^d)$.令

$$F(\mu):=F_{m,\phi_1\otimes\cdots\otimes\phi_m}(\mu)=\langle\phi_1,\mu\rangle\langle\phi_2,\mu\rangle\cdots\langle\phi_m,\mu\rangle\in D(L).\tag{3.39}$$

$Z(\phi_i)$与$Z(\phi_j)$的协方差过程为

$$\begin{aligned}&[Z(\phi_i),Z(\phi_j)]_t\\ =&\int_0^t X_s(\sigma\phi_i\phi_j)\mathrm{d}s+\int_0^t\int_{(\mathbf{R}^d)^2}\sum_{p,q=1}^d a^{p,q}(x,y)\frac{\partial\phi_i}{\partial x^p}(x)\frac{\partial\phi_j}{\partial y^q}(y)X_s(\mathrm{d}x)X_s(\mathrm{d}y)\mathrm{d}s.\end{aligned}\tag{3.40}$$

由Ito公式,有

$$\begin{aligned}F(X_t)&=X_t(\phi_1)X_t(\phi_2)\cdots X_t(\phi_m)\\ &=\prod_{i=1}^m\left[X_0(\phi_i)+\int_0^t X_s(G^1\phi_i)\mathrm{d}s+Z(\phi_i)_t\right]\\ &=F(X_0)+\int_0^t\sum_{i=1}^m\Big[\prod_{j=1,j\neq i}X_s(\phi_j)\Big]X_s(G^1\phi_i)\mathrm{d}s+\\ &\quad\int_0^t\sum_{i=1}^m\Big[\prod_{j=1,j\neq i}X_s(\phi_j)\Big]\mathrm{d}Z(\phi_j)_s+\\ &\quad\frac{1}{2}\int_0^t\sum_{i,j=1,i\neq j}^m\Big[\prod_{k=1,k\neq i,j}X_s(\phi_j)\Big]X_s(\sigma\phi_i\phi_j)\mathrm{d}s+\end{aligned}$$

$$\frac{1}{2}\int_0^t \sum_{i,j=1,i\neq j}^{m}\Big[\prod_{k=1,k\neq i,j} X_s(\phi_j)\Big]\cdot$$

$$\int_{(\mathbf{R}^d)^2}\sum_{p,q=1}^{d} a^{p,q}(x,y)\frac{\partial\phi_i}{\partial x^p}(x)\frac{\partial\phi_j}{\partial y^q}(y)X_s(\mathrm{d}x)X_s(\mathrm{d}y)\mathrm{d}s$$

$$= F(X_0) + 鞅 + \int LF(X_s)\mathrm{d}s,$$

因此

$$F(X_t) - F(X_0) - \int_0^t LF(X_s)\mathrm{d}s = \int_0^t \sum_{i=1}^{m}\Big[\prod_{j=1,j\neq i} X_s(\phi_j)\Big]\mathrm{d}Z(\phi_j)_s$$

是局部鞅. 由于$\{F(\mu) = \mu(\phi_1)\mu(\phi_2)\cdots\mu(\phi_m); m \in \mathbf{N}, \phi_1,\phi_2,\cdots,\phi_m \in C_b^2(\mathbf{R}^d)\}$是$D(L)$的稠子集,所以$\{X_t(\cdot)\}_{t\geqslant 0}$是鞅问题$(D(L),L)$的解.

注 3.2 在文献[4]中,Mytnik 构造了随机环境中的超过程(superprocess in random environment). 这类超过程是如下鞅问题:

$$\begin{cases}\forall\phi\in D(A), Z(\phi)_t := X_t(\phi) - X_0(\phi) - \int_0^t X_s(A\phi)\mathrm{d}s\,(t\geqslant 0)\text{ 是}\\ \text{相对于滤子 } F^X \text{ 的平方可积鞅}, Z_0(\phi)=0.\text{ 其二次变差过程为}\\ \langle Z(\phi)\rangle_t = \int_0^t X_s(\phi^2) + \int_0^t\int_{E^2} g(x,y)\phi(x)\phi(y)X_s(\mathrm{d}s)X_s(\mathrm{d}y)\mathrm{d}s.\end{cases} \tag{3.41}$$

这里A是 Polish 空间E上的某个 Feller 过程的生成元,$g(\cdot,\cdot)$是$E\times E$上的对称函数. 这一模型可以解释如下:假定粒子的运动是由A驱动而且是相互独立的,而粒子的分支机制是由环境控制的,则在适当的假定下,粒子系统弱收敛于超过程$\{X_t(\cdot)\}$. 比较(3.41)和(3.38)式,可以看出两个鞅问题的形式极其相似. 事实上,仿照§2中的方法,可以构造这类超过程函数值对偶过程.

§4. SAISF 的例子

SAISF 包含了许多实际模型,如果取不同的参数,我们将得到不同的模型.

例 4.1 具有相依空间运动的超过程(superprocesses with spatial dependent motions and general densities).

在文献[7]中,Dawson 等构造了一类超过程,即具有相依空间运动的超过程，这类超过程可推广如下：

令 $W(\cdot,\cdot)$ 表示 $\mathbf{R}^d\times\mathbf{R}_+$ 上的柱形 Brown 运动(见文献[1]或[6])，令 $\{B_i(t)\}_{t\geqslant 0}(i\in\mathbf{N}^*)$ 是独立于 W 的相互独立的 Brown 运动.

利用 Picard 迭代法，我们可以得到

引理 4.1　假定 $U^{p,q}(\cdot)(1\leqslant p,q\leqslant d)$ 以及 $b^p(\cdot)(1\leqslant p\leqslant d)$ 是有界的 Lipschitz 函数，$h^p(\cdot)(1\leqslant p\leqslant d)$ 是使得

$$\sup_{x\in\mathbf{R}^d}\int_{\mathbf{R}^d}|\nabla_x h^p(x,y)|^2\mathrm{d}y<+\infty,$$

$$\sup_{x\in\mathbf{R}^d}\int_{\mathbf{R}^d}|h^p(x,y)|^2\mathrm{d}y<+\infty,$$

成立的函数，则对于任意的初始值 $x_i(0)=x_i(i\in\mathbf{N}^*)$，随机微分方程

$$\mathrm{d}x_i(t)=\int_{\mathbf{R}^d}h(x_i(t),y)W(\mathrm{d}y,\mathrm{d}t)+U(x_i(t))\mathrm{d}B_i(t)+b(x_i(t))\mathrm{d}t$$

$$(t\geqslant 0,i\in\mathbf{N}^*)\tag{4.1}$$

存在唯一解.

对于任意的 $1\leqslant p,q\leqslant d$. 令

$$\begin{aligned}\alpha^{p,q}(x,y)&=\int_{\mathbf{R}^d}h^p(x,z)h^q(y,z)\mathrm{d}z,\vartheta^{p,q}(x)\\&=\sum_{k=1}^{d}U^{p,k}(x)U^{q,k}(x)+\alpha^{p,q}(x,x).\end{aligned}$$

显然 $\{(x_1(t),x_2(t),\cdots,x_m(t)),t\geqslant 0\}$ 是一个 $d\times m$ 维扩散过程，其生成元为

$$\Gamma^m=\frac{1}{2}\sum_{i,j=1,i\neq j}^{m}\sum_{p,q=1}^{d}\alpha^{p,q}(x_i,x_j)\frac{\partial^2}{\partial x_i^p\partial x_j^q}+\frac{1}{2}\sum_{i=1}^{m}\sum_{p,q=1}^{d}\vartheta^{p,q}(x_i)\frac{\partial^2}{\partial x_i^p\partial x_i^q}+\sum_{i=1}^{m}\sum_{p=1}^{d}b^p(x_i)\frac{\partial}{\partial x_i^p}.$$

直观上，我们可以把 $c^{p,q}(x)-a^{p,q}(x,x)$ 看成是粒子的“主动运动”部分，$a^{p,q}(x,y)$ 看成是“被动运动”部分，$b^p(x)$ 是漂移部分.

定义　参数为上述 $(a^{p,q}(\cdot,\cdot),c^{p,q}(\cdot),b^p(\cdot),\beta(\cdot),\sigma(\cdot))$ 的 SAISF 称为有相依空间运动的超过程(superprocess with dependent spatial motion and general branching density，SDSM)，这里 $a^{p,q}(\cdot,\cdot)$，$c^{p,q}(\cdot)$ 以及 $b^p(\cdot)$ 是 Γ^m 的系数.

注 4.1 在文献[7,15,16]中,Dawson,Li 和 Wang 的模型只是一维的 SDSM,其参数具有形式

$$a(x,y)=\int_{\mathbf{R}}h(y-x)h(y)\mathrm{d}y,\ b(x)=0,\ \beta(x)=0.$$

例 4.2 随机流的超过程(superprocesses of stochastic flows). 令

$$\sigma(\cdot)=\beta(\cdot)=0,\quad a^{p,q}(x)=c^{p,q}(x,x),$$

则

$$LF_{m,f}(\mu)=AF_{m,f}(\mu)=F_{m,G^m f}(\mu)=\langle\mu,G^m f\rangle.$$

按照文献[13],这时的 SAISF 称为随机流的超过程. 令

$$Y^m=\{(Y_{st}^1(z_1)),(Y_{st}^2(z_2)),\cdots,(Y_{st}^m(z_m))\}_{t\geqslant s}$$

是从$(z_1,z_2,\cdots,z_m)\in(\mathbf{R}^d)^m$开始,由 G^m 驱动的过程. 显然 Y^m 是可交换的. 直观地,G^1 表示 Y^m 中单个粒子的运动规律,$a^{p,q}$ 表示不同粒子之间的相互作用.

对于任意的 $f\in C_b^2((\mathbf{R}^d)^2)$. 令 $F(z)=f(z,z)$,$\forall z\in\mathbf{R}^d$,则

$$\begin{aligned}G^1F(z)&=\frac{1}{2}\sum_{p,q=1}^{d}c^{p,q}\frac{\partial^2F}{\partial x^p\partial x^q}(z)+\sum_{p=1}^{d}b^p(z)\frac{\partial F}{\partial x^p}(z)\\&=\frac{1}{2}\sum_{p,q=1}^{d}c^{p,q}(z,z)\left(\sum_{i,j=1}^{2}\frac{\partial^2 f}{\partial x_i^p\partial x_j^q}(z,z)\right)+\sum_{p=1}^{d}b^p(z)\left(\sum_{i,j=1}^{2}\frac{\partial f}{\partial x_i^p}(z,z)\right)\\&=G^2f(z,z).\end{aligned}$$

如果 $f\in C^2((\mathbf{R}^d)^2)$,且对于任意的$(z_1,z_2)\in B(r)\times B(r)$,$f(z_1,z_2)=|z_1-z_2|^2$. 这里 $B(r)$ 是中心为 0. 半径为 r 的开球,那么显然有

$$F(z)=0,\ G^2f(z,z)=G^1F(z)=0,\ \forall z\in B(r).$$

这意味着 Y^m 是随机接合运动(stochastic coalescence).

令$\{X_t(\cdot)\}_{t\geqslant0}$ 是 $\mathbf{R}^d$ 上的随机流的超过程,初始测度为

$$\mu=\frac{1}{m}\sum_{i=1}^{m}\delta_i.$$

映射 $\Xi_m:(\mathbf{R}^d)^m\to M(\mathbf{R}^d)$ 定义为

$$\Xi(x_1,x_2,\cdots,x_m)=\frac{1}{m}\sum_{i=1}^{m}\delta_{x_i}(\cdot).\tag{4.2}$$

因为 G^m 的可交换性,可以认为$\{Y_t^m\}$是一个粒子系统,所以 $\Xi(Y^m)$ 是一个测度值 Markov 过程. 不难验证它的生成元为 A,由鞅问题$(D(A,A))$的解的唯一性,$\Xi(Y^m)$ 的分布与$\{X_t(\cdot)\}_{t\geqslant0}$ 的分布相同,所以$\{X_t(\cdot)\}_{t\geqslant0}$ 在

某种意义上是一个随机接合运动.

与经典的超过程相比，$\{X_t(\cdot)\}_{t\geqslant 0}$ 具有许多奇怪的性质. 例如，当 $d=1$ 时，如果 $X_0=\mu$ 是原子测度，那么 $\{X_t(\cdot)\}_{t>0}$ 在任何时刻都是原子测度，而一维超 Brown 运动无论初始测度是否是原子测度，在任何非 0 时刻都是绝对连续测度.

§ 5. SAISF 的变尺度极限

对于给定的 $\theta>0$，$M(\mathbf{R}^d)$ 上的算子 K_θ 定义如下：

$$K_{\theta\mu}(B):=\mu(\{\theta x:x\in B\}). \tag{5.1}$$

直观地，我们可以把 $\mathbf{R}^d$ 上的测度看成是一片"云"，如果一个人用望远镜来看这片"云"μ. 那么他看到的是 $K_{\theta\mu}$.

对于任意的 $h\in B(\mathbf{R}^d)$，$h_\theta(x)$ 表示函数 $h(\theta x)$.

引理 5.1 假定 $\{X_t(\cdot):t\geqslant 0\}$ 是参数为 $(a^{p,q},c^{p,q},b^p,0,\sigma)$ 的 SAISF 令 $X_t^\theta=K_\theta X_{\theta^2 t}$，则 $\{X_t^\theta:t\geqslant 0\}$ 是参数为 $(a_\theta^{p,q},c_\theta^{p,q},\theta b_\theta^p,0,\theta^2\sigma_\theta)$ 的 SAISF.

证 只需计算 $\{K_\theta X_t:t\geqslant 0\}$ 的生成元 L^θ. 显然

$$L^\theta F(\mu)=L(F\circ K_\theta)(K_{1/\theta}\mu).$$

对于任意的 $m\in\mathbf{N}$ 以及 $f\in C_b^2((\mathbf{R}^d)^m)$，由于

$$\begin{aligned}F_{m,f}\circ K_\theta(\mu)&=\langle f,(K_\theta(\mu))^m\rangle\\&=\int_{\mathbf{R}^d}f(x_1,x_2,\cdots,x_m)K_\theta(\mu)(\mathrm{d}x_1)(\mathrm{d}x_2)\cdots K_\theta(\mu)(\mathrm{d}x_m)\\&=\int_{\mathbf{R}^d}f\left(\frac{x_1}{\theta},\frac{x_2}{\theta},\cdots,\frac{x_m}{\theta}\right)\mu(\mathrm{d}x_1)\mu(\mathrm{d}x_2)\cdots\mu(\mathrm{d}x_m)\\&=F_{m,f_{1/\theta}}(\mu).\end{aligned}$$

故

$$\begin{aligned}L(F_{m,f}\circ K_\theta)(\mu)&=A(F_{m,f}\circ K_\theta)(\mu)+B(F_{m,f}\circ K_\theta)(\mu)\\&=AF_{m,f_{1/\theta}}(\mu)+BF_{m,f_{1/\theta}}(\mu)\\&=F_{m,G^m f_{1/\theta}}(\mu)+\frac{1}{2}\sum_{i,j=1,i\neq j}^m F_{m-1,\Phi_{i,j}f_{1/\theta}}(\mu),\end{aligned} \tag{5.2}$$

从而

$$L(F_{m,f}\circ K_\theta)(K_{1/\theta}\mu)=F_{m,(G^m f_{1/\theta})_\theta}(\mu)+\frac{1}{2}\sum_{i,j=1,i\neq j}^m F_{m-1,(\Phi_{i,j}f_{1/\theta})_\theta}(\mu),$$

$$(G^m f_{1/\theta})_\theta(x_1,x_2,\cdots,x_m)=\frac{1}{2\theta^2}\sum_{i,j=1,i\neq j}^{m}\sum_{p,q=1}^{d}a^{p,q}(\theta x_i,\theta x_j)\frac{\partial^2 f}{\partial x_i^p\partial x_j^q}(x_1,x_2,\cdots,x_m)+$$
$$\frac{1}{2\theta^2}\sum_{i=1}^{m}\sum_{p,q=1}^{d}c^{p,q}(\theta x_i)\frac{\partial^2 f}{\partial x_i^p\partial x_j^q}(x_1,x_2,\cdots,x_m)+$$
$$\frac{1}{\theta}\sum_{i=1}^{m}\sum_{p=1}^{d}b^p(\theta x_i)\frac{\partial f}{\partial x_i^p}(x_1,x_2,\cdots,x_m),\tag{5.3}$$

并且

$$(\Phi_{i,j}f_{1/\theta})_\theta(x_1,x_2,\cdots,x_{m-1})$$
$$=\sigma(\theta x_{m-1})f(x_1,x_2,\cdots,x_{m-1},\cdots,x_{m-1},\cdots,x_{m-2}),\tag{5.4}$$

所以

$$L^\theta F_{m,f}(\mu)=\frac{1}{\theta^2}F_{m,G_\theta^m f}(\mu)+\frac{1}{2\theta^2}\sum_{i,j=1,i\neq j}^{m}F_{m-1,\Phi_{i,j}^\theta f}(\mu).\tag{5.5}$$

这里

$$G_\theta^m f(x_1,x_2,\cdots,x_m)=\frac{1}{2}\sum_{i,j=1,i\neq j}^{m}\sum_{p,q=1}^{d}a^{p,q}(\theta x_i,\theta x_j)\frac{\partial^2 f}{\partial x_i^p\partial x_j^q}(x_1,x_2,\cdots,x_m)+$$
$$\frac{1}{2}\sum_{i=1}^{m}\sum_{p,q=1}^{d}c^{p,q}(\theta x_i)\frac{\partial^2 f}{\partial x_i^p\partial x_j^q}(x_1,x_2,\cdots,x_m)+$$
$$\sum_{i=1}^{m}\sum_{p=1}^{d}\theta b^p(\theta x_i)\frac{\partial f}{\partial x_i^p}(x_1,x_2,\cdots,x_m),\tag{5.6}$$

$$\Phi_{i,j}^\theta f(x_1,x_2,\cdots,x_{m-1}):=\theta^2\sigma(\theta x_{m-1})f(x_1,x_2,\cdots,x_{m-1},\cdots,x_{m-1},\cdots,x_{m-2}),\tag{5.7}$$

所以$\{X_t^\theta:t\geqslant 0\}$的生成元为

$$F_{m,G_\theta^m f}(\mu)+\frac{1}{2}\sum_{i,j=1,i\neq j}^{m}F_{m-1,\Phi_{i,j}^\theta f}(\mu).\tag{5.8}$$

这意味着$\{X_t^\theta:t\geqslant 0\}$是参数为$(a_\theta^{p,q},c_\theta^{p,q},\theta b_\theta^p,0,\theta^2\sigma_\theta)$的 SAISF.

定理 5.1 令$\{X_t(\cdot):t\geqslant 0\}$是参数为$(a^{p,q},c^{p,q},b^p,0,\sigma)$的 SAISF 初始测度为$X_0=\mu$. 假定对于任意的$x,y\in\mathbf{R}^d$, $1\leqslant p,q\leqslant d$. 当$\theta\to+\infty$时,

$$\begin{cases}a_\theta^{p,q}(x,y)\to 0,\\ c_\theta^{p,q}(x)\to c>0,\\ \theta b_\theta^p(x)\to bx^p,\\ \theta^2\sigma(x)\to\sigma_\partial>0.\end{cases}\tag{5.9}$$

并且在任意的有界区间上都一致收敛，则$\{X_t^\theta:t\geqslant 0\}$弱收敛于一个超

Ornstein-Uhlenbeck 过程,其底过程为

$$\frac{c\Delta}{2}+\sum_{p=1}^{d} bx^{p}\frac{\partial}{\partial x^{p}},$$

分支强度为 σ_{∂}. 初始测度为 $\delta_{\theta}(\cdot)$.

证 对于任意的 $\theta_k(k\in\mathbf{N}^*, \theta_k\to+\infty)$,不难看出 $\mu_k := X_0^{\theta_k}=K_{\theta_k}\mu$ 弱收敛于 $\delta_0(\cdot)$. 由于

$$\sup_{k\in\mathbf{N}}\|\theta_k^2\sigma_{\theta_k}\|<+\infty, X_0^{\theta_k}=K_{\theta_k}\mu\to\delta_0, k\to+\infty.$$

与引理 3.2 的证明相仿,我们可以证明 $X^{\theta_k}(k\in\mathbf{N}^*)$ 的分布列 $Q_{\mu_k}^{(k)}(k\in\mathbf{N}^*)$ 是 $C([0,+\infty), M(\mathbf{R}^d))$ 上的胎紧序列,假定 Q_μ 是 $Q_{\mu_{k_n}}^{(k_n)}$ 的弱收敛极限. 由 Skorohod 表示定理,存在取值于 $C([0,+\infty), M(\hat{\mathbf{R}}^d))$ 的随机元 $X(X^n, n\in\mathbf{N}^*)$,使得 X 和 $X^n(n\in\mathbf{N}^*)$ 的分布分别为 Q_{δ_0} 和 $Q_{\mu_{k_n}}^{k_n}(n\in\mathbf{N}^*)$. 并且 $X^n\to X$. a. s. 令 $F(\nu)=f(\langle\phi,\nu\rangle), f\in S(\mathbf{R})$, 并且 $\phi\in C_0(\hat{\mathbf{R}}^d)$. 这里 $S(\mathbf{R})$ 是 $\mathbf{R}$ 上的速降函数空间,因而对于任意的 n,

$$F(X_t^n)-F(X_0^n)-\int_0^t L^n F(X_s^n)\mathrm{d}s\quad(t\geqslant 0)\tag{5.10}$$

是一个鞅,其中 L^n 具有如下形式:

$$\begin{aligned}L^nF(\nu)=&\frac{1}{2}\sum_{p,q=1}^{d}f''(\langle\phi,\nu\rangle)\int_{(\mathbf{R}^d)^2}a^{p,q}(\theta_{k_n}x,\theta_{k_n}y)\frac{\partial\phi}{\partial x^p}(x)\frac{\partial\phi}{\partial y^q}(y)\nu(\mathrm{d}x)\nu(\mathrm{d}y)+\\&\frac{1}{2}\sum_{p,q=1}^{d}f'(\langle\phi,\nu\rangle)\int_{\mathbf{R}^d}c^{p,q}(\theta_{k_n}x)\frac{\partial^2\phi}{\partial x^p\partial x^q}(x)\nu(\mathrm{d}x)+\\&\sum_{p=1}^{d}f'(\langle\phi,\nu\rangle)\int_{\mathbf{R}^d}\theta_{k_n}b^p(\theta_{k_n}x)\nu(\mathrm{d}x)+\\&\frac{1}{2}f''(\langle\phi,\nu\rangle)\int_{\mathbf{R}^d}\theta_{k_n}^2\sigma(\theta_{k_n}x)\phi(x^2)\nu(\mathrm{d}x).\end{aligned}$$

令 $n\to+\infty$,有

$$X_0=w-\lim_{n\to+\infty}X_0^n=\lim_{n\to+\infty}K_{\theta\mu}=\delta_0\quad\text{a. s.},\tag{5.11}$$

$$F(X_t^n)=f(\langle\phi,X_t^n\rangle)\to f(\langle\phi,X_t\rangle),\tag{5.12}$$

$$\begin{aligned}&E\left\{\left|f''(\langle\phi,X_s^n\rangle)\int_{(\mathbf{R}^d)^2}a^{p,q}(\theta_{k_n}x,\theta_{k_n}y)\frac{\partial\phi}{\partial x^p}(x)\frac{\partial\phi}{\partial y^q}(y)X_s^n(\mathrm{d}x)X_s^n(\mathrm{d}y)\right|\right\}\leqslant\\&E\left\{|f''(\langle\phi,X_s^n\rangle)|\int_{(\mathbf{R}^d)^2}|a^{p,q}(\theta_{k_n}x,\theta_{k_n}y)|\left|\frac{\partial\phi}{\partial x^p}(x)\right|\left|\frac{\partial\phi}{\partial y^q}(y)\right|X_s^n(\mathrm{d}x)X_s^n(\mathrm{d}y)\right\}\\&\to 0,\end{aligned}\tag{5.13}$$

$$\left| E\left\{ f'(\langle \phi, X_s^n \rangle) \int_{\mathbf{R}^d} c^{p,q}(\theta_{k_n} x) \frac{\partial^2 \phi}{\partial x^p \partial x^q}(x) X_s^n(\mathrm{d}x) \right\} - \right.$$

$$\left. E\left\{ f'(\langle \phi, X_s \rangle) \int_{\mathbf{R}^d} c \frac{\partial^2 \phi}{\partial x^p \partial x^q}(x) X_s(\mathrm{d}x) \right\} \right|$$

$$\leqslant E\left\{ | f'(\langle \phi, X_s^n \rangle) | \int_{\mathbf{R}^d} | c^{p,q}(\theta_{k_n} x) - c | \left| \frac{\partial^2 \phi}{\partial x^p \partial x^q}(x) \right| X_s^n(\mathrm{d}x) \right\} +$$

$$E\left\{ | f'(\langle \phi, X_s^n \rangle) - f'(\langle \phi, X_s \rangle) | \int_{\mathbf{R}^d} c \left| \frac{\partial^2 \phi}{\partial x^p \partial x^q}(x) \right| X_s^n(\mathrm{d}x) \right\} +$$

$$E\left\{ | f'(\langle \phi, X_s \rangle) | \int_{\mathbf{R}^d} c \frac{\partial^2 \phi}{\partial x^p \partial x^q}(x) \, | X_s^n(\mathrm{d}x) - X_x(\mathrm{d}x) | \right\}$$

$$\to 0, \tag{5.14}$$

故对于任意的 $H_1, H_2, \cdots, H_l \in C_b(\mathbf{R}^d)$，$t_1 < t_2 < \cdots < t_l$，与定理 3.1 的证明类似，我们可以得到

$$E\left\{ | f'(\langle \phi, X_s^n \rangle) | \int_{\mathbf{R}^d} c^{p,q}(\theta_{k_n} x) \frac{\partial^2 \phi}{\partial x^p \partial x^q}(x) X_s^n(\mathrm{d}x) \prod_{i=1}^{l} H(X_{t_i}^n) \right\}$$

$$\to E\left\{ | f'(\langle \phi, X_s \rangle) | \int_{\mathbf{R}^d} c \frac{\partial^2 \phi}{\partial x^p \partial x^q}(x) X_s(\mathrm{d}x) \prod_{i=1}^{l} H(X_{t_i}^n) \right\}, \tag{5.15}$$

$$E\left\{ | f'(\langle \phi, X_s^n \rangle) | \int_{\mathbf{R}^d} \theta_{k_n} b^p(\theta_{k_n} x) X_s^n(\mathrm{d}x) \prod_{i=1}^{l} H(X_{t_i}^n) \right\}$$

$$\to E\left\{ | f'(\langle \phi, X_s \rangle) | \int_{\mathbf{R}^d} b x^p X_s(\mathrm{d}x) \prod_{i=1}^{l} H(X_{t_i}^n) \right\}, \tag{5.16}$$

以及

$$E\left\{ | f''(\langle \phi, X_s^n \rangle) | \int_{\mathbf{R}^d} \theta_{k_n}^2 \sigma(\theta_{k_n} x) \phi(x)^2 \nu(\mathrm{d}x) \prod_{i=1}^{l} H(X_{t_i}^n) \right\}$$

$$\to E\left\{ | f''(\langle \phi, X_s \rangle) | \int_{\mathbf{R}^d} \sigma \partial \phi(x)^2 X_s(\mathrm{d}x) \prod_{i=1}^{l} H(X_{t_i}^n) \right\}. \tag{5.17}$$

结合(5.13) ～ (5.17) 式，有

$$E\left\{ \left[F(X_t) - F(\delta_0) - \int_0^t L' F(X_s) \mathrm{d}s \right] \prod_{i=1}^{l} H(X_{t_i}^n) \right\} = 0,$$

这里 L' 是超 Ornstein-Uhlenbeck 过程的生成元，因此对于任意的 $F(\nu) = f(\langle \phi, \nu \rangle)$，$f \in C_0(\mathbf{R})$ 以及 $O \in C_\partial(\mathbf{R}^d)$.

$$F(X_t) - F(\delta_0) - \int_0^t L' F(X_s) \mathrm{d}s \quad (\forall\, t \geqslant 0)$$

是一个鞅，从而$\{X_t\}$ 是初始测度为 δ_0 的超 Ornstein-Uhlenbeck 过程. 更进一步，X^θ 的分布弱收敛于超 Ornstein-Uhlenbeck 过程的分布.

注 5.1 如果 $\lim\limits_{\theta\to+\infty}\theta b^{p}(x)$ 为常数,那么 X^{θ} 收敛于带漂移的超 Brown 运动.

注 5.2 在 $d=1, a(x,y)=p^{(x-y)}, b^{p}=0$ 的情形,文献[7]中证明了 $\theta^{-2}K_{\theta}X_{\theta t}$ 弱收敛于超 Brown 运动.事实上,在不同的假设下,我们可以得到不同的弱收敛极限.例如,如果

$$\sigma(\theta x)\to 0,\ a^{p,q}(\theta x,\theta y)\to a^{p,q}(x,y),\ c^{p,q}(\theta x)\to a^{p,q}(x,x).$$

那么 $\{K_{\theta}X_{\theta^{2}t}\}$ 收敛于随机流的超过程.

参考文献

[1] Dawson D A. Measure-valued Markov process. In: Hennequin P L. ed. Lect Notes Math, Vol 1541. Berlin: Springer-Verlag, 1993: 1-260.

[2] Dynkin E B. An Introduction to Branching Measure-valued Processes. Providence: Amer Math Soc. 1994.

[3] Le Gall J F. A class path: valued Markov processes and its applications to superprocesses. Probab Th Rel Fields, 1993, 95: 25-46.

[4] Mytnik L. Superprocesses in random environments Ann Probab, 1996, 24: 1 953-1 978.

[5] Perkins E A. On the Martingale Problem for Interactive Measure-valued Branching Diffusions. Mem Amer Math Soc, Vol 115, No 549. Providence: Amer Math Soc, 1995.

[6] Walsh I B. An Introduction to Stochastic Partial Differential Equations. Lect Notes Math. Vol 1 180. Berlin: Springer-Verlag. 1986.

[7] Dawson D A. Li Z H, Wang H. Superprocess with dependent spatial motion and general branching densities. Elect J Probab, 2001, 6(25).

[8] Chow P L. Function space differential equations associated with a stochastic partial differential equation. lndiana Univ Math J. 1976, 25: 609-627.

[9] Dawson D A. Vaillancourt J. Stochastic Mckean-Vlasov equations. Nonlinear Diff Eq Appl. 1995, 2: 199-229.

[10] Dawson D A, Vaillancourt J. Wang H. Stochastic partial differential equations for a class of measure-valued branching diffusions in a random medium. Ann Ins Heri Poincaré, Probabilités and Stalistiques, 2000, 36: 167-180.

[11] Kotelenez P. Existence, uniqueness and smoothness for a class of function valued stochastic partial differential equations. Stochastics, 1992, 41: 177-199.

[12] Kotelenez P. A class quasilinear stochastic partial differential equations of Mckean-Vlasov type with mass conservation. Probab Th Rel Fields, 1995, 102: 159-188.

[13] Ma Zhiming, Xiang Kainan. Superprocesses of stochastic flows. Ann Probab. 2001, 29: 317-343.

[14] Ethier S N, Kurtz T G. Markov Processes: Characterization and Convergence. New York: Wiley, 1986.

[15] Wang H. State classification for a class of measure-valued branching diffusions in a Brownian medium. Prob Th Rel Fields. 1997. 109: 39-55.

[16] Wang H. A class of measure-valued branching diffusions in a random medium. Stochastic Analysis and Applications, 1998. 16: 753-786.

Chinese Science Bulletin
1995,40(2):91-96

条件布朗运动在角域上的生命时①

The Lifetime of Conditioned Brownian Motion in an Angular Domain

Conditioned Brownian motions in bounded domains have been extensively studied. However, we know little about the conditioned processes in an unbounded domain for the difficulty of techniques and methods. Only a few peculiar cases are investigated[1,2]. In this note, we shall be devoted to investigating the integrability of the lifetime of conditioned Brownian motions in the angular domain

$$A_m^d = \{(x^1, x^2, \cdots, x^d) \in \mathbf{R}^d,\ x^i > 0,\ 1 \leqslant i \leqslant m \leqslant d\}\ (d \geqslant 2).$$

Let $(B_t = (B_t^1, B_t^2, \cdots, B_t^d), P_x)$ be the standard Brownian motion in $\mathbf{R}^d$, $\tau = \inf\{t > 0, B_t \notin A_m^d\}$, $\tau_1 = \inf\{t > 0, B_t^i \leqslant 0\}$, and $\Pi_m^i = \{y \in \partial A_m^d, y^i = 0\}$, $i = 1, 2, \cdots, m$. Denote by $P_{A_m^d}(t, x, y)$ the transition function of the killed Brownian motion in A_m^d. Then

$$P_{A_m^d}(t, x, y) = \prod_{i=1}^m P_0(t, x^i, y^i) \cdot \prod_{j=m+1}^d P(t, x^j, y^j), x, y \in A_m^d,$$

where

$$P_0(t, x^i, y^i) = (2\pi t)^{-\frac{1}{2}} \left\{ \exp\left\{ -\frac{(x^i - y^i)^2}{2t} \right\} - \exp\left\{ -\frac{(x^i + y^i)^2}{2t} \right\} \right\},$$

$$P_0(t, x^j, y^j) = (2\pi t)^{-\frac{1}{2}} \exp\left\{ -\frac{(x^j - y^j)^2}{2t} \right\}.$$

① Preject supported by the National Natural Science Foundation of China.

本文与刘守生和赵学雷合作.

Definition 1 The Green function in A_m^d is defined by

$$G_{A_m^d}(x,y) \triangleq \int_0^{+\infty} P_{A_m^d}(t,x,y)\mathrm{d}t, \quad x,y \in A_m^d.$$

It is easy to see that

$$G_{A_m^d}(x,y) \leqslant G_{A_{m-1}^d}(x,y) \leqslant \cdots \leqslant G_{A_1^d}(x,y)$$

$$= \frac{c}{|x-y|^{d-2}}, x,y \in A_m^d, d \geqslant 3, c, \text{a positive constant}.$$

Definition 2 Because the exit point distribution from A_m^d is absolutely continuous with respect to the (induced) Lebesgue measure on ∂A_m^d, we can define the Poisson kernel as follows:

$$K_m^i(x,y) \triangleq P_x(B_\tau = y), x \in A_m^d, y \in \Pi_m^i$$

and

$$K_m^i(x,y) = P_x(B_\tau^j = y^j, \tau_i < \tau_j, 1 \leqslant j \leqslant m, j \neq i)$$

$$= \int_0^{+\infty} (2\pi s^3)^{-\frac{1}{2}} \exp\left\{-\frac{(x^i)^2}{2s}\right\} \cdot \prod_{i\neq j\neq 1}^{m} P_0(s,x^j,y^j) \prod_{j=m+1}^{d} P(s,x^j,y^j)\mathrm{d}s.$$

Similarly, we also have

$$K_m^i(x,y) \leqslant K_{m-1}^i(x,y) \leqslant \cdots \leqslant K_1^i(x,y) = \frac{cx^i}{|x-y|^d}, \quad c>0.$$

Definition 3 Denote by $H(A_m^d)$ the family of positive harmonic functions in A_m^d. For any fixed $h \in H(A_m^d)$, the so-called h-conditioned Brownian motion (B_t, P_x^h) in A_m^d is determined by

$$P_{A_m^d}^h(t,x,y) \triangleq P_{A_m^d}(t,x,y)\frac{h(y)}{h(x)}.$$

For short, we denote it by h-BM.

Doob[3] and Durrett[4] investigated the general properties of h-BM. The Martin's representation for $H(A_m^d)$ can be founded in Durrett[5] when $m=1$. Unfortunately, we have not such a kind of representation for $m \geqslant 2$. We here shall pay attention to the h-BM for $h \in H_0(A_m^d)$, a subclass of $H(A_m^d)$ given by

$$H_0(A_m^d) = \left\{ \sum_{1\leqslant i_1<i_2<\cdots<i_k\leqslant m} c_{i_1,i_2,\cdots,i_k} x^{i_1} x^{i_2} \cdots x^{i_k} + \sum_{i=1}^{m} \int_{\Pi_m^i} K_m^i(x,y)\mu_i(\mathrm{d}y) \right\},$$

where $c_{i_1,i_2,\cdots,i_k} \geqslant 0$, μ_i, is a σ-finite measure on Π_m^i which satisfies

$$\int_{\Pi_m^i} K_m^i(1,y)\mu_i(\mathrm{d}y) < +\infty, i = 1,2,\cdots,m.$$

Some interesting results are obtained by Zhao[1] for this kind of h-BM. This note gives a sufficient and necessary condition for the integrability of its lifetime. This study on integrability of lifetime greatly depends on the estimation of Green function and Poisson kernel. Two lemmas are introduced.

Lemma 1 (i) $G(1,y)\leqslant c\dfrac{y^1y^2\cdots y^m}{|y-1|^{d+2m-2}}$, $y\in A_m^d$, c, *a positive constant*; (ii) *there exists* $M>-0$, *if* $|y-1|\geqslant M$; *then*

$$G(1,y)\sim\frac{y^1y^2\cdots y^m}{|y-1|^{d+2m-2}},y\in A_m^d,$$

where $f(x)\sim g(x)$ *means that* $\exists\, c_1,c_2>0$ *such that*

$$c_1f(x)\leqslant g(x)\leqslant c_2f(x).$$

Proof

$$\begin{aligned}G(1,y)&=\int_0^{+\infty}(2\pi t)^{-\frac{d}{2}}\prod_{i=1}^m\exp\left\{-\frac{(y^i-1)^2}{2t}\right\}(1-\mathrm{e}^{\frac{2y^i}{i}})\prod_{i=m+1}^d\mathrm{e}^{-\frac{(y^i-1)^2}{t}}\mathrm{d}t\\&=\int_0^{+\infty}(2\pi t)^{-\frac{d}{2}}\mathrm{e}^{-\frac{|y-1|^2}{2t}}\prod_{i=1}^m\frac{2y^i}{t}\left(1-\frac{1}{2!}\left(\frac{2y^t}{t}\right)+\cdots\right)\mathrm{d}t\\&\leqslant\int_0^{+\infty}(2\pi t)^{-\frac{d}{2}}\mathrm{e}^{-\frac{|y-1|^2}{2t}}\prod_{i=1}^m\frac{2y^i}{t}\mathrm{d}t\\&=c\frac{y^1y^2\cdots y^m}{|y-1|^{d+2m-2}},\end{aligned}$$

where $c=2^{2m-1}\pi^{-\frac{d}{2}}\Gamma\left(\frac{d}{2}+m-1\right)>0$. So the proof of (i) is complete. To prove (ii),

$$\begin{aligned}G(1,y)&\geqslant\int_0^{+\infty}(2\pi t)^{-\frac{d}{2}}\exp\left\{-\frac{|y-1|^2}{2t}\right\}\prod_{i=1}^m\frac{2y^t}{t}\left(1-\frac{y^i}{t}\right)\mathrm{d}t\\&=\frac{y^1y^2\cdots y^m}{|y-1|^{d+2m-2}}\left[c_1-\frac{c_2\sum y^i}{|y-1|^2}+\frac{c_3\sum y^iy^j}{|y-1|^4}-\cdots+\frac{c_m(-1)^my^1y^2\cdots y^m}{|y-1|2m}\right].\end{aligned}$$

We notice that for $|y-1|$ which is large enough, $y^i<2|y-1|$. The quantity in the above parentheses is very close to c_1; therefore, we can find a constant $M>0$ so that for $|y-1|\geqslant M$,

$$G(1,y)\geqslant\frac{c_1}{2}\frac{y^1y^2\cdots y^m}{2|y-1|^{d+2m-2}}.$$

This completes the proof.

In a similar manner, we can prove that

Lemma 2 (i) $K_m^i(y,z)\leqslant c\dfrac{y^1y^2\cdots y^mz^1\cdots z^{i-1}z^{i+1}\cdots z^m}{|y-z|^{d+2m-2}}, y\in A_m^d, z\in \Pi_m^i$, c, a constant; (ii) there exists a constant $N>0$ such that for fixed z, if $|y|\geqslant N|z|$; then

$$K_m^i(y,z)\sim\frac{y^1y^2\cdots y^mz^1\cdots z^{i-1}z^{i+1}\cdots z^m}{|y-z|^{d+2m-2}}.$$

Theorem 1 *As for a general angular domain* A_m^d *and*

$$h(x)=x^1x^2\cdots x^k(1\leqslant k\leqslant m),$$

(i) $E_x^h\tau<+\infty$, when $1\leqslant k\leqslant m-3$;

(ii) $E_x^h\tau=+\infty$, *when* $m-2\leqslant k\leqslant m$.

Proof We will not distinguish the constant c in the sequel. We can prove that $E_x^h\tau=\dfrac{1}{h(x)}\displaystyle\int_{A_m^d}G(x,y)h(y)\mathrm{d}y$. Without loss of generality, we let $x=1$.

(i) For $1\leqslant k\leqslant m-3$, we know $|y-1|\sim|y|$ when $|y-1|\geqslant M\geqslant 2$ and $y^2y^3\cdots y^k$ is bounded when $|y-1|<M$. From ref. [6] we get

$$\begin{aligned}E_1^h\tau&\leqslant c\int_{A_m^d\cap\{|y-1|\geqslant M\}}\frac{y^1y^2\cdots y^m}{|y-1|^{d+2m-2}}y^1y^2\cdots y^k\mathrm{d}y+\\&\quad c\int_{A_m^d\cap\{|y-1|<M\}}\frac{y^1y^2\cdots y^k}{|y-1|^{d-2}}\mathrm{d}y\\&\leqslant c\int_{\{|y|\geqslant 1\}}\frac{\mathrm{d}y}{|y|^{d+m-k-2}}+c\int_{\{|y-1|<M\}}\frac{\mathrm{d}y}{|y-1|^{d-2}}<+\infty;\end{aligned}$$

(ii) for $m-2\leqslant k\leqslant m$,

$$\begin{aligned}E_1^h\tau&\geqslant\int_{A_m^d\cap\{|y-1|\geqslant M\}}\frac{y^1y^2\cdots y^m}{|y|^{d+2m-2}}y^1y^2\cdots y^k\mathrm{d}y\\&\geqslant c\int_{A_m^d\cap\{y^i\geqslant\frac{1}{4}|y|,i=1,2,\cdots,m\}\cap\{|y-1|\geqslant M\}}\frac{\mathrm{d}y}{|y|^{d+m-k-2}}=+\infty.\end{aligned}$$

Theorem 2 *Let* $h(y)=\displaystyle\int_{\Pi_m^1}K_m^i(y,z)\mu_1(\mathrm{d}z)\in H_0$ in $(A_m^d)(d\geqslant 2)$. *Then* (i) $E_x^h\tau\equiv+\infty$ as $m=1,d=2$;

(ii) $E_x^h\tau<+\infty\Leftrightarrow\displaystyle\int_{\Pi_m^i}\frac{z^2z^3\cdots z^m}{(1+|z|)^{d+2m-4}}\mu_1(\mathrm{d}z)<+\infty$ *otherwise.*

Proof Let $x=1$. Then

$$E_1^h\tau=\frac{1}{h(1)}\int_{A_m^d}G(1,y)h(y)\mathrm{d}y=\frac{1}{h(1)}\int_{\Pi_m^1}\left(\int_{A_m^d}G(1,y)K_m^1(y,z)\mathrm{d}y\right)\mu_1(\mathrm{d}z).$$

Due to σ-finiteness of μ_1, we only need to estimate $\int_{A_m^d} G(1,y)K_m^1(y,z)\mathrm{d}y$. Because of $|y|\sim|y-z|$ when $|y|\geqslant N|z|$,

$$\int_{A_m^d} G(1,y)K_m^1(y,z)\mathrm{d}y \geqslant \int_{A_m^d\cap\{|y|\geqslant N|z|\}} \frac{(y^1y^2\cdots y^m)^2 z^2z^3\cdots z^m}{(|y||y-z|)^{d+2m-2}}\mathrm{d}y$$
$$=\begin{cases} +\infty, & m=1, d=2; \\ c\dfrac{z^2z^3\cdots z^m}{|z|^{d+2m-4}}, & \text{otherwise}. \end{cases}$$

Therefore, (i) and the necessity of (ii) are proved. Now we prove its sufficiency.

We notice $\{|y|<N|z|\}\supset\{|y-1|<M\}\cup\left\{|t-z|\leqslant\frac{|z|}{2}\right\}$ for $|z|$ which is large enough. We have

$$\int_{A_m^d} G(1,y)K_m^1(y,z)\mathrm{d}y$$
$$=\Big\{\int_{A_m^d\cap\{|y|\geqslant N|z|\}}+\int_{A_m^d\cap\{|y-1|<M\}\cap\left\{|y-z|\geqslant\frac{|z|}{2}\right\}}+$$
$$\int_{A_m^d\cap\left\{|y-z|\geqslant\frac{|z|}{2}\right\}\cap\{|y-1|\geqslant M\}\cap\{|y|<N|z|\}}+\int_{A_m^d\cap\left\{|y-z|\leqslant\frac{|z|}{2}\right\}}\Big\}G(1,y)\cdot$$
$$K_m^1(y,z)\mathrm{d}y = I_1+I_2+I_3+I_4.$$

If $|y|\geqslant N|z|$, then $|y|\sim|y-z|$ and

$$I_1\leqslant cz^2z^3\cdots z^m\int_{\{|y|\geqslant N|z|\}}\frac{(y^1y^2\cdots y^m)^2}{|y|^{2d+4m-4}}\mathrm{d}y\leqslant c\frac{z^2z^3\cdots z^m}{|z|^{d+2m-4}}.$$

For $|y-1|<M$ we know that $y^1y^2\cdots y^m$ is bounded. Thus,

$$I_2\leqslant\int_{A_m^d\cap\left\{|y-z|\geqslant\frac{|z|}{2}\right\}\cap\{|y-1|\geqslant m\}}+\frac{1}{|y-1|^{d-1}}\frac{y^1y^2\cdots y^m z^2z^3\cdots z^m}{|y-z|^{d+2m-2}}\mathrm{d}y$$
$$\leqslant\frac{cz^2z^3\cdots z^m}{|z|^{d+2m-2}}\int_{\{|y-1|<M\}}\frac{y^1y^2\cdots y^m}{|y-1|^{d-2}}\mathrm{d}y$$
$$\leqslant\frac{cz^2z^3\cdots z^m}{|z|^{d+2m-2}}\leqslant\frac{cz^2z^3\cdots z^m}{|z|^{d+2m-4}},$$

$$I_3\leqslant\frac{cz^2z^3\cdots z^m}{|z|^{d+2m-2}}\int_{\{|y|<N|z|\}}\frac{(y^1y^2\cdots y^m)^2}{|y|^{d+2m-2}}\mathrm{d}y=\frac{cz^2z^3\cdots z^m}{|z|^{d+2m-4}}.$$

If $|y-z|<\frac{|z|}{2}$, then $\frac{|z|}{2}<|y|<\frac{3}{2}|z|$. Therefore.

$$I_4\leqslant\int_{A_m^d\cap\left\{|y-z|<\frac{|z|}{2}\right\}}\frac{cy^1y^2\cdots y^m}{|z|^{d+2m-2}}\cdot K_m^1(y,z)\mathrm{d}y.$$

Now we subdivide $\left\{|y-z|<\frac{|z|}{2}\right\}$ as follows: $\Delta_{i_1,i_2,\cdots,i_r}=\{y: |y^{i_j}-z^{i_j}|>z^{i_j}, |y^{k_j}-z^{k_j}|\leqslant z^{k_j}, 2\leqslant i_1<\cdots<i_r\leqslant m, 0\leqslant r\leqslant m, \{k_1, k_2,\cdots,k_s\}=\{2,3,\cdots,m\}\backslash\{i_1,i_2,\cdots,i_r\}\}$; then for $y\in\Delta_{i_1,i_2,\cdots,i_r}$ we have $y^{i_j}<2|y^{i_j}-z^{i_j}|, 1\leqslant j\leqslant r, y^{k^j}\leqslant 2z^{k^j}, 1\leqslant j\leqslant s$ and

$$I_4\leqslant\frac{c}{|z|^{d+2m-2}}\cdot\sum_{\{i_1,i_2,\cdots,i_r\}\subset\{2,3,\cdots,m\}}\int_{\Delta_{i_1,i_2,\cdots,i_r}}y^1y^2\cdots y^mK_m^1(y,z)\mathrm{d}y$$

$$\leqslant\frac{c}{|z|^{d+2m-2}}\sum\int_{\Delta_{i_1,i_2,\cdots,i_r}}y^1y^2\cdots y^mK_{m-s}^1(y,z)\mathrm{d}y,$$

where K_{m-s}^1 is Poisson kernel of the domain $\{y: y^1>0, y^{ij}>0, j=1, 2,\cdots,r\}$. We have

$$K_{m-s}^1\leqslant\frac{cy^1y^{i_1}\cdots y^{i_r}z^{i_1}\cdots z^{i_r}}{|y-z|^{d+2(m-s)-2}},$$

$$I_4\leqslant\frac{c}{|z|^{d+2m-2}}\sum\int_{\Delta_{i_1,i_2,\cdots,i_r}}\frac{(y^1y^{i_1}\cdots y^{i_r})^2y^{k_1}\cdots y^{k_s}z^{i_1}\cdots z^{i_r}}{|y-z|^{d+2(m-s)-2}}\mathrm{d}y$$

$$\leqslant\frac{c}{|z|^{d+2m-2}}\sum\int_{\Delta_{i_1,i_2,\cdots,i_r}}\frac{z^2z^3\cdots z^m}{|y-z|^{d-2}}\mathrm{d}y$$

$$\leqslant\frac{cz^2z^3\cdots z^m}{|z|^{d+2m-2}}\sum\int_{\{|y-z|<\frac{1}{2}|z|\}}\frac{\mathrm{d}y}{|y-z|^{d-2}}$$

$$=\frac{cz^2z^3\cdots z^m}{|z|^{d+2m-4}}.$$

This completes the proof.

References

[1] Zhao X L. Conditioned Brownian motion in an angular domain. *J. of Beijing Normal Univ.* (in Chinese, Science), 1993, 29(4): 427.

[2] Griffin P S, Verchota G C, Vogel A L. Distortion of area and conditioned Brownian motion. *Prob. Theory Relat. Fields*, 1993, 96: 385.

[3] Doob J L. *Classical Potential Theory and Its Probabilistic Counterpart*. New York: Springer, 1984.

[4] Durrett R. *Brownian Motion and Martingale in Analysis Belmont*. Walsworth Inc., 1984.

[5] Durrett R. *Brownian Motion and Martingale in Analysis Belmont*. Walsworth Inc., 1984: 99.

[6] Wang Zikun. *Brownian Motion and Potential* (in Chinese). Beijing: Science Press, 1983.

北京师范大学学报(自然科学版)
1984,(4):11-12

Е Б Дынкин 问题的推广[①]

An Extension of E B Dynkin's Problem

摘要 推广了 Е Б Дынкин 提出的超分支马程分支特征一般形式的提法.

关键词 超过程;分支马氏过程

$\xi_T = \{\xi_t, t\in T\}$ 是分支马氏过程,$P(S,X;t,\mathrm{d}y)$ 是转移函数,T_t^S 是转移半群. Dawson-Watanabe 关于 P 的差马氏过程的转移函数 $\mathscr{P}(S,\nu;t,\mathrm{d}\mu)$ 有

$$\int_M \mathscr{P}\{S,\nu;t,\mathrm{d}\mu\}\exp\{-\langle f,\mu\rangle\} = \exp\{-\langle V_t^S f,\nu\rangle\}.$$

M 是可测空间$(E,\mathscr{B})$ 上全体测度,半群 V_t^S 满足

$$V^S f = -\int_s^t T_r^S\{r\psi^r(V_t^r)\}\mathrm{d}r + T_t^s f,\quad s\leqslant r\leqslant t.$$

我们的目的是要在一定条件下,找出 ψ 的一般形式.

设$\{P_K^N\}$,$K\in\mathbf{N}$;$N\in\mathbf{N}^*$ 是一列概率分布列,

$$\varphi^N(\lambda) \triangleq \sum_{K=0}^{+\infty}\lambda^K P_K^N \psi^N(\lambda) \triangleq Nr^N\left[\varphi^N\left(1-\frac{\lambda}{N}\right)-1-\varphi^N(1)\left(-\frac{\lambda}{N}\right)\right]\varphi^N(1)$$

存在.

如果 $F^N\left(\left\{\frac{K}{N}\right\}\right)\triangleq Nr^N\cdot P_K^N\dfrac{K^2}{N^2+K^2}$,那么不难验证有

$$\psi^N(\lambda) = a^N\lambda + \int_0^{+\infty}\left[\left(1-\frac{\lambda}{N}\right)^{NX} - 1 + \frac{\lambda x}{1+x^2}\right]\frac{1+x^2}{x^2}\mathrm{d}F^N(x),$$

其中 $a^N = r^N\left(\sum_{K=1}^{+\infty}\dfrac{K^2}{N^2+K^2}KP_K^N\right)$.

① 本文1989年8月10日收到,国家自然科学基金资助项目.

设 $\psi_N(\lambda) \triangleq a^N\lambda + \int_0^{+\infty}\left[\mathrm{e}^{-\lambda x} - 1 + \frac{\lambda x}{1+x^2}\right]\frac{1+x^2}{x^2}\mathrm{d}F^N(x)\right]$,

则 $\psi_N(\lambda) - \psi^N(\lambda) = Nr^N\left[\varphi^N(\mathrm{e}^{\frac{-\lambda}{N}}) - \varphi^N\left(1-\frac{\lambda}{N}\right)\right]$.

假设 $\sum_{K=1}^{+\infty} KP^N \xrightarrow{N\to+\infty} b\left(\sup_N \sum_{K=1}^{+\infty} KP_K^N \xrightarrow{M\to+\infty} 0\right), r^N \sim N$,

这时有 $\psi^N(\lambda) - \psi_N(\lambda) \xrightarrow{N\to+\infty} -\frac{b\lambda^2}{2}; a^N \xrightarrow{N\to+\infty} a$.

研究 $\psi_N(\lambda)$ 的二阶差分

$$\Delta_L^2\psi_N(\lambda) = \psi_N(\lambda) - 2\psi_N(\lambda+L) + \psi_N(\lambda+2L)$$
$$= \int_0^{+\infty}(1-\mathrm{e}^{-LX})^2\frac{1+x^2}{x^2}\mathrm{e}^{-\lambda x}\mathrm{d}F^N(x).$$

再假设 $\psi^N(\lambda) \xrightarrow{N\to+\infty} \psi(\lambda)$. 这时有 $\Delta_L^2\psi_N(\lambda) \xrightarrow{N\to+\infty} \Delta_L^2\psi_N(\lambda)$，即

$$\Delta_L^2\psi_N(\lambda) \xrightarrow{N\to+\infty} \Delta_L^2\psi_N(\lambda) + bL^2.$$

因为 $(1-\mathrm{e}^{LX})^2\frac{1+x^2}{x^2}$ 有界，$\Delta_L^2\psi(0)+\infty$，以分布函数 $F^N(x)$ 一致有界，根据 Helly 定理存在. 根据 Laplace 变换存在唯一弱收敛极限 $F(x)$，再根据 L 的任意性有

$$\psi(\lambda) = a\lambda - \frac{b\lambda^2}{2} + \int_0^{+\infty}\left[\mathrm{e}^{\lambda x} - 1 + \frac{\lambda x}{1+x^2}\right]\frac{1+x^2}{x^2}\mathrm{d}F(x).$$

不难看出，当 $(1-\sum_{K=1}^{+\infty}KP_K^N)N \xrightarrow{N\to+\infty} a'$ 时，

$$\psi^N(\lambda) = Nr^N\left[\varphi^N\left(1-\frac{\lambda}{N}\right) - 1 + \frac{\lambda}{N}\right] \xrightarrow{N\to+\infty}$$
$$-a''\lambda + \frac{b\lambda^2}{2} + \int_0^{+\infty}\left[\mathrm{e}^{-\lambda x} - 1 + \frac{\lambda x}{1+x^2}\right]\frac{1+x^2}{x^2}\mathrm{d}F(x),$$

这就是 Е Б Дынкин 所提问题.

例

$$P_K^N \triangleq \begin{cases} 1-\alpha+\frac{K_1}{N}, & K=0, \\ \alpha-\frac{K_1}{N}-\frac{K^2}{N^2}, & K=1, \\ \frac{K^2}{N^2}, & K=N, \\ 0, & \text{其他}. \end{cases}$$

$$\sum_{K=1}^{+\infty} KP_K^N = \alpha - \frac{K_1}{N} - \frac{K_2}{N^2} + \frac{K^2}{N}, \quad r^N \triangleq N, b = \alpha, a = \frac{K_2}{2}.$$

$$\psi^N(\lambda) = -K_2 + K_2\left(1 - \frac{\lambda}{N}\right)^N + K_2\lambda.$$

$$\psi(\lambda) = -K_2 + K_2\lambda + K_2 e^{-\lambda}$$

$$= a\lambda - \frac{b\lambda^2}{2} + \int_0^{+\infty} \left(e^{-\lambda x} - 1 + \frac{\lambda x}{1+x^2}\right)\frac{1+x^2}{x^2} dF(x).$$

不难求出 $F(x) = \begin{cases} 0, & x \leqslant 0, \\ \alpha, & 0 < x \leqslant 1, \\ \alpha + K_2, & 1 < x < +\infty. \end{cases}$

当 $\alpha = 1$ 时是 Е Б Дынкин 所研究之情况.

References

[1] Fitzsimmons P J. Construction and regularity of measure-valued Markov branching processes. Israel Journal of Mathematics, 1988, 64(3): 337-361.

[2] Dynkin E B. Lecture notes in Nankai University, 1989.

Abstract In this paper give the branching characteristics

$$\psi(\lambda) = a(\lambda) - \frac{b\lambda^2}{2} + \int_0^{+\infty} \left(e^{-\lambda x} - 1 + \frac{\lambda x}{1+x^2}\right)\frac{1+x^2}{x^2} dF(x).$$

under some hypotheses.

Keywords superprocesses; branching Markov processes

北京师范大学学报(自然科学版)
1991,27(3):262-267

一类具有积分表达式的函数[①]

A Class of Integral Represented Functions

Abstract A class of integral represented functions appearing in the theory of measure Markov processes is studied. It is proved that functions belong to this class if and only if they are the limits of sequences with some special forms. The results are applied to explain the characters of those processes.

Keywords generating function; function sequence; integral representation; DW superprocess

In this paper, we further the results of Li Zenghu[1]. Let $\{g_k\}$ be a sequence of probability generating functions, that is,

$$g_k(s) = \sum_{i=0}^{+\infty} p_i^{(k)} s^i,\ 0 \leqslant s \leqslant 1, \tag{0.1}$$

where $p_i^{(k)} \geqslant 0$ and $\sum_{i=0}^{+\infty} p_i^{(k)} = 1$. Let $\{\alpha_k\}$ and $\{\beta_k\}$ be two sequences of positive numbers and $\beta_k \to 0^+$ as $k \to +\infty$. In studying the weak convergence of branching particle systems to measure processes, we often consider the following sequence of functions:

① NSFC

本文与李增沪合作.

$$\phi_k(\lambda):=\alpha_k[g_k(1-\beta_k\lambda)-(1-\beta_k\lambda)],\ 0\leqslant\lambda\leqslant\beta_k^{-1}, \qquad (0.2)$$

(see [2,3]). Supposing this sequence converges uniformly on each finite interval to a function $\phi(\lambda)$, $\lambda\geqslant 0$, Li Zenghu[1] proved that ϕ has the representation

$$\phi(\lambda)=b\lambda+c\lambda^2+\int_0^{+\infty}\left(e^{-\lambda u}-1+\frac{\lambda u}{1+u^2}\right)m(du),\ \lambda\geqslant 0, \quad (0.3)$$

where $c\geqslant 0$, b are constants and m is a measure on $(0,+\infty)$ such that $\int_0^{+\infty} 1\wedge u^2 m(du)<+\infty$. Similarly, if the sequence

$$\psi_k(\lambda):=\alpha_k[1-g_k(1-\beta_k\lambda)],\ 0\leqslant\lambda\leqslant\beta_k^{-1}, \qquad (0.4)$$

converges on each finite interval $\lambda\in[0,l]$, then the limit ψ has the representation

$$\psi(\lambda)=h\lambda+\int_0^{+\infty}(1-e^{-\lambda\mu})n(du),\ \lambda\geqslant 0, \qquad (0.5)$$

where $h\geqslant 0$ and $\int_0^{+\infty}(1\wedge u)\,n(du)<+\infty$.

In section 1, we demonstrate the covers of those assertions. Using a result given in [1], we also present a simple proof of the canonical representation for the Laplace transforms of infinitely divisible distributions on $[0,+\infty)$. In section 2, we briefly describe how these results are applied to the theory of measure Markov processes.

§ 1. Theorems

Theorem 1 A function $\phi(\lambda)$ has the representation (0.3) if and only if it is the limit of a sequence in form (0.2) and the convergence is uniform on each finite inteval $\lambda\in[0,l]$.

Proof "$\Leftarrow$" was proved in [1].

"$\Rightarrow$". Suppose ϕ has the form (0.3). We define

$$g_{1,k}(s)=$$

$$s+\alpha_{1,k}^{-1}\int_{k^{-1}}^{k}\left[\exp\{\beta_k^{-1}u(s-1)\}-1+\frac{u(1-s)}{\beta_k(1+u^2)}\right]m(du),$$

where $\beta_k\to 0^+$ and $\alpha_{1,k}^{-1}>0$ are small enough to assure

$$g_{1,k}(0) = \alpha_{1,k}^{-1}\int_{k^{-1}}^{k}\left[\exp\{-\beta_k^{-1}u\} - 1 + \frac{u}{\beta_k(1+u^2)}\right]m(du) \geqslant 0,$$

and

$$g'_{1,k}(0) = 1 + \alpha_{1,k}^{-1}\beta_k^{-1}\int_{k^{-1}}^{k} u\left[\exp\{-\beta_k^{-1}u\} - \frac{1}{1+u^2}\right]m(du) \geqslant 0.$$

Then it is easy to see that $g_{1,k}(1)=1$ and

$$g_{1,k}^{(i)}(s) = \alpha_{1,k}^{-1}\beta_k^{-i}\int_{k^{-1}}^{k} u^i\exp\{\beta_k^{-1}u(s-1)\}m(du) \geqslant 0,$$

$$0 < s < 1,\ i \in \mathbf{N}.$$

From the well known result about continuous functions we know that $g_{1,k}$ is a probability generating function (cf. [4]). Clearly, the sequence

$$\begin{aligned}\phi_{1,k}(\lambda) &:= \alpha_{1,k}[g_{1,k}(1-\beta_k\lambda) - (1-\beta_k\lambda)] \\ &= \int_{k^{-1}}^{k}\left(e^{-\lambda u} - 1 + \frac{\lambda u}{1+u^2}\right)m(du)\end{aligned}$$

converges uniformly on each finite interval $\lambda\in[0,l]$ to

$$\phi_1(\lambda) := \int_0^{+\infty}\left(e^{-\lambda u} - 1 + \frac{\lambda u}{1+u^2}\right)m(du),\ \lambda \geqslant 0.$$

Suppose $|b|+c>0$. Let $\alpha_{2,k}=\beta_k^{-1}|b|+2\beta_k^{-2}c$ and

$$g_{2,k}(s) = \begin{cases}\alpha_{2,k}^{-1}\beta_k^{-1}[b+\beta_k^{-1}c(1+s^2)], & b \geqslant 0,\\ \alpha_{2,k}^{-1}\beta_k^{-1}[\beta_k^{-1}c + (\beta_k^{-1}c - b)s^2], & b < 0.\end{cases}$$

Then $g_{2,k}$ is a probability generating function, and the function $\phi_{2,k}$ defined by (0. 2) with (g_k, α_k) replaced by $(g_{2,k}, \alpha_{2,k})$ is

$$\phi_{2,k}(\lambda) = \begin{cases} b\lambda + c\lambda^2, & b\geqslant 0,\\ b\lambda + c\lambda^2 - \beta_k b\lambda^2, & b<0.\end{cases}$$

Now we set $\alpha_k=\alpha_{1,k}+\alpha_{1,k}$ and set $g_k=\alpha_k^{-1}(\alpha_{1,k}g_{1,k}+\alpha_{2,k}g_{2,k})$, then the corresponding sequence $\phi_k(\lambda)$ defined by (0. 2) equals to $\phi_{1,k}(\lambda)+\phi_{2,k}(\lambda)$, which converges to $\phi(\lambda)$ uniformly on each finite interval $[0,l]$.

A typical example of (0. 3) is the function $\phi(\lambda)=-\lambda^\alpha, \lambda\geqslant 0, (0<\alpha<1)$ which corresponds to the discomposition

$$c = 0, b = -\frac{\alpha}{\Gamma(1-\alpha)}\int_0^{+\infty}\frac{du}{u^\alpha(1+u^2)}, m(du) = \frac{\alpha du}{\Gamma(1-\alpha)u^{1+\alpha}},$$

where Γ denotes the gamma function.

By differentiation under the integral in (0. 3); we have

$$\phi'(\lambda) = b + 2c\lambda + \int_0^{+\infty} u\left[\frac{1}{1+u^2} - e^{-\lambda u}\right]m(du),\ \lambda > 0.$$

Since the integrand is increasingly monotone in $\lambda>0$, we have

$$b_1 := \phi'(0^+) = b - \int_0^{+\infty} \frac{u^3}{1+u^2}m(du) \leqslant \phi'(\lambda),\ \lambda > 0.$$

Clearly, $\phi(\lambda)$ is Lipschitz on an interval $[0,\delta]$ for some $\delta>0$ if and only if $b_1>-\infty$. Under this assumption,

$$\phi(\lambda) = b_1\lambda + c\lambda^2 + \int_0^{+\infty} (e^{-\lambda u} - 1 + \lambda u)m(du),\ \lambda \geqslant 0. \tag{1.1}$$

An example of this expression is given by

$$\lambda^{1+\alpha} = \int_0^{+\infty} (e^{-\lambda u} - 1 + \lambda u)\frac{\alpha(1+\alpha)du}{\Gamma(1-\alpha)u^{2+\alpha}},\ \lambda \geqslant 0 \quad (0 < \alpha < 1).$$

Proposition 2 The function (0. 3) is non-negative if and only if it has the form (1. 1) with $b\geqslant 0$ and $c\geqslant 0$.

Proof The sufficiency of the condition is clear. If $\phi(\lambda)\geqslant 0$ for all $\lambda\geqslant 0$, then the mean value theorem assures the existence of a sequence $\lambda_k\to 0^+$ such that $\phi'(\lambda_k)\geqslant 0$, which together with the monoteity of ϕ' yield $\phi'(\lambda)\geqslant 0$ for all $\lambda>0$. Thus $b_1=\phi'(0^+)\geqslant 0$.

Theorem 3 A function ϕ has the representation (1. 1) with $b_1\geqslant 0$ and $c\geqslant 0$ if and only if it is the limit of a sequence in form (0. 2) where every g_k is subcritical, i. e., $g_k'(1)\leqslant 1$.

Proof The conditions $g_k(1)=1$ and $g_k'\leqslant 1$ imply $g_k(s)-s\geqslant 0$ for $0\leqslant s\leqslant 1$. Thus $\phi(\lambda)=\lim\limits_{k\to+\infty}\phi_k(\lambda)\geqslant 0$. The sufficiency of the condition then follows from Theorem 1 and Proposition 2.

Proof of the converse is a variant of the proof of Theorem 1. In fact, we can prove a much stronger result. For any $\beta_k\to 0^+$, we set

$$\alpha_k = \beta_k^{-1}b + 2\beta_k^{-2}c + \beta_k^{-1}\int_0^{+\infty} u(1-\exp\{-\beta_k^{-1}u\})m(du)$$

and

$$g_{1,k}(s) = s + \alpha_k^{-1}\beta_k^{-1}b(1-s) + \alpha_k^{-1}\beta_k^{-2}c(1-s)^2 +$$
$$\alpha_{1,k}^{-1}\int_0^{+\infty}[\exp\{\beta_k^{-1}u(s-1)\} - 1 + \beta_k^{-1}u(1-s)]m(du).$$

Then g_k is a probability generating function with $g'_k(1)\leqslant 1$. If ϕ_k is defined by (0.2), then $\phi_k(\lambda)=\phi(\lambda)$ for all $0\leqslant\lambda\leqslant\beta_k^{-1}$.

Theorem 4 Function ψ has the representation (0.5) if and only if it is the limit of a sequence in form (0.4).

Proof This is similar to the proof of Theorem 1. The only thing we want to remark is that for the sufficiency one can prove a stronger result as for Theorem 3.

Given a function $\theta(\lambda)$, $\lambda\geqslant0$, we define $\Delta_h\theta(\lambda)=\theta(\lambda=h)-\theta(\lambda)$ and define $\Delta_h^m=\Delta_h\cdots\Delta_h$ (m times). θ is said to be completely monotone if it satisfies

$$(-1)^m\Delta_h^m\theta(\lambda)\geqslant0,\quad h\geqslant0,\quad \lambda\geqslant0,\quad m\in\mathbf{N}.$$

As the special case of a result proved in [1], we have the following

Lemma 5 Function ψ has the representation (5) if and only if for every $c\geqslant0$, the function $\theta_c(\lambda):=\Delta_c\psi(\lambda),\lambda\geqslant0$, is completely monotone.

The Laplace transform of a probability measure P on $[0,+\infty)$ is defined by

$$L_P(\lambda)=\int_0^{+\infty}\mathrm{e}^{-\lambda u}P(\mathrm{d}u),\quad \lambda\geqslant0.$$

P is said to be infinitely divisible if for every integer $n>0$, there exists a probability measure P_n on $[0,+\infty)$, such that

$$L_P(\lambda)=[L_{P_n}(\lambda)]^n,\quad \lambda\geqslant0.$$

It is known that for infinitely divisible P the function $\psi(\lambda):=-\lg L_P(\lambda)$ has the representation (0.5). This assertion can be proved easily by using Lemma 5. Indeed, if we let

$$\psi_n(\lambda)=n[1-L_{P_n}(\lambda)]=n[1-\mathrm{e}^{-\frac{\psi(\lambda)}{n}}],$$

then $\lim\limits_{n\to+\infty}\psi_n(\lambda)=\psi(\lambda)$. For any $c\geqslant0$,

$$\Delta_c\psi_n(\lambda)=-n\Delta_cL_{P_n}(\lambda)=\int_0^{+\infty}\mathrm{e}^{-\lambda u}n(1-\mathrm{e}^{-cu})P_n(\mathrm{d}u)$$

is a Laplace transform, then it is completely monotone (see [1]). Therefore $\Delta_c\psi(\lambda)=\lim\Delta_c\psi_n(\lambda)$ is completely monotone.

§ 2. Application

The theorems proved in section 1 have direct applications to the theory of measure processes. A brief description of those is given below.

Suppose that E is a Lusin space, i. e., a homeomorph of a Borel subset of some compact metric space, and $\mathscr{E}$ is the Borel σ-algebra of E. The space of finite measures on $(E,\mathscr{E})$ is denoted by $\mathscr{M}$. Define M to be the σ-algebra on $\mathscr{M}$ generated by the mappings

$$\mu \longrightarrow \langle \mu, f\rangle := \int f \mathrm{d}\mu \tag{2.1}$$

as f runs over bp $\mathscr{E}$, the class of all bounded positive $\mathscr{E}$-measurable functions on E. Let $\zeta=(\zeta_t, \Pi_x)$ be a time homogeneous Markov process in E with transition semigroup $\Pi_t, t\geqslant 0$. An $\mathscr{M}$-valued Markov process $X=(X_t, P_\mu)$ is called a DW-superprocess over ζ if its transition probabilities satisfy

$$P_\mu \mathrm{e}^{-\langle X_t, f\rangle} = \mathrm{e}^{-\langle \mu, \omega_t\rangle}, \quad f \in \text{bp } \mathscr{E}, u \in \mathscr{M}, \tag{2.2}$$

where $\omega_t=\omega_t(x)$ is determined by the evolution equation

$$\omega_t + \int_0^t \Pi_{t-s}\phi(\omega_s)\mathrm{d}s = \Pi_t f, t \geqslant 0, \tag{2.3}$$

here $\phi=\phi(\lambda), \lambda\geqslant 0$, is a function of some special form.

A DW-superprocess is the high density limit of a sequence of branching particle processes. The function ϕ arises in that procedure as the limit of a function sequence in form (0.2) (see [2] and [3]). Theorems 1 and 3 provide us the general representations for ϕ in general and in subcritical cases, respectively.

If we consider the case where immigration happens, the limit process $Y=(Y_t, Q_\mu)$ of the particle processes can be given by

$$Q_\mu \mathrm{e}^{-\langle Y_t, f\rangle} = \exp\left\{-\langle \mu, \omega_t\rangle - \int_0^t \mathrm{d}s \int_{\mathscr{P}} \psi(\langle \pi, \omega_s\rangle)\eta(\mathrm{d}\pi)\right\}. \tag{2.4}$$

where ω_t satisfies (2.3), $\mathscr{P}$ is the subspace of $\mathscr{M}$ comprising probability measures, η is a finite measure on $\mathscr{P}$ and the function $\psi=\psi(\lambda)$ appears as the limit of a sequence in form (0.4). By Theorem 4, ψ has representation (0.5).

References

[1] Li Zenghu. Integral representations of continuous functions. Chinese Science Bulletin, 1991, 36(12): 979.

[2] Li Zenghu. Measure-valued branching processes with immigration. Stochastic Process. Appl., 1992, 43: 249-264.

[3] Dynkin E B. Branching particle systems and superprocesses. Ann. Probab., 1991, 19: 1 157-1 194.

[4] Feller W. An introduction to probability theory and its applications, Vol 2. 2nd ed. [s. I.]: John Wiley & Sons Inc, 1971.

摘要　研究了超过程理论中出现的一类具有积分表达式的函数. 证明了函数属于此类当且仅当它是某种特定的函数序列的极限,并用这一结论解释超过程的某些特征.

关键词　母函数;函数序列;积分表达式;DW-超过程

Science in China
1993,36A(7):769-777

带移民测度值分支过程的渐近行为①

Asymptotic Behavior of the Measure-Valued Branching Process with Immigration

Abstract The measure-valued branching process with immigration is defined as $Y_t = X_t + I_t$, $t \geqslant 0$, where X_t satisfies the branching property and I_t with $I_0 = 0$ is independent of X_t. This formulation leads to the model of [12, 14, 15]. We prove a large number law for Y_t. Equilibrium distributions and spatial transformations are also studied.

Keywords branching process; immigration; large number law; equilibrium distribution; transformation

§ 1. Introduction

The measure-valued branching process with immigration (MBI-process) arises as the high density limit of a certain branching particle system with immigration; see Kawazu and Watanabe [12], Konno and Shiga [13], Shiga [19], Dynkin [4,5] and Li [14,15] for construction of the MBI-process and for detailed descriptions of the particle system. Multitype MBI-processes have been considered by Gorostiza and Lopez-Mimbela [9] and Li [16].

Suppose (Y_t) is a measure-valued Markov process. It is natural to

---

① Project supported by the National Natural Science Foundation of China.

本文与李增沪和王梓坤合作.

call (Y_t) an MBI-process provided

$$(Y_t \mid Y_0 = \mu) = (X_t \mid X_0 = \mu) + I_t, t \geqslant 0, \tag{1.1}$$

(in distribution) where (X_t) is an MB-process, and (I_t) with $I_0 = 0$ (the null measure) a. s. is independent of (X_t). In section 2 of this draft we prove that under certain regularity conditions this formulation will lead to the model proposed by Kawazu and Watanabe [12]. Section 3 concerns the convergence of $a_t Y_t$ as $t \to +\infty$, where (a_t) is a suitable family of constants. Equilibrium distributions and spatial transformations are discussed in section 4.

§ 2. The MBI-process

Let E be a topological Lusin space (that is, a homeomorph of a Borel subset of a compact metric space) with the Borel σ-algebra $B(E)$. We shall use the notation introduced in Li [14]:

$B(E)^+ = \{$bounded nonnegative Borel functions on $E\}$,

$M = \{$finite Borel measures on $E\}$,

$M_0 = \{\pi : \pi \in M$ and $\pi(E) = 1\}$.

Suppose that M and M_0 are equipped with the usual weak topology. We call w a *cumulant* and put $w \in W$ if it is a functional on $B(E)^+$ with representation

$$w(f) = \iint_{\mathbf{R}^+ \times M_0} (1 - e^{-u\langle \pi, f\rangle}) \frac{1+u}{u} G(du, d\pi), \tag{2.1}$$

where $\mathbf{R}^+ = [0, +\infty)$, G is a finite measure on $\mathbf{R}^+ \times M_0$, and the value of the integrand at $u=0$ is defined as $\langle \pi, f\rangle := \int f d\pi$. It is well known that P is an infinitely divisible probability measure on M if and only if the Laplace functional L_P has the canonical representation $L_P(f) = \exp\{-w(f)\}$, where $w \in W$.

A Markov process (X_t, P_μ) in the space M is an *MB-process* if it satisfies the *branching property*,

$$P_\mu \exp\langle X_t, -f\rangle = \exp\langle \mu, -w_t\rangle, \tag{2.2}$$

where P_μ denotes the conditional expectation given $X_0 = \mu$, and $W_t : f \mapsto$

w_t is a semigroup of operators on $B(E)^+$, the so-called *cumulant semigroup*.

Let Q_μ denote the conditional law of the MBI-process (Y_t) in (1.1) given $Y_0=\mu$. Assume (X_t) satisfies (2.2). Then

$$Q_\mu \exp\langle Y_t, -f\rangle = \exp\{-\langle \mu, w_t\rangle - j_t(f)\}, \tag{2.3}$$

where $j_t(f) = -\lg \mathbf{E}\exp\langle I_t, -f\rangle$. To ensure that (Y_t) is Markovian, the (I_t) is not arbitrary. Typically,

$$j_t(f) = \int_0^t i(w_s)\mathrm{d}s, \quad t \geqslant 0, \tag{2.4}$$

for some $i\in W$. The process (Y_t, Q_μ) defined by (2.3) and (2.4) will be called an *MBI-process with parameters* (W, i). This is the case studied by Li [14,15].

When E is a one point set, Kawazu and Watanabe [12] proved that (2.3) and (2.4) represent the most general form of the MBI-process (Y_t) given by (1.1). The following Theorem 2.1 shows that this generality remains valid in the present case. Following Kawazu and Watanabe [12] and Watanabe [20], we call the cumulant semigroup (W_t) a ψ-semigroup if E is a compact metric space and (W_t) preserves $C(E)^{++}$, the strictly positive continuous functions on E.

Theorem 2.1 *Suppose* $W_t: f \mapsto w_t$ *is a* ψ*-semigroup and is (weakly) continuous on* $C(E)^{++}$. *Then* (j_t) *has the form* (2.4) *with* $i\in W$.

Proof Since any probability measure P is uniquely determined by the Laplace functional L_P restricted to $C(E)^{++}$, it is sufficient to prove (2.4) for all $f\in C(E)^{++}$. We shall follow the lead of [12]. For $f\in C(E)^{++}$ and $(u,\pi)\in[0,+\infty)\times M_0$ define

$$\xi(u,\pi;f) = \begin{cases} (1-\mathrm{e}^{-u\langle \pi, f\rangle})\dfrac{1+u}{u}, & 0<u<+\infty, \\ \langle \pi, f\rangle, & u=0, \\ 1, & u=+\infty. \end{cases} \tag{2.5}$$

Then $\xi(u,\pi;f)$ is jointly continuous in (u,π) for fixed f. It is easy to see that $\exp(-j_t)$ has the form

$$\exp\{-j_t(f)\} = 1 - \iint_{[0,+\infty]\times M_0} \xi(u,\pi;f)G_t(\mathrm{d}u,\mathrm{d}\pi), \tag{2.6}$$

where G_t is actually carried by $(0, +\infty) \times M_0$. The Chapman-Kolmogorov equation yields

$$j_{t+s}(f) = j_t(f) + j_s(w_t), \quad t, s \geqslant 0. \tag{2.7}$$

Thus $j_t(f)$ is increasing in $t \geqslant 0$ for all f, so the limit

$$i_t(f) := \lim_{s \to 0^+} \frac{j_{t+s}(f) - j_t(f)}{s} \equiv \lim_{s \to 0^+} s^{-1} j_s(w_t) \tag{2.8}$$

exists for almost all $t \geqslant 0$. Consequently,

$$i_0(f) = \lim_{s \to 0^+} s^{-1} j_s(f) \tag{2.9}$$

exists for f in a dense subset D of $C(E)^{++}$, and by (2.5) and (2.6)

$$\sup_{0<s<\delta} s^{-1} G_s([0, +\infty] \times M_0) < +\infty$$

for some $\delta > 0$. Since $[0, +\infty] \times M_0$ is a compact metric space, this implies $\{s^{-1} G_s : 0 < s < \delta\}$ is relatively compact under the weak convergence. Suppose $s_n \to 0$ and $s_n^{-1} G_{s_n} \to G$ as $n \to +\infty$. Then

$$\lim_{n \to +\infty} s_n^{-1} j_{s_n}(f) = i(f), \quad f \in C(E)^{++},$$

where
$$i(f) = \iint_{[0, +\infty] \times M_0} \xi(u, \pi; f) G(\mathrm{d}u, \mathrm{d}\pi). \tag{2.10}$$

By a standard argument one gets the existence of (2.9), and hence (2.8), for all $f \in C(E)^{++}$, $t \geqslant 0$ and $i_t(f) = i(w_t)$. Then (2.4) follows. Letting $f \to 0^+$ in (2.3) gives $G(\{+\infty\} \times M_0) = 0$. □

§ 3. The (ξ, ϕ, i)-superprocess

§ 3.1

Usually, the cumulant semigroup of the MBI-process is given by an evolution equation. Let $\xi = (\Omega, F, F_t, \theta_t, \xi_t, \Pi_x)$ be a Borel right Markov process[18] in space E with semigroup (Π_t) and ϕ a "branching mechanism" represented by

$$\phi(x, z) = b(x) z + c(x) z^2 + \int_0^{+\infty} (\mathrm{e}^{-zu} - 1 + zu) m(x, \mathrm{d}u), \ x \in E, z \geqslant 0, \tag{3.1}$$

where $c \geqslant 0$ and b are $B(E)$-measurable functions and m is a kernel from E to $B((0, +\infty))$ such that $\int u \wedge u^2 m(\cdot, \mathrm{d}u) \in B(E)^+$. The MBI-process Y defined by (2.3) and (2.4) is called a (ξ, ϕ, i)-*superprocess* if the associated cumulant semigroup is uniquely determined by

$$w_t + \int_0^t \Pi_{t-s}\phi(w_s)\mathrm{d}s = \Pi_t f, \quad t \geqslant 0. \tag{3.2}$$

Several authors [4,5,13,etc] have studied the (ξ,ϕ,i)-superprocess in the special case $i(f)=\langle\lambda,f\rangle$ for some $\lambda\in M$.

In this section we study the limiting behavior of the MBI-process. A typical case is where

$$Q_\mu \exp\langle Y_t, -f\rangle = \exp\left\{-\langle\mu,w_t\rangle - \int_0^t \langle\lambda,w_s\rangle^\theta \mathrm{d}s\right\}, \tag{3.3}$$

where $\lambda\in M, 0<\theta\leqslant 1$ and w_t satisfies

$$w_t + \int_0^t \Pi_{t-s}(w_s)^{1+\beta}\mathrm{d}s = \Pi_t f, \quad t\geqslant 0, \tag{3.4}$$

with $0<\beta\leqslant 1$. For $f(x)\equiv\gamma>0$, (3.2) has the solution

$$w_t = \gamma(1+\beta\gamma^\beta t)^{-\frac{1}{\beta}}.$$

Thus

$$Q_\mu \exp\{-\gamma Y_t(E)\} = \exp\left\{\frac{-\gamma\mu(E)}{(1+\beta\gamma^\beta t)^{\frac{1}{\beta}}} - \int_0^t \frac{\gamma^\theta\lambda(E)^\theta \mathrm{d}s}{(1+\beta\gamma^\beta s)^{\frac{\theta}{\beta}}}\right\}. \tag{3.5}$$

It is clear from (3.5) that $Y_t(E)\to 0$ $(t\to+\infty)$ in probability if $\lambda(E)=0$. When $\lambda(E)>0$ and $\beta<\theta$, we have $\int_0^{+\infty} \frac{\gamma^\theta\lambda(E)^\theta \mathrm{d}s}{(1+\beta\gamma^\beta s)^{\theta/\beta}} = \text{const.}\ \gamma^{\theta-\beta} < +\infty$,

and
$$Q_\mu \exp\langle Y_t, -f\rangle \to \exp\left\{-\int_0^{+\infty} \langle\lambda,w_s\rangle^\theta \mathrm{d}s\right\} \quad (t\to+\infty) \tag{3.6}$$

uniformly on the set $\{0\leqslant f\leqslant\gamma\}$. Therefore $Y_t\to Y_{+\infty}$ set-wise in distribution, where $Y_{+\infty}$ is an M-valued random measure with Laplace functional given by the r. h. s, of (3.6). When $\lambda(E)>0$ and $\beta\geqslant\theta$, (3.5) shows that $Y_t(E)\to+\infty$ (explodes) in probability as $t\to+\infty$, so it can be vacuous to discuss the convergence of (Y_t). In the next paragraph we shall study the convergence of the process $(a_t Y_t)$ for a suitably chosen family (a_t) of constants.

§ 3.2

We now assume ξ is the Brownian motion in $\mathbf{R}^d$. The name *super Brownian motion* is used at this time for the (ξ,ϕ,i)-superprocess. Let λ denote the Lebesgue measure on $\mathbf{R}^d$ and let

$M_p(\mathbf{R}^d) := \{\sigma$-finite Borel measures μ on $\mathbf{R}^d$ such that

$$\int (1+|x|^p)^{-1}\mu(\mathrm{d}x) < +\infty\}$$

for $p>d$. Suppose w_t is determined by

$$w_t + \int_0^t \Pi_{t-s}(w_s)^2 \mathrm{d}s = \Pi_t f,\ t \geqslant 0, \tag{3.7}$$

where (Π_t) denotes the semigroup of ξ. Then

$$Q_\mu \exp\langle Y_t, -f\rangle = \exp\left\{-\langle \mu, w_t\rangle - \int_0^t \langle \lambda, w_s\rangle \mathrm{d}s\right\} \tag{3.8}$$

defines a super Brownian motion (Y_t) in space $M_p(\mathbf{R}^d)$ (cf. [13,14]). Since the "immigration measure" λ is nonzero, more and more "people" immigrate to the space E as time goes on. The following theorem gives a large number law for (Y_t) and completes the observation of paragraph 3.1.

Theorem 3.1 *For any bounded Borel set $B \subset \mathbf{R}^d$ and finite measure $\mu \in M_p(\mathbf{R}^d)$,*

$$t^{-1}Y_t(B) \to \lambda(B) \quad (t \to +\infty) \tag{3.9}$$

in probability w.r.t. Q_μ.

Proof It is, obviously, sufficient to prove the result for $\mu=0$. Our method of the proof relies on the estimates of the moments of Y_t. For fixed $f \in B_p(\mathbf{R}^d)^+$, the members of $B(\mathbf{R}^d)^+$ upper bounded by const. $(1+|x|^p)^{-1}$, we define

$$\varphi_t^{1*}(x) = \varphi_t(x) = \Pi_t f(x), \quad u_t * v_t = \int_0^t \Pi_{t-s} u_s v_s \mathrm{d}s,$$

$$\varphi_t^{n*} = \sum_{k=0}^{n-1} \varphi_t^{k*} * \varphi_t^{(n-k)*}, \quad \Phi_n(t) = \int_0^t \langle \lambda, \varphi_s^{n*}\rangle \mathrm{d}s.$$

Put

$$M_n(t) = Q_0\langle Y_t, f\rangle^n,$$

$$C_n(t) = Q_0[\langle Y_t, f\rangle - M_1(t)]^n, n \in \mathbf{N}^*.$$

Routine computations give

$$M_n(t) = \sum_{k=1}^n \binom{n-1}{k-1} k!\Phi_k(t) M_{n-k}(t),$$

and

$$C_n(t) = \sum_{i=0}^n \binom{n}{i} (-1)^i M_{n-i}(t) M_1(t)^i$$

$$= n!\Phi_n(t) + \sum \text{const.}\, \Phi_2^{k_2}(t) \cdots \Phi_{n-2}^{k_{n-2}}(t). \tag{3.10}$$

Here the last summation is taken for all possible $\{k_2, k_3, \cdots, k_{n-2}\}$ satisfying $2k_2 + 3k_3 + \cdots + (n-2)k_{n-2} = n$, for instance,

$$C_2(t)=2\Phi_2(t),\qquad C_3(t)=6\Phi_3(t),$$

$$C_4(t)=24\Phi_4(t)+12\Phi_2^2(t),\quad C_5(t)=120\Phi_5(t)+120\Phi_2(t)\Phi_3(t).$$

Let $p_t(x-y)\equiv p_t(x,y)$ denote the Brownian transition density. We have

$$\begin{aligned}C_2(t)&=2\int_0^t \mathrm{d}s\langle\lambda,\int_0^s \Pi_{s-u}(\Pi_u f)^2\mathrm{d}u\rangle=2\int_0^t\mathrm{d}s\int_0^s\mathrm{d}u\int[\Pi_u f(x)]^2\mathrm{d}x\\&=2\int_0^t\mathrm{d}s\int_0^s\mathrm{d}u\int\mathrm{d}x\int f(y)p_u(y-x)\mathrm{d}y\Pi_u f(x)\\&=2\int_0^t\mathrm{d}s\int_0^s\mathrm{d}u\int f(y)\mathrm{d}y\int p_u(y-x)\Pi_u f(x)\mathrm{d}x\\&=2\int_0^t\mathrm{d}s\int_0^s\mathrm{d}u\int f(y)\mathrm{d}y\int p_{2u}(y-z)f(z)\mathrm{d}z\\&=\int_0^t\mathrm{d}s\int_0^{2s}\mathrm{d}u\int\mathrm{d}y\int\mathrm{d}z f(y)f(z)p_u(y-z).\end{aligned}$$

If f is supported boundedly, then

$$\int\mathrm{d}y\int\mathrm{d}z f(y)f(z)p_u(y-z)<1\wedge u^{-\frac{d}{z}}.\mathrm{const}.$$

Now we use Chebyshev's inequality to obtain

$$Q_0\{|t^{-1}\langle Y_t,f\rangle-\langle\lambda,f\rangle|>\varepsilon\}\leqslant\varepsilon^{-2}t^{-2}C_2(t)\to 0(t\to+\infty)$$

for every $\varepsilon>0$, as desired. □

It is interesting and, undoubtedly, possible to extend the above theorem to some more general cases. We shall leave the consideration of this to the reader. At times one would like to consider the "weighted occupation time" $Z_t:=\int_0^t Y_s\mathrm{d}s$. Following the computations of [10], we get the characterization of the joint law of Y_t and Z_t,

$$Q_\mu\exp\{-\langle Y_t,f\rangle-\langle Z_t,g\rangle\}=\exp\left\{-\langle\mu,u_t\rangle-\int_0^t\langle\lambda,u_s\rangle\mathrm{d}s\right\},\tag{3.11}$$

where u_t is the solution of

$$u_t+\int_0^t\Pi_{t-s}(u_s)^2\mathrm{d}s=\Pi_t f+\int_0^t\Pi_s g\,\mathrm{d}s,\ t\geqslant 0.\tag{3.12}$$

A remarkable property of the process Z_t is that for each $\mu\in M_p(\mathbf{R}^d)$ and bounded Borel $B\subset\mathbf{R}^d$,

$$2t^{-2}Z_t(B)\to\lambda(B)\quad(t\to+\infty)\tag{3.13}$$

almost surely w. r. t. Q_μ, which is proved by similar means as Theorem 1 of [11].

§ 4. The (ξ,ϕ)-superprocess

In this section, we discuss the long-term behavior of the (ξ,ϕ)-*superprocess* (X_t) defined by (2.2) and (3.2). The observations in paragraph 3.1 shows that usually we need start the process with an infinite initial state to get interesting results (cf. [3]).

§ 4.1

We fix some *strictly* positive reference function $\rho\in B(E)^+$ and introduce the following assumptions

2.A) For each $T>0$, there exists $C_T>0$ such that $\Pi_t\rho\leqslant C_T\rho$ for all $0\leqslant t\leqslant T$.

2.B) The branching mechanism ϕ given by (3.1) is subcritical, i.e., $b\geqslant 0$.

Then the solution $w_t(f)$ of (3.2) satisfies $w_t(\rho f)\leqslant\text{const.}\,\rho$, $f\in B(E)^+$, on each finite interval $0\leqslant t\leqslant T$. Thus we can assume the state space of (X_t) is $M^\rho:=\{\rho^{-1}\mu:\mu\in M\}$[e.g. 1,3,6,14]. M^ρ contains some infinite measures unless ρ is bounded away from zero.

Theorem 4.1 *If $m\in M^\rho$ is Π_t-invariant, then*

$$P_m\exp\langle X_t,-f\rangle\to\exp\left\{-\langle m,f\rangle+\int_0^{+\infty}\langle m,\phi(w_s)\rangle\mathrm{d}s\right\}\quad(t\to+\infty)\tag{4.1}$$

uniformly on the set $\{0\leqslant f\leqslant a\rho\}$ for every finite $a\geqslant 0$, and the right hand side of the above formula defines the Laplace functional of a equilibrium distribution Λ_m of X such that $\int\langle\mu,\rho\rangle\Lambda_m(\mathrm{d}\mu)<+\infty$.

Proof By (2.2)(3.2) and the Π_t-invariance of m,

$$\begin{aligned}1\geqslant P_\mu\exp\langle X_t,-f\rangle&=\exp\left\{\langle m,-\Pi_tf+\int_0^t\Pi_{t-s}\phi(w_s)\mathrm{d}s\rangle\right\}\\&=\exp\left\{\langle m,-f\rangle+\int_0^t\langle m,\phi(w_s)\rangle\mathrm{d}s\rangle\right\}.\end{aligned}$$

Choosing $f(x)=a\rho(x)$ and letting $t\to+\infty$, we have

$$\int_0^{+\infty}\langle m,\phi(w_s(a\rho))\rangle\mathrm{d}s\leqslant\langle m,a\rho\rangle<+\infty.$$

If $f(x)\leqslant a\rho(x)$, then $\langle m,\phi(w_s(f))\rangle\leqslant\langle m,\phi(w_s(a\rho))\rangle$. Thus

$$\int_0^t\langle m,\phi(w_s(f))\rangle\mathrm{d}s\to\int_0^{+\infty}\langle m,\phi(w_s(f))\rangle\mathrm{d}s\quad(t\to+\infty)$$

uniformly on the set $\{0\leqslant f\leqslant a\rho\}$, and the convergence (4.1) follows. By Lemma 2.1 of Dynkin [3], the r.h.s, of (4.1) is the Laplace functional of a probability measure Λ_m on M^ρ. Λ_m is clearly an invariant measure of X, so to finish the proof it is sufficient to observe

$$\begin{aligned}&\int\Lambda_m(\mathrm{d}\mu)\langle\mu,f\rangle\\&=\lim_{\beta\to0^+}\int\Lambda_m(\mathrm{d}\mu)\beta^{-1}(1-\mathrm{e}^{-\beta\langle\mu,f\rangle})\\&=\lim_{\beta\to0^+}\beta^{-1}\left[1-\exp\left\{-\langle m,\beta f\rangle+\int_0^{+\infty}\langle m,\varphi(w_s(\beta f))\rangle\mathrm{d}s\right\}\right]\\&\leqslant\lim_{\beta\to0^+}\beta^{-1}(1-\mathrm{e}^{-\langle m,\beta f\rangle})=\langle m,f\rangle<+\infty\end{aligned}$$

for any $0\leqslant f\leqslant a\rho$. □

Theorem 3.1 was clearly inspired by the work of Dynkin [3], where the invariant measures of the superprocess (X_t) was studied completely when $\phi(x,z)=\text{const.}\,z^2$. Suppose Λ is an invariant measure of (X_t) such that $\int\langle\mu,\rho\rangle\Lambda(\mathrm{d}\mu)<+\infty$. One proves easily that

$$\langle m,f\rangle=\int_{M^\rho}\langle\mu,f\rangle\Lambda(\mathrm{d}\mu)\tag{4.2}$$

defines a measure $m\in M^\rho$ that is invariant under the subMarkov semigroup (Π_t^b): $\Pi_t^bf(x)=\Pi_xf(\xi_t)\exp\{-\int_0^tb(\xi_s)\mathrm{d}s\}$.

§ 4.2

Using the martingale characterization, El Karoui and Roelly-Coppoletta [6] showed that the class of (ξ,ϕ)-superprocesses is stable under some spatial transformations. In this paragraph we shall see that this stableness can also be derived easily from (2.2) and (3.2). We shall not assume the transformations to be one to one.

Suppose γ is a measurable surjective map from $(E,B(E))$ onto another space $(\widetilde{E},B(\widetilde{E}))$. We assume

4.C) ρ is $\gamma^{-1}B(\widetilde{E})$-measurable;

4. D) if f is $\gamma^{-1}B(\tilde{E})$-measurable, so is $\Pi_t f$ for all $t\geqslant 0$;

4. E) for each fixed $z\geqslant 0$, $\phi(\cdot, z)$ is $\gamma^{-1}B(\tilde{E})$-measurable.

Let γ^* be the map from $B(\tilde{E})^+$ to $B(E)^+$ defined by $\gamma^*\tilde{f}(x)=\tilde{f}(\gamma x)$. By 4. D), $\tilde{\xi}=(\gamma\xi_t, t\geqslant 0)$ is a Markov process in $\tilde{E}$ with the semigroup $(\tilde{\Pi}_t)$ determined by $\gamma^*\tilde{\Pi}_t=\Pi_t\gamma^*$ (cf. [2, p325] and [17, p66]). Put $\tilde{\phi}(\tilde{x}, z)=\phi(x, z)$ for any $\gamma x=\tilde{x}$. Operating the equation

$$\tilde{w}_t+\int_0^t \tilde{\Pi}_{t-s}\tilde{\phi}(\tilde{w}_s)\,\mathrm{d}s=\tilde{\Pi}_t\tilde{f}$$

with γ^* gives
$$\gamma^*\tilde{w}_t+\int_0^t \Pi_{t-s}\phi(\gamma^*\tilde{w}_s)\,\mathrm{d}s=\Pi_t\gamma^*\tilde{f}.$$

By the uniqueness of the solution to (3. 2), we get

$$w_t(\gamma^*\tilde{f})=\gamma^*\tilde{w}_t(\tilde{f}). \tag{4.3}$$

Let $X=(X_t, t\geqslant 0)$ be a (ξ,ϕ)-superprocess, and let $\tilde{X}_t(\tilde{B})=X_t\circ\gamma^{-1}(\tilde{B})$, $\tilde{B}\in B(\tilde{E})$. By (2. 2) and (4. 3), $\tilde{X}=(\tilde{X}_t, t\geqslant 0)$ is a Markov process[2,17] in $\tilde{M}^{\rho}$, the space of σ- finite measures ν on $(\tilde{E}, B(\tilde{E}))$ satisfying $\langle\nu,\tilde{\rho}\rangle<+\infty$, with transition probabilities $\tilde{P}_\nu$ determined by

$$\tilde{P}_\nu\exp\langle\tilde{X}_t, -\tilde{f}\rangle=\exp\langle\nu, -\tilde{w}_t(\tilde{f})\rangle,$$

i. e. , $\tilde{X}$ is a $(\tilde{\xi},\tilde{\phi})$-superprocess.

Example 4. 2 Let ξ be a symmetric stable process in $\mathbf{R}^d$. Suppose that $\phi(x, z)\equiv\phi(z)$ is independent of $x\in\mathbf{R}^d$. Let γ_x be the spatial translation operator by $x\in\mathbf{R}^d$. If the (ξ,ϕ)-superprocess X has initial value λ, the Lebesgue measure on $\mathbf{R}^d$, then by the preceding result, X_t and $X_t\circ\gamma_x^{-1}$ has the same distribution. Letting $t\to+\infty$, we see that the equilibrium distribution Λ of X from λ is translation invariant.

References

[1] Dawson D A. *The critical measure diffusion process*. Z. Wahrsch. , 1977, 40: 125-145.

[2] Dynkin E B. *Markov Processes*. Springer-Verlag, 1965.

[3] Dynkin E B. *Three classes of infinite dimensional diffusions*. J. Funct. Anal. , 1989, 86: 75-110.

[4] Dynkin E B. *Branching particle systems and superprocesses*. Ann. Probab. , 1991, 19: 1 157-1 194.

[5] Dynkin E B. *Path processes and historical superprocesses*. Probab. Th. Rel. Fields, 1991, 90: 1-36.

[6] El-Karoui N and Roelly-Coppoletta S. Propriétésde martingales, explosion etrepresentation de Lévy-Khintchine d' uneclasse deprocessus de branchement *à* valeurs measures. Stochastic Process. Appl., 1991, 38: 239-266.

[7] Evans S N and Perkins E. *Measure-valued Markov branching processes conditioned on non-extinction*. Israel J. Math., 1990, 71: 329-339.

[8] Fitzsimmons P J. *Construction and regularity of measure-valued Markov branching processes*. Israel J. Math., 1988, 64: 337-361.

[9] Gorostiza L G and Lopez-Mimbela J A. *The multitype measure branching process*. Adv. Appl. Probab., 1990, 22: 49-67.

[10] Iscoe I. *A weighted occupation time for a class of measure-valued branching processes*. Probab. Th. Rel. Fields, 1986, 71: 85-116.

[11] Iscoe I. *Ergodic theory and local occupation time for measure-valued critical branching Brownian motion*. Stochastics, 1986, 18: 197-243.

[12] Kawazu K and Watanabe S. *Branching processes with immigration and related limit theorems*. Th. Probab. Appl., 1971, 79: 34-51.

[13] Konno N and Shiga T. *Stochastic partial differential equations for some measurevalued diffusions*. Probab. Th. Rel. Fields, 1988, 79: 201-225.

[14] Li Zeng-Hu. *Measure-valued branching processes with immigration*. Stochastic Process. Appl., 1992, 43: 249-264.

[15] Li Zeng-Hu. *Branching particle systems with immigration*. 2nd Sino-French Math ematics Meeting, September 24-October 11, 1990.

[16] Li Zeng-Hu. *A note on the multitype measure branching process*. Adv. Appl. Probab., 1992, 24: 496-498.

[17] Rosenblatt M. *Markov Processes: Structure and Asymptotic Behavior*. Springer-Verlag, 1971.

[18] Sharpe M J. *General Theory of Markov Processes*. Academic Press, New York, 1988.

[19] Shiga T. *A stochastic equation based on a Poisson system for a class of measurevalued diffusion processes*. J. Math. Kyoto Univ., 1990, 30: 245-279.

[20] Watanabe S. *A limit theorem of branching processes and continuous state branching processes*. J. Math. Kyoto Univ., 1968, 8: 141-167.

Chinese Science Bulletin

1998,43(3):197-200

具有交互作用测度值分支过程及其占位时过程的绝对连续性①

Absolute Continuity of Interacting Measure-Valued Branching Processes and Its Occupation-Time Processes

Abstract Let X_t be the interaction measured-valued branching α-symmetric stable process over $\mathbf{R}^d$ $(1<\alpha\leqslant 2)$ constructed by Meleard-Roelly[1]. Frist, it is shown that X_t is absolutely continuous with respect to the Lebesgue measure (on R) with a continuous densily function which satisfies some SPDE. Second, it is proved that if the underlying process is a Brownian motion on $\mathbf{R}^d$ $(d\leqslant 3)$, the corresponding occupation-time process Y_t is also absolutely continuous with respect to the Lebesgue measure.

Keywords interacting measure-value branching processes; occupation-time processes; White noise; absolute continuity; stochastic partial differential equation

The study of interacting measure-valued branching processes has developed rapidly because of its deep background, and different consideration[1~3].

Let $M(\mathbf{R}^d)$ denote the totality of finite Borel measures on $\mathbf{R}^d$, endowed with the topology of weak convergence; $\langle\mu,f\rangle=\int f\mathrm{d}\mu$. Let A

① 本文与梁长庆和李增沪合作.

Received November 15,1996; revised July 29,1997.

be the generator of the underlying process. Meleard and Roelly in 1993 got the following result: for each $\mu \in M(\mathbf{R}^d)$, there is a probability measure P_μ on $D([0,+\infty), M(\mathbf{R}^d))$ such that for any $f \in D(A)$,

$$M_t(f) = \langle X_t, f\rangle - \langle \mu, f\rangle - \int_0^t \langle X_s, (A(X_s) + b(X_s))f\rangle \mathrm{d}s,\ t \geqslant 0 \tag{0.1}$$

is a continuous square integrable P_μ-martingale with increasing process:

$$\langle M(f)\rangle_t = \int_0^t \langle X_s, c(X_s)\rangle f^2 > \mathrm{d}s,\ t \geqslant 0$$

where $b(\mu, x), c(\mu, x)$ are bounded measurable functions on $M(\mathbf{R}^d) \times \mathbf{R}^d$, and $c(\mu, x)$ is nonnegative. We refer to $\{X_t, P_\mu\}_{t\geqslant 0}$ as the interacting measure-valued branching process.

Meleard-Roelly[1] posed a conjecture that the absolute continuity of X_t holds. Zhao[4] studied the following theorem in different ways. We will study the general case of $A = A_\alpha = -\left(\frac{\mathrm{d}^2}{\mathrm{d}x^2}\right)^{\frac{\alpha}{2}}$ $(1<\alpha\leqslant 2)$, and obtain Theorem 1.

Theorem 1 X_t, the interacting measure-valued branching α-symmetric stable $(1<\alpha\leqslant 2)$ process on R, has the following properties:

(i) X_t is almost surely absolutely continuous with respect to $\mathrm{d}x$ for $t>0$;

(ii) the density function $X_t(x)$ of X_t has a joint continuous version on (t, x), $t>0$, $x \in \mathbf{R}$;

(iii) there exists an $\mathbf{R}_+ \times \mathbf{R}$ white noise $W_t(x)$ defined on an extended probability space of the original probability space (Ω, f, f_t, P_μ) such that

$$X_t(x) - X_{t_0}(x) = \int_{t_0}^t \sqrt{c(X_s, x)X_s(s)}W_s(x)\mathrm{d}s + \int_{t_0}^t (A_\alpha^* + b^*(X_s))X_s(s)\mathrm{d}s$$

holds in the distribution sense for every $0<t_0<t$, almost surely with respect to P_μ. More precisely, for every $f \in D(A)$,

$$\langle X_t, f\rangle - \langle X_{t_0}, f\rangle$$
$$= \int_0^t \int_{\mathbf{R}} \sqrt{c(X_s, x)X_s(x)} f(x) W_s(x)\mathrm{d}s\mathrm{d}x + \int_{t_0}^t \langle X_s, ((A_\alpha) + b(X_s))f\rangle \mathrm{d}s,$$

where $W_s(x) := W(\mathrm{d}s\mathrm{d}x)$.

Remark 1 The existence of the interacting measure-valued branching α-symmetric stable ($1<\alpha\leqslant 2$) process on $\mathbf{R}$ is for sure[1], but the uniqueness is still an open problem.

Theorem 2 If $d\leqslant 3$, Y_t, the occupation-time process of the interacting measure-valued branching Brownian motion on $\mathbf{R}^d$, is almost surely absolutely continuous with respect to $\mathrm{d}x$ for $t\geqslant 0$.

Remark 2 So far, we have not seen the papers on the absolute continuity of the occupation-time process of the interacting measure-valued branching processes.

§ 1. Moments and some preliminary facts

The key to prove Theorem 1 is to estimate the higher moments of X_t properly, but it is very difficult because of the lack of log-Laplacian property.

Lemma 1 $\forall f\in D(A)_+$, $E_\mu\langle X_t,f\rangle^n<+\infty$, $\forall n\in\mathbf{N}$, where E_μ is the mathematic expectation with P_μ.

Using the Ito's formula for (1), and the Gronwall inequality, we can prove Lemma 1.

Lemma 2 If $b,c\leqslant C$, then $\forall f\in D(A)_+$. We have

$$E_\mu\langle X_t,f\rangle^n\leqslant$$

$$\mathrm{e}^{Cnt}\langle\mu,P_tf\rangle^n+Cn(n-1)\int_0^t\mathrm{e}^{Cn(t-s)}E_\mu\langle X_s,P_{t-s}f\rangle^{n-2}\langle X_s,(P_{t-s}f)^2\rangle\mathrm{d}s,\tag{1.1}$$

where P_t is the corresponding transient semigroup of α-symmetric stable proeess.

Proof By Theorem 2 in Meleard-Roelly (1993)[1], there exists an orthogonal continuous martingale measure M_t with intensity $c(X_t,x)_t(\mathrm{d}x)$ such that

$$\langle X_t-\mu,f\rangle=\int_0^t\langle X_s,(A_\alpha+b(X_s))f\rangle\mathrm{d}s+M_t(f).$$

Let us denote by $(P_t^+)_{t\geqslant 0}$ the semigroup associated with $A_\alpha+B$, $B:=$

$\sup_{\mu} \| b(\mu) \|$. We have

$$P_t^+ f = \mathrm{e}^{Bt} P_t f.$$

Therefore,

$$\langle X_t, P_{T,t}^+ f \rangle =$$

$$\langle \mu, P_T^+ f \rangle + \int_0^t \langle X_s, (b(X_s) - B) P_{T-s}^+ f \rangle \mathrm{d}s + \int_0^t \int_{\mathbf{R}} P_{T-s}^+ f(x) M(\mathrm{d}s\mathrm{d}x). \tag{1.2}$$

By Ito's formula, we have

$$E_\mu \langle X_t, f \rangle^n \leqslant \langle \mu, P_t^+, f \rangle^n + Cn(n-1) \int_0^t E_\mu \langle X_s, P_{t-s}^+ f \rangle^{n-2} \langle X_s, (P_{t-s}^+ f)^2 \rangle \mathrm{d}s.$$

So

$$E_\mu \langle X_t, f \rangle^n \leqslant \mathrm{e}^{Cnt} \langle \mu, P_t f \rangle^n Cn(n-1) \int_0^t \mathrm{e}^{Cn(t-s)} E_\mu \langle X_s, P_{t-s} f \rangle^{n-2} \langle X_s, (P_{t-s} f)^2 \rangle \mathrm{d}s.$$

Lemma 3[2] (i) P_t admits a continuous density $p_t(x,y)$ in $(t,x,y) \in (0, +\infty) \times \mathbf{R} \times \mathbf{R}$ with respect to the Lebesgue measure on $\mathbf{R}$.

(ii) There exists $0 < \beta < 1$ such that for every $T > 0$,

$$\sup_{0 \leqslant t \leqslant T} \sup_{x, y \in \mathbf{R}} p_t(x,y) t^\beta < +\infty.$$

(iii) There exist constants $\gamma > 0, \delta > 0$ such that for every $T > 0$, we have $C = C_T > 0$ and for every x, y of $\mathbf{R}$, $0 < h < 1$,

$$\int_0^T \int_{\mathbf{R}} (p_{s+h}(z,x) - p_s(z,y))^2 \mathrm{d}z\mathrm{d}x \leqslant C(|x-y|^\gamma + h^\delta).$$

(iv) For every $0 < p < \alpha$, $g_p(x) := (1 + |x|^2)^{-\frac{p}{2}}$, $\| g_p P_t g_p^{-1} \|$, $\| g_p^{-1} P_t g_p \|$ are locally bounded in $t \in [0, +\infty]$.

Lemma 4[2] For every $\mu \in M(\mathbf{R}^d)$, $\sup_{0 < t \leqslant T} t^\beta \| \mu P_t \|_p < +\infty$, for $T > 0$, $p > 0$, where $\mu P_t(x) = \int_{\mathbf{R}} \mu(\mathrm{d}y) P_t(y,x)$, $\| \mu P_t \|_p = \| g_p \mu P_t \|$.

§ 2. Proof of Theorem 1

Lemma 5 Let $\mu \in M(\mathbf{R}^d)$. Then $X_t(\mathrm{d}x)$ is absolutely continuous with respect to $\mathrm{d}x$ for almost $t > 0$, P_μ-a. s.

The proof is similar to Konno-Shiga (1988)[2], and we have omitted it.

Lemma 6 Let $\mu \in M(\mathbf{R}^d)$, $\forall f \in D(A)_+$. Then

(i) $E_\mu\langle X_t,f\rangle\leqslant e^{Bt}\langle\mu,P_tf\rangle$.

(ii) Let $a(t,f):=\|P_tf\|$. Then

$$E_\mu\langle X_t,f\rangle^n\leqslant C_1\frac{(n!)^2}{2^n}e^{\frac{n(n+1)}{2}}Ct\sum_{k=0}^{n-1}C_1^kA_k(t,f)\langle\mu,P_tf\rangle^{n-k}(n\geqslant 2),\tag{2.1}$$

where $A_0(t,f)\equiv 1,A_k(t,f)=\int_0^t a(t-s,f)A_{k-1}(s,P_{t-s}f)\mathrm{d}s,\ \forall k\geqslant 1.$

By Lemma 2, we can obtain the proof inductively.

Lemma 7 Let $f\in D(A),t>0$

$$\langle X_t,f\rangle=\langle\mu,P_tf\rangle+\int_0^t\langle X_s,b(X_s)P_{t-s}f\rangle\mathrm{d}s+\int_0^t\int_{\mathbf{R}}P_{t-s}f(x)M(\mathrm{d}s\mathrm{d}x).\tag{2.2}$$

Lemma 8 For every $n\geqslant 1,t_0>0$ and $T>t_0$,

$$\sup_{t_0\leqslant t\leqslant T}\ \mathrm{ess}\sup_{x\in\mathbf{R}}E_\mu(X_t(x)^n)<\infty.\tag{2.3}$$

Proof By Lemmas 2, 4 and 6, we will have the proof.

Lemma 9 For any fixed $t_0>0$, and for $t\geqslant t_0$. Set

$$Y_t(x)=\int_{t_0}^t\int_{\mathbf{R}}P_{t-s}(y,x)M(\mathrm{d}s\mathrm{d}y),$$

$$Z_t(x)=\int_{t_0}^t\int_{\mathbf{R}}b(X_s)P_{t-s}(y,x)X_s(y)\mathrm{d}s\mathrm{d}y.$$

Then $Y_t(x),Z_t(x)$ has a continuous version on $(t,x),t\geqslant t_0,x\in\mathbf{R}$.

Proof For the proof, please refer to reference [2].

Lemma 10 There exists an $\mathbf{R}_+\times\mathbf{R}$ White noise W_t defined on an extended probability space of the original probability space (Ω,f,f_t,P_μ) such that for every $f\in D(A)$,

$$\begin{aligned}&\langle X_t,f\rangle-\langle X_{t_0},f\rangle\\=&\int_0^t\int_{\mathbf{R}}\sqrt{c(X_s,x)X_s(x)}f(x)W_s(x)\mathrm{d}s\mathrm{d}x+\int_{t_0}^t\langle X_s,(A_\alpha+b(X_s))f\rangle\mathrm{d}s\end{aligned}$$

holds for every $0<t_0<t$, P_μ-a. s..

Proof By Theorem 2 in ref. [1], there exists an orthogonal continuous martingale measure M_t with intensity $c(X_t,x)X_t(\mathrm{d}x)$ such that

$$\langle X_t,f\rangle=\langle\mu,f\rangle+\int_0^t\langle X_s,(A_\alpha+b(X_s))f\rangle\mathrm{d}s+Mt(f),$$

$$\langle M(f)\rangle_t \frac{t}{0} \langle X_s, c(X_s) f^2\rangle \mathrm{d}s, t \geq 0.$$

We now take a White noise $\overline{W}_t$ independent of $c(X_s, x)X_s$(if necessary, we construct $\overline{w}_t$ on an extended probability space of the original probability space (Ω, f, f_t, P_μ)). So set

$$W_t(f) = \int_0^t \int_{\mathbf{R}} \frac{1}{\sqrt{c(X_s, x)X_s(x)}} I_{\langle c(X,x)X(x)\neq 0\rangle} f(x) M(\mathrm{d}s\mathrm{d}x) +$$

$$\int_0^t \int_{\mathbf{R}} I_{c(X_s,x)X_s(x)=0} f(x) \overline{W}(\mathrm{d}s\mathrm{d}x).$$

Then

$$M_t(f) = \int_0^t \int_{\mathbf{R}} \sqrt{c(X_s, x)X_s(x)} f(x) W(\mathrm{d}s\mathrm{d}x).$$

We thus finished the proof.

We now are in position to complete the proof of Theorem 1. By Lemma 7, for each $f \in D(A)$,

$$\langle X_t, f\rangle = \langle X_{t_0}, P_{t-t_0} f\rangle + \int_0^t \langle X_s, b(X_s) P_{t-s} f\rangle \mathrm{d}s + \int_0^t \int_{\mathbf{R}} P_{t-s} f(x) M(\mathrm{d}s\mathrm{d}x),$$

P_μ-a. s. for every $0 < t_0 < t$. Using the stochastic Fubini's theorem, we obtain

$$X_t(x) =$$

$$P_{t-t_0} {}^* X_{t_0}(x) + \int_{t_0}^t b(X_s) P_{t-s}(y, x) X_s(y) \mathrm{d}s\mathrm{d}y + \int_0^t \int_{\mathbf{R}} P_{t-s}(y, x) M(\mathrm{d}s\mathrm{d}y),$$

P_μ-a. s. for every $0<t_0<t$. From Lemmas 3, 5, 9 and 10, we complete the proof.

§ 3. Proof of Theorem 2

We now give some notations as follows: Δ is a Laplace operator; $p_t(x, y) = \frac{1}{(2\pi t)^{\frac{d}{2}}} \times \exp\left(-\frac{|x-y|^2}{2t}\right)$ is the transient density function of d-dimensional Brownian motion; P_t is the corresponding semigroup, and

$$q_t(x, y) := \int_0^t P_s(s, y) \mathrm{d}s, (\mu q_t)(x) := \int_{\mathbf{R}^d} q_t(x, y) \mu, Y_t = \int_0^t X_s \mathrm{d}s$$

is the occupation-time process of the interacting measure-valued branching Brownian motion on $\mathbf{R}^d$.

Proof Similar to Lemma 7, we have

$$\langle X_t, f\rangle = \langle \mu, P_t f\rangle + \int_0^t \langle X_s, b(X_s) P_{t-s} f\rangle \mathrm{d}s + \int_0^t \int_{\mathbf{R}} P_{t-s} f(x) M(\mathrm{d}s\mathrm{d}x).$$

Then

$$\langle Y_t, f\rangle = \int_0^t \langle X_s f\rangle \mathrm{d}s =$$

$$\int_0^t \langle \mu, P_s f\rangle \mathrm{d}s + \int_0^t \mathrm{d}s \int_0^t \langle X_u, b(X_u) P_{s-u} f\rangle \mathrm{d}u + \int_0^t \mathrm{d}s \int_0^t \int_{\mathbf{R}^d} P_{s-u} f(x) M(\mathrm{d}u\mathrm{d}x),$$

where p_{s-u} is assumed to be 0 as $s \leqslant u$.

Let $Y(t, y) =$

$$(\mu q_t)(y) + \int_0^t \langle X_\mu, b(X_u) q_{s-u}(\cdot, y)\rangle \mathrm{d}u + \int_0^t \int_{\mathbf{R}^d} q_{s-u}(x, y) M(\mathrm{d}u\mathrm{d}x).$$

By the stochastic Fubini's theorem, we obtain $Y_t(\mathrm{d}y) = Y(t, y)\mathrm{d}y$. In fact, it is sufficient to prove

$$\int_0^t \mathrm{d}s \int_0^t \int_{\mathbf{R}^d} P_{s-u} f(x) M(\mathrm{d}u\mathrm{d}x) = \int_{\mathbf{R}^d} f(y)\mathrm{d}y \int_0^t \int_{\mathbf{R}^d} q_{t-u}(x, y) M(\mathrm{d}u\mathrm{d}x).$$

Step 1 We can prove the following equation easily by the stochastic Fubini's theorem:

$$\int_0^t \mathrm{d}s \int_0^t \int_{\mathbf{R}^d} P_{s-u} f(x) M(\mathrm{d}s\mathrm{d}x) = \int_0^t \int_{\mathbf{R}^d} \left(\int_0^t \mathrm{d}s P_{s-u} f(x) \right) M(\mathrm{d}u\mathrm{d}x).$$

Step 2 To prove

$$\int_0^t \int_{\mathbf{R}^d} \int_{\mathbf{R}^d} q_{t-u}(x, y) f(x) \mathrm{d}y M(\mathrm{d}u\mathrm{d}x) =$$

$$\int_{\mathbf{R}^d} f(y)\mathrm{d}y \int_0^t \int_{\mathbf{R}^d} q_{t-u}(x, y) M(\mathrm{d}u\mathrm{d}x),$$

it is sufficient to prove

$$E_\mu \left(\int_{\mathbf{R}^d} \int_0^t \int_{\mathbf{R}^d} \left(q_{t-u}(x, y) f(y) \right)^2 c(X_u, x) X_u(\mathrm{d}x) \mathrm{d}u\mathrm{d}y < +\infty. \right.$$

In fact, the left-hand side of the above becomes

$$\leqslant \text{const.}\, E\mu \left(\int_0^t \int_{\mathbf{R}^d} \langle X_u, q_{t-u}(\cdot, y)^2 \rangle \right) \mathrm{d}u\mathrm{d}y$$

$$\leqslant \text{const.} \int_{\mathbf{R}^d} \int_0^t \int_{\mathbf{R}^d} (\mu p_u)(x) q_{t-u}(x, y)^2 \mathrm{d}x\mathrm{d}u\mathrm{d}y.$$

Since $q_t(x, y)^2 = \int_0^t \mathrm{d}u_1 \int_0^t \mathrm{d}u_2 (2\pi(u_1 + u_2))^{-\frac{d}{2}} p_{\frac{u_1 u_2}{u_1+u_2}}(x, y)$, we have

$$
\begin{aligned}
&\int_{\mathbf{R}^d}\int_0^t\int_{\mathbf{R}^d}(\mu p_u)(x)q_{t-u}(x,y)^2\,\mathrm{d}x\mathrm{d}u\mathrm{d}y \\
&\leqslant \int_{\mathbf{R}^d}\int_0^t \mathrm{d}u_1\int_0^t \mathrm{d}u_2(2\pi(u_1+u_2))^{-\frac{d}{2}}(\mu q_{2t})(y)\mathrm{d}y \quad (\text{as } d\leqslant 3) \\
&<+\infty.
\end{aligned}
$$

Therefore, we complete this theorem.

Acknowledgement This work was supported by the National Natural Science Foundation of China (Grant No. 19671011).

References

[1] Meleard M, Roelly S. Interacting measure branching process, Some bounds for the support. *Sto. and Sto. Reports*, 1993, 44: 103.

[2] Konno N, Shiga T. Stochastic partial differential equations for some measure-valued diffusion. *Prob. Th. Rel. Field*, 1988, 79: 201.

[3] Sugitani S. Some properties for the measure-valued branching diffusion processes. *J. Math. Soc. Japan*, 1989, 41(3): 437.

[4] Zhao Xuelei. The absolute continuity for interacting measure-valued Brownian motions. *Chin. Ann. Math.*, 1997, 18B: 47.

五、概率与统计及其应用

V. Probability with Statistics and Its Application

北京师范大学学报(自然科学版)
1962,(1):6-23

关于带有未知参数的正态分布的置信限及进一步精确

The Confidence Region from Normal Population which Possess the Unknown Parameters and Its Exactness

本文的目的是为了对带有未知参数的正态分布函数造置信限及进一步的精确.

本文首先在§1里将证明一般定理,而这些定理是 W. Wasow 的结果[1]在二维空间中的推广,其次在§2里应用所得结果对带有未知参数的正态分布函数比较精确地造置信限,这里的统计是 Л. Н. Большев 提出的[2].

§1. W. Wasow 结果推广到二维空间的充分条件

本节将研究在二维空间中分布函数可以渐近展开为 Edgeworth 级数部分和的充分条件,W. Wasow 结果是建立在一维空间中,而在二维空间的类似结果可以叙述如下:

定理 1 设(η,ξ)为带有分布密度$p(x,y,t)$的二维随机变量,t是参变数,并且该分布密度满足如下的条件(以后在没有特别指出的情况下,应理解为存在$T>0$对所有$T>t>0$的t,并且t趋于0):

(1) 对所有t分布密度二次导数是连续的.

(2) 对任意t,存在这样一个以原点为中心,以r_t为半径的圆D_t,在该圆内,函数

$$C_1(x,y,t)=-\frac{\partial}{\partial x}\ln p \text{ 和 } C_2(x,y,t)=-\frac{\partial}{\partial y}\ln p$$

可以展开为

$$C_1(x,y,t)=x+\sum_{k=1}^{m}X_k(x,y)t^k+t^{m+1}R_1(x,y,t,m),$$

$$C_2(x,y,t)=y+\sum_{k=1}^{m}Y_k(x,y)t^k+t^{m+1}R_2(x,y,t,m),$$

这里 $X_k(x,y)$ 和 $Y_k(x,y)$ 是满足$\frac{\partial}{\partial y}X_k=\frac{\partial}{\partial x}Y_k$ 的多项式，并且存在这样依赖于 m 的 n 使得对所有的 t 关系式

$$\frac{R_1(x,y,t,m)}{1+(|x|+|y|)^n} \text{ 和 } \frac{R_2(x,y,t,m)}{1+(|x|+|y|)^n}$$

在圆 D_t 内一致有界.

(3) $\iint\limits_{\overline{D}_t} p(x,y,t)\mathrm{d}x\mathrm{d}y=o(t^{m+1})$,

$\overline{D}_t$ 是平面(x,y) 上圆 D_t 的余集.

(4) 关系式

$$\frac{\mathrm{e}^{-\frac{1}{2}(x^2+y^2)}}{2\pi p(x,y,t)} \text{ 在圆 } D_t \text{ 内一致有界.}$$

(5) 存在矩

$$\iint x^{e_1}y^{e_2}p(x,y,t)\mathrm{d}x\mathrm{d}y\quad(e_1,e_2=0,1,2,\cdots,l_m)$$

并且一致有界(以后在没有特别指出的情况下，应理解在平面(x,y) 上的积分).

(6)
$$\frac{\ln t}{r_t}=o(l),$$

则该分布函数在平面(x,y) 上，有等式

$$\int_{-\infty}^{x}\int_{-\infty}^{y}p(u,v,t)\mathrm{d}u\mathrm{d}v=\frac{1}{2\pi}\int_{-\infty}^{x}\int_{-\infty}^{y}\mathrm{e}^{-\frac{1}{2}(u^2+v^2)}\Big[1+\sum_{k=1}^{m}p_k(u,v)t^k+o(t^{m+1})\Big]\mathrm{d}u\mathrm{d}v,$$

并且对任意的 t，$p_k(u,v)$ 都满足等式

$$\iint p_k(u,v)\mathrm{e}^{-\frac{1}{2}(u^2+v^2)}\mathrm{d}u\mathrm{d}v=0 \text{ 的多项式.}$$

证　研究带有边界条件$\iint p\mathrm{d}x\mathrm{d}y=1$ 的微分方程组

$$\begin{cases}-\dfrac{\partial}{\partial x}\ln p=C_1,\\[2mm]-\dfrac{\partial}{\partial y}\ln p=C_2,\end{cases}$$

p 是未知函数，C_1 和 C_2 根据(2) 所决定，现在以

$$2\pi p = \mathrm{e}^{-\frac{1}{2}(x^2+y^2)} + \sum_{k=1}^{+\infty} Z_k(x,y)t^k \text{ 的形式来寻找 } p.$$

$Z_k(x,y)$ 是未知函数，根据(2)，系数 $Z_k(x,y)$ 应该满足微分方程组.

$$\begin{cases} -x\mathrm{e}^{-\frac{1}{2}(x^2+y^2)} + \sum\limits_{k=1}^{+\infty} t^k \dfrac{\partial}{\partial x} Z_k + \\ \left(x + \sum\limits_{k=1}^{m} X_k t^k + t^{m+1} R_1\right)\left(\mathrm{e}^{-\frac{1}{2}(x^2+y^2)} + \sum\limits_{k=1}^{+\infty} Z_k t^k\right) = 0, \\ -y\mathrm{e}^{-\frac{1}{2}(x^2+y^2)} + \sum\limits_{k=1}^{+\infty} t^k \dfrac{\partial}{\partial y} Z_k + \\ \left(y + \sum\limits_{k=1}^{m} Y_k t^k + t^{m+1} R_2\right)\left(\mathrm{e}^{-\frac{1}{2}(x^2+y^2)} + \sum\limits_{k=1}^{+\infty} Z_k t^k\right) = 0. \end{cases}$$

因为 x,y 不依赖于 t，所以这微分方程可以分解为一系列的有规则的方程组

$$\begin{cases} \dfrac{\partial Z_1}{\partial x} + X_1 \mathrm{e}^{-\frac{x^2+y^2}{2}} + xZ_1 = 0, \\ \dfrac{\partial Z_1}{\partial y} + Y_1 \mathrm{e}^{-\frac{x^2+y^2}{2}} + yZ_1 = 0, \end{cases}$$

$$\begin{cases} \dfrac{\partial Z_k}{\partial x} + X_k \mathrm{e}^{-\frac{x^2+y^2}{2}} + xZ_k = \sum\limits_{e=1}^{k-1} E_{k_e}(x,y) Z_e, \\ \dfrac{\partial Z_k}{\partial y} + Y_k \mathrm{e}^{-\frac{x^2+y^2}{2}} + yZ_k = \sum\limits_{e=1}^{k-1} F_{k_e}(x,y) Z_e \quad (k = 2,3,\cdots). \end{cases}$$

E_{k_e}, F_{k_e} 是依赖于 x,y 的多项式，并且 Z_k 满足边界条件

$$\iint Z_k \mathrm{d}x\mathrm{d}y = 0 \quad (k \in \mathbf{N}^*).$$

设 $Z_k = p_k \mathrm{e}^{-\frac{x^2+y^2}{2}}$，

则可以相信 p_k 乃是与其相对应的微分方程组，有

$$\begin{cases} \dfrac{\partial p_1}{\partial x} + X_1 = 0, \\ \dfrac{\partial p_1}{\partial y} + Y_1 = 0. \end{cases}$$

$$\begin{cases} \dfrac{\partial p_k}{\partial x} + X_k = \sum\limits_{\mathrm{e}=1}^{k-1} E_{k_\mathrm{e}} P_\mathrm{e}, \\ \dfrac{\partial p_k}{\partial y} + Y_k = \sum\limits_{\mathrm{e}=1}^{k-1} F_{k_\mathrm{e}} P_\mathrm{e} \quad (k = 2,3,\cdots), \end{cases}$$

根据(2),这微分方程组的解存在,并且具有只是依赖于 x,y 多项式的形式.

设 $p^m(x,y,t)=\frac{1}{2\pi}\left[e^{-\frac{1}{2}(x^2+y^2)}+\sum_{k=1}^{m}Z_k t^k\right]$,

现在估计 $Q(x,y,t,m)=p(x,y,t)-p^m(x,y,t)$.

设 $D_1=-\frac{\partial}{\partial x}\ln p^m$ 和 $D_2=-\frac{\partial}{\partial y}\ln p^m$,

则根据(2)有

$$\begin{cases}\dfrac{\partial Q}{\partial x}+C_1Q=(D_1-C_1)p^m,\\[2ex]\dfrac{\partial Q}{\partial y}+C_2Q=(D_2-C_2)p^m,\end{cases}$$

而且 $\iint Q\mathrm{d}x\mathrm{d}y=0$.

根据函数 p^m 的形式和条件(2),能够相信有

$$\begin{cases}\dfrac{\partial Q}{\partial x}+C_1Q=t^{m+1}e^{-\frac{1}{2}(x^2+y^2)}S_1(x,y,t),\\[2ex]\dfrac{\partial Q}{\partial y}+C_2Q=t^{m+1}e^{-\frac{1}{2}(x^2+y^2)}S_2(x,y,t),\end{cases}$$

并且存在这样依赖于 m 的 e' 使得对所有 $0<t<T$ 关系式

$$\frac{|S_1|}{1+(|x|+|y|)^{e'}}\text{ 和 }\frac{|S_2|}{1+(|x|+|y|)^{e'}}$$

在圆 D_t 内一致有界.

从(1)(2)得出对Q的微分方程组是相容的,由该组第一、第二方程得到相应的解

$$Q=\left[t^{m+1}\int_0^x\frac{S_1(u,y,t)}{p(u,y,t)}e^{-\frac{1}{2}(u^2+y^2)}\mathrm{d}u+K_1(y)\right]p,$$

$$Q=\left[t^{m+1}\int_0^y\frac{S_2(u,v,t)}{p(u,v,t)}e^{-\frac{1}{2}(x^2+v^2)}\mathrm{d}v+K_2(x)\right]p,$$

这里 K_1 仅依赖于 y,而 K_2 仅依赖于 x,因此有等式

$$K_1(y)=t^{m+1}\int_0^y\frac{e^{-\frac{1}{2}v^2}}{p(0,v,t)}S_2(0,v,t)\mathrm{d}v+K_2(0),$$

常数 $K_2(0)$ 可根据条件

$$0=\iint Q\mathrm{d}x\mathrm{d}y=\iint_{D_t}Q\mathrm{d}x\mathrm{d}y+\iint_{\overline{D}_t}p\,\mathrm{d}x\mathrm{d}y-\iint_{\overline{D}_t}p^m\mathrm{d}x\mathrm{d}y$$

作一估计.

由上知 $$\iint_{D_t} Q\mathrm{d}x\mathrm{d}y = \iint_{\overline{D}_t} p^m \mathrm{d}x\mathrm{d}y - \iint_{\overline{D}_t} p\mathrm{d}x\mathrm{d}y,$$

因此得出

$$\iint_{D_t} K_1(y) p\mathrm{d}x\mathrm{d}y =$$

$$\iint_{\overline{D}_t} p^m \mathrm{d}x\mathrm{d}y - \iint_{\overline{D}_t} p\mathrm{d}x\mathrm{d}y - \iint_{D_t} t^{m+1}\left[\int_0^x \frac{1}{p} S_1 \mathrm{e}^{-\frac{1}{2}(u^2+y^2)}\mathrm{d}u\right] p\mathrm{d}x\mathrm{d}y.$$

现在来估计该等式右边的重积分的绝对值.

根据(5)(6)

$$\left|\iint_{\overline{D}_t} p^m \mathrm{d}x\mathrm{d}y\right| = \left|\iint_{\overline{D}_t} \frac{1}{2\pi}\left[\mathrm{e}^{-\frac{1}{2}(x^2+y^2)} + \sum_{k=1}^{+\infty} p_k \mathrm{e}^{-\frac{1}{2}(x^2+y^2)} t^k\right]\mathrm{d}x\mathrm{d}y\right|$$

$$\leqslant \iint_{\overline{D}_t} \mathrm{e}^{-\frac{1}{2}(x^2+y^2)-(m+1)\ln t} \frac{1}{2\pi}\left|1 + \sum_{k=1}^{m} p_k t^k\right| \mathrm{d}x\mathrm{d}y \cdot t^{m+1}$$

$$\leqslant \iint_{\overline{D}_t} \mathrm{e}^{-\frac{1}{2}(x^2+y^2)} \frac{1}{2\pi}\left|1 + \sum_{k=1}^{m} p_x t^k\right| \mathrm{e}^{-\frac{1}{4}(x^2+y^2)+(m+1)\sqrt{x^2+y^2}} \mathrm{d}x\mathrm{d}y t^{m+1} = o(t^{m+1}),$$

同时由(3)有

$$\iint_{\overline{D}_t} p\mathrm{d}x\mathrm{d}yy = o(t^{m+1}),$$

根据 S_1 的估计值和(4)(5)(6)得到

$$\left|\iint_{D_t} t^{m+1} p\left[\int_0^x p^{-1} S_1 \mathrm{e}^{-\frac{1}{2}(u^2+y^2)}\mathrm{d}u\right]\mathrm{d}x\mathrm{d}y\right|$$

$$\leqslant \iint_{D_t} \{t^{m+1} p \cdot C\int_0^x [1 + (|x| + |y|)^{e'}]\mathrm{d}u\}\mathrm{d}x\mathrm{d}y = o(t^{m+1}),$$

这里 C 是常数.

这样得到

$$\iint_{D_t} K_1(y) p\mathrm{d}x\mathrm{d}y = o(t^{m+1}),$$

亦即

$$\iint_{D_t}\left[t^{m+1}\int_0^y \frac{\mathrm{e}^{-\frac{1}{2}v^2}}{p(0,v,t)} S_2(0,v,t)\mathrm{d}v + K_2(0)\right] p(x,y,t)\mathrm{d}x\mathrm{d}y = o(t^{m+1}).$$

用同样的讨论利用 S_2 的估计值和(4)(5)(6)容易证明

$$\iint_{D_t}\left[\int_0^y \frac{\mathrm{e}^{-\frac{1}{2}v^2}}{p(0,v,t)} S_2(0,v,t)\mathrm{d}v\right] p(x,y,t)\mathrm{d}x\mathrm{d}y = o(1).$$

总之根据以上的结果有

$$K_2(0)=o(t^{m+1}).$$

因为解 Q 可以写成下列形式

$$Q=\left\{t^{m+1}\left[\int_0^x \frac{e^{-\frac{1}{2}(u^2+y^2)}}{p(u,y,t)}S_1(u,y,t)\mathrm{d}u+\int_0^y \frac{e^{-\frac{1}{2}u^2}}{p(0,v,t)}S_2(0,v,t)\mathrm{d}v\right]+K_2(0)\right\}\cdot p(x,y,t),$$

那么根据(4)(5)(6) 和 S_1S_2 的估计值可以找出

$$\begin{aligned}&\int_{-\infty}^x\int_{-\infty}^y Q(u,v,t)\mathrm{d}u\mathrm{d}v\\&=\iint_{E\cap\bar{D}_t}p(u,v,t)\mathrm{d}u\mathrm{d}v-\iint_{E\cap\bar{D}_t}p^m(u,v,t)\mathrm{d}u\mathrm{d}v+\iint_{E\cap D_t}Q(u,v,t)\mathrm{d}u\mathrm{d}v\\&=O(t^{m+1})+t^{m+1}\iint_{E\cap D_t}\left[\int_0^u\frac{e^{-\frac{1}{2}(z^2+v^2)}}{p(z,v,t)}S_1(z,v,t)\mathrm{d}z+\right.\\&\left.\int_0^v\frac{e^{-\frac{1}{2}w^2}}{p(0,w,t)}S_2(0,w,t)\mathrm{d}w\right]p(u,v,t)\mathrm{d}u\mathrm{d}v+K_2(0)\iint_{E\cap D_t}p(u,v,t)\mathrm{d}u\mathrm{d}v\\&=o(t^{m+1}),\end{aligned}$$

这里 E 为$(-\infty<u<x,-\infty<v<y)$. □

定理 2　如果分布密度 $p(x,y,t)$ 满足前定理之条件,那么对所有的 k 一致地有渐近式

$$G(k,t)=\iint_{x^2+y^2<k}p(x,y,t)=1-e^{-\frac{1}{2}k}+\frac{1}{2}e^{-\frac{1}{2}k}\sum_{k=1}^m P_r(k)t^r+o(t^{m+1}),$$

这里 $P_r(k)$ 为满足 $P_r(0)=0$ 的多项式.

证　显然有

$$\begin{aligned}G_m(k,t)&=\iint_{x^2+y^2<k}\left[\frac{1}{2\pi}e^{-\frac{1}{2}(x^2+y^2)}+\sum_{k=1}^m\frac{1}{2\pi}e^{-\frac{1}{2}(x^2+y^2)}p_r(x,y)t^r\right]\mathrm{d}x\mathrm{d}y\\&=\iint_{x^2+y^2<k}\left[\frac{1}{2\pi}e^{-\frac{1}{2}(x^2+y^2)}+\sum_{k=1}^m\frac{1}{2\pi}e^{-\frac{1}{2}(x^2+y^2)}q_r(x,y)t^r\right]\mathrm{d}x\mathrm{d}y,\end{aligned}$$

这里 $q_r(x,y)$ 是仅仅有相对于 x 和 y 偶次幂的多项式.

这样设 $x=\gamma\cos\phi,y=\gamma\sin\varphi$,用部分积分法积分该式得

$$G_m(k,t)=1-e^{-\frac{1}{2}k}+\sum_{k=1}^m\left(\frac{1}{2}e^{-\frac{1}{2}k}P_r(k)+C_r\right)t^r,$$

这里 C_r 是常数.

当 $k\to+\infty$ 时,具有等式

$$1 = 1 + \sum_{k=1}^{m} C_r t^r + o(t^{m+1}),$$

由此可见

$$C_1 = C_2 = \cdots = C_m = 0.$$

当 $k \to 0$ 时,具有等式

$$G_{rm}(0,t) = 1 - 1 + \sum_{k=1}^{m} P_r(0) t^r = 0,$$

由此可见

$$P_1(0) = P_2(0) = \cdots = P_m(0) = 0. \square$$

定理 3 如果分布密度 $P(x,y,t)$ 满足前定理之条件,并且分布函数 $G(h,t)$ 和 $\phi(g)$ 满足下列等式

$$G(h,t) = \iint_{x^2+y^2<h} p(x,y,t)\,\mathrm{d}x\mathrm{d}y,$$

$$\phi(g) = \iint_{x^2+y^2<g} \frac{1}{2\pi} \mathrm{e}^{-\frac{1}{2}(x^2+y^2)} \mathrm{d}x\mathrm{d}y = 1 - \mathrm{e}^{-\frac{1}{2}g},$$

$$\phi(g) = G(h,t),$$

那么在相对应 h 或 g 的有限区间内,一致地有渐近式

$$g(h,t) = h + \sum_{r=1}^{m} M_r(h) t^r + o(t^{m+1})$$

和

$$h = g + \sum_{r=1}^{n} N_r(g) t^r + o(t^{m+1}),$$

这里系数 $M_r(h)$ 和 $N_r(g)$ 仍是多项式,且有关系式 $M_1(z) = - N_1(z)$.

证明 略.

§ 2. 带有未知参数的正态分布函数的置信限

本节首先将对 Л. Н. Большев 提出统计的分布函数进行推导,以及形式上找出其渐近展开式,然后对该分布函数验证定理的条件,从而应用所得结果对带有未知参数的正态分布函数比较精确地造置信限.

设 $\xi_1, \xi_2, \cdots, \xi_n$ 是一组相互独立,具有相同参数(a,σ) 正态分布的随机变量,并设

$$\bar{\xi} = \frac{1}{n}\sum_{i=1}^{n} \xi_i \text{ 和 } S^2 = \frac{1}{n-1}\sum_{i=1}^{n} (\xi_i - \bar{\xi})^2,$$

研究随机函数

$$U=\sup_{-\infty<z<+\infty}\left|\frac{\sqrt{2n}(S-\sigma)\frac{z}{\sqrt{2}}+\sqrt{n}(\xi-a)}{S\sqrt{\frac{z^2}{2}+1}}\right|^2.$$

设

$$\eta=\sqrt{2n}\left(1-\frac{\sigma}{S}\right)\text{和}\,\xi=\sqrt{n}\left(\frac{\xi-a}{S}\right),$$

则得到

$$U=\sup_{-\infty<z<+\infty}\left|\frac{\eta\frac{z}{\sqrt{2}}+\zeta}{\sqrt{\frac{z^2}{2}+1}}\right|^2=\sup_{-\infty<z<+\infty}|(\boldsymbol{A},\boldsymbol{E})|^2,$$

这里 $\boldsymbol{A}=(\eta,\zeta)$, $\boldsymbol{E}=\left(\frac{\frac{z}{\sqrt{2}}}{\sqrt{\frac{z^2}{2}+1}},\frac{1}{\sqrt{\frac{z^2}{2}+1}}\right)$,

显然随机变量(η,ζ)的联合密度

$$p\left(x,y,\frac{1}{\sqrt{2n}}\right)=\frac{(n-1)^{\frac{n-1}{2}}}{2^{\frac{n-1}{2}}\Gamma\left(\frac{n-1}{2}\right)}\left(1-\frac{x}{\sqrt{2n}}\right)^{-(n+1)}\mathrm{e}^{-\frac{n-1+y^2}{2\left(1-\frac{x}{\sqrt{2n}}\right)^2}}\cdot\frac{2}{\sqrt{2n}}\frac{1}{\sqrt{2\pi}}.$$

因此经过简单的几何推导得出

$$P\{U<k\}=$$

$$\iint_{x^2+y^2<k}\frac{(n-1)^{\frac{n-1}{2}}}{2^{\frac{n-1}{2}}\Gamma\left(\frac{n-1}{2}\right)}\left(1-\frac{x}{\sqrt{2n}}\right)^{-(n+1)}\mathrm{e}^{-\frac{n-1+y^2}{2\left(1-\frac{x}{\sqrt{2n}}\right)^2}}\frac{2}{\sqrt{2n}}\frac{1}{\sqrt{2\pi}}\mathrm{d}x\mathrm{d}y.$$

现在对分布密度 $p\left(x,y,\frac{1}{\sqrt{2n}}\right)$按$\frac{1}{\sqrt{2n}}$的方幂形式上展开,则

$$p=\exp\{\ln p\}=\exp\left\{\frac{n-1}{2}\ln\frac{n-1}{2}\ln\Gamma\left(\frac{n-1}{2}\right)+\right.$$

$$(n+1)\left[\frac{x}{\sqrt{2n}}+\frac{x^2}{2(\sqrt{2n})^2}+\frac{x^3}{3(\sqrt{2n})^3}+\frac{x^4}{4(\sqrt{2n})^4}+o\left(\frac{1}{(\sqrt{2n})^4}\right)\right]-$$

$$\frac{n-1+y^2}{2}\left[1+\frac{2x}{\sqrt{2n}}+\frac{3x^2}{(\sqrt{2n})^2}+\frac{4x^3}{(\sqrt{2n})^3}+\frac{5x^4}{(\sqrt{2n})^4}+o\left(\frac{1}{(\sqrt{2n})^4}\right)\right]+$$

$$\left.\frac{1}{2}\ln 2-\frac{1}{2}\ln n-\frac{1}{2}\ln 2\pi\right\}$$

$$=\exp\left\{\frac{1}{2}\ln\left(1-\frac{1}{n}\right)-\ln 2\pi-\frac{1}{2}(x^2+y^2)+\left[2x-xy^2-\frac{5}{6}x^3\right]\frac{1}{\sqrt{2n}}-\right.$$

$$\left[\frac{1}{3}+\frac{9}{8}x^4+\frac{3}{2}x^2y^2-2x^2\right]\frac{1}{2n}+o\left(\frac{1}{2n}\right)\bigg\}$$

$$=\left(1-\frac{1}{n}\right)^{\frac{1}{2}}\frac{1}{2\pi}\mathrm{e}^{-\frac{1}{2}(x^2+y^2)}\left\{1+\left[2x-xy^2-\frac{5}{6}x^3\right]\frac{1}{\sqrt{2n}}+\right.$$

$$\left.\left[2x^2-\frac{1}{3}-\frac{3}{2}x^2y^2-\frac{9}{8}x^4+\frac{1}{2}\left(2x-xy^2-\frac{5}{6}x^3\right)^2\right]\frac{1}{2n}+o\left(\frac{1}{2n}\right)\right\},$$

将此式代入上式即得

$$P\{U<k\}=\frac{1}{2\pi}\iint_{x^2+y^2<k}\mathrm{e}^{-\frac{1}{2}(x^2+y^2)}\left\{1+\frac{1}{72}[288x^2-252x^2y^2+\right.$$

$$\left.36x^2y^4+60x^4y^2-201x^4+25x^6-96]\frac{1}{2n}+o\left(\frac{1}{2n}\right)\right\}\mathrm{d}x\mathrm{d}y.$$

进行极坐标变换 $x=r\sin\varphi, y=r\cos\varphi$ 并进行若干初等计算，则

$P(U<k)=$

$$1-\mathrm{e}^{-\frac{k}{2}}+\left\{-\frac{4}{3}(1-\mathrm{e}^{-\frac{k}{2}})+\frac{1}{72}\left[\frac{1}{2\pi}\int_o^{\sqrt{k}}\mathrm{d}r\int_o^{2\pi}r\mathrm{e}^{-\frac{1}{2}r^2}(288r^2\sin^2\varphi-\right.\right.$$

$$252r^4\cos^2\varphi\sin^2\varphi+36r^6\cos^4\varphi\sin^2\varphi+60r^6\cos^2\varphi\sin^4\varphi-$$

$$\left.\left.201r^4\sin^4\varphi+25r^6\sin^6\varphi)\mathrm{d}\varphi\right]\right\}\frac{1}{2n}+o\left(\frac{1}{2n}\right)$$

$$=1-\mathrm{e}^{-\frac{k}{2}}-\frac{1}{2n}\left\{\frac{1}{144}\left[221\left(\frac{k}{2}\right)^3-192\left(\frac{k}{2}\right)^2+192\left(\frac{k}{2}\right)\right]\mathrm{e}^{-\frac{k}{2}}\right\}+o\left(\frac{1}{2n}\right),$$

这个渐近式是形式得出的，现在证明等式

$P\{U<k\}=$

$$1-\mathrm{e}^{-\frac{k}{2}}-\frac{1}{2}\mathrm{e}^{-\frac{k}{2}}\left[\frac{221}{144}\left(\frac{k}{2}\right)^3-\frac{192}{144}\left(\frac{k}{2}\right)^2+\frac{192}{144}\left(\frac{k}{2}\right)\right]\frac{1}{n}+o\left(\frac{1}{n^2}\right)$$

一致地对所有 $k>0$ 成立.

设 $\frac{1}{\sqrt{2n}}=t$，研究随机变量 (η,ζ) 的联合分布密度

$$p(x,y,t)=(1-2t^2)^{\frac{1}{2}}\frac{\left(\frac{1}{4t^2}-\frac{1}{2}\right)^{\frac{1}{4t^2}-1}}{\Gamma\left(\frac{1}{4t^2}-\frac{1}{2}\right)}(1-xt)^{-\frac{1}{2t^2}-1}\frac{1}{\sqrt{2\pi}}\mathrm{e}^{-\frac{\frac{1}{2t^2}+y^2-1}{2(1-xt)^2}},$$

$$\left(-\infty<x<\frac{1}{t},-\infty<y<+\infty\right)$$

验证该分布密度 $p(x,y,t)$ 满足定理的条件：

§ 2. 1

设

$$L=(1-2t^2)^{\frac{1}{2}}\cdot\frac{\left(\frac{1}{4t^2}-\frac{1}{2}\right)^{\frac{1}{4t^2}-1}}{\Gamma\left(\frac{1}{4t^2}-\frac{1}{2}\right)}\frac{1}{\sqrt{2\pi}}$$

计算函数$\frac{\partial}{\partial x}p$，$\frac{\partial}{\partial y}p$，$\frac{\partial^2}{\partial x\partial y}p$，$\frac{\partial^2}{\partial y\partial x}p$，显而易见有等式

$$\frac{\partial}{\partial x}p=L(1-xt)^{-\left(\frac{1}{2t^2}+1\right)}\mathrm{e}^{-\frac{\frac{1}{2t^2}-1+y^2}{2(1-xt)^2}}\left[\left(\frac{1}{2t^2}+1\right)t(1-xt)^{-1}-t\left(\frac{\frac{1}{2t^2}-1+y^2}{(1-xt)^2}\right)\right],$$

$$\frac{\partial}{\partial y}p=L(1-xt)^{-\left(\frac{1}{2t^2}+1\right)}\mathrm{e}^{-\frac{\frac{1}{2t^2}-1+y^2}{2(1-xt)^2}}\left(-\frac{y}{(1-xt)^2}\right),$$

$$\frac{\partial^2}{\partial x\partial y}p=\frac{\partial^2}{\partial y\partial x}p=L(1-xt)^{-\frac{1}{2t^2}-1}\mathrm{e}^{-\frac{\frac{1}{2t^2}-1+y^2}{2(1-xt)^2}}\left[-\frac{y}{(1-xt)^2}\right].$$

$$\left[\left(\frac{1}{2t^2}+1\right)t(1-xt)^{-1}-t^{-\frac{\frac{1}{2t^2}-1+y^2}{2(1-xt)^3}}+\frac{2t}{1-xt}\right],$$

$$(-\infty<x<t^{-1},-\infty<y<+\infty)$$

因此在区域内函数 $p(x,y,t)$ 有二次连续导数，且在该区域内显然有函数 $p(x,y,t)$，达到自己的上确界.

§ 2. 2

首先指出对任意t，存在有以 $r_t=\frac{1}{t^{\frac{1}{4}}}$ 为半径和以原点为中心的圆 D_t，在圆 D_t 内函数 $-\frac{\partial}{\partial x}\ln p$ 和 $-\frac{\partial}{\partial y}\ln p$ 展开有

$$\begin{aligned}-\frac{\partial}{\partial x}\ln p&=\left(\frac{1}{2t^2}+1\right)\frac{-t}{1-xt}+\frac{\frac{1}{2t^2}+y^2-1}{2(1-xt)^3}t\\&=x+\frac{1}{4}(4y^2+10x^2)t+\cdots+\frac{1}{4}\{[4+2(y^2-1)(m+1)m]x^{m-1}+\\&\quad[(m+3)(m+2)-2]x^{m+1}\}t^m+t^{m+1}R_1,\end{aligned}$$

$$-\frac{\partial}{\partial y}\ln p=\frac{y}{(1-xt)^2}=y+2xyt+\cdots+(m+1)x^myt^m+t^{m+1}R_2.$$

估计其余式

$$R_1=\left\{\left(\frac{1}{2t^2}+1\right)\frac{-t}{1-xt}+\frac{\frac{1}{2t^2}+y^2-1}{2(1-xt)^3}t-\left[x+\frac{1}{4}(4y^2+10x^2)t+\cdots+\right.\right.$$
$$\left.\left.\frac{1}{4}[[4+2(y^2-1)(m+1)m]x^{m-1}+[(m+3)(m+2)-2]x^{m+1}]t^m\right]\right\}t^{-(m+1)}$$

$$= \sum_{k=m+1}^{+\infty} t^{-(m+1)} \frac{1}{4} \{[4+2(y^2-1)(k+1)k]x^{k-1} + [(k+3)(k+2)-2]x^{k+1}\} t^k$$

$$\leqslant \sum_{k=m+1}^{+\infty} t^{k-(m+1)} \{(y^2+1)(k+1)^2 x^{k-1} + (k+3)^2 x^{k+1}\},$$

$$R_2 = \left\{\frac{y}{(1-xt)^2}(y+2xyt+\cdots+(m+1)x^m y t^m)\right\} t^{-(m+1)}$$

$$= \sum_{k=m+1}^{+\infty} t^{k-(m+1)} (k+1) x^k y.$$

显然

$$\frac{R_1(x,y,t,m)}{1+(|x|+|y|)^{m+2}} \text{和} \frac{R_2(x,y,t,m)}{1+(|x|+|y|)^{m+2}}$$

在该圆 D_t 内一致有界.

§ 2.3

现在估计

$$\left|\iint_{x^2+y^2>t^{-\frac{1}{2}}} p(x,y,t)\mathrm{d}x\mathrm{d}y\right| = \left|\iint_{x^2+y^2>t^{-\frac{1}{2}}} L(1-xt)^{-\left(\frac{1}{2t^2}+1\right)} \mathrm{e}^{-\frac{\frac{1}{2t^2}+y^2-1}{2(1-xt)^2}} \mathrm{d}x\mathrm{d}y\right|$$

$$= \left|\iint_{t^2\left(1-\frac{1}{u}\right)^2+\left(\frac{y}{u}\right)^2>t^{-\frac{1}{2}}} Lt^{-1} u^{\frac{1}{2t^2}-2} \mathrm{e}^{-\frac{\left(\frac{1}{2t^2}-1\right)u^2}{2}} \mathrm{e}^{-\frac{u^2}{2}} \mathrm{d}u\mathrm{d}v\right|.$$

设 $\alpha^2 = t^{\frac{3}{2}}$ 研究该积分区域

$$t^{-2}\left(1-\frac{1}{u}\right)^2 + \left(\frac{v}{u}\right)^2 > \alpha^2 t^{-2},$$

$$t^{-2}(u^2-2u+1) + v^2 > \alpha^2 t^{-2} u^2,$$

$$t^{-2}\left[(1-\alpha^2)u^2 - 2u + \frac{1}{1-\alpha^2}\right] + v^2 > \left(\frac{1}{1-\alpha^2}-1\right)t^{-2},$$

$$t^{-2}(1-\alpha^2)\left(u-\frac{1}{1-\alpha^2}\right)^2 + v^2 > \frac{\alpha^2}{1-\alpha^2}t^{-2},$$

$$\frac{\left(u-\frac{1}{1-\alpha^2}\right)^2}{\frac{\alpha^2}{(1-\alpha^2)^2}} + \frac{v^2}{t^{-2}\frac{\alpha^2}{(1-\alpha^2)}} > 1.$$

该积分区域乃是平面上一椭圆之外部,而点

$$\left(\beta_1 = \frac{1-\frac{\alpha}{(1+\alpha^{\frac{1}{2}})^{\frac{1}{2}}}}{1-\alpha^2},\ \gamma = \frac{\pm \alpha t^{-1}(\alpha^{\frac{1}{2}})^{\frac{1}{2}}}{(1-\alpha^2)^{\frac{1}{2}}(1+\alpha^2)^{\frac{1}{2}}}\right)$$

和

$$\left(\beta_2 = \frac{1-\frac{\alpha}{(1+\alpha^{\frac{1}{2}})^{\frac{1}{2}}}-2\alpha^2}{1-\alpha^2},\ \gamma = \frac{\pm \alpha t^{-1}(\alpha^{\frac{1}{2}})^{\frac{1}{2}}}{(1-\alpha^2)^{\frac{1}{2}}(1+\alpha^{\frac{1}{2}})^{\frac{1}{2}}}\right)$$

位于椭圆之内，由于椭圆的凸性，则以该点为顶点的矩形属于椭圆内，因此

$$\iint_{x^2+y^2>t^{-\frac{1}{2}}} p(x,y,t)\mathrm{d}x\mathrm{d}y < 1-\int_{\beta_1}^{\beta_2}\int_{-\gamma}^{\gamma} Lt^{-1}u^{\frac{1}{2t^2}-2}\mathrm{e}^{-\frac{\left(\frac{1}{2t^2}+1\right)u^2}{2}}\mathrm{e}^{-\frac{v^2}{2}}\mathrm{d}u\mathrm{d}v,$$

进行下列坐标变换

$$v=v \text{ 和 } w=\left(\frac{1}{t^2}-2\right)^{\frac{1}{2}}(u-1),$$

则

$$\iint_{x^2+y^2>t^{-\frac{1}{2}}} p(x,y,t)\mathrm{d}x\mathrm{d}y <$$

$$1-\int_{\beta_1}^{\beta}\int_{-\gamma}^{\gamma}\frac{\left(\frac{1}{2}^{\frac{1}{2t^2}-2}\right)}{\Gamma\left(\frac{1}{4t^2}-\frac{1}{2}\right)}\left[w+\left(\frac{1}{t^2}-2\right)^{\frac{1}{2}}\right]^{\frac{1}{2t^2}-2}\mathrm{e}^{-\frac{\left[w+\left(\frac{1}{t^2}-2\right)\frac{1}{2}\right]^2}{4}}-\frac{v^2}{2}\frac{\mathrm{d}v\mathrm{d}w}{\sqrt{2\pi}}.$$

这里 $\beta=\left(\frac{1}{t^2}-2\right)^{\frac{1}{2}}\left[\frac{\alpha}{\frac{(1+\alpha^{\frac{1}{2}})^{\frac{1}{2}}}{1-\alpha^2}}-\alpha^2\right].$

研究随机变量

$$\zeta^{+}=\left(\frac{1}{2t^2}\right)^{\frac{1}{2}}\frac{\xi-a}{\sigma} \text{ 和 } \eta^{+}=\left(\frac{1}{t^2}-2\right)^{\frac{1}{2}}\left(\frac{S}{\sigma}-1\right)$$

相互独立，因此

$$\iint_{x^2+y^2>t^{-\frac{1}{2}}} p(x,y,t)\mathrm{d}x\mathrm{d}y < 1-$$

$$\frac{1}{\sqrt{2\pi}}\int_{-\gamma}^{\gamma}\mathrm{e}^{-\frac{r^2}{2}}\mathrm{d}v\int_{-\beta}^{\beta}\frac{\left(\frac{1}{2}\right)\frac{1}{2t^2}-2}{\Gamma\left(\frac{1}{4t^2}-\frac{1}{2}\right)}\left[w+\left(\frac{1}{t^2}-2\right)^{\frac{1}{2}}\right]^{\frac{1}{2t^2}-2}\mathrm{e}^{-\frac{\left[w+\left(\frac{1}{t^2}-2\right)\frac{1}{2}\right]^2}{4}}\mathrm{d}w.$$

现在研究矩的存在

$$\frac{\left(\frac{1}{2}\right)^{\frac{1}{2t^2}-2}}{\Gamma\left(\frac{1}{4t^2}-\frac{1}{2}\right)}\int_{\beta}^{+\infty}w^{e}\left[w+\left(\frac{1}{t^2}-2\right)^{\frac{1}{2}}\right]^{\frac{1}{2t^2}-2}\mathrm{e}^{-\frac{\left[w+\left(\frac{1}{t^2}-2\right)\frac{1}{2}\right]^2}{4}}\mathrm{d}w$$

$$=\frac{\left(\frac{1}{4t^2}-\frac{1}{2}\right)^{\frac{1}{4t^2}-1}\mathrm{e}^{-\left(\frac{1}{4t^2}-\frac{1}{2}\right)}}{\Gamma\left(\frac{1}{4t^2}-\frac{1}{2}\right)}\int_{\beta}^{+\infty}w^{e}\mathrm{e}^{-\frac{w^2}{4}}\left[1+\frac{w}{\left(\frac{1}{t^2}-2\right)^{\frac{1}{2}}}\right]^{\frac{1}{2t^2}-2}\mathrm{e}^{\frac{\left(\frac{1}{t^2}-2\right)\frac{1}{2}}{2}w}\mathrm{d}w.$$

求

$$\left[1+\frac{w}{\left(\frac{1}{t^2}-2\right)^{\frac{1}{2}}}\right]^{\frac{1}{2t^2}-2} \mathrm{e}^{\frac{\left(\frac{1}{t^2}-2\right)^{\frac{1}{2}}}{2}w} \text{之极大值.}$$

令

$$\left\{-\frac{\left(\frac{1}{t^2}-2\right)^{\frac{1}{2}}}{2}+\left[\frac{1}{2t^2}-2\right]\frac{1}{\left(\frac{1}{t^2}-2\right)^{\frac{1}{2}}}\left[1+\frac{w_0}{\left(\frac{1}{t^2}-2\right)^{\frac{1}{2}}}\right]^{-1}\right\}=0,$$

$$1+\frac{w_0}{\left(\frac{1}{t^2}-2\right)^{\frac{1}{2}}}=\frac{\frac{1}{t^2}-4}{\frac{1}{t^2}-2},$$

即

$$w_0=\frac{-2}{\left(\frac{1}{t^2}-2\right)^{\frac{1}{2}}},$$

则在点 w_0 达到极大值.

因此存在 $T>0$,对所有 $t<T$ 有不等式

$$\frac{\left(\frac{1}{4t^2}-\frac{1}{2}\right)^{\frac{1}{4t^2}-1}\mathrm{e}^{-\left(\frac{1}{4t^2}-\frac{1}{2}\right)}}{\Gamma\left(\frac{1}{4t^2}-\frac{1}{2}\right)}<d,$$

即

$$\int_{\beta}^{+\infty}\left[1+\frac{w}{\left(\frac{1}{t^2}-2\right)^{\frac{1}{2}}}\right]^{\frac{1}{2t^2}-2}\mathrm{e}^{\frac{-\left(\frac{1}{t^2}-2\right)^{\frac{1}{2}}}{2}w}w^{\mathrm{e}}\mathrm{e}^{-\frac{w^2}{4}}\mathrm{d}w<d,$$

也就是说该积分对所有 $t<T$ 一致有界.

因此对随机变量 η^+ 和 ξ^+ 相应地有 $4(m+1)$ 次和 $16(m+1)$ 次矩,利用 Чебышев 不等式得到

$$P\{|\xi^+|>\gamma\}\leqslant\frac{d_2}{(\gamma)^{16(m+1)}}=O(t^{m+1}),$$

$$P\{|\eta^+|>\beta\}\leqslant\frac{d_2}{(\beta)^{4(m+1)}}=O(t^{m+1}),$$

就是说对所有的 $t<T$ 有等式

$$\iint_{x^2+y^2>t^{-\frac{1}{2}}}p(x,y,t)\mathrm{d}x\mathrm{d}y=O(t^{m+1}).$$

§ 2.4

研究关系式

$$\frac{\frac{1}{2\pi}e^{-\frac{1}{2}(x^2+y^2)}}{p(x,y,t)}=\frac{\frac{1}{2\pi}e^{-\frac{1}{2}(x^2+y^2)}}{L(1-xt)^{-\left(\frac{1}{2t^2}+1\right)}e^{\frac{-\frac{1}{2t^2}+y^2-1}{2(1-xt)^2}}}$$

$$=L^{-1}\exp\left\{\left(\frac{1}{2t^2}+y^2-1\right)\frac{1}{2}[1+2xt+3x^2t^2+4x^3t^3+o(x^4t^4)]-\right.$$

$$\left.\frac{1}{2}(x^2+y^2)+\left(\frac{1}{2t^2}+1\right)\left(-xt-\frac{x^2t^2}{2}-\frac{x^3t^3}{3}-o(x^4t^4)\right)\right\}$$

$$=L^{-1}\exp\left\{\frac{1}{4t^2}+\frac{y^2}{2}-\frac{1}{2}+\frac{xt}{2t^2}+xy^2t+\frac{3}{4}x^2-\right.$$

$$\left.\frac{1}{2}(x^2+y^2)-\frac{x}{2t}-\frac{x^2}{4}+o(1)\right\}.$$

显而易见,存在 $T>0$ 对所有的 $t<T$ 关系式

$$\frac{\frac{1}{2\pi}e^{-\frac{1}{2}(x^2+y^2)}}{p(x,y,t)}\text{ 在圆 } D_t \text{ 内一致有界.}$$

§ 2.5

对矩

$$\iint x^{e_1}y^{e_2}L(1-xt)^{-\frac{1}{2t^2}-1}e^{-\frac{\frac{1}{2t^2}+y^2-1}{2(1-xt)^2}}\,dx\,dy$$

进行坐标变换

$$u=\frac{1}{1-xt},\quad v=\frac{y}{1-xt},$$

$$\begin{vmatrix}\frac{\partial x}{\partial u} & \frac{\partial y}{\partial u}\\ \frac{\partial x}{\partial v} & \frac{\partial y}{\partial v}\end{vmatrix}=\begin{vmatrix}t^{-1}\frac{1}{u^2} & \frac{-v}{u^2}\\ 0 & \frac{1}{u}\end{vmatrix}=\frac{t^{-1}}{u^3},$$

则得

$$\iint\left[t^{-1}\left(1-\frac{1}{u}\right)\right]^{e_1}\left[\frac{v}{u}\right]^{e_2}Lu^{\frac{1}{2t^2}-2}e^{\frac{-\left(\frac{1}{2t^2}-1\right)u^2}{2}}e^{-\frac{v^2}{2}}\,du\,dv.$$

再进行坐标变换

$$v=v,\quad w=\left(\frac{1}{t^2}-2\right)^{\frac{1}{2}}[u-1],$$

$$\begin{vmatrix}\frac{\partial v}{\partial v} & \frac{\partial v}{\partial w}\\ \frac{\partial u}{\partial v} & \frac{\partial u}{\partial w}\end{vmatrix}=\frac{1}{\left(\frac{1}{t^2}-2\right)^{\frac{1}{2}}},$$

则

$$\iint L\left[\frac{\dfrac{w}{\left(\dfrac{1}{t^2}-2\right)^{\frac{1}{2}}}}{t\left[1+\dfrac{w}{\left(\dfrac{1}{t^2}-2\right)^{\frac{1}{2}}}\right]}\right]^{e_1}\left[1+\frac{w}{\left(\dfrac{1}{t^2}-2\right)^{\frac{1}{2}}}\right]^{\frac{1}{2t^2}-2-e_2} e^{-\frac{\left(\frac{1}{2t^2}-1\right)\left(1+\frac{w}{\left(\frac{1}{t^2}-2\right)^{\frac{1}{2}}}\right)^2}{2}}\cdot$$

$$v^{e_2}\,e^{-\frac{v^2}{2}}\,\mathrm{d}v\mathrm{d}w$$

$$=\int_{-\infty}^{+\infty} v^{e_2}\,e^{-\frac{v^2}{2}}\,\mathrm{d}v\int_{-\infty}^{+\infty} L e^{-\left(\frac{1}{4t^2}-\frac{1}{2}\right)}\ \frac{1}{\left(t\left(\dfrac{1}{t^2}-2\right)^{\frac{1}{2}}\right)^{e_1}}\left[1+\frac{w}{\left(\dfrac{1}{t^2}-2\right)^{\frac{1}{2}}}\right]^{\frac{1}{2t^2}-2-e_1-e_2}\cdot$$

$$e^{-\frac{\left(\frac{1}{t^2}-2\right)^{\frac{1}{2}}}{2}w}\,we_1\,e^{-\frac{w^2}{4}}\,\mathrm{d}w.$$

现在求

$$\left[1+\frac{w}{\left(\dfrac{1}{t^2}-2\right)^{\frac{1}{2}}}\right]^{\frac{1}{2t^2}-2-e_1-e_2} e^{-\frac{\left(\frac{1}{t^2}-2\right)^{\frac{1}{2}}}{2}w}$$

之极大值.

$$\left\{-\frac{\left(\dfrac{1}{t^2}-2\right)^{\frac{1}{2}}}{2}+\left[\frac{\dfrac{1}{t^2}-2}{2}-(1+e_1+e_2)\right]\frac{1}{\left(\dfrac{1}{t^2}-2\right)^{\frac{1}{2}}}\left[1+\frac{w_0}{\dfrac{1}{t_2}-2}\right]^{-1}\right\}=0,$$

$$\frac{\left(\dfrac{1}{t^2}-2\right)^{\frac{1}{2}}}{2}=\left[\frac{\left(\dfrac{1}{t^2}-2\right)^{\frac{1}{2}}}{2}-\frac{1+e_1+e_2}{\left(\dfrac{1}{t^2}-2\right)^{\frac{1}{2}}}\right]\left[1+\frac{w_0}{\left(\dfrac{1}{t^2}-2\right)^{\frac{1}{2}}}\right]^{-1},$$

$$w_0=\frac{-2(1+e_1+e_2)}{\left(\dfrac{1}{t^2}-2\right)^{\frac{1}{2}}},$$

因此存在 $T>0$ 对所有的 $t<T$ 有不等式

$$\frac{\left(\dfrac{1}{4t^2}-\dfrac{1}{2}\right)^{\frac{1}{4t^2}-1}e^{-\left(\frac{1}{4t^2}-\frac{1}{2}\right)}}{\Gamma\left(\dfrac{1}{4t^2}-\dfrac{1}{2}\right)}\left[\frac{1}{t\left(\dfrac{1}{t^2}-2\right)^{\frac{1}{2}}}\right]^{e_1}<d,$$

$$\left[1+\frac{w}{\left(\dfrac{1}{t^2}-2\right)^{\frac{1}{2}}}\right]^{\frac{1}{2t^2}-2-e_1-e_2} e^{-\frac{\left(\frac{1}{t^2}-2\right)^{\frac{1}{2}}}{2}w}<\left[1-\frac{2(1+e_1+e_2)}{\left(\dfrac{1}{t^2}-2\right)}\right]\frac{1}{2t^2}-$$

$$2-e_1-e_2\,e^{1+e_1+e_2}<d,$$

亦即

$$\iint x^{e_1} y^{e_2} p(x,y,t)\mathrm{d}x\mathrm{d}y$$

对所有 $t < T$ 一致有界.

§ 2. 6

显然有 $$\frac{\ln t}{t^{-\frac{1}{4}}} = o(1).$$

最后应该指出,分布函数是 t 的偶函数,事实上

$$P(U < k, t) = \iint_{x^2+y^2<k} p(x,y,t)\mathrm{d}x\mathrm{d}y$$

$$= \iint_{x^2+y^2<k} (1-2t^2)^{\frac{1}{2}} \frac{\left(\frac{1}{2t^2} - \frac{1}{2}\right)^{\frac{1}{4t^2}-1}}{\Gamma\left(\frac{1}{4t^2} - \frac{1}{2}\right)} (1-xt)^{-\frac{1}{2t^2}-1} \frac{1}{\sqrt{2\pi}} \mathrm{e}^{-\frac{\frac{1}{2t^2}+y^2-1}{2(1-xt)^2}} \mathrm{d}x\mathrm{d}y,$$

进行坐标变换

$$y^* = y, \quad x^* = -x,$$

$$\begin{vmatrix} \frac{\partial y}{\partial y^*} & \frac{\partial y}{\partial x^*} \\ \frac{\partial x}{\partial y^*} & \frac{\partial x}{\partial x^*} \end{vmatrix} = \begin{vmatrix} 1 & 0 \\ 0 & -1 \end{vmatrix} = -1,$$

$$\iint_{x^{*2}+y^{*2}<k} (1-2t^2)^{\frac{1}{2}} \frac{\left(\frac{1}{2t^2} - \frac{1}{2}\right)^{\frac{1}{4t^2}-1}}{\Gamma\left(\frac{1}{4t^2} - \frac{1}{2}\right)} (1+x^* t)^{-\frac{1}{2t^2}-1} \frac{1}{\sqrt{2\pi}} \mathrm{e}^{-\frac{\frac{1}{2t^2}+y^{*2}-1}{2(1+x^* t)^2}} \mathrm{d}x^* \mathrm{d}y^*$$

$$= \iint_{x^2+y^2<k} p(x,y,-t)\mathrm{d}x\mathrm{d}y = P(U < k, -t),$$

因此分布函数 $P(U < k)$ 渐近展开式余项的阶是 $o\left(t^4 = \left(\frac{1}{2n}\right)^2\right)$.

设 $X_1, X_2, \cdots, X_n$ 是一组彼此相互独立,具有相同参数(a,σ) 的正态分布的样本,并设

$$\overline{X} = \frac{1}{n}\sum_{i=1}^{n} Xi \text{ 和 } \mathrm{S}_x^2 = \frac{1}{n-1}\sum_{i=1}^{n}(Xi - X)^2,$$

则随机函数

$$U = \sup_{|z|<+\infty} \left| \frac{\sqrt{n}[(\mathrm{S}_x - \sigma)z + (X-a)]}{\mathrm{S}_x\sqrt{\frac{z^2}{2}+1}} \right|^2$$

具有分布函数

$P(U < h)$

$$= 1 - e^{-\frac{h}{2}} - \frac{1}{2}e^{-\frac{h}{2}}\left[\frac{221}{144}\left(\frac{h}{2}\right)^3 - \frac{192}{144}\left(\frac{h}{2}\right)^2 + \frac{192}{144}\left(\frac{h}{2}\right)\right]\frac{1}{n} + o\left(\frac{1}{n^2}\right).$$

设 $P(U < h) = 1 - e^{-\frac{g}{2}}$,

则成立等式

$$g = h - \left[\frac{221}{144}\left(\frac{h}{2}\right)^3 - \frac{192}{144}\left(\frac{h}{2}\right)^2 + \frac{192}{144}\left(\frac{h}{2}\right)\right]\frac{1}{n} + o\left(\frac{1}{n^2}\right),$$

$$h = g + \left[\frac{221}{144}\left(\frac{g}{2}\right)^3 - \frac{192}{144}\left(\frac{g}{2}\right)^2 + \frac{192}{144}\left(\frac{g}{2}\right)\right]\frac{1}{n} + o\left(\frac{1}{n^2}\right).$$

显而易见,分布函数

$$P\left\{\sup_{|z|<+\infty}|(S_x - \sigma)z + (\overline{X} - a)| < h^{\frac{1}{2}}S_x\sqrt{\frac{z^2}{2}+1}\right\} = 1 - e^{-\frac{g}{2}}.$$

在正态概率纸上描画出一个区域,而未知分布函数所影射到这平面上的直线是以相应概率位于这区域内.

参考文献

[1] Wasow W. Proceedings of symposia in applied mathematics. Numerical Analysis. Mc Graw-Hill,N. Y. 1956,6:251-259.

[2] Большев Л Н. Одоверительных зонах для функций нормалвного раслределения. Труды vl Веесоызной Кофферендии по Теории Вероятностей Вилвнюс,1960.

[3] Большев Л Н. О преобразовании спучайных величин. Т. В. И её Лрименения, МГУ,1961,4(2).

[4] 吕乃刚毕业论文.

基辅大学学报
1995:106-108

利用母体中的两子样构造置信限的简易方法①

A Simple Method for Constructing the Confidence Region in Terms of Two Samples from a Population

问题的提出：

我们是研究具有未知参数(a,σ)正态分布的母体，利用母体中的子样构造置信限.

设$\xi_1,\xi_2,\cdots,\xi_n$和$\eta_1,\eta_2,\cdots,\eta_m$是两组相互独立，具有相同参数$(a,\sigma)$正态分布的随机变量，并设

$$\bar{x}_1=\frac{1}{n}\sum_{i=1}^{n}\xi_i,\ \bar{x}_2=\frac{1}{m}\sum_{j=1}^{m}\eta_j,\ S_1^2=\frac{1}{n-1}\sum_{i=1}^{n}(\xi_i-\bar{x}_1)^2,$$

$$S_2^2=\frac{1}{m-1}\sum_{j=1}^{m}(\eta_j-\bar{x}_2)^2.$$

1953年N. F. Smirnov[1]对一个子样建立了如下的结果：

$$P\left\{\max_{|x|<+\infty}\left|\Phi\left(\frac{x-\bar{x}_1}{S_1}\right)-\Phi\left(\frac{x-a}{\sigma}\right)\right|<\lambda\right\}=\frac{2}{\pi}\iint_{\sqrt{n}\cdot b\cdot e^{-\frac{a^2}{2}}<\lambda}e^{-\frac{1}{2}(u^2+v^2)}\mathrm{d}u\mathrm{d}v+o(1),\ (n\to+\infty).$$

1961年G. M. Manya[2]对两个子样进一步建立了如下的结果：

$$P\left\{\max_{|x|<+\infty}\left|\Phi\left(\frac{x-\bar{x}_1}{S_1}\right)-\Phi\left(\frac{x-\bar{x}_2}{S_2}\right)\right|<\lambda\right\}=\frac{2}{\pi}\iint_{\sqrt{N}\cdot b\cdot e^{-\frac{a^2}{2}}<\lambda}e^{-\frac{1}{2}(u^2+v^2)}\mathrm{d}u\mathrm{d}v+o(1),\ (n,m\to+\infty),$$

这里$\Phi(x)=\frac{1}{\sqrt{2\pi}}\int_{-\infty}^{x}e^{-\frac{w^2}{2}}\mathrm{d}w, a=a(u,v), b=b(u,v), \sqrt{N}=\sqrt{\frac{n\cdot m}{n+m}}$.

① 本文结果曾在1963年数理统计会议上报告过.

不难看出在上述的结果里，最困难的是极限分布中的 a，b 的计算，因此，利用起来不够方便.

如果我们研究如下的简单变换：

$$y=\Phi\left(\frac{x-a}{\sigma}\right),-\infty<x<+\infty;z=\Phi^{-1}(y)=\frac{x-a}{\sigma},0<y<1,$$

$$x=\sigma z+a,-\infty<z<+\infty.$$

参阅下面图 1 和图 2，不难看出平面 (x,y) 上点和平面 (z,x) 上点是存在对应关系的，利用这个简单的事实，我们对带有未知参数 (a,σ) 正态分布得到了构造置信限的其他途径.

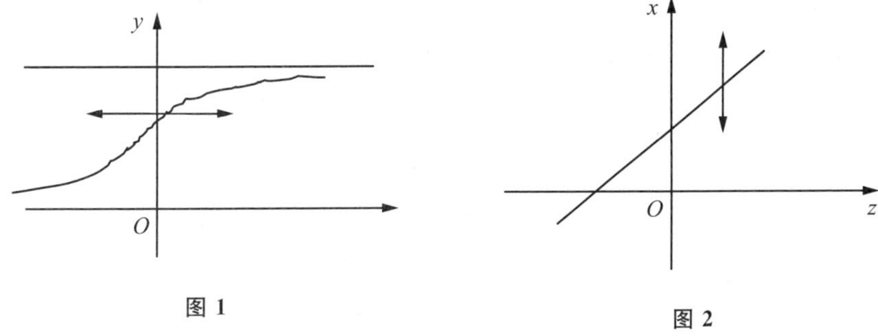

图 1　　图 2

1960 年作者在 L. N. Porshev 指导下[3,4]，建立了如下的结果：

$$P\left\{\sup_{|z|<+\infty}\left|\frac{(S_1-\sigma)z+(\bar{x}_1-a)}{S_1\sqrt{\frac{z^2}{2}+1}}\right|^2<\lambda\right\}=\frac{1}{2\pi}\iint_{n(u^2+v^2)<\lambda}\mathrm{e}^{-\frac{u^2+v^2}{2}}\mathrm{d}u\mathrm{d}v+o(1),$$

并且 1961 年作者在 L. N. Porshev 指导下[5]，进一步建立了如下的结果：

$$P\left\{\sup_{|z|<+\infty}\left|\frac{(S_1-\sigma)z+(\bar{x}_1-a)}{S_1\sqrt{\frac{z^2}{2}+1}}\right|^2<\lambda\right\}=\frac{1}{2\pi}\iint_{n(u^2+v^2)<\tau}\mathrm{e}^{-\frac{u^2+v^2}{2}}\mathrm{d}u\mathrm{d}v,$$

这里

$$\tau=\lambda-\left[\frac{221}{144}\left(\frac{\lambda}{2}\right)^3-\frac{192}{144}\left(\frac{\lambda}{2}\right)^2+\frac{192}{144}\left(\frac{\lambda}{2}\right)\right]\frac{1}{n}+o\left(\frac{1}{n^2}\right);$$

$$\lambda=\tau+\left[\frac{221}{144}\left(\frac{\tau}{2}\right)^3-\frac{192}{144}\left(\frac{\tau}{2}\right)^2+\frac{192}{144}\left(\frac{\tau}{2}\right)\right]\frac{1}{n}+o\left(\frac{1}{n^2}\right).$$

在估计余项过程中，并且找到 W. Waasow[6] 结果，推广到二维空间的充分条件.

1962 年作者又建立了如下的结果：

$$P\left\{\sup_{|z|<+\infty}\left|\frac{(S_1-S_2)z+(\bar{x}_1-\bar{x}_2)}{S\sqrt{\frac{z^2}{2}+1}}\right|^2<\lambda\right\}$$

$$=\frac{1}{2\pi}\iint_{N(u^2+v^2)<\lambda}\mathrm{e}^{-\frac{u^2+v^2}{2}}\mathrm{d}u\cdot\mathrm{d}v+o(1),\ n,m\to+\infty$$

这里，$N=\dfrac{nm}{n+m}$，S 是 σ 的可合估计.

设 $\lambda_1=\dfrac{S_1}{\sigma}=1+\dfrac{t_1}{\sqrt{2n}}$，　$\lambda_2=\dfrac{S_2}{\sigma}=1+\dfrac{t_2}{\sqrt{2n}}$；

$$\bar{x}_1=a+\frac{\sigma}{\sqrt{n}}\tau_1,\quad \bar{x}_2=a+\frac{\sigma}{\sqrt{n}}\tau_2,$$

显然，随机变量 τ_1，τ_2 是具有参数为(0,1)正态分布，随机变量 t_1，t_2 是具有参数为(0,1)渐近正态分布，并且

$$P\{\lambda\}=P\left\{\sup_{|z|<+\infty}\left|\sqrt{N}\frac{(S_1-S_2)z+(\bar{x}_1-\bar{x}_2)}{\sigma\sqrt{\frac{z^2}{2}+1}}\right|^2<\lambda\right\}$$

$$=P\left\{\sup_{|z|<+\infty}\left|\sqrt{N}\frac{\left(\frac{t_1}{\sqrt{n}}-\frac{t_2}{\sqrt{m}}\right)\frac{z}{\sqrt{2}}+\left(\frac{\tau_1}{\sqrt{n}}-\frac{\tau_2}{\sqrt{m}}\right)}{\sqrt{\frac{z^2}{2}+1}}\right|^2<\lambda\right\}.$$

经过简单的运算 * 可以得到

$$=\iiint\limits_{D_{n,m}(\lambda)}\int\frac{1}{4\pi}\mathrm{e}^{-\frac{t_1^2+t_2^2+\tau_1^2+\tau_2^2}{2}}\mathrm{d}t_1\mathrm{d}t_2\mathrm{d}\tau_1\mathrm{d}\tau_2+o(1),\ m,n\to+\infty,$$

这里 $D_{n,m}(\lambda)=\sup\limits_{|z|<+\infty}\left|\sqrt{N}\dfrac{\left(\frac{t_1}{\sqrt{n}}-\frac{t_2}{\sqrt{m}}\right)\frac{z}{\sqrt{2}}+\left(\frac{\tau_1}{\sqrt{n}}-\frac{\tau_2}{\sqrt{m}}\right)}{\sqrt{\frac{z^2}{2}+1}}\right|^2<\lambda$，

进行坐标变换：

$$u_1=\sqrt{\frac{m}{n+m}}\tau_1-\sqrt{\frac{n}{n+m}}\tau_2;\quad u_1=\sqrt{\frac{m}{n+m}}\tau_1+\sqrt{\frac{n}{n+m}}\tau_2;$$

$$v_1=\sqrt{\frac{m}{n+m}}t_1-\sqrt{\frac{n}{n+m}}t_2;\quad v_1=\sqrt{\frac{m}{n+m}}t_1+\sqrt{\frac{n}{n+m}}t_2;$$

$$P\{\lambda\}=P\left\{\sup_{|z|<+\infty}\left|\frac{v_1\frac{z}{\sqrt{2}}+u_1}{\sqrt{\frac{z^2}{2}+1}}\right|^2<\lambda\right\}$$

$$=\iiint_{D_{n,m}^{*}(\lambda)}\int \frac{1}{4\pi^{2}}\mathrm{e}^{-\frac{v_1^2+v_2^2+u_1^2+u_2^2}{2}}\mathrm{d}u_1\mathrm{d}u_2\mathrm{d}v_1\mathrm{d}v_2+o(1),$$

这里 $D_{n,m}^{*}(\lambda)=\sup_{|z|<+\infty}\left|\frac{v_1\frac{z}{\sqrt{2}}+u_1}{\sqrt{\frac{z^2}{2}+1}}\right|^2<\lambda.$

设 $\boldsymbol{A}=(v_1,u_1)$，$\boldsymbol{E}=\left(\frac{\frac{z}{\sqrt{2}}}{\sqrt{\frac{z^2}{2}+1}},\frac{1}{\sqrt{\frac{z^2}{2}+1}}\right)$，

根据简单的几何证明，参阅下面图 3，

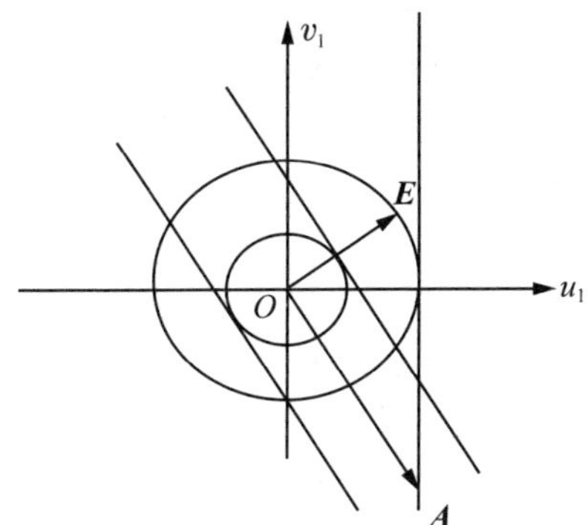

图 3

可以得到，$m,n\to+\infty$，

$$P\{\lambda\}=P\{\sup_{|z|<+\infty}|(\boldsymbol{A}\cdot\boldsymbol{E})|^2<\lambda\}$$
$$=\frac{1}{2\pi}\iint_{v_1^2+u_1^2<\lambda}\mathrm{e}^{-\frac{v_1^2+u_1^2}{2}}\mathrm{d}v_1\mathrm{d}u_1+o(1)=1-\mathrm{e}^{-\frac{\lambda}{2}}+o(1).$$

如果 S 是 σ 可合估计，那么存在 M,N，使得当 $n>N,m>M$ 时，

$$P\left\{\lambda\frac{(\sigma-\varepsilon)^2}{\sigma^2}\right\}-\delta\leqslant P\left\{\sup_{|z|<+\infty}\left|\sqrt{N}\frac{(S_1-S_2)z+(\bar{x}_1-\bar{x}_2)}{S\sqrt{\frac{z^2}{2}+1}}\right|^2<\lambda\right\}$$
$$\leqslant P\left\{\lambda\frac{(\sigma+\varepsilon)^2}{\sigma^2}\right\}+\delta.$$

由于 ε,δ 是任意小量，因此得证.

不难看出，利用子样计算出 $S_1,S_2,\bar{x}_1,\bar{x}_2$ 以及 S，然后在平面(z,x)上寻求出 λ，从而得相应的渐近概率.

参考文献

[1] Смирнов Н В. Об одном способе построения доверительных областей для нормальной функции распределения по данным выборки. Труды института математики и механики А. Н. Уз. ССР вып. 1953,10(1).

[2] Мания Г М. Об одном способе построения доверительных областей для двух выборок из генеральной совокупности. Собощения А. Н. Гр. ССР, 1961, 27(2).

[3] Большев Л Н. О доверительных зонах для функций нормального распределения. Труды Ⅵ всесоюзного совещания по теорий вероятностей и математической статистике. Вильюс, 1960.

[4] Большев Л Н. Обзор некоторых результатов полученых в дипломных работах по математической статистике. Теория вероятностей и её применения, 1960, 5(3).

[5] 李占柄. 关于带有未知参数的正态分布的置信限及进一步精确. 北京师范大学学报(自然科学版),1962(1):6-23.

北京数学会第1届概率论与数理统计会报告

1963.

多维可加随机函数的极限定理

The Limit Theory of Multi-Dimensional Additive Random Function

设 $\boldsymbol{H}(\Delta)$ 是可加随机向量，这里 $\Delta=(s,t)$，且 $M\boldsymbol{H}(\Delta)=0$，

$$D\boldsymbol{H}(\Delta)=(b_{i,j}(\Delta))_{i,j=1}^{p},\quad \boldsymbol{\eta}(\Delta)=\begin{pmatrix}\dfrac{\boldsymbol{H}_1(\Delta)}{b_{1,1}^{\frac{1}{2}}(\Delta)}\\ \vdots \\ \dfrac{\boldsymbol{H}_p(\Delta)}{b_{p,p}^{\frac{1}{2}}(\Delta)}\end{pmatrix}.$$

定义 多维随机函数 $\boldsymbol{H}(\Delta)$ 称具有强混合条件，如果当 $\tau\to+\infty$ 时，有

$$\sup_{t}\sup_{B\in M_{-\infty}^{t},B'\in M_{t+\tau}^{+\infty}}|P\{B\cap B'\}-P\{B\}P\{B'\}|=\alpha(\tau)\to 0,$$

这里 M_s^t 表示由所有事件 $\{\boldsymbol{H}(\Delta_1)<\boldsymbol{h}_1,\boldsymbol{H}(\Delta_2)<\boldsymbol{h}_2,\cdots,\boldsymbol{H}(\Delta_m)<\boldsymbol{h}_m\}$ 产生的 σ 代数，并且 $\Delta_1,\Delta_2,\cdots,\Delta_m$ 是互不相交的区间，$\boldsymbol{h}_1,\boldsymbol{h}_2,\cdots,\boldsymbol{h}_m$ 是实向量.

引理 1 多维随机函数 $\boldsymbol{H}(\Delta)$ 具有强混合条件的充要条件是当 $\tau\to+\infty$ 时，有 $\sup\limits_{t}\sup\limits_{\xi_1,\xi_2}|M\xi_1\xi_2-M\xi_1M\xi_2|=\alpha'(\tau)\to 0$，

这里 ξ_1 是 $M_{-\infty}^{t}$ 上可测函数，ξ_2 是 $M_{-\infty}^{t}$ 上可测函数，且 $|\xi_1|\leqslant 1$，$|\xi_2|\leqslant 1$.

引理 2 设 $\{M_{s_i}^{t_i}\}_{i=1}^{m}$ 是一族 σ 代数，且 $\xi_1,\xi_2,\cdots,\xi_m$ 分别是它们上可测函数，$|\xi_i|\leqslant 1,i=1,2,\cdots,m$. 这里 $s_1<t_1<s_2<t_2<\cdots<s_m<t_m$，$s_{i+1}-t_i\geqslant\tau,i=1,2,\cdots,m-1$，则

$$|M\xi_1\xi_2\cdots\xi_m-M\xi_1M\xi_2\cdots M\xi_m|\leqslant 4(m-1)\alpha(\tau).$$

引理 3 设 $\{\xi_{k,n}\}_{k=1}^{k_n}$ 是一族随机变量，且 $M\xi_{k,n}=0,k=1,2,\cdots,n$，当 $n\to+\infty$ 时，$\max\limits_{i\neq j}\sup\limits_{A,B}|P_{\xi_{i,n},\xi_{j,n}}\{A\cap B\}-P_{\xi_{i,n}}\{A\}P_{\xi_{j,n}}\{B\}|\to 0$，此外，对任意 $\varepsilon>0$，当 N 充分大时，对 k,n 一致成立 $\int_{|x|>N}x^2\mathrm{d}F_{\xi_{k,n}}(x)\leqslant\varepsilon$，则当

$n \to +\infty$ 时，有 $\max\limits_{i\neq j}|M\xi_{i,n}\xi_{j,n}| \to 0$.

引理 4　设 $\widetilde{\boldsymbol{\eta}}(\Delta_i) = \begin{pmatrix} \widetilde{\eta}_1(\Delta_i) \\ \vdots \\ \widetilde{\eta}_p(\Delta_i) \end{pmatrix}$，$i = 1,2,\cdots,n$，相互独立的 p 维随机向量，且 $M\widetilde{\boldsymbol{\eta}}(\Delta_i) = \mathbf{0}$，$B_{k,k}(\Delta_1,\Delta_2,\cdots,\Delta_n) \triangleq \sum\limits_{i=1}^{n} D\widetilde{\boldsymbol{\eta}}(\Delta_i)$，

$\beta_{j,k}(\Delta_1,\Delta_2,\cdots,\Delta_n) \cdot B_{j,j}^{1/2}(\Delta_1,\Delta_2,\cdots,\Delta_n) \cdot B_{k,k}^{1/2}(\Delta_1,\Delta_2,\cdots,\Delta_n) \triangleq$

$\sum\limits_{i=1}^{n} M\boldsymbol{\eta}_j(\Delta_i)\boldsymbol{\eta}_k(\Delta_i)$，

$$\boldsymbol{\eta}^*(\Delta_i) = \begin{pmatrix} \dfrac{\widetilde{\eta}_1(\Delta_i)}{B_{1,1}^{1/2}(\Delta_1,\Delta_2,\cdots,\Delta_n)} \\ \vdots \\ \dfrac{\widetilde{\eta}_p(\Delta_i)}{B_{p,p}^{1/2}(\Delta_1,\Delta_2,\cdots,\Delta_n)} \end{pmatrix}, \max_k D\left[\frac{\widetilde{\eta}_k(\Delta_i)}{B_{k,k}^{1/2}(\Delta_1,\Delta_2,\cdots,\Delta_n)}\right] \xrightarrow{n\to+\infty} 0,$$

则随机向量 $\sum\limits_{i=1}^{n}\boldsymbol{\eta}^*(\Delta i)$ 趋于正态分布 $N(0, \| b_{i,j} \|_{i,j}^{p}, b_{k,k} = 1)$ 的充分条件是：

(1) 对任 $\tau > 0$，

$$\sum_{i=1}^{n}\int_{CI(\tau)}\sum_{k=1}^{p}\frac{x_k^2}{B_{k,k}(\Delta_1,\Delta_2,\cdots,\Delta_n)}\mathrm{d}F_{\boldsymbol{\eta}(\Delta_i)}(x_1,x_2,\cdots,x_p) \xrightarrow{n\to+\infty} 0,$$

这里 $I(\tau)$ 是 p 维区间 $|x_k| < \tau B_{k,k}^{\frac{1}{2}}(\Delta_1,\Delta_2,\cdots,\Delta_n)$，$k = 1,2,\cdots,p$，$CI(\tau)$ 是其余集.

(2) $\beta_{j,k}(\Delta_1,\Delta_2,\cdots,\Delta_n) \xrightarrow{n\to+\infty} b_{j,k}$，且 $\det |b_{j,k}| \neq 0$.

定理 1　设 $\boldsymbol{H}(\Delta)$ 具有强混合条件的可加随机向量，当 $t-s \to +\infty$ 时，对 Δ 一致地有 $b_{k,k}(\Delta) \to +\infty$（即存在 $r_k(t-s) \to +\infty$，$k = 1,2,\cdots,p$，使得 $0 < \varliminf\limits_{t-s\to+\infty}\dfrac{b_{k,k}(\Delta)}{r_k(t-s)} \leqslant \varlimsup\limits_{t-s\to+\infty}\dfrac{b_{k,k}(\Delta)}{r_k(t-s)} < +\infty$，$k = 1,2,\cdots,p$），除此以外，对 $\{\Delta_i\}_{i=1}^{n}$，$\Delta_i \cap \Delta_j = 0$，$\sum\limits_{i=1}^{n}\Delta_i \subseteq \Delta$，存在 λ 使得 $b_{k,k}(\Delta_1,\Delta_2,\cdots,\Delta_n) \geqslant \lambda\sum\limits_{i=1}^{n} b_{k,k}(\Delta_i)$，$k = 1,2,\cdots,p$，则 $F_{\boldsymbol{\eta}(\Delta)}(x_1,x_2,\cdots,x_p) \to N(0, \| b_{i,j} \|_{i,j}^{p}, b_{k,k} = 1)$ 的充分条件是对任意 $\varepsilon > 0$，存在 N_ε 和 T_ε，使得当 $t-s > T_\varepsilon$ 时，有

对 Δ 一致地有 $\int\limits_{|x_k|\geqslant N_\varepsilon}\sum\limits_{k=1}^{p}x_k^2 dF_{\boldsymbol{\eta}(\Delta)}(x_1,x_2,\cdots,x_p)\leqslant\varepsilon$.

$\beta_{i,j}(\Delta)\to b_{i,j}$.

引理 5 设 $\overline{\boldsymbol{\eta}}(\Delta_i)=\begin{pmatrix}\overline{\boldsymbol{\eta}}_1(\Delta_i)\\ \vdots\\ \overline{\boldsymbol{\eta}}_p(\Delta_i)\end{pmatrix}$, $i=1,2,\cdots,n$, 相互独立的 p 维随机向量，且 $M\overline{\boldsymbol{\eta}}(\Delta_i)=\mathbf{0}$，则随机向量 $\sum\limits_{i=1}^{n}\overline{\boldsymbol{\eta}}(\Delta_i)$ 趋于正态分布 $N(0,\|b_{i,j}\|_{i,j}^{p},b_{k,k}=1)$ 的充分条件是

(1) $\lim\limits_{n\to+\infty}\max\limits_{k}\dfrac{\sum\limits_{i=1}^{n}M|\overline{\boldsymbol{\eta}}_k(\Delta_i)|^{2+\delta}}{[B_{k,k}(\Delta_1,\Delta_2,\cdots,\Delta_n)]^{\frac{2+\delta}{2}}}=0,\delta>0$,

(2) $\beta_{j,k}(\Delta)\to b_{j,k}$，且 $|b_{j,k}|\neq 0$.

定理 2 设 $\boldsymbol{H}(\Delta)=\sum\limits_{\Delta}\xi_t$, ξ_t 具有强混合条件的向量过程，当 $t-s\to+\infty$ 时，对 Δ 一致地有 $b_{k,k}(\Delta)\to+\infty$, $k=1,2,\cdots,p$，且 $\alpha(\tau)=O(\tau^{-1-\varepsilon})$，则 $F_{\boldsymbol{\eta}(\Delta)}(x_1,x_2,\cdots,x_p)\to N(0,\|b_{j,k}\|_{j,k}^{p},b_{j,j}=1)$ 的充分条件是

(1) $\sup\limits_{t,k}M|\xi_t^k|^{2+\delta}<+\infty,\delta>\dfrac{4}{\varepsilon}$,

(2) $\beta_{j,k}(\Delta)\to b_{j,k}$，且 $|b_{j,k}|\neq 0$.

定理 3 设 $\boldsymbol{H}(\Delta)=\sum\limits_{\Delta}\xi_t$, ξ_t 具有强混合条件的向量过程，当 $t-s\to+\infty$ 时，$b_{k,k}(\Delta)\approx t-s$ 一致地，且 $\alpha(\tau)=O(\tau^{-\frac{m+1}{m+2}})$，则 $F_{\boldsymbol{\eta}(\Delta)}(x_1,x_2,\cdots,x_p)\to N(0,\|b_{j,k}\|_{j,k}^{p},b_{j,j}=1)$ 的充分条件是

(1) $M|\xi_t^k|^m\leqslant C,m\geqslant 3$,

(2) $\beta_{j,k}(\Delta)\to b_{j,k}$，且 $|b_{j,k}|\neq 0$.

参考文献

[1] Розанов Ю А. Стационарные слчайные процессы.

[2] Розанов Ю А. О центральной предельной теорие для аддитивных случайных функции, Т. В. и её Применения. 1960(2):243-245.

[3] Розанов Ю А. О центральной теореме для слабо зависимых случайных величин, Труды Ⅵ. Всесоюзного совещания по теории вероятностей и математической статистике.

国防工业平滑、滤波技术交流会会议录，
国防工业火控技术情报网编辑部
1977,10:94－109

卡尔曼滤波在辐射源交叉定位中的应用[①]

The Application of Kalman Filter in Position-Location of Emitters

本文介绍推广卡尔曼滤波在对多批辐射源，(以下简称目标)进行交叉定位中的应用.这里的量测量仅知方位线.下面分四个部分介绍：

1. 多批目标交叉定位推广卡尔曼滤波数学模型；
2. 滤波初值的选定；
3. 卡尔曼滤波的统计判决问题；
4. 交叉定位程序简化框图和部分试验结果.

§1.　多批交叉定位推广卡尔曼滤波数学模型

假设空间有 m 个做匀速直线运动的目标.任意一个时刻 t 第 j 个目标在大地平面的投影是该目标的水平位置(或称坐标)，记作 $(x_j(t), y_j(t))(j=1,2,\cdots,m)$，其水平航向(或称速度)记作 $(V_{xj}(t), V_{yj}(t))$.

称向量

$$\boldsymbol{X}_j(t)=\begin{pmatrix} x_j(t) \\ y_j(t) \\ V_{xj}(t) \\ V_{yj}(t) \end{pmatrix}$$

为第 j 个目标在时刻 t 的状态.其中 $(V_{xj}(t), V_{yj}(t))$ 是个常量，且

$$T\cdot\sqrt{V_{xj}(t)^2+V_{yj}(t)^2}\ll\rho_{ij}(t),$$

① 本文与吴健、张伯玉、石安堂和张喜禄合作.

其中 T 是周期，ρ_{ij} 表示时刻 t 第 i 站到第 j 批的距离.

关于坐标系的选择见图 1.

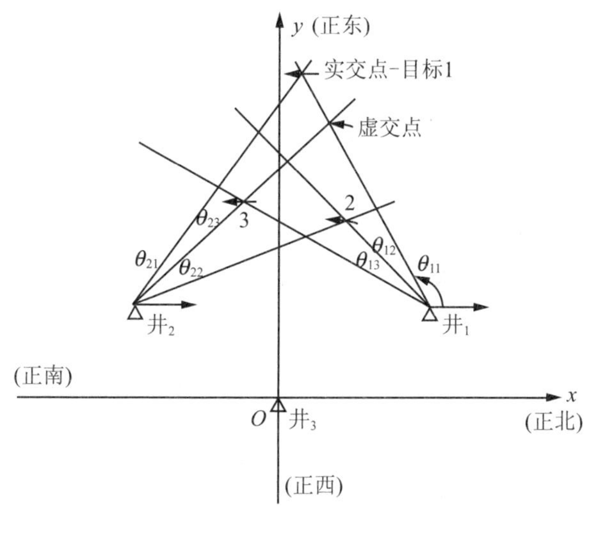

图 1

假设有 n 个警戒站(或称观测站). 第 i 个警戒站在大地平面的坐标为 (u_i, v_i)，任意一个时刻 t，第 i 站到第 j 批(目标)都将有一定的方位角(线)，其数值是

$$\theta_{ij}(t) = \arctan \frac{y_i(t) - v_i}{x_j(t) - u_i}.$$

假设 n 个站均以同一角速度 ω 同时从正北起转：

$$\omega = \frac{2\pi}{T}.$$

由于警戒站位置不同，因而量测同一空间目标的时刻不同，即量测方位线不同. 以下用 $\theta_{ij}^{T_m}$ 表示第 T_m 个周期第 i 站量测到第 j 个目标的方位线(角)，对应地量测时刻用 $t_{ij}^{T_m}$ 表示. 若方位角或时刻在一个周期内按从小到大次序排列，则它可用 $\theta_{ij}^{T_m}$ 或 $t_{ij}^{T_m}$ 表示.

设

$$\boldsymbol{X}_j^K = \begin{pmatrix} x(t_j^K) \\ y(t_j^K) \\ V_x(t_j^K) \\ V_y(t_j^K) \end{pmatrix}$$

表示第 j 批在第 K 个状态时刻 t_j^K 的状态.

其中　$K = n \cdot T_m + i'$(n 表示站数).

$$t_j^K = t_{i'j}^{T_m} = \frac{\theta_{i'j}^{T_m}}{\omega} + T_m \cdot T,$$

$$\theta_j^K = \theta_{i'j}^{T_m},$$

$$T_m \in \mathbf{N},$$

$$i' = 1,2,\cdots,n.$$

在上述 3 项假设前提下,可建立动态系统方程

$$\boldsymbol{X}_j^K = \phi_j^{K,K-1}\boldsymbol{X}_j^{K-1} + \boldsymbol{W}_j^{K-1}, \tag{1.1}$$

量测系统方程

$$Z_j^K = \arctan\frac{y_j^K - v_i}{x_j^K - u_i} + V_j^K. \tag{1.2}$$

将反正切函数围绕 $\boldsymbol{X}_j^{\frac{K}{K-1}}$ 泰勒展开,取其中线性项得到

$$Z_j^K = \arctan\frac{\hat{y}_j^{\frac{K}{K-1}} - v_1}{\hat{x}_j^{K/K-1} - u_i} + H_j^K(\boldsymbol{X}^K - \boldsymbol{X}_j^{\frac{K}{K-1}}) + V_i^K,$$

$$= H_j^K\boldsymbol{X}_j^K + \left(\arctan\frac{\hat{y}_j^{\frac{K}{K-1}} - v_1}{\hat{x}_j^{K/K-1} - u_i} - H_j^K\,\hat{\boldsymbol{X}}_j^{\frac{K}{K-1}}\right) + V_j^K. \tag{1.3}$$

上面(1.1)(1.3)两个方程中:

状态转移矩阵

$$\boldsymbol{\phi}_j^{\frac{K}{K-1}} = \begin{pmatrix} 1 & 0 & t_j^K - t_j^{K-1} & 0 \\ 0 & 1 & 0 & t_j^K - t_j^{K-1} \\ 0 & 0 & 1 & 0 \\ 0 & 0 & 0 & 1 \end{pmatrix},$$

动态噪声

$$\boldsymbol{W}_j^{K-1} = \begin{pmatrix} W_j^{K-1,1} \\ W_j^{K-1,2} \\ W_j^{K-1,3} \\ W_j^{K-1,j} \end{pmatrix},$$

量测噪声是 V_j^K

$$E\boldsymbol{W}_j^K = \mathbf{0},$$

$$E\boldsymbol{V}_j^K = \mathbf{0}.$$

$$\mathrm{cov}[\boldsymbol{W}_j^K(W_j^{K'})^\tau] = Q_j^K\delta_{KK'},$$

$$\mathrm{cov}[\boldsymbol{V}_j^K(V_j^{K'})^\tau] = R_j^K\delta_{KK'},$$

$$\delta_{KK'} = \begin{cases} 1, & K = K', \\ 0, & K \neq K', \end{cases}$$

$$H_j^K =$$

$$\left(\frac{-(\hat{y}_j^{K/K-1} - v_i)}{(\hat{x}_j^{K/K-1} - u_i)^2 + (\hat{y}_j^{K/K-1} - v_i)^2}, \frac{\hat{x}_j^{K/K-1} - u_i}{(\hat{x}_j^{K/K-1} - u_i)^2 + (\hat{y}_j^{K/K-1} - v_i)^2}, 0, 0\right).$$

在我们所讨论的问题里，运动空间是 4 维动态系统，量测空间是 1 维量测系统. 根据卡尔曼定理有

$$\hat{\boldsymbol{X}}_i^K = \hat{\boldsymbol{X}}_j^{K/K-1} + K_j^K\left(Z_j^K - \arctan\frac{\hat{y}_j^{K/K-1} - v_i}{\hat{x}_j^{K/K-1} - u_i}\right), \tag{1.4}$$

其中

$$\hat{\boldsymbol{X}}_j^{K/K-1} = \phi_j^{K,K-1}\hat{\boldsymbol{X}}^{K-1}, \tag{1.5}$$

$$K_j^K = P_j^{K/K-1}(H_j^K)^r[H_j^K P_\tau^{K/K-1}(H_j^K)^\tau + R_j^K]^{-1}, \tag{1.6}$$

$$\begin{aligned} P_j^{K/K-1} &= E[(\boldsymbol{X}_j^K - \boldsymbol{X}_j^{K/K-1})(\boldsymbol{X}_j^K - \boldsymbol{X}_j^{K/K-1})^\tau] \\ &= \varphi_j^{K,K-1}P_j^{K-1}(\varphi_j^{K,K-1})^r + Q_j^K, \end{aligned} \tag{1.7}$$

$$\begin{aligned} P_j^K &= E[(\boldsymbol{X}_j^K - \boldsymbol{X}_j^K)(\boldsymbol{X}_j^K - \boldsymbol{X}_j^K)^\tau] \\ &= (I - K_j^K H_j^K)P_j^{K/K-1}(I - K_j^K H_j^K)^\tau + K_j^K R_j^K (K_j^K)^\tau \\ &= (I - K_j^K H_j^K)P_j^{K/K-1}, \end{aligned} \tag{1.8}$$

这是一组递推出式：当 $K - 1 = 0$ 时，$\boldsymbol{X}_j^0$ 是滤波初值，且 $V_{ar}\boldsymbol{X}_j^0 = P_j^0$.

下面就给出 $\boldsymbol{X}_j^0$ 和 P_j^0 的选取方法(参阅[1]第 178 页).

§2. 卡尔曼滤波初值的选取

关于滤波初值的选取问题，我们采用了一种交叉定位的办法，即所谓三角测量法. 它是在考虑测向误差和交会不同步误差的条件下，在 m^n 个(m 表示目标批数，n 表示观测站数)n 边形中，利用参加交汇的方位角进行加权最小二乘调整，采用 χ_{n-2}^2 检验，对调整出的点判决，从而选出 m 个滤波初始值.

关于最小二乘调整数学模型的建立：

设

$$\theta_{ij} = \arctan \frac{y_j + V_{yj}\Delta t_{ij} - v_i}{x_j + V_{xj}\Delta t_{ij} - u_i} + \varepsilon_i, \tag{2.1}$$

式中

$$\begin{pmatrix} x_j \\ y_j \\ V_{xj} \\ V_{yj} \end{pmatrix} \text{是周期中点时的状态.}$$

Δt_{ij} 是第 i 站观测到第 j 批目标的时刻与转到正南时刻的相对时间差. 近似认为 Δt_{ij} 在$\left[-\frac{T}{2},\frac{T}{2}\right]$区间上服从均匀分布.

ε_i 是第 i 站的角观测误差，服从 $N(0,\sigma_i)$ 分布.

假定 $V_{xj} = |V_i|\cos K$,

$V_{yj} = |V_i|\sin K$.

这里，K 是航向，服从$[0,2\pi]$之间的均匀分布.

若对(2.1)式在(x_i, y_j)处展开，并设 ρ_{ij} 为第 i 站到(x_j, y_j)的距离，在(x_j, y_j)邻域里视为常量，则有

$$\begin{aligned}\theta_{ij} &= \arctan \frac{y_j - v_i}{x_j - u_i} + \left(-\frac{\sin\theta_{ij}}{\rho_{ij}}V_{xj}\Delta t_{ij} + \frac{\cos\theta_{ij}}{\rho_{ij}}V_{yj}\Delta t_{ij}\right) + \varepsilon_i + o(\Delta t_{ij}^2) \\ &= \arctan \frac{y_j - v_i}{x_j - u_i} + \frac{|V_j|\Delta t_{ij}}{\rho_{ij}} - \sin(K - \theta_{ij}) + \varepsilon_i + o(\Delta t_{ij}^2),\end{aligned}$$

令

$$\begin{aligned}S_i^2 &= \mathrm{var}\left[\frac{|V_j|\Delta t_{ij}}{\rho_{ij}}\sin(K - \theta_{ij}) + \varepsilon_i\right] \\ &= \frac{1}{T}\int_{-\frac{T}{2}}^{\frac{T}{2}} \frac{|V_j|^2\Delta t_{ij}^2}{\rho_{ij}^2}\mathrm{d}\Delta t_{ij}\int_0^{2\pi}\frac{1}{2\pi}\sin^2(K - \theta_{ij})\mathrm{d}K + E\varepsilon_i^2 \\ &= \frac{|V_j|^2}{T\cdot\rho_{ij}^2}\left[\frac{1}{3}\Delta t_{ij}^3\right]_{-\frac{T}{2}}^{\frac{T}{2}}\cdot\frac{1}{2} + E\varepsilon_i^2 = \frac{|V_j|^2T^2}{24\rho_{ij}^2} + \sigma_i^2,\end{aligned}$$

注意视 Δt_{ij} 与 K 航向相互独立.

于是

$$\theta_{ij} = \arctan\frac{y_j - v_i}{x_j - u_i} + \mu_i$$

式中 $E\mu_i = 0$; $E\mu_i^2 = S_i^2$.

若利用 $\sin x \approx x$，则 θ_{ij} 有如下展开形式：

$$\begin{aligned}\theta_{ij} &= \arctan \frac{y_j - v_i}{x_j - u_i} \\ &= \frac{(x_j - u_i)\sin \theta_{ij}}{\rho_{ij}} - \frac{(y_j - v_i)\cos \theta_{ij}}{\rho_{ij}} + \mu_i,\end{aligned}$$

移项 $$-\frac{x_j}{\rho_{ij}}\sin \theta_{ij} + \frac{y_j \cos \theta_{ij}}{\rho_{ij}} = \frac{-u_i \sin \theta_{ij}}{\rho_{ij}} + \frac{v_i \cos \theta_{ij}}{\rho_{ij}} + \mu_i,$$

令

$$\boldsymbol{H} = \begin{pmatrix} -\dfrac{\sin \theta_{1j}}{\rho_{1j}} & \dfrac{\cos \theta_{1j}}{\rho_{1j}} \\ \vdots & \vdots \\ -\dfrac{\sin \theta_{nj}}{\rho_{nj}} & \dfrac{\cos \theta_{nj}}{\rho_{nj}} \end{pmatrix}, \boldsymbol{F} = \begin{pmatrix} -\dfrac{U_1 \sin \theta_{1j}}{\rho_{1j}} & +\dfrac{v_1 \cos \theta_{1j}}{\rho_{1j}} \\ \vdots & \vdots \\ -\dfrac{U_n \sin \theta_{nj}}{\rho_{nj}} & +\dfrac{v_n \cos \theta_{nj}}{\rho_{nj}} \end{pmatrix},$$

$$\boldsymbol{X}_j = \begin{pmatrix} x_j \\ y_j \end{pmatrix}, \boldsymbol{\mu} = \begin{pmatrix} \mu_1 \\ \mu_2 \\ \vdots \\ \mu_n \end{pmatrix}$$

我们有矩阵表达式

$$\boldsymbol{H}\boldsymbol{X}_j = \boldsymbol{F} + \boldsymbol{\mu},$$

其中

$$\boldsymbol{E}\boldsymbol{\mu}\boldsymbol{\mu}^{\tau} = \begin{pmatrix} S_1^2 & & 0 \\ & S_1^2 & \\ 0 & & \ddots \; S_n^2 \end{pmatrix}_{n\times n} = \boldsymbol{S}.$$

为使 $(\boldsymbol{H}\boldsymbol{X}_t - \boldsymbol{F})^{\tau}\boldsymbol{S}^{-1}(\boldsymbol{H}\boldsymbol{X} - \boldsymbol{F})$ 达到极小，我们有

$$\hat{X}_j = (H^{\tau}S^{-1}H)^{-1}H^{\tau}S^{-1}F,$$

$$\begin{aligned} V_{ar}\hat{X}_j &= (H^{\tau}S^{-1}H)^{-1} \\ &= \begin{pmatrix} \sum\limits_i \dfrac{\sin^2 \theta_{ij}}{\rho_{ij}^2 S_i^2} & -\sum\limits_i \dfrac{\sin \theta_{ij} \cos \theta_{ij}}{\rho_{ij}^2 S_i^2} \\ -\sum\limits_j \dfrac{\sin \theta_{ij} \cos \theta_{ij}}{\rho_{ij}^2 S_i^2} & \sum\limits_i \dfrac{\cos^2 \theta_{ij}}{\rho_{ij}^2 S_i^2} \end{pmatrix}^{-1} \\ &\triangleq \begin{pmatrix} A & B \\ C & D \end{pmatrix}. \end{aligned}$$

这样调整出来的一个点$(\hat{x}_j,\hat{y}_j)$是否能反映一个真实目标呢?还不一定.当参加调整的n条方位线真正来源于同一目标时,统计量

$$P_e = \sum_{i=1}^{n}\left(\theta_{ij} - \tan^{-1}\frac{\hat{y}_j - v_i}{\hat{x}_j - u_i}\right)^2 \Big/ S_i^2 \text{ 近似服从 } \chi^2_{n-2} \text{ 分布.}$$

因此,可以进行如下判决:

当$Pe < \lambda_Q$,承认$(\hat{x}_j,\hat{y}_j)$为一目标,

当$Pe \geqslant \lambda_Q$,拒绝$(\hat{x}_j,\hat{y}_j)$为一目标,

其中λ_a:

$$P[Pe > \lambda_a] = d.$$

选定

$$\boldsymbol{X}_j^o = \begin{pmatrix} \hat{x}_j \\ \hat{y}_j \\ 0 \\ 0 \end{pmatrix},\ \boldsymbol{P}_i^0 = \begin{pmatrix} A & B & & 0 \\ C & D & & \\ & & |V_j|^2 & \\ 0 & & & |V_j|^2 \end{pmatrix}$$

作为滤波初值和初始协方差阵,送去进行卡尔曼滤波.

为了提高滤波初值精度和降低虚漏率,可以采取双周期,乃至对多周期方位信息进行最小二乘调整及χ^2判决.由于仅知辐射源的方位角,所以在多批交叉定位的初值确定过程中,即使满足χ^2分布的判决准则,也会产生虚假的定位点.因此,必须采取其他措施.因本文着重讨论卡尔曼滤波的应用,所以这方面的叙述省略了.

§3.　卡尔曼滤波中的统计判决

本文介绍的卡尔曼滤波器工作的特点是:在各站多批方位角信息中,边选择量测值,边进行滤波.这样在目标密集的情况下,容易选错量测值,造成虚漏现象.这在我们的模型中是比滤波精度更重要的事情.因此,必须建立各种判决和判决的界值.只要不满足这些界值,就用这些量测值重新去定卡尔曼滤波的初值(详见 §4).

关于滤波中的统计判决,我们建立了①漏站判决、②漏周期判决和③漏批判决等准则,以实现按批、按站、按周期进行跟踪.

1. 漏站判决　就是实现在一个警戒站工作周期内,从第$i(1\leqslant i\leqslant n)$站的$m'(m'\leqslant m)$个量测方位角组成的集合$\{\theta_{i1}^{T_m},\theta_{i2}^{T_m},\cdots,\theta_{im'}^{T_m}\}$中,选出第$j(1\leqslant j\leqslant m')$批的一个方位角$\theta_{ij}^{T_m}$及相应地量测时刻$t_{ij}^{T_m}$.

因为前述假设 $|v_j| \cdot T \ll \rho_{ij}^{T_m}$,

所以 $$\Delta\theta \approx \frac{|V_j|}{\rho_{ij}^{T_m}} \ll 1.$$

即同一站对同一目标在相邻两个工作周期中的角度改变量不大:

$$\theta_{ij}^{T_m} \approx \theta_{ij}^{T_{m-1}},$$

据此,求出 $\phi_j^{K,K-1}$ 中的

$$\begin{aligned} t_j^K - t_j^{K-1} &= t_{i'j}^{T_m} - t_j^{K-1} \\ &= \frac{\theta_{i'j}^{T_m}}{\omega} + T_m \cdot T - t_j^{K-1} \\ &\approx \frac{Q_{i'j}^{T_m}}{\omega} - t_j^{K-1} + T_m \cdot T, \end{aligned}$$

式中 t_j^{K-1} 是前一滤波时刻.

$$\boldsymbol{X}_j^{K/K-1} = \phi_j^{K,K-1}\hat{\boldsymbol{X}}_j^{K-1},$$

$$\hat{\theta}_j^{K/K-1} = \arctan\frac{\hat{y}_j^{K/K-1} - v_i}{\hat{x}_j^{K/K-1} - u_i}.$$

对其线性化后得到

$$\mathrm{Var}\ \hat{\theta}_j^{K/K-1} = H_j^K P_j^{K/K-1}(H_j^K)^\tau + P_j^K.$$

我们选取 j_0,使

$$\tilde{Z}_j^K = \min_{1\leqslant j'\leqslant m'}|\theta_{ij'}^{T_m} - \hat{\theta}_j^{K/K-1}| = \theta_{ij_0}^{T_m} - \hat{\theta}_j^{K/K-1},$$

并建立检验判决:

若 $$|\tilde{Z}_j^K| < 1.96\sqrt{H_j^K P_j^{K/K-1}(H_j^K)^\tau + R_j^K},$$

就选择 $\theta_{ij_0}^{T_m}$ 为滤波站的跟踪干扰线;否则判决该警戒站没有跟踪干扰线,不能参加滤波,故判为漏站.

2. 漏周期判决 就是漏站站数 $\geqslant N_1(N_1 \leqslant n)$ 或者构造

$$\tilde{Z}_j^{K/K-1} = \theta_{ij}^K - \hat{\theta}_{ij}^{K/K-1}$$

信息过程进行假设检验.

由(1.3)式知

$$\begin{aligned} \tilde{Z}_j^{K/K-1} &= H_j^K\boldsymbol{X}_j^K + V_j^K - H_j^K\phi_j^{K/K-1}\boldsymbol{X}_j^{K-1} \\ &= H_j^K\phi_j^{K/K-1}\boldsymbol{X}_j^{K-1} + H_j^K\boldsymbol{W}_j^{K-1} + V_j^K, \end{aligned}$$

所以 $E\tilde{Z}_j^{K/K-1} = 0.$

$\mathrm{Var}\ \tilde{Z}_j^{K/K-1} = H_j^K P_j^{K/K-1}(H_j^K)^\tau + R_j^K$(此式请参阅[1]第 76

页(25)式),

而　$E\widetilde{Z}_j^{K/K-1}(\widetilde{Z}_j^{K+1/K})^\tau = H_j^K\phi_j^{K/K-1}E[\boldsymbol{X}_j^{K-1}(\boldsymbol{X}_j^K)^\tau](\phi_j^{K+1,K})^\tau(H_j^{K+1})^\tau$,

可以证明

$$E[\widetilde{\boldsymbol{X}}_j^{K-1}(\widetilde{\boldsymbol{X}}_j^K)^\tau] = 0, \qquad \text{(证明略)}$$

$$E\widetilde{Z}_j^{K/K-1}(\widetilde{Z}_j^{K+1/K})^\tau = 0$$

说明$\{\widetilde{Z}_j^{K/K-1}\}(K \in \mathbf{N}^*)$是一个相互独立、均值为0、方差为

$$H_j^K P_j^{K/K-1}(H_j^K)^\tau + R_j^K$$

的随机正态分布序列.

因此,构造统计量

$$Pe = \sum_K \frac{(\widetilde{Z}_j^{K/K-1})^2}{H_j^K P_j^{K/K-1}(H_j^K)^\tau + R_j^K}$$

服从 χ_n^2 分布,$n' \leqslant n$. n' 是一个工作周期内滤波跟踪站的站数.

若　$Pe < \lambda_d$,则承认该工作周期为滤波周期,并定出上报点.

若　$Pe \geqslant \lambda_d$,则拒绝认为滤波周期,而判为漏周期.

式中

$$\lambda\alpha: P\{Pe > \lambda_\alpha\} = \alpha.$$

当判为漏周期的时候.就要求出外推值,作为新的滤波起点.

3. 漏批判决　就是规定连续漏掉 N_2 个周期时,就判为去掉该批.

§4.　交叉定位程序简化框图和部分试验结果

图1是我们在数字电子计算机上进行交叉定位数学模拟试验的简化流程图.其中空情产生部分是把目标按运动方程依周期产生,计算出每站观测到的方位线,并加上随机观测误差,用于模拟实际观测站报出的方位线.然后用计算机进行数据处理,报出每周期状态的滤波值.模拟试验时,由于空间目标状态已知,所以能够对目标滤波值的真假进行统计.从而把它们的真点率、漏点率和虚点率①及定位精度等统计出来.

① 几个定义:
真点率指交叉定位后的坐标点判为真目标的点数占所有情报产生点数的百分比;
m 批目标的真点率 = 在 nj 个周期内 m 批目标的总真点数 $/nj \times m$;
m 批目标的漏点 = $1 - m$ 批目标的真点率;
m 批目标的虚点率 = 在 nj 个周期内总虚点数 $/nj \times m$.

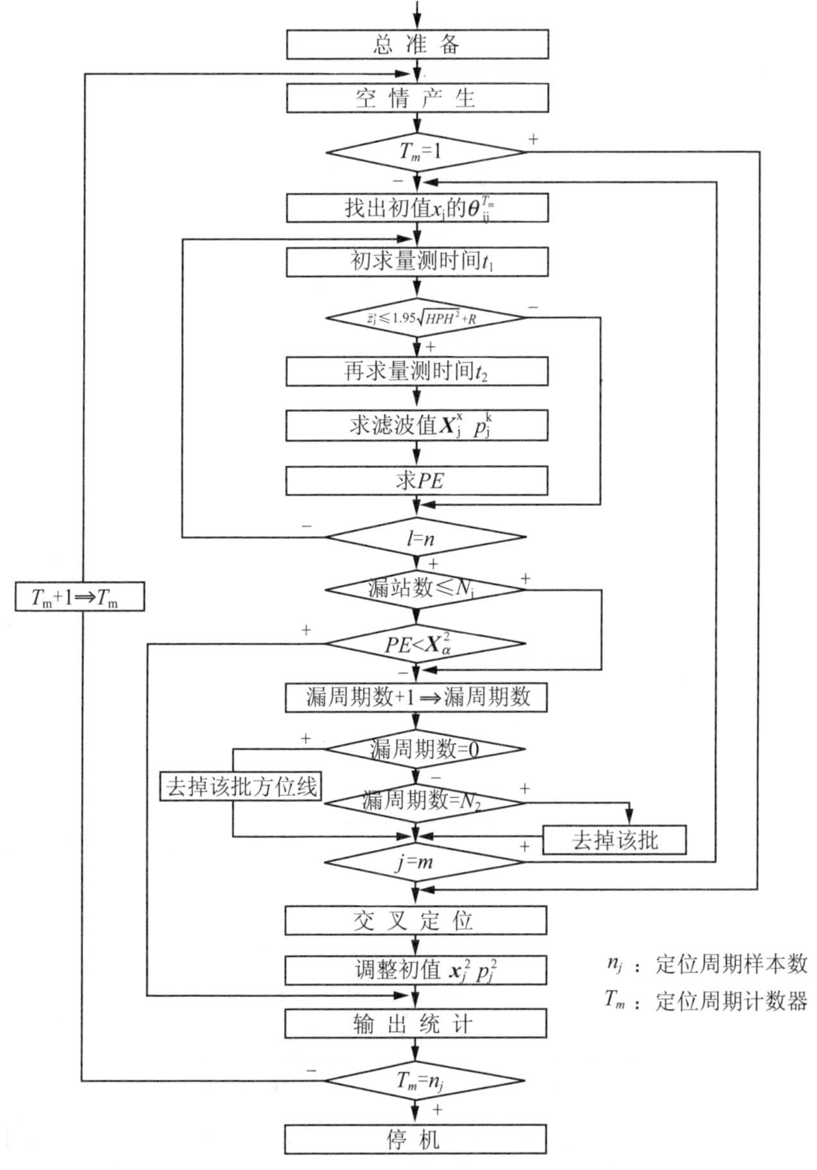

图 1　交叉定位模拟试验程序简化框图

用这种计算机模拟的办法，可以检验测向精度、观测周期、布站方式、航速、目标密集程度等因素对定位效果的影响，为大规模数据处理系统提供设计数据.

模拟试验结果说明，在对干扰源交叉定位中，应用卡尔曼滤波优于静态定位；所谓静态定位是不考虑时间因素，只对本周期（或称当前周期）方位信息进行最小二乘调整而对干扰目标进行定位的方法.

1. 从表 1 可以看出，在相同试验条件下，应用卡尔曼滤波之后，使真点率提高，虚点率降低.

2. 表 2 说明，应用卡尔曼滤波之后，使目标定位点在 x 方向的定位误差方差 Δx 和 y 方向的定位误差方差 Δy 均减小，提高了定位精度.

表 1　卡尔曼滤波与静态定位虚漏率的比较

序号	空编	情号	试验条件				卡尔曼		静态定位		统计样本
			d /km	σ / 度	T_R /s	PB / 度	真点率	虚点率	真点率	虚点率	A/B
1	8.2	$m=13$	100	0.3	5	0.7	0.68	0.23	0.60	0.26	10/10
2	3.1	$m=10$	100	0.5	5	0.7	0.94	0.03	0.76	0.125	10/20
3	6.1	$m=10$	100	0.3	5	0	1.00	0	0.35	0.61	30/20
4	9.3		100	0.3	5	0.7	0.63	0	0.35	0.16	

注：1. 观测站均为 4 站三角形布站.

2. 空情编号依目标分布情况（稀疏和密集程度）设计.

3. σ 表示雷达测角误差均方差；d 表示站间距离；T_R 表示雷达工作周期；PB 表示雷达角分辨力.

表 2　卡尔曼滤波与静态定位精度分批比较(单位：km^2)

定位方法 \ 精度 \ 批号	1		2		3		4		5		6		7		8		9		10	
	Δx	Δy	Δx	Δy	Δx	Δy	Δx	Δy	Δx	Δy	Δx	Δy	Δx	Δy	Δx	Δy	Δx	Δy	Δx	Δy
静态定位	1.9	4.6	1.5	3.5	2.7	4.0	0.9	3.6	1.9	5.7	1.3	4.2	0.2	3.4	0.5	4.9	0.6	3.1	0.7	4.2
卡尔曼	0.5	0.5	0.5	0.5	0.6	0.4	0.6	0.5	0.6	0.4	0.5	0.3	0.5	0.2	0.5	0.2	0.5	0.2	0.5	0.2

注：Δx 表示 x 方向定位误差方差，Δy 表示 y 方向定位误差方差.

3. 从运算时间方面看：由于运算量减少，所以运算时间缩短了. 在我们所用模拟试验程序尚未优化的情况下，以手表粗略计时，在相同解算条件下，卡尔曼滤波解算一个观测周期的目标点坐标，需时间约 11 ～ 12 s，静态定位需时间约 20 s.（此处提到的两个时间数字，均包括模拟试验时的统计时间）

图 2，图 3，图 4 是我们应用卡尔曼滤波进行数学模拟试验的一个数据结果标图. 说明 12 批 20 个定位周期中，卡尔曼滤波跟踪无虚无漏，定位点

距离误差 ±2 km 左右，速度误差小于 ±0.02 km/s.（试验中假设雷达不存在角分辨问题）

参考文献

[1] 中国科学院数学研究所概率组编. 离散时间系统滤波的数学方法. 北京：国防工业出版社，1975.

[2] 波列沃依 A B. 雷达测量成果的数学计算基础. 北京：中国工业出版社，1963.

[3] Sage A P and Melsa J L. Estimation theory with application to communication and control. New York: McGraw-Hill, 1971.

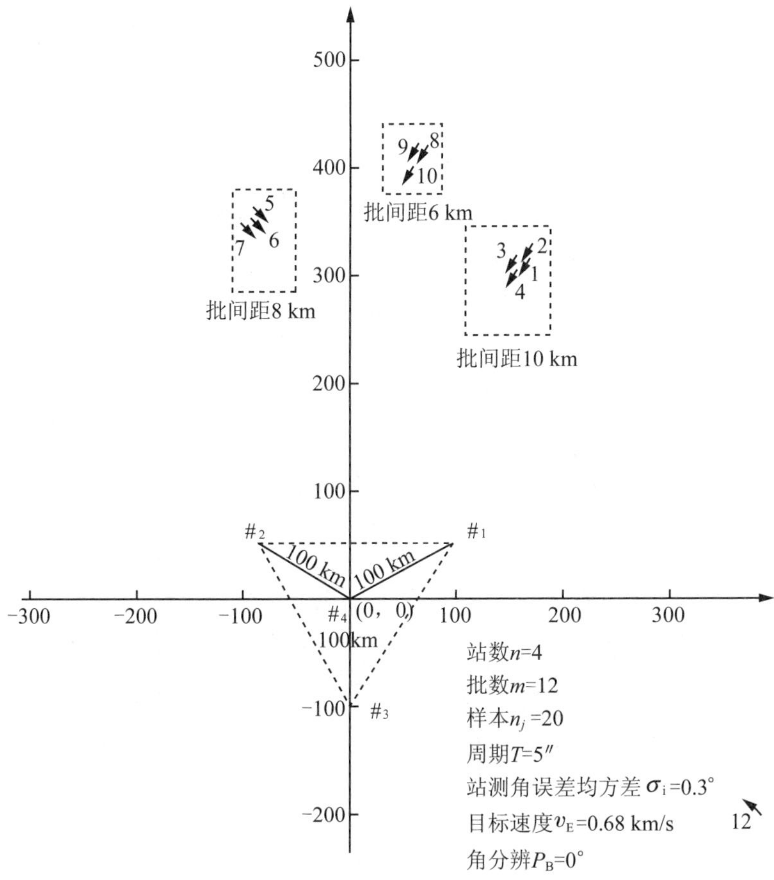

图 2　空情一例示意图

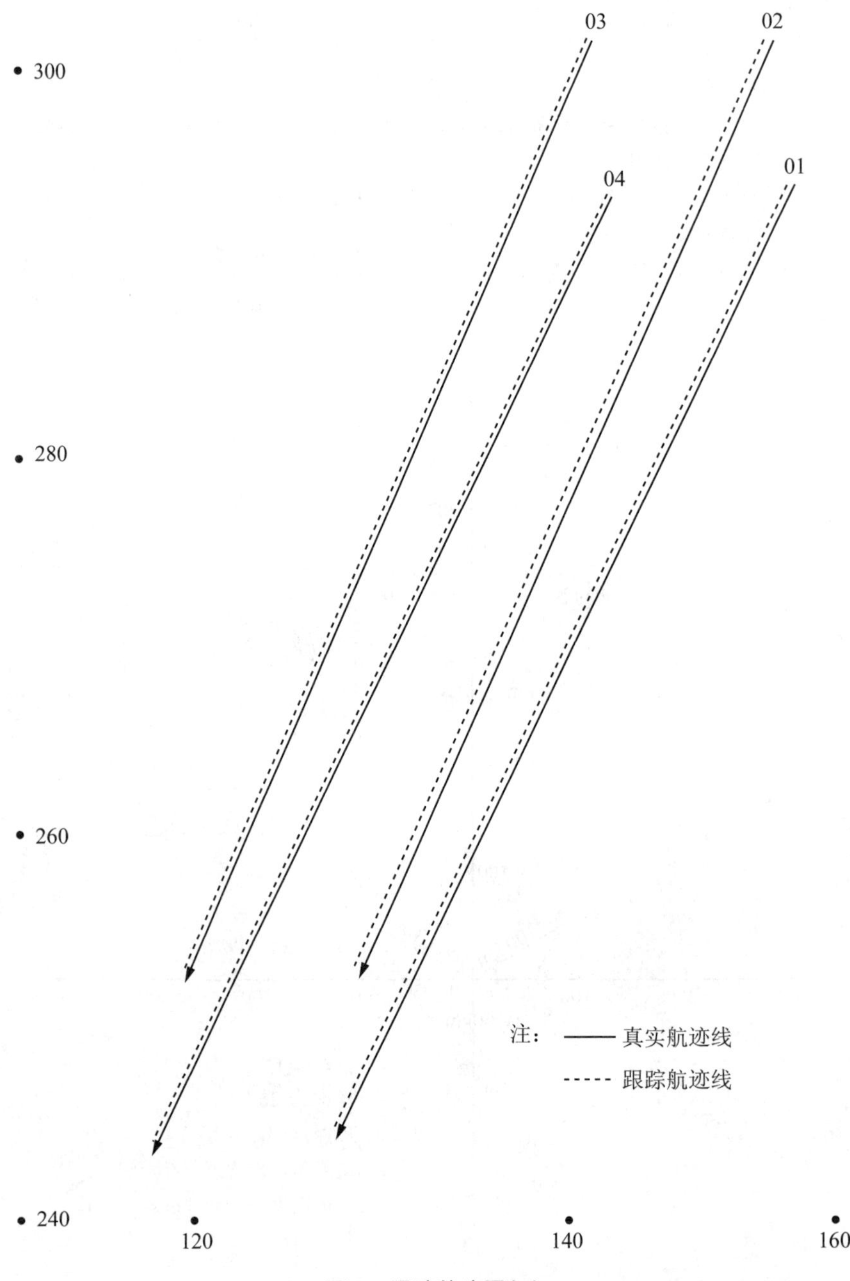

图 3　跟踪航迹图(1)

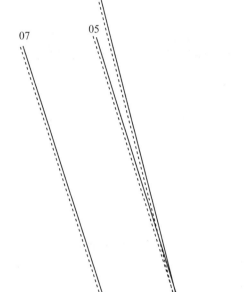

图 4 跟踪航迹图(2)

北京师范大学学报(自然科学版)
1978,(3):16-23

辐射源交叉定位的精度分析[①]

The Error Analysis of Position-Location of Emitters

§1.　问题提出

假设空间具有一做匀速直线运动的辐射源(简称目标),在任意一个时刻 t 该目标在大地平面上投影的水平位置(简称坐标)记作 $(x(t), y(t))$,水平航速记作 (V_x, V_y).

称向量

$$\boldsymbol{X}(t) = \begin{pmatrix} x(t) \\ y(t) \end{pmatrix}$$

为目标在时刻 t 的状态.

大地平面上有 n 个观测站,第 i 站在大地平面上的坐标为 (u_i, v_i) $(i = 1, 2, \cdots, n)$.

任意一个时刻 t,第 i 站到目标都将有一定的观测角(简称方位角).

显然因为各个观测站的相对位置不同,所以观测目标的方位角也不同.

由于辐射源在空间的运动出现是随机的,因而目标的初始航向是随机的;各观测站的雷达即使都是以同一角速度 ω 均匀旋转,但以随机的初相进行起转,这样各观测站所观测的时刻是随机的,加之各观测站又都具有量测随机误差,所以上述随机的因素给目标交叉定位精度带来直接影响.

① 四机部1028所,北京师范大学数学系130(4)数学组

本文就是研究在这些随机因素存在时利用多个观测站的量测方位角信息，分析对辐射源交叉定位精度的影响.

§2. 理论分析

假设

1. 目标以航速 v 做匀速直线运动，目标初始航向 $\varphi = \arctan\left(\frac{v_y}{v_x}\right)$ 在 $(0,2\pi)$ 区间上服从均匀分布.

2. 各观测站观测时刻为 t_i，观测的方位角信息为 θ_i.

$$\theta_i - \arctan\frac{y(t_i)-v_i}{x(t_i)-u_i} = \varepsilon_i,$$

量测误差 ε_i 服从正态分布 $N(0,\sigma_i)$ $(i=1,2,\cdots,n)$.

3. 观测时刻 t_i 在 $(0,T)$ 区间上服从均匀分布 $(i=1,2,\cdots,n)$ $\left(T=\frac{2\pi}{\omega}\right)$.

设周期中点目标的状态

$$\boldsymbol{X}(t_0) = \boldsymbol{X}_0 = \begin{bmatrix} x_0 \\ y_0 \end{bmatrix} = \begin{bmatrix} x\left(\frac{T}{2}\right) \\ y\left(\frac{T}{2}\right) \end{bmatrix} = \boldsymbol{X}\left(\frac{T}{2}\right),$$

在 $|v\cdot T| \ll \rho_i = \sqrt{(x_0-u_i)^2+(y_0-v_i)^2}$ $(i=1,2,\cdots,n)$ 的条件下，有

$$\begin{aligned}
&\theta_i - \arctan\frac{y_0-v_i}{x_0-u_i} \\
&= \theta_i - \arctan\frac{y_0+V_y(t_i-t_0)-v_i}{x_0+V_x(t_i-t_0)-u_i} + \arctan\frac{y_0+V_y(t_i-t_0)-v_i}{x_0+V_x(t_i-t_0)-u_i} - \arctan\frac{y_0-v_i}{x_0-u_i} \\
&\doteq \varepsilon_i + \left[-\frac{\sin\theta_i}{\rho_i}V_x(t_i-t_0) + \frac{\cos\theta_i}{\rho_i}V_y(t_i-t_0)\right] \\
&= \varepsilon_i + \frac{V}{\rho_i}(t_i-t_0)\sin(\varphi-\theta_i), \quad (i=1,2,\cdots,n)
\end{aligned}$$

另一方面有

$$\theta_i - \arctan\frac{y_0-v_i}{x_0-u_i}$$

$$\overset{①}{=}-\frac{\sin\theta_i}{\rho_i}(x_0-u_i)-\frac{\cos\theta_i}{\rho_i}(y_0-v_i)$$

$$=\frac{\sin\theta_i}{\rho_i}x_0-\frac{\cos\theta_i}{\rho_i}y_0+\left(-\frac{\sin\theta_i}{\rho_i}u_i+\frac{\cos\theta_i}{\rho_i}v_i\right),(i=1,2,\cdots,n)$$

因此

$$\frac{\sin\theta_i}{\rho_i}x_0-\frac{\cos\theta_i}{\rho_i}y_0+\left(-\frac{\sin\theta_i}{\rho_i}u_i+\frac{\cos\theta_i}{\rho_i}v_i\right)$$
$$=\varepsilon_i+\frac{V}{\rho_i}(t_i-t_0)\sin(\varphi-\theta_i).\quad(i=1,2,\cdots,n)\tag{2.1}$$

设

$$\boldsymbol{H}=\begin{pmatrix}-\frac{\sin\theta_i}{\rho_i} & \frac{\cos\theta_i}{\rho_i}\\ \vdots & \vdots\\ -\frac{\sin\theta_n}{\rho_n} & \frac{\cos\theta_n}{\rho_n}\end{pmatrix},$$

$$\boldsymbol{F}=\begin{pmatrix}-\frac{\sin\theta_i}{\rho_i}u_1+\frac{\cos\theta_i}{\rho_i}v_1\\ \vdots\\ -\frac{\sin\theta_n}{\rho_n}u_n+\frac{\cos\theta_n}{\rho_n}v_n\end{pmatrix},$$

$$\boldsymbol{\varepsilon}=\begin{pmatrix}\varepsilon_1+\frac{V}{\rho_1}(t_1-t_0)\sin(\varphi-\theta_1)\\ \vdots\\ \varepsilon_n+\frac{V}{\rho_n}(t_n-t_0)\sin(\varphi-\theta_n)\end{pmatrix}.$$

简记(2.1)式为

$$-\boldsymbol{HX}_0+\boldsymbol{F}=\boldsymbol{\varepsilon},\tag{2.2}$$

因为随机变量 $\varepsilon_i,t_i,\varphi$ 都相互独立，所以(2.1)式右端方差为

$$\Sigma_i^2=E(\varepsilon_i\varepsilon_i)+E\left[\frac{V}{\rho_i}(t_i-t_0)\sin(\varphi-\theta_i)\right]^2,$$

而 $E\left[\frac{V}{\rho_i}(t_i-t_0)\sin(\varphi-\theta_i)\right]^2=E\left\{E\left[\frac{V^2}{\rho_i^2}(t_i-t_0)^2\sin^2(\varphi-\theta_i)\,\middle|\,\theta_i\right]\right\},$

① 利用 $x\approx\sin x$.

$$E\left[\frac{V^2}{\rho_i^2}(t_i-t_0)^2\sin^2(\varphi-\theta_i)\mid\theta_i\right]$$
$$=\frac{V^2}{\rho_i^2}\int_0^T\int_0^{2\pi}\frac{1}{2\pi T}\left(t-\frac{T}{2}\right)^2\sin^2(\varphi-\theta_i)\mathrm{d}\varphi\mathrm{d}t=\frac{V^2}{\rho_i^2}\cdot\frac{T^2}{12}\cdot\frac{1}{2},$$

将此式代入前式得

$$\Sigma_i^2=E(\varepsilon_i,\varepsilon_i)+\frac{T^2V^2}{2\varphi\varphi_i^2},$$

$$E\left\{\left[\varepsilon_i+\frac{V}{\rho_i}(t_i-t_0)\sin(\varphi-\theta_i)\right]\cdot\left[\varepsilon_j+\frac{V}{\rho_j}(t_i-t_0)\sin(\varphi-\theta_i)\right]\right\}$$
$$=E(\varepsilon_i\cdot\varepsilon_j)+E\left[\varepsilon_i\frac{V}{\rho_j}(t_j-t_0)\sin(\varphi-\theta_j)\right]+$$
$$E\left[\varepsilon_j\frac{V}{\rho_i}(t_i-t_0)\sin(\varphi-\theta_i)\right]+$$
$$E\left[\frac{V^2}{\rho_i\rho_j}(t_i-t_0)(t_j-t_0)\sin(\varphi-\theta_i)\sin(\varphi-\theta_j)\right]=0,$$

所以
$$R=E(\varepsilon\varepsilon^\tau)=\mathrm{diag}(\Sigma_1^2,\Sigma_2^2,\cdots,\Sigma_n^2).$$

根据加权最小二乘法有极小化二次型：

$$\min\sum_{i=1}^n\frac{\left(\theta_i-\arctan\dfrac{y_0-v_i}{x_0-u_i}\right)^2}{\Sigma_i^2}$$
$$=\min[(-H\boldsymbol{X}_0+F)^\tau R^{-1}(-H\boldsymbol{X}_0+F)].$$

从
$$\frac{\mathrm{d}}{\mathrm{d}\boldsymbol{X}_0}[(H\boldsymbol{X}_0-F)^\tau R^{-1}(H\boldsymbol{X}_0-F)]=0$$

得到

$$\hat{\boldsymbol{X}}_0=(H^\tau R^{-1}H)^{-1}H^\tau R^{-1}F,$$
$$\hat{\boldsymbol{X}}_0-\boldsymbol{X}_0=(H^\tau R^{-1}H)^{-1}H^\tau R^{-1}(F-H\boldsymbol{X}_0)$$
$$=(H^\tau R^{-1}H)^{-1}H^\tau R^{-1}\varepsilon,$$
$$E(\hat{\boldsymbol{X}}_0-\boldsymbol{X}_0)=(H^\tau R^{-1}H)^{-1}H^\tau R^{-1}E\varepsilon=0,$$
$$E[(\hat{\boldsymbol{X}}_0-\boldsymbol{X}_0)(\hat{\boldsymbol{X}}_0-\boldsymbol{X}_0)^\tau]$$
$$=(H^\tau R^{-1}H)^{-1}H^\tau R^{-1}E(\varepsilon\cdot\varepsilon^\tau)(R^{-1})^\tau H[(H^\tau R^{-1}H)^{-1}]^\tau$$
$$=(H^\tau R^{-1}H)^{-1},$$

$$H^\tau R^{-1}H=\begin{pmatrix}-\dfrac{\sin\theta_i}{\rho_i} & \cdots & \dfrac{\sin\theta_n}{\rho_n}\\ \dfrac{\cos\theta_i}{\rho_i} & \cdots & \dfrac{\cos\theta_n}{\rho_n}\end{pmatrix}=\begin{pmatrix}\dfrac{1}{\sum_1^2} & \cdots & 0\\ \vdots & & \vdots\\ 0 & \cdots & \dfrac{1}{\sum_n^2}\end{pmatrix}\cdot\begin{pmatrix}-\dfrac{\sin\theta_i}{\rho_i} & \dfrac{\cos\theta_i}{\rho_i}\\ \vdots & \vdots\\ -\dfrac{\sin\theta_n}{\rho_n} & \dfrac{\cos\theta_n}{\rho_n}\end{pmatrix}$$

$$= \begin{pmatrix} \sum_{i=1}^{n} \frac{\sin^2\theta_i}{\rho_i^2 \sum_i^2} & -\sum_{i=1}^{n} \frac{\sin\theta_i \cos\theta_i}{\rho_i^2 \sum_i^2} \\ -\sum_{i=1}^{n} \frac{\sin\theta_i \cos\theta_i}{\rho_i^2 \Sigma_i^2} & \sum_{i=1}^{n} \frac{\cos^2\theta_i}{\rho_i^2 \Sigma_i^2} \end{pmatrix}.$$

$$|H^\tau R^{-1} H| = \sum_{i,j=1}^{n} \frac{\sin^2\theta_i \cos^2\theta_i}{\rho_i^2 \rho_j^2 \Sigma_i^2 \Sigma_j^2} - \sum_{i,j=1}^{n} \frac{\sin\theta_i \cos\theta_i \sin\theta_j \cos\theta_j}{\rho_i^2 \rho_j^2 \Sigma_i^2 \Sigma_j^2}$$

$$= \sum_{i,j=1}^{n} \frac{\sin\theta_i \cos\theta_j}{\rho_i^2 \rho_j^2 \Sigma_i^2 \Sigma_j^2} \sin(\theta_i - \theta_j) = \sum_{\substack{i,j=1 \\ i>j}}^{n} \frac{\sin^2(\theta_i - \theta_j)}{\rho_i^2 \rho_j^2 \Sigma_i^2 \Sigma_j^2} = \Delta,$$

$$(H^\tau R^{-1} H)^{-1} = \begin{pmatrix} \frac{1}{\Delta} \sum_{i=1}^{n} \frac{\cos^2\theta_i}{\rho_i^2 \Sigma_i^2} & -\frac{1}{\Delta} \sum_{i=1}^{n} \frac{\sin\theta_i \cos\theta_i}{\rho_i^2 \Sigma_i^2} \\ -\frac{1}{\Delta} \sum_{i=1}^{n} \frac{\sin\theta_i \cos\theta_i}{\rho_i^2 \Sigma_i^2} & \frac{1}{\Delta} \sum_{i=1}^{n} \frac{\sin^2\theta_i}{\rho_i^2 \Sigma_i^2} \end{pmatrix},$$

$$Tr(H^\tau R^{-1} H)^{-1} = \frac{1}{\Delta} \sum_{i=1}^{n} \frac{\cos^2\theta_i}{\rho_i^2 \Sigma_i^2} + \frac{1}{\Delta} \sum_{i=1}^{n} \frac{\sin^2\theta_i}{\rho_i^2 \Sigma_i^2} = \frac{1}{\Delta} \sum_{i=1}^{n} \frac{1}{\rho_i^2 \Sigma_i^2}$$

$$= \frac{\sum_{i=1}^{n} \frac{1}{\rho_i^2 \Sigma_i^2}}{\sum_{\substack{i,j=1 \\ i>j}}^{n} \frac{\sin^2(\theta_i - \theta_j)}{\rho_i^2 \rho_j^2 \Sigma_i^2 \Sigma_j^2}} = M_p^2, \tag{2.3}$$

这里 M_p 称为误差圆半径.

当 $n = 2$ 时,

$$M_p^2 = \frac{\frac{1}{\rho_1^2 \Sigma_1^2} + \frac{1}{\rho_2^2 \Sigma_2^2}}{\frac{\sin^2(\theta_1 - \theta_2)}{\rho_1^2 \rho_2^2 \Sigma_1^2 \Sigma_2^2}} = \frac{\rho_1^2 \Sigma_1^2 + \rho_2^2 \Sigma_2^2}{\sin^2(\theta_1 - \theta_2)},$$

特别地,当 $\Sigma_1 = \Sigma_2$ 时,不难验证在 $\theta_1 = \pi - \theta_2 = \frac{1}{2}\arccos\frac{1}{3}$ 时达到极小值.

当 $n = 3$ 时,

$$M^2 p = \frac{\frac{1}{\rho_1^2 \Sigma_1^2} + \frac{1}{\rho_2^2 \Sigma_2^2} + \frac{1}{\rho_3^2 \Sigma_3^2}}{\frac{\sin^2(\theta_1 - \theta_2)}{\rho_1^2 \rho_2^2 \Sigma_1^2 \Sigma_2^2} + \frac{\sin^2(\theta_1 - \theta_3)}{\rho_1^2 \rho_3^2 \Sigma_1^2 \Sigma_3^2} + \frac{\sin^2(\theta_2 - \theta_3)}{\rho_2^2 \rho_3^2 \Sigma_2^2 \Sigma_3^2}}$$

$$= \frac{\Sigma_1^2 \rho_1^2 \Sigma_2^2 \rho_2^2 + \Sigma_1^2 \rho_1^2 \Sigma_3^2 \rho_3^2 + \Sigma_2^2 \rho_2^2 \Sigma_3^2 \rho_3^2}{\Sigma_1^2 \rho_1^2 \sin^2(\theta_2 - \theta_3) + \Sigma_2^2 \rho_2^2 \sin^2(\theta_1 - \theta_3) + \Sigma_3^2 \rho_3^2 \sin^2(\theta_1 - \theta_2)}. \tag{2.4}$$

特别地,当 $\Sigma_1 = \Sigma_2 = \Sigma_3 = \Sigma$,又 $V = 0, \Sigma = \sigma$ 时,

设 $\theta_1-\theta_2=\beta_3$，$\theta_1-\theta_3=\beta_2$，$\theta_2-\theta_3=\beta_1$，有

$$M_p^2=\sigma^2\frac{\rho_1^2\rho_2^2+\rho_1^2\rho_3^2+\rho_2^2\rho_3^2}{(\rho_1\sin\beta_1)^2+(\rho_2\sin\beta_2)^2+(\rho_3\sin\beta_3)^2}. \tag{2.5}$$

[注](2.5)式与文献[1]中(Ⅳ.40)式的表达式

$$M_p^2=\sigma^2\frac{(\sin^2\beta_1+\sin^2\beta_2)\rho_1^2\rho_2^2+(\sin^2\beta_1+\sin^2\beta_3)\rho_1^2\rho_3^2+(\sin^2\beta_2+\sin^2\beta_3)\rho_2^2\rho_3^2}{(\rho_1\sin\beta_1)^2+(\rho_2\sin\beta_2)^2+(\rho_3\sin\beta_3)^2} \tag{2.6}$$

显然不同.这是由于文献[1]的公式推演采取了不合理的独立性假设的缘故.

§3. 精度计算结果

利用上面推演出的公式(2.3)，我们构造函数

$$F(x_0,y_0,M_p)=M_p^2-\frac{\sum_{i=1}^{n}\frac{1}{\rho_i^2\Sigma_i^2}}{\sum_{j=1}^{n}\sum_{i=j+1}^{n}\frac{\sin^2\beta_{ij}}{\rho_i^2\rho_j^2\Sigma_i^2\Sigma_j^2}}, \tag{3.1}$$

式中，M_p 视为参变量，x_0，y_0 为目标坐标，

$$\rho_i^2=(x_0-u_i)^2+(y_0-v_i)^2,$$

$$\Sigma_i^3=\sigma_i^2+\frac{TV^2}{24\rho_i^2},$$

$$\beta_{ij}=\arctan\frac{y_0-v_i}{x_0-u_i}-\arctan\frac{y_0-v_j}{x_0-u_j}.$$

所谓等精度计算，就是在给定误差圆半径 M_p 的条件下，求解 $F(x_0,y_0,M_p)$ 的零点问题.显而易见，函数 F 的零点，在平面系内，可以绘出一条曲线.随参变量 M_p 的改变，可绘出一组等精度曲线.从曲线可以看出，在不同的前提条件下(如站位置、量测误差、周期、航速等)，在平面形成不同精度的交叉定位区域.

关于 $F(x_0,y_0,M_p)$ 零点的求解问题，我们采用了二分法对分区间套求根的办法，根精度在 $10^{-3}\sim10^{-4}$ 的数量级.

精度计算，共考虑了六组条件，详见表1，解算数据标图，详见图1～图6.

表 1

N	图号	MP(KM)	σ_i	TV(KM)	(u_i, v_i)(KM)	备注
2	1	2,3,4,5,6,7	0.3°	3.4	(86,6,0) (−86,6,0)	
	2	2,3,4,5,6	0.3°	0		
3	3	3,4,5,6,7	1°	3.4	(86.6,−50) (0,100) (−86.6,−50)	
	4	3,4,5,6	1°	0		
4	5	2,3,4,5,6	1°	3.4	(86.6,0) (0,100) (0,0) (−86.6,−50)	
	6	2,3,4,5,6	1°	0		

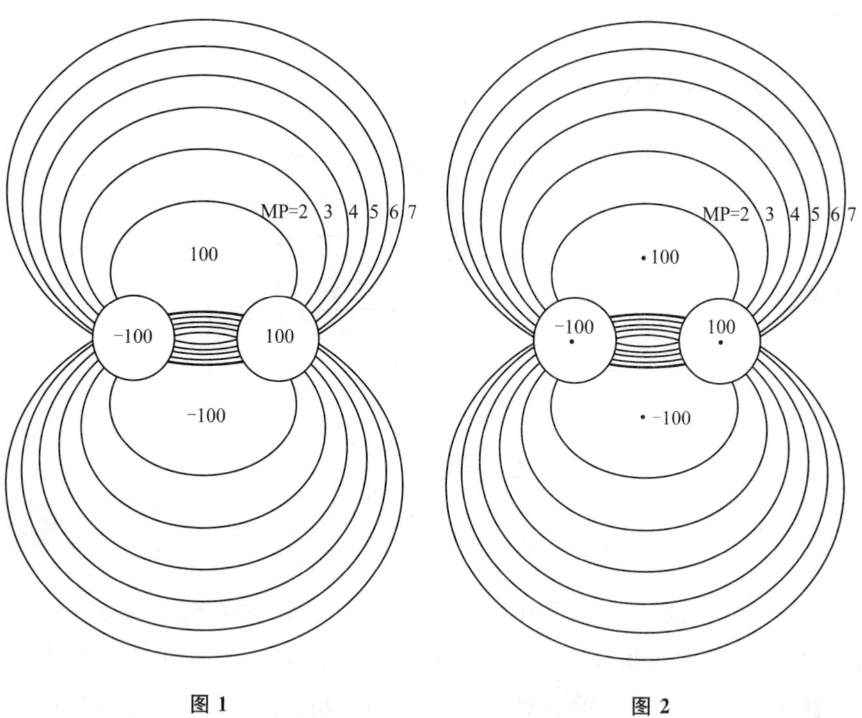

图 1　　　　图 2

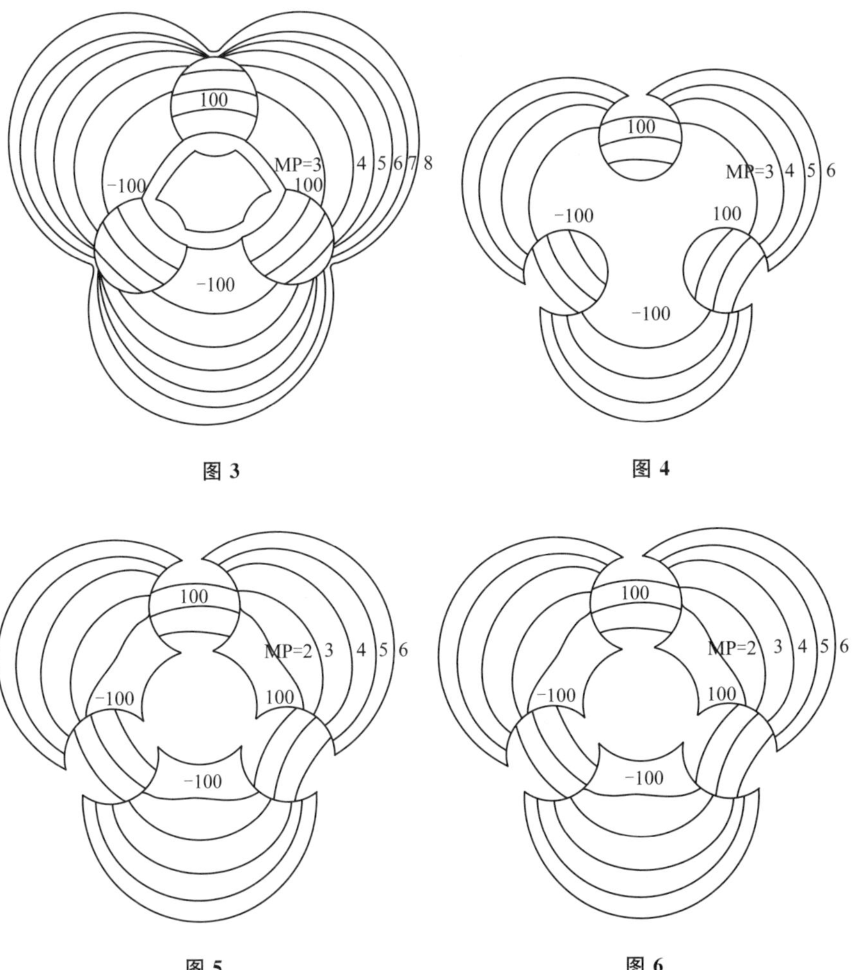

图 3　　图 4

图 5　　图 6

参考文献

[1] 波列沃依 B A. 雷达测量成果的数学计算基础(中译本). 赵友茂,译,余值,校. 中国工业出版社,1963.

[2] Wegner L H. On the accuracy analysis of airborone techniques for passirely locating electromagnetic emitters. Rand Corp. ntis Astia D. C. ad,1971.

[3] Foy W H. Position-location solutions by Taylor-series estimation. IEEE Trans. AES, 1976,12(2):187-194.

附　录

Appendix

论文和著作目录

Bibliography of Papers and Works

论文目录

[序号] 作者. 论文题目. 杂志名称,年份,卷(期):起页—止页.

[1] 李占柄. 关于带有未知参数的正态分布的置信限及进一步精确. 北京师范大学学报(自然科学版),1962,(1):6-23.

[2] 李占柄. 关于概率 P_2 和概率 P_1 相互绝对连续和相互奇异充要条件的一个注记. 北京师范大学学报(自然科学版),1963,(2):15-20.

[3] 吴 健,李占柄,张伯玉,石安堂,张善禄. 卡尔曼滤波在辐射源交叉定位中的应用. 国防工业平滑、滤波技术交流会,国防工业火控技术情报网编辑部,1997:94-109.

[4] 四级部 1028 所,北京师范大学数学系 130(4)数学组(李占柄). 辐射源交叉定位的精度研究. 北京师范大学学报(自然科学版),1978,(3):16-23.

[5] 严士健,李占柄. 非平衡系统的概率模型以及 Master 方程的建立. 北京师范大学学报(自然科学版),1979,(1):1-22;物理学报,1980,29(2):139-152.

[6]李占柄,严士健,刘若庄. 非平衡系统 Master 方程的稳定性. 北京师范大学学报(自然科学版),1980,(2):25-42;物理学报,1981,30(4):448-458.

[7] 李占柄,严士健. 关于 Boltzmann H 定理的讨论. 北京师范大学学报(自然科学版),1983,(3):11-16.

[8] Rosenkrantz W A, Li Zhanbing. Diffusion approximation for a class of Markov processes satisfying a nonlinear Fokker-Planck equation. Nonlinear Analysis, Theory and Applications, 1983, 7(10): 1 089-1 099.

[9] 何佐(李占柄). 教师投资比例的数学模型. 北京师范大学学报(自然科学版),1986,(3):34.

[10] 李占柄. 从相对论随机力学到随机力学. 北京师范大学学报(自然科学版),1986,(4): 19-28.

[11] 何佐(李占柄). 一种间接估算教育经济效益的方法. 北京师范大学学报(自然科学版),1987,(1):67,96.

[12] 李占柄. 电磁场中自旋为1/2的粒子随机力学模型. 北京师范大学学报(自然科学版),1987,(3):12-19.

[13] 何佐(李占柄). 系统理论在劳动力产业结构变化规律研究中的应用. 北京师范大学学报(自然科学版),1987,(4):88-96.

[14] 李占柄. 相对论随机力学的能量守恒定律. 北京师范大学学报(自然科学版),1988,(3):36-40.

[15] 李占柄. Е Б Дынкин问题的推广. 北京师范大学学报(自然科学版),1989,(4): 11-12.

[16] Li Zenghu, Li Zhanbing. A class of integral represented functions. 北京师范大学学报(自然科学版),1991,27(3):262-267.

[17] 李占柄. 随机场与系统理论的数学基础. 北京师范大学学报(自然科学版),1993,29(2):173-177.

[18] 王梓坤,张新生,李占柄. 一致椭圆扩散的一个比较定理及其应用, 中国科学,1993,23A(11):1 121-1 129.

[19] Li Zenghu, Li Zhanbing, Wang Zikun. Asymptotic behavior of the measure-valued branching process with immigration. Science in China, 1993, 36A(7):769-777.

[20] Leonenko N N, Li Zhanbing. Non-Gaussian limit distribution of solutions of multidimensional Burgers equations with Strongly dependent random initial condition. Ⅺ International Vilnius Conference on Probability Theory and mathematical Statistics,

1994,1:229-230.

[21] Leonenko N N, Li Zhanbing. Non-Gaussian limit distributions for solutions of Burgers equation with strongly dependent random initial conditions. Random Operator Stochastic Equations,1994,2(1):79-86.

[22] Leonenko N N, Li Zhanbing, Ribasov K V. On the convergence of solutions of the multidimensional Burgers equation to non-Gaussian distributions. (Ukrainian) Dopov. /Dokl. Akad. Nauk Ukraïni,1994,(5):26-28.

[23] Leonenko N N, Li Zhanbing, Rybasov K V. Non-Gaussian limit distributions of the solutions of the multidimensional Burgers equation with random initial data. (Russian) Ukraïn. Mat. Zh., 1995,47(3):330-336; Translation in Ukrainian Mathematical Journal,1995,47(3):385-392.

[24] 李占柄,赵学雷. *p*-adic 系统上的随机过程. 北京师范大学学报(自然科学版),1994,30(4):435-438.

[25] 刘守生,李占柄,赵学雷. 条件布朗运动在角域上的生命时. 科学通报,1994,39(15):1 349-1 353 (Liu Shousheng, Li Zhanbing, Zhao Xuelei. The lifetime of conditioned Brownian motion in an angular domain. Chinese Science Bulletin,1995,40(2): 91-96).

[26] 李占柄. 利用母体中的两子样构造置信限的简易方法. 基辅大学学报,1995:106-108.

[27] 李占柄. 多维可加随机函数的极限定理. 北京数学会第一届概率与数理统计会上报告.

[28] 向开南,李占柄. 带移民分支粒子系统的结构. 北京师范大学学报(自然科学版),1997,33(2):158-162.

[29] Liang Changqing, Li Zhanbing. Absolute continuity of interacting measure-valued branching processes and its occupation-time processes. Chinese Science Bulletin,1998,43(3):197-200.

[30] 阎国军,李占柄. 交互作用流的超过程. 中国科学,2006,36A(1):84-108.(Yan Guojun, Li Zhanbing. Superprocesses arising from

interactive stochastic flows. Science in China, 2006, 49A(4): 451-476.)

[31] 何佐(李占柄,钱珮玲). 如何认识概率——读普通高中"课标"实验教科书(概率部分)引发的思考. 数学通报,2007,46(2):9-11.

[32] 何佐(李占柄,钱珮玲). 独立性检验应注意的问题. 数学通报,2008,47(7):19-23,25.

著作

[序号] 著者,译者. 书名. 出版地:出版社,出版年份.

[1]Булинский А В,Ширяев А Н 著,李占柄,译. 随机过程论. 北京:高等教育出版社,2008.

后　　记

Postscript by the Chief Editor

2015 年，学院将迎来北京师范大学创建数学学科 100 周年. 北京师范大学数学学科系统地开展几个现代数学方向的科学研究，是从王世强老师在 20 世纪 50 年代初开始进行数理逻辑的研究工作，发表了一批论文开始的. 50 年代中期，严士健老师在华罗庚教授的指导下，进行了环上的线性群、辛群的自同构的研究，首次得到了它们的完整形式，还用自己提出的方法得到了 n 阶模群的定义关系. 刘绍学老师于 1956 年在莫斯科大学获得了副博士学位，他对结合环，李环，若当环和交错环做了统一的处理，获得完整的结果. 回国以后，在国内带动了环论的研究. 1958 年 2 月，孙永生老师在莫斯科大学完成了他的副博士学位论文《关于乘子变换下的函数类利用三角多项式的最佳逼近》，结果深刻，当时受到数学界前辈陈建功的称赞. 回国后，又解决了余下的困难问题. 这 4 位老师在数学科学学院被戏称为"四大金刚". 正是由于他们开创性的工作，使得数学科学学院的科学研究逐渐形成了一支具有相当学术素养的队伍；有一批确定的研究方向，形成了自己的风格和传统；获得了丰富而系统的达到世界学科前沿的科研成果，其中有一些已经达到世界先进水平；在国内具有一定的学术地位，在国际上有一定的知名度；对国家的数学发展做出了一定的贡献. 之所以能取得这样的成绩，是经过几代人的探索和努力，遭受了诸多的困苦和磨难. 1984 年 5 月 29 日，王梓坤老师被国务院任命为北京师范大学校长并到学院工作，大大加强了学院概率论学科的力量. 这 5 位老师均是学院的学术带头人，为学院的学科建设和人才培养，花费了毕生的精力,做出了重大的贡献.5位老师均在1981年被批准为首批博士生导师(我校理科首批博士生导师还有5位:黄祖洽、刘若庄、陈光旭、汪堃仁和周廷儒老师),此次批准的博士生导师的数量,提高了学院在学校中的地位,且此举对学院在全国数学界的地位奠定了重要基础,开创了近30多年来的良好局面.因此,将学院这些中国知名数学家的论文进行整理和编辑出版,是数学科学学院学科建设的一项重要的和基础性的工作,是学院的基本建设之一,是一件严肃的事情.文集的质量反映了我们学院某一学科,或几个学科,或学科群的整体学术水平.它对提高学院的知名度和凝聚力,激励后人,有重要的示范作用.由于5位老师在学院学科建设中的重要地位和学术贡献,将他们的论著整理出来,作为《北京师范大学数学家文库》系列出版,是一件意义重大的事情.在北京师范大学出版社的大力支持下,该文集系列已经在2005年由北京师范大学出版社出版.

在5部数学文集出版之后,2005年12月25日,在学校隆重举行了北京师范大学数学系成立90周年庆祝大会暨王世强、孙永生、严士健、王梓坤和刘绍学教授文集首发式.5部文集的出版在国内数学界产生了很好的影响.5部文集的作者按年龄排序为:王世强、孙永生、严士健、王梓坤和刘绍学,除了王世强教授在1927年出生外,其余4位均在1929年出生,广泛一点,在20世纪20年代出生.考虑学院在30年代出生的博士生导师们,按批准为博士生导师先后的顺序为:陆善镇,汪培庄,王伯英,李占柄、刘来福、陈公宁,罗里波.由于他们出生在1936～1939年,按年龄从大到小排序为:李占柄、罗里波、汪培庄、王伯英、刘来福、陈公宁和陆善镇.他们均为学院的发展和建设做出了重要贡献,出版他们的文集是学院的基本建设.因此,学院将在近几年内陆续出版他们的文集,并由院党委书记李仲来教授任主编.《文集》的结构为:照片,序,论文选,发表的论文和著作目录,后记.

在搜集编写《北京师范大学数学系史》的过程中,由于原始材料都是由本人亲自查阅,再加上平时搜集的数学系的有关材料,使我考虑如何系统地搜集和整理数学系的历史资料,在可能的情况下发表或由出版社正式出版.

借此机会,将2004～2014年所做的史料收集和整理出版工作做一总结.

主编并在北京师范大学出版社出版:北京师范大学数学科学学院史(1915～2009)第2版.

主编并在北京师范大学出版社出版:王世强、孙永生、严士健、王梓坤、刘绍学、汤璪真、白尚恕、范会国、李占柄、罗里波、汪培庄、王伯英、刘来福、陈公宁、陆善镇的数学文集,书名见封底.

主编并在人民教育出版社出版:傅种孙、钟善基、丁尔陞、曹才翰、孙瑞清、王敬庚、王申怀、钱珮玲的数学教育文选.

主编并在《数学通报》出版:中国数学教育的先驱:傅种孙教授诞辰110周年纪念文集,赵慈庚、张禾瑞、蒋硕民教授100周年诞辰共3部纪念文集.

主编并在北京师范大学出版社出版:北京师范大学数学科学学院硕士研究生入学考试试题(1978～2007).

编写并在北京师范大学出版社出版:北京师范大学数学科学学院论著目录(1915～2006).

2003年对数学系的老先生做系列访谈,原计划访谈11人,实际访谈9人.任院党委书记后此事中断.已经有2人的访谈内容全文发表,1人的访谈内容部分发表,2人的访谈内容改编后发表,1人的访谈内容改编后即将发表,以时间顺序先后为

钟善基教授访谈录.见李仲来主编:钟善基数学教育文选.人民教育出版社,2005:352—374.

丁尔陞教授访谈录.见李仲来主编:丁尔陞数学教育文选.人民教育出版社,2005:420—436.

孙永生教授访谈录.北京师范大学校报2006年4月10日第2版(小部分内容).

王梓坤先生回忆录,(一)穷学生的求学路, 北京师范大学校报,2006-06-20;(二)走进大学,2006-06-30;(三)求学苏联,2006-07-10;(四)回国后的黄金时期, 2006-09-05;(五)《科学发现纵横谈》的成书感触,2006-09-12;(六)在北师大任校长的日子, 2006-09-29;(七)我的大学情结, 2006-10-12;(八)情牵数学事业的发展, 2006-10-20{(一～五)是由[袁向东, 范先信, 郑玉颖, 王梓坤访问记,数学的实践与认识,1990,

(4):79-89]改编而成;(六～八)是在2003年3月23日李仲来和王梓坤先生的访谈录的基础上整理而成.主要内容可以认为是袁向东,范先信和郑玉颖与王先生访谈录的续篇.}后收录到:袁向东,范先信,郑玉颖,李仲来整理.王梓坤先生回忆录.见刘川生主编:讲述——北京师范大学大师名家口述史.光明日报出版社,2012:365-390.

王世强先生自述(一)在流离转徙中成长,北京师范大学校报,2011-10-20;(二)复校,从兰州到北平,2011-10-30;(三)聆听名师教诲的岁月,2011-11-10;(四)临汾放羊,2011-11-20;(五)我与新时代,2011-11-30.后收录到:李仲来整理.王世强先生自述.见刘川生主编:讲述——北京师范大学大师名家口述史.光明日报出版社,2012:483-500.

严士健教授的访谈整理成严士健先生自述,将在2014年北京师范大学校报连载发表.

在2004年11月委托马京然老师做北京师范大学数学科学学院师生影集(1915～1949)(1950～1980),已经在北京师范大学出版社出版,陈方权老师为此做了很多工作.

李占柄文集的出版得到了北京师范大学出版社的大力支持,在此表示衷心的感谢.

随着该文集的出版,这些事告一段落,但还有待于继续做下去.

主编　李仲来
2014-07-30